2021 年度

全国监理工程师职业资格考试类图书

资　讯

一、官方考试教材

序号	书　名	书　号	定　价	对应考试科目
1	交通运输工程目标控制(基础知识篇)	17138	140.00	工程目标控制
2	交通运输工程目标控制(公路工程专业知识篇)	17139	120.00	
3	交通运输工程目标控制(水运工程专业知识篇)	17140	70.00	
4	交通运输工程监理案例分析(公路工程专业篇)	17141	70.00	工程监理案例分析
5	交通运输工程监理相关法规文件汇编(公路工程专业篇)	17142	120.00	工程目标控制 工程监理案例分析

二、考试辅导用书

职业资格考试辅导用书(监理工程师)系列：

序号	书　名	书　号	定　价	对应考试科目
1	建设工程监理基本理论和相关法规复习与习题	17175	68.00	建设工程监理 基础科目
2	建设工程合同管理复习与习题	17176	65.00	
3	交通运输工程目标控制(公路篇)复习与习题	17177	90.00	交通运输工程监理 专业科目
4	交通运输工程监理案例分析(公路篇)复习与习题	17178	60.00	

人民交通出版社天猫旗舰店二维码

三、相关参考用书

序号	书　名	书号	定价
1	公路工程施工监理规范(JTG G10—2016)	13275	40.00
2	《公路工程施工监理规范》实施手册	13288	50.00
3	公路路基施工技术规范(JTG/T 3610—2019)	15769	80.00
4	公路路面基层施工技术细则(JTG/T F20—2015)	12367	45.00
5	公路沥青路面施工技术规范(JTG F40—2004)	05328	50.00
5	公路桥涵施工技术规范(JTG/T 3650—2020)	16434	125.00
6	公路隧道施工技术规范(JTG/T 3660—2020)	16488	100.00
7	公路工程质量检验评定标准　第一册　土建工程(JTG F80/1—2017)	14472	90.00
8	公路工程质量检验评定标准　第二册　机电工程(JTG 2182—2020)	16987	60.00
9	公路工程施工安全技术规范(JTG F90—2015)	12138	68.00
10	公路工程标准施工招标文件(2018年版·第一册)	14492	120.00
11	公路工程标准施工招标文件(2018年版·第二册)	14493	150.00
12	公路工程标准施工招标文件(2018年版·第三册)	14495	50.00
13	公路工程标准施工招标资格预审文件(2018年版)	14491	40.00
14	公路工程标准施工监理招标文件(2018年版)	14588	80.00
15	公路工程监理工程师职业标准	3749	25.00

各位考生可通过当地交通书店购买,也可通过各大网上书店购买。

咨询电话:(发行部)010-59757973。

监理工程师考试交流QQ群792338373。

2021年交通运输职业资格考试辅导丛书
（监理工程师）

建设工程监理基本理论和相关法规复习与习题

李治平　主编

人民交通出版社股份有限公司
北京

内 容 提 要

本书为2021年交通运输职业资格考试辅导丛书(监理工程师)之一,适用于监理工程师执业资格考试《建设工程监理基本理论和相关法规》基础科目。全书共11章,内容包括:建设工程监理制度、工程建设程序及组织实施模式、建设工程监理相关法规政策及标准、工程监理企业与监理工程师、建设工程监理招投标与合同管理、建设工程监理组织、监理规划与监理实施细则、建设工程监理工作内容和主要方式、建设工程监理文件资料管理、建设工程项目管理服务、国际工程咨询与组织实施模式。每章编有大量的练习题,并给出了参考答案及详细解析。结尾附有三套模拟试卷。本书涵盖了大量考核要点,便于考生临考练兵,查缺补漏。

本书主要供全国监理工程师职业资格考试应考人员复习使用。

图书在版编目(CIP)数据

建设工程监理基本理论和相关法规复习与习题 / 李治平主编. — 北京:人民交通出版社股份有限公司, 2021.4

ISBN 978-7-114-17175-8

Ⅰ. ①建… Ⅱ. ①李… Ⅲ. ①建筑工程—监理工作—资格考试—自学参考资料②建筑工程—监理工作—法规—中国—资格考试—自学参考资料 Ⅳ. ①TU712.2 ②D922.297

中国版本图书馆 CIP 数据核字(2021)第051389号

书　　　名:	建设工程监理基本理论和相关法规　复习与习题
著　作　者:	李治平
责任编辑:	李　沛　朱伟康
责任校对:	孙国靖　魏佳宁
责任印制:	张　凯
出版发行:	人民交通出版社股份有限公司
地　　　址:	(100011)北京市朝阳区安定门外外馆斜街3号
网　　　址:	http://www.ccpcl.com.cn
销售电话:	(010)59757973
总　经　销:	人民交通出版社股份有限公司发行部
经　　　销:	各地新华书店
印　　　刷:	北京市密东印刷有限公司
开　　　本:	787×1092　1/16
印　　　张:	19.5
字　　　数:	468 千
版　　　次:	2021年4月　第1版
印　　　次:	2021年4月　第1次印刷
书　　　号:	ISBN 978-7-114-17175-8
定　　　价:	68.00 元

(有印刷、装订质量问题的图书,由本公司负责调换)

前　言

2020年，住房和城乡建设部、交通运输部、水利部、人力资源社会保障部联合印发的《监理工程师职业资格制度规定》及《监理工程师职业资格考试实施办法》中明确规定，国家设置监理工程师准入类职业资格，纳入国家职业资格目录。

按照监理工程师职业资格制度规定，相关专业人员要获取监理工程师职业资格并注册执业，必须参加全国统一大纲、统一命题、统一组织的监理工程师职业资格考试。

监理工程师职业资格考试设《建设工程监理基本理论和相关法规》《建设工程合同管理》《建设工程目标控制》《建设工程监理案例分析》4个科目。《建设工程监理基本理论和相关法规》《建设工程合同管理》为基础科目，《建设工程目标控制》《建设工程监理案例分析》为专业科目。其中，专业科目分为土木建筑工程、交通运输工程、水利工程3个专业类别，考生在报名时可根据实际工作需要选择。

编者在多年参与监理工程师职业资格考试考前辅导和公路工程监理业务培训的过程中，深深体会到对于边工作、边复习应考的广大专业人员来说，能顺利通过考试并非易事。监理工程师职业资格考试不仅要求应考人员掌握广泛的知识内容，而且还要在充分理解工程监理的基本原理、基本概念、基本技术和基本方法的基础上，对所掌握的知识融会贯通，能灵活处理各类实际问题。

为了帮助广大应考人员系统地复习工程监理理论知识，在较短时间内掌握考试内容，顺利地通过职业资格考试，我们依据《全国监理工程师职业资格考试大纲》（2020年）、相关法律法规、施工技术规范、标准和规程，并紧密围绕2021年全国监理工程师（交通运输工程专业）职业资格考试用书内容，结合监理工程师工作实际，新编了《建设工程监理基本理论和相关法规复习与习题》《建设工程合同管理　复习与习题》《交通运输工程目标控制（公路篇）复习与习题》和《交通运输工程监理案例分析（公路篇）复习与习题》，作为全国监理工程师职业资格考试辅导用书。前两本适用于监理工程师职业资格考试的基础科目，后两本适用于交通运输工程专业科目。

本考试辅导用书紧扣考试大纲，覆盖了考试大纲所要求的全部知识点，并力求突出重点。同时，本考试辅导用书还编制了大量有针对性的复习题和模拟练习题，并附答案及解析，可帮助应考人员在有限的时间内进行系统复习。借助于本考试辅导用书进行复习后，能够使应考人员达到建立完整监理知识体系、准确理解记忆重点内容、熟练运用答题技巧、正确解答监理考试所涉及的问题。

本书由长安大学公路学院李治平主编,参加编写的还有伏晓东、李翔宇、贺文文等。在本书的编写过程中曾多次听取长安大学公路学院、经管学院、环工学院等多位专家、教授的有益建议和意见,在此表示衷心的感谢。

由于编者水平有限,加之编写时间仓促,书中难免有疏漏和不当之处,敬请广大读者批评指正。

编者
2021 年 3 月

目 录

第一章 建设工程监理制度 1
  习题精练 1
  习题答案及解析 10

第二章 工程建设程序及组织实施模式 23
  习题精练 23
  习题答案及解析 30

第三章 建设工程监理相关法规政策及标准 38
  习题精练 38
  习题答案及解析 64

第四章 工程监理企业与监理工程师 96
  习题精练 96
  习题答案及解析 99

第五章 建设工程监理招投标与合同管理 105
  习题精练 105
  习题答案及解析 114

第六章 建设工程监理组织 127
  习题精练 127
  习题答案及解析 139

第七章 监理规划与监理实施细则 154
  习题精练 154
  习题答案及解析 162

第八章 建设工程监理工作内容和主要方式 172
  习题精练 172
  习题答案及解析 186

第九章 建设工程监理文件资料管理 203
  习题精练 203
  习题答案及解析 209

第十章　建设工程项目管理服务 ··· 217
  习题精练 ··· 217
  习题答案及解析 ··· 224

第十一章　国际工程咨询与组织实施模式 ····································· 233
  习题精练 ··· 233
  习题答案及解析 ··· 236

模拟试卷及参考答案 ··· 242
  模拟试卷一 ··· 242
  模拟试卷一参考答案 ··· 251
  模拟试卷二 ··· 262
  模拟试卷二参考答案 ··· 272
  模拟试卷三 ··· 284
  模拟试卷三参考答案 ··· 295

第一章 建设工程监理制度

习题精练

一、单项选择题

1. 根据有关规定,目前我国的工程监理定位于( )阶段。
   A. 工程建设实施   B. 工程勘察设计   C. 工程施工阶段   D. 工程投资决策
2. 建设工程监理的行为主体是( )。
   A. 政府建设主管部门   B. 工程建设单位
   C. 工程勘察设计单位   D. 工程监理单位
3. 建设工程监理实施的前提是( )。
   A. 监理单位的组织管理水平高   B. 监理人员的执业能力和业务水平高
   C. 监理机构组织结构模式合理   D. 建设单位对工程监理单位的委托和授权
4. 工程监理单位实施的对建设工程投资、进度进行控制,开展合同管理和信息管理等职责和权限是( )赋予的。
   A. 政府建设主管部门   B. 相关法律法规
   C. 工程建设单位   D. 工程勘察设计单位
5. 工程监理单位在实施工程监理活动中,应履行的建设工程安全生产管理的职责是( )赋予的。
   A. 工程建设单位   B. 政府建设主管部门
   C. 相关法律   D. 政府安全生产主管部门
6. 在工程建设中,工程监理人员利用自己的知识、技能和经验以及必要的试验、检测手段,为建设单位提供管理服务和技术服务。这体现了建设工程监理的( )。
   A. 科学性   B. 独立性   C. 强制性   D. 服务性
7. 工程监理单位在建设单位授权范围内,采用规划、控制、协调等方法,控制工程质量、造价和进度,并履行建设工程师安全生产管理的监理职责,协助建设单位在计划目标内完成工程建设任务。这体现了建设工程监理的( )。
   A. 服务性   B. 阶段性   C. 必要性   D. 强制性
8. 为了满足建设工程监理实际工作需求,工程监理单位应由组织管理能力强、工程建设经验丰富的人员担任领导;应有由管理经验丰富和应变能力较强的监理工程师组成的骨干队伍;应有健全的管理制度、科学的管理方法和手段;应积累丰富的技术、经济资料和数据;应有科学的工作态度和严谨的工作作风,能够创造性地开展工作。这体现了建设工程监理的( )。

A. 公平性　　　　B. 服务性　　　　C. 独立性　　　　D. 科学性

9. 工程监理单位应严格按照法律法规、工程建设标准、勘察设计文件、建设工程监理合同及有关建设工程合同等实施监理。这体现了建设工程监理的(　　)。

A. 科学性　　　　B. 独立性　　　　C. 强制性　　　　D. 公平性

10. 在建设工程监理工作过程中，工程监理单位必须建立项目监理机构，按照自己的工作计划和程序，根据自己的判断，采用科学的方法和手段，独立地开展工作。这体现了建设工程监理的(　　)。

A. 科学性　　　　B. 服务性　　　　C. 公平性　　　　D. 独立性

11. 在实施建设工程监理中，当建设单位与施工单位发生利益冲突或者矛盾时，工程监理单位应以事实为依据，以法律法规和有关合同为准绳，在维护建设单位合法权益的同时，不能损害施工单位的合法权益。这体现了建设工程监理的(　　)。

A. 科学性　　　　B. 强制性　　　　C. 公平性　　　　D. 独立性

12. 根据《建设工程监理范围和规模标准规定》，下列必须实行监理的工程是(　　)。
A. 总投资额2000万元的学校项目　　B. 总投资额2000万元的供水项目
C. 总投资额2000万元的通信项目　　D. 总投资额2000万元的地下管道项目

13. 根据《建设工程监理范围和规模标准规定》，下列必须实行监理的工程是(　　)。
A. 总投资额2500万元的影剧院工程
B. 总投资额2500万元的生态环境保护工程
C. 总投资额2500万元的水资源保护工程
D. 总投资额2500万元的新能源工程

14. 根据《建设工程监理范围和规模标准规定》，可不实行监理的工程是总投资额为3000万元以下的(　　)。
A. 供热工程　　　B. 学校工程　　　C. 影剧院工程　　　D. 体育场馆工程

15. 下列有关工程监理人员职责的说法中，不正确的是(　　)。
A. 监理人员认为施工不符合施工技术标准和合同约定的，有权要求施工单位改正
B. 监理人员发现工程设计不符合合同约定的质量要求的，有权要求设计单位改正
C. 在实施监理过程中，监理人员发现存在安全事故隐患的，应当要求施工单位整改
D. 监理人员应当按照工程监理规范的要求，采取旁站、巡视和平行检验等形式，对建设工程实施监理

16. 根据《建设工程质量管理条例》，工程监理单位与施工单位串通，弄虚作假、降低工程质量的，责令改正，并对单位处(　　)的罚款。
A. 5万元以上20万元以下　　　　B. 10万元以上30万元以下
C. 30万元以上50万元以下　　　　D. 50万元以上100万元以下

17. 根据《建设工程质量管理条例》，工程监理单位超越本单位资质等级承揽工程的，责令停止违法行为或改正，并对单位处(　　)的罚款。
A. 5万元以上20万元以下　　　　B. 合同约定的监理酬金1倍以上2倍以下
C. 30万元以上50万元以下　　　　D. 合同约定的监理酬金25%以上50%以下

18. 根据《建设工程质量管理条例》，工程监理单位允许其他单位或者个人以本单位名义

承揽工程的,工程监理单位应承担的法律责任中不包括( )。

  A. 责令停止违法行为或改正,处合同约定的监理酬金1倍以上2倍以下的罚款

  B. 责令停业整顿,降低资质等级

  C. 情节严重的,吊销资质证书

  D. 降低资质等级或者吊销资质证书

19. 根据《建设工程质量管理条例》,工程监理单位转让工程监理业务的,责令改正,没收违法所得,处( )的罚款。

  A. 5万元以上20万元以下   B. 合同约定的监理酬金1倍以上2倍以下

  C. 30万元以上50万元以下   D. 合同约定的监理酬金25%以上50%以下

20. 根据《建设工程质量管理条例》,工程监理单位与被监理工程的施工承包单位有隶属关系或者其他利害关系承担该项建设工程的监理业务的,责令改正,处( )的罚款。

  A. 5万元以上10万元以下   B. 合同约定的监理酬金1倍以上2倍以下

  C. 30万元以上50万元以下   D. 合同约定的监理酬金25%以上50%以下

21. 根据《建设工程安全生产管理条例》,工程监理单位发现安全事故隐患未及时要求施工单位整改或者暂时停止施工的,责令限期改正;逾期未改正的,责令停业整顿,并处( )的罚款。

  A. 5万元以上10万元以下   B. 合同约定的监理酬金1倍以上2倍以下

  C. 10万元以上30万元以下   D. 合同约定的监理酬金25%以上50%以下

22. 根据《中华人民共和国刑法》,工程监理单位违反国家规定,降低工程质量标准,造成重大安全事故的,对直接责任人员,处( )年以下有期徒刑或者拘役,并处罚金;后果特别严重的,处( )年以上( )年以下有期徒刑,并处罚金。

  A. 3;3;5   B. 3;5;7   C. 5;5;10   D. 3;5;10

23. 根据《建设工程质量管理条例》,监理工程师因过错造成质量事故的,责令停止执业( )年;造成重大质量事故的,吊销执业资格证书,( )年以内不予注册;情节特别恶劣的,( )不予注册。

  A. 1;3;5年以内   B. 3;5;7年内   C. 1;5;终身   D. 半;3;终身

24. 为了建立建设工程投资约束机制,规范建设单位行为,对于经营性政府投资工程需实行( )。

  A. 项目法人责任制   B. 合同管理制   C. 工程监理制   C. 招标投标制

25. 项目法人责任制是实行工程监理制的必要条件。项目法人责任制的核心是落实( )。

  A. 工程质量终身负责制   B. 安全生产责任制

  C. 招标投标制   D. 谁投资、谁决策,谁承担风险的基本原则

26. 对于实施项目法人责任制的项目,组建项目法人筹备组的时间是在( )后。

  A. 项目建议书被批准   B. 初步设计文件被批准

  C. 项目可行性研究报告被批准   D. 施工图设计文件通过审查

27. 对于实施项目法人责任制的项目,正式成立项目法人的时间是在( )后。

  A. 项目建议书被批准   B. 初步设计文件被批准

C.项目可行性研究报告被批准　　　　D.施工图设计文件通过审查

28. 根据国家有关规定,由原有企业负责建设的大中型基建项目,需新设立子公司的,( )。
   A.原企业法人即是项目法人
   B.要重新设立项目法人
   C.不需要实行项目法人负责制
   D.是否重新设立项目法人由该企业自行决定

29. 实行建设项目法人责任制的项目中,项目董事会的职权是( )。
   A.编制和确定招标方案　　　　B.编制项目年度投资计划
   C.提出项目开工报告　　　　　D.提出项目后评价报告

30. 对于实行项目法人责任制的项目,属于项目总经理职权的工作是( )。
   A.提出项目开工报告　　　　　B.提出项目竣工验收申请报告
   C.编制归还贷款和其他债务计划　D.聘任或解聘项目高级管理人员

31. 在实行项目法人责任制的项目中,属于项目总经理职权的是( )。
   A.组织编制项目初步设计文件　B.提出项目开工报告
   C.提出项目竣工验收申请报告　D.审定债务偿还计划

32. 下列关于工程监理制与项目法人负责制两者关系的说法,正确的是( )。
   A.项目法人责任制是实行工程监理制的必要条件
   B.项目法人责任制是实行工程监理制的重要保证
   C.项目法人责任制是实行工程监理制的充分条件
   D.项目法人责任制是实行工程监理制的重要手段

33. 根据《工程建设项目招标范围和规模标准规定》,国有资金投资项目中的重要设备采购,单项合同估算在( )万元以上的,必须进行招标。
   A.50　　　　B.100　　　　C.150　　　　D.200

34. 下列关于招标投标制与工程监理制关系的说法中,正确的是( )。
   A.招标投标制是实行工程监理制的必要条件
   B.招标投标制是实行工程监理制的重要手段
   C.招标投标制是实行工程监理制的重要保证
   D.招标投标制是实行工程监理制的基本保障

35. 工程建设是一个极为复杂的社会生产过程,由于现代社会化大生产和专业化分工,许多单位会参与到工程建设之中,而( )则是维系各参与单位之间关系的纽带。
   A.监理　　　B.招标投标　　　C.合同　　　D.项目法人

36. 在工程项目合同体系中,( )是两个最主要的节点。
   A.建设单位和工程监理单位　　B.工程监理单位和施工单位
   C.建设单位和工程监理单位　　D.建设单位和施工单位

37. 下列关于工程监理制和合同管理制两者关系的说法中,正确的是( )。
   A.合同管理制是实行工程监理制的重要保证
   B.合同管理制是实行工程监理制的必要条件
   C.合同管理制是实行工程监理制的充分条件

D.合同管理制是实行工程监理制的充分必要条件

二、多项选择题

1. 我国工程建设管理基本制度包括( )。
   A.质量终身负责制
   B.工程监理制
   C.合同管理制
   D.招标投标制
   E.项目法人责任制

2. 下列关于建设工程监理含义的说法中,正确的有( )。
   A.建设单位是工程监理任务的委托方,工程监理单位是监理任务的受托方
   B.目前的工程监理仅定位于工程施工阶段
   C.安全生产管理是法律赋予工程监理单位的法定职责
   D.建设工程监理的核心工作就是工程质量控制
   E.与国际上一般的工程咨询服务不同,我国的工程监理是一项具有中国特色的工程建设管理制度

3. 下列工程监理单位应履行的职责中,属于相关法律赋予的法定职责和社会责任的工作是( )。
   A.建设工程进度、投资管理
   B.建设工程质量管理
   C.建设工程安全生产管理
   D.建设工程合同管理和信息管理
   E.建设工程组织协调管理

4. 下列有关行为主体的建设活动,不构成建设工程监理行为的有( )。
   A.建设单位自行对工程实施的监督管理
   B.政府建设主管部门对工程实施的监督管理
   C.工程总承包单位对分包单位实施的监督管理
   D.施工承包单位委托工程咨询单位开展的专业化服务活动
   E.工程监理单位在建设单位的委托授权范围内从事专业化服务活动

5. 根据《建设工程监理规范》,建设工程监理实施的依据包括( )。
   A.与工程建设相关的法律法规
   B.工程勘察设计文件
   C.建设工程监理合同、建设工程施工合同
   D.建设工程参与各方的要求
   E.工程建设标准

6. 建设工程监理的实施必须有充分的依据。下列有关文件资料,属于建设工程监理依据的有( )。
   A.建设工程监理合同
   B.材料设备采购合同
   C.工程分包合同
   D.施工组织设计
   E.建设工程监理规划

7. 明确建设工程监理实施范围是做好监理工作的必要条件。下列工作,属于建设工程监理范围的有( )。
   A.施工质量、投资、进度的控制

B. 协调工程施工相关方的关系

C. 审查设计单位提交的工程设计文件,并提出评估报告

D. 协助建设单位组织工程设计成果评审

E. 在工程保修阶段,监督工程质量缺陷的修复

8. 下列工作中,属于建设工程监理基本职责的有(　　)。

A. 控制工程施工质量和施工进度　　B. 开展施工合同管理和信息管理

C. 编制施工组织设计并予以实施　　D. 开展工程施工安全生产管理

E. 协调工程施工相关方的关系

9. 下列有关建设工程监理含义的说法中,正确的有(　　)。

A. 建设单位自行对工程实施的监督管理不是工程监理

B. 工程监理的实施需要政府建设主管部门的委托和授权

C. 建设工程监理规划是工程监理单位实施监理的依据

D. 工程监理包括在工程勘察、设计、保修等阶段提供的服务

E. 实施建设工程安全生产管理是法律赋予工程监理单位的法定职责

10. 建设工程监理的性质可概括为(　　)等方面。

A. 强制性　　B. 独立性　　C. 公正性　　D. 科学性

E. 服务性

11. 下列关于建设工程监理性质的说法中,正确的有(　　)。

A. 服务性　　B. 科学性　　C. 独立性　　D. 公平性

E. 公益性

12. 在我国建设工程监理的服务对象不包括(　　)。

A. 政府建设主管部门　　B. 工程建设单位

C. 工程施工承包单位　　D. 工程勘察设计单位

E. 金融、保险单位

13. 《建设工程质量管理条例》等法规明确规定了必须实行监理的工程范围。下列工程,必须实行工程监理的有(　　)。

A. 国家重点建设工程　　B. 农民自建低层住宅工程

C. 大中型公用事业工程　　D. 紧急抢险救灾工程

E. 成片开发建设的住宅小区工程

14. 根据有关规定,国家重点建设工程必须实行工程监理。下列工程,属于国家重点建设工程的有(　　)。

A. 大型高速公路工程　　B. 南水北调工程

C. 旅游小镇建设工程　　D. 水资源保护工程

E. 芯片产业工程

15. 根据国家有关规定,大中型公用事业工程必须实行工程监理。下列工程,属于大中型公用事业工程的有(　　)。

A. 总投资额4000万元的供热工程项目

B. 总投资额5000万元的旅游公园项目

C. 总投资额 2000 万元的学校项目
D. 总投资额 3000 万元的供水项目
E. 成片开发建设的住宅小区项目

16. 国家法律规定,成片开发建设的住宅小区工程必须实行工程监理。下列住宅建设工程,必须实行工程监理的有( )。
    A. 建筑面积为 8 万 m^2 的住宅建设工程
    B. 建筑面积为 4 万 m^3 的住宅建设工程
    C. 高层住宅建设工程
    D. 农民自建低层住宅工程
    E. 地基、结构复杂的多层住宅建设工程

17. 下列关于建设单位委托工程监理单位职责的说法中,正确的有( )。
    A. 实行监理的建设工程,由建设单位委托具有相应资质条件的工程监理单位进行监理
    B. 建设单位与其委托的工程监理单位应当订立书面委托监理合同
    C. 实行监理的建设工程,建设单位可以将工程监理业务委托给工程总承包单位
    D. 实行监理的建设工程,建设单位可以自行进行工程监理
    E. 实行监理的建设工程,建设单位可委托具有工程监理相应资质等级并与被监理工程的施工承包单位没有隶属关系或者其他利害关系的该工程的设计单位进行监理

18. 下列关于工程监理单位职责的说法中,正确的有( )。
    A. 工程监理单位应当在其资质等级许可的监理范围内,承担工程监理业务
    B. 工程监理单位应当选派具备相应资格的总监理工程师和监理工程师进驻施工现场
    C. 对于安全事故隐患,施工单位不执行监理机构的指令,拒不整改或者不停止施工,工程监理单位应当及时向有关主管部门报告
    D. 未经监理工程师签字,建筑材料、建筑构配件和设备不得在工程上使用或者安装,施工单位不得进行下一道工序的施工
    E. 未经总监理工程师签字,建设单位不拨付工程款,但可进行竣工验收

19. 根据《建设工程质量管理条例》,工程监理单位将不合格的建设工程、建筑材料、建筑构配件和设备按照合格签字的,应承担的法律责任包括( )。
    A. 责令改正,处 50 万元以上 100 万元以下的罚款,降低资质等级或者吊销资质证书
    B. 有违法所得的,予以没收
    C. 责令改正,处合同约定的监理酬金 1 倍以上 2 倍以下的罚款,降低资质等级
    D. 造成损失的,承担连带赔偿责任
    E. 构成犯罪的,依法追究刑事责任

20. 根据《建设工程质量管理条例》,关于违反该条例规定进行罚款的说法,正确的有( )。
    A. 必须实行工程监理而未实行的,对建设单位处 20 万元以上 50 万元以下罚款
    B. 未按规定办理工程质量监督手续的,对施工单位处 20 万元以上 50 万元以下罚款
    C. 超越本单位资质等级承揽工程监理业务的,对监理单位处监理酬金 1 倍以上 2 倍以下罚款

D. 工程监理单位转让工程监理业务的,对监理单位处监理酬金1倍以上2倍以下罚款

E. 未按照工程建设强制性标准进行设计的,对设计单位处10万元以上30万元以下罚款

21. 根据《建设工程安全生产管理条例》,工程监理单位未依照法律、法规和工程建设强制性标准实施监理的,应承担的法律责任包括( )。

A. 责令限期改正
B. 逾期未改正的,责令停业整顿,并处10万元以上30万元以下的罚款
C. 情节严重的,降低资质等级,直至吊销资质证书
D. 逾期未改正的,责令停业整顿,并处50万元以上100万元以下的罚款
E. 造成重大安全事故,构成犯罪的,对直接责任人员,依照刑法有关规定追究刑事责任

22. 根据《建设工程安全生产管理条例》,在实施工程监理的过程中,监理工程师未执行法律、法规和工程建设强制性标准的,即构成违法行为,应承担的法律责任包括( )。

A. 责令停止执业3个月以上1年以下
B. 情节严重的,吊销执业资格证书,5年内不予注册
C. 造成重大安全事故的,终身不予注册
D. 处1万元以上3万元以下的罚款
E. 构成犯罪的,依照刑法有关规定追究刑事责任

23. 我国工程建设管理基本制度的构成包括( )。

A. 项目法人责任制　　　　　　B. 工程担保制
C. 工程监理制　　　　　　　　D. 招标投标制
E. 合同管理制

24. 根据项目法人责任制的有关要求,项目董事会的职权包括( )。

A. 审核项目的初步设计和概算文件　B. 编制项目财务预算、决算
C. 研究解决建设过程中出现的重要问题　D. 确定招标方案、标底
E. 组织项目后评价

25. 对于实施项目法人责任制的项目,项目董事会的职权有( )。

A. 负责筹措建设资金　　　　　B. 组织编制项目初步设计文件
C. 拟定生产经营计划　　　　　D. 提出项目后评价报告
E. 负责提出项目竣工验收申请报告

26. 实行建设项目法人责任制的项目中,项目总经理的职权有( )。

A. 上报项目初步设计　　　　　B. 编制和确定招标方案
C. 编制项目年度投资计划　　　D. 提出项目开工报告
E. 提出项目后评价报告

27. 根据《中华人民共和国招标投标法》[❶],下列建设工程项目,必须进行招标的有( )。

---

❶ 本书其余习题中简称《招标投标法》。

A. 大型基础设施、公用事业等关系社会公共利益、公众安全的项目
B. 涉及国家安全、国家秘密的项目
C. 全部或者部分使用国有资金投资或者国家融资的项目
D. 利用扶贫资金实行以工代赈的项目
E. 使用国际组织或者外国政府贷款、援助资金的项目

28. 根据《招标投标法》,全部或者部分使用国有资金投资或者国家融资的项目必须招标。下列项目必须进行招标的有( )。
A. 使用预算资金 200 万元人民币以上,且该资金占投资额 10% 以上的项目
B. 使用预算资金 400 万元人民币以上,且该资金占投资额 20% 以上的项目
C. 使用国有企业事业单位资金,且该资金占控股或者主导地位的项目
D. 使用国有企业事业单位资金,且该资金占投资额 50% 以上的项目
E. 使用预算资金 100 万元人民币以上,且该资金占投资额 50% 以上的项目

29. 根据《工程建设项目招标范围和规模标准规定》,必须进行招标的项目有( )。
A. 施工单项合同估算价为 350 万元
B. 重要设备单项合同估算价为 150 万元
C. 重要材料单项合同估算价为 180 万元
D. 设计单项合同估算价为 180 万元
E. 监理单项合同估算价为 150 万元

30. 正确理解建设工程监理的含义对于实施工程监理制具有重要意义。通常情况下,可从( )等方面来理解建设工程监理的含义。
A. 建设工程监理行为主体
B. 建设工程监理实施前提和依据
C. 建设工程监理社会效益
D. 建设工程监理实施范围
E. 建设工程监理基本职责

31. 自建设工程监理制度实施以来,有关法律、行政法规、部门规章等逐步明确了工程监理的法律地位。建设工程监理的法律地位主要体现在( )等方面。
A. 明确了强制实施监理的工程范围
B. 明确了工程监理单位的业务定位
C. 明确了建设单位委托工程监理单位的职责
D. 明确了工程监理单位的职责
E. 明确了工程监理人员的职责

32. 国家强制实行工程监理的范围包括( )。
A. 国家重点建设工程
B. 大中型公用事业工程
C. 成片开发建设的住宅小区工程
D. 利用扶贫资金实行以工代赈的工程
E. 利用外国政府或者国际组织贷款、援助资金的工程

33. 根据国家有关规定,下列工程项目,可不实行项目法人责任制的有( )。
A. 公益性政府投资工程
B. 经营性政府投资工程
C. 非政府投资工程
D. 政府投资工程
E. 企业不使用政府资金投资建设的工程

34.实行建设项目法人责任制的项目中,项目法人的职权主要包含(　　)。
A.项目董事会的职权　　　　　　B.项目监事会的职权
C.项目总经理的职权　　　　　　D.项目总工程师的职权
E.项目总会计师的职权

◀ 习题答案及解析 ▶

一、单项选择题

1. C

【解析】建设工程监理是指工程监理单位受建设单位委托,根据法律法规、工程建设标准、勘察设计文件及合同,在施工阶段对建设工程质量、造价、进度进行控制,对合同、信息进行管理,对工程建设相关方关系进行协调,并履行建设工程安全生产管理法定职责的服务活动。由此可知,目前的工程监理定位于工程施工阶段。

2. D

【解析】建设工程监理的行为主体是工程监理单位。工程监理不同于建设主管部门的监督管理。后者属于行政性监督管理,其行为主体是建设主管部门。同样,建设单位自行管理、工程总承包单位或施工总承包单位对分包单位的监督管理都不是工程监理。只有工程监理单位在建设单位的委托授权范围内从事专业化服务活动才属于建设工程监理。

3. D

【解析】《中华人民共和国建筑法》❶第三十一条规定,建设单位与其委托的工程监理单位应当以书面形式订立建设工程监理合同。也就是说,工程监理的实施需要建设单位的委托和授权。工程监理单位只有与建设单位以书面形式订立建设工程监理合同,明确监理工作的范围、内容、服务期限和酬金,以及双方义务、违约责任后,才能在规定的范围内实施监理。工程监理单位在委托监理的工程中拥有一定管理权限,是建设单位授权的结果。由此可知,建设工程监理实施的前提是建设单位对工程监理单位的委托和授权。

4. C

【解析】工程监理的实施需要建设单位的委托和授权。工程监理单位只有与建设单位以书面形式订立建设工程监理合同,明确监理工作的范围、内容、服务期限和酬金,以及双方义务、违约责任后,才能在规定的范围内实施监理。工程监理单位在委托监理的工程中应履行的职责和拥有一定管理的权限,是建设单位授权的结果。

5. C

【解析】工程监理单位的基本职责是在建设单位委托授权范围内,通过合同管理和信息管理,以及协调工程建设相关方关系,控制建设工程质量、造价和进度三大目标,即:"三控两管一协调"。此外,还需履行建设工程安全生产管理的法定职责,这是《建设工程安全生产

---

❶ 本书其余习题中简称《建筑法》。

管理条例》赋予工程监理单位的社会责任。

6. D

【解析】建设工程监理的服务性主要强调,在工程建设中,工程监理人员利用自己的知识、技能和经验以及必要的试验、检测手段,为建设单位提供管理和技术服务。工程监理单位既不直接进行工程设计,也不直接进行工程施工;既不向建设单位承包工程造价,也不参与施工单位的利润分成。

7. A

【解析】工程监理单位的服务对象是建设单位。在建设单位授权范围内采用规划、控制、协调等方法,控制建设工程质量、造价和进度,并履行建设工程安全生产管理的监理职责,协助建设单位在计划目标内完成工程建设任务。

8. D

【解析】科学性是由建设工程监理的基本任务决定的。工程监理单位只有采用科学的思想、理论、方法和手段,才能驾驭工程建设。为了满足建设工程监理实际工作需求,工程监理单位应由组织管理能力强、工程建设经验丰富的人员担任领导;应有由足够数量的、有丰富管理经验和较强应变能力的监理工程师组成的骨干队伍;应有健全的管理制度、科学的管理方法和手段;应积累丰富的技术、经济资料和数据;应有科学的工作态度和严谨的工作作风,能够创造性地开展工作。

9. B

【解析】按照独立性要求,工程监理单位应严格按照法律法规、工程建设标准、勘察设计文件、建设工程监理合同及有关建设工程合同等实施监理。

10. D

【解析】按照独立性要求,工程监理单位在建设工程监理工作过程中,必须建立项目监理机构,按照自己的工作计划和程序,根据自己的判断,采用科学的方法和手段,独立地开展工作。

11. C

【解析】工程监理单位受建设单位委托实施建设工程监理,无法成为公正或不偏不倚的第三方,但需要公平地对待建设单位和施工单位。公平性是建设工程监理行业能够长期生存和发展的基本职业道德准则。特别是当建设单位与施工单位发生利益冲突或者矛盾时,工程监理单位应以事实为依据,以法律法规和有关合同为准绳,在维护建设单位合法权益的同时,不能损害施工单位的合法权益。

12. A

【解析】本题考核的是实施监理的工程范围。根据《建设工程监理范围和规模标准规定》(建设部令第86号)第七条,国家规定必须实行监理的其他工程是指:(1)项目总投资额在3000万元以上关系社会公共利益、公众安全的基础设施项目;(2)学校、影剧院、体育场馆项目。由此可知,学校、影剧院、体育场馆项目无论投资额是多少,都必须实行工程监理。

13. A

【解析】本题考核的是国家规定必须实行监理的其他工程。国家规定必须实行监理的其他工程是指:(1)项目总投资额在3000万元以上关系社会公共利益、公众安全的下列基础设施项目:①煤炭、石油、化工、天然气、电力、新能源等项目;②铁路、公路、管道、水运、民航以及其他交通运输业等项目;③邮政、电信枢纽、通信、信息网络等项目;④防洪、灌溉、排涝、发电、引(供)水、滩涂治理、水资源保护、水土保持等水建设项目;⑤道路、桥梁、地铁和轻轨交通、污水排放及处理、垃圾处理、地下管道、公共停车场等城市基础设施项目;⑥生态环境保护项目;⑦其他基础设施项目。(2)学校、影剧院、体育场馆项目。

14. A

【解析】 本题考核的是国家规定必须实行监理的工程。国家规定必须实行监理的其他工程是指:(1)项目总投资额在3000万元以上关系社会公共利益、公众安全的下列基础设施项目:①煤炭、石油、化工、天然气、电力、新能源等项目;②铁路、公路、管道水运、民航以及其他交通运输业等项目;③邮政、电信枢纽、通信、信息网络等项目;④防洪、灌溉、排涝、发电、引(供)水、滩涂治理、水资源保护、水土保持等水利建设项目;⑤道路、桥梁、地铁和轻轨交通、污水排放及处理、垃圾处理、地下管道、公共停车场等城市基础设施项目;⑥生态环境保护项目;⑦其他基础设施项目。(2)学校、影剧院、体育场馆项目。

15. B

【解析】 (1)《建筑法》第三十二条规定,工程监理人员认为工程施工不符合工程设计要求、施工技术标准和合同约定的,有权要求建筑施工企业改正。工程监理人员发现工程设计不符合建筑工程质量标准或者合同约定的质量要求的,应当报告建设单位要求设计单位改正。(2)《建设工程质量管理条例》第三十八条规定,监理工程师应当按照工程监理规范的要求,采取旁站、巡视和平行检验等形式,对建设工程实施监理。(3)《建设工程安全生产管理条例》第十四条规定,工程监理人员在实施监理过程中,发现存在安全事故隐患的,应当要求施工单位整改;情况严重的,应当要求施工单位暂时停止施工,并及时报告建设单位。

16. D

【解析】 本题考核的是工程监理单位的法律责任。《建设工程质量管理条例》第六十七条规定,工程监理单位有下列行为之一的,责令改正,处50万元以上100万元以下的罚款,降低资质等级或者吊销资质证书;有违法所得的,予以没收;造成损失的,承担连带赔偿责任:(1)与建设单位或者施工单位串通,弄虚作假、降低工程质量的;(2)将不合格的建设工程、建筑材料、建筑构配件和设备按照合格签字的。

17. B

【解析】 《建设工程质量管理条例》第六十条规定,工程监理单位超越本单位资质等级承揽工程的,责令停止违法行为,处合同约定的监理酬金1倍以上2倍以下的罚款;可以责令停业整顿,降低资质等级;情节严重的,吊销资质证书;有违法所得的,予以没收。

18. D

【解析】 《建设工程质量管理条例》第六十一条规定,工程监理单位允许其他单位或者个人以本单位名义承揽工程的,责令改正,没收违法所得,处合同约定的监理酬金1倍以上2倍以下的罚款;可以责令停业整顿,降低资质等级;情节严重的,吊销资质证书;有违法所得的,予以没收。

19. D

【解析】 《建设工程质量管理条例》第六十二条规定,工程监理单位转让工程监理业务的,责令改正,没收违法所得,处合同约定的监理酬金25%以上50%以下的罚款;可以责令停业整顿,降低资质等级;情节严重的,吊销资质证书。

20. A

【解析】《建设工程质量管理条例》第六十八条规定,工程监理单位与被监理工程的施工承包单位以及建筑材料、建筑构配件和设备供应单位有隶属关系或者其他利害关系承担该项建设工程的监理业务的,责令改正,处5万元以上10万元以下的罚款,降低资质等级或者吊销资质证书;有违法所得的,予以没收。

21. C

【解析】《建设工程安全生产管理条例》第五十七条规定,工程监理单位有下列行为之一的,责令限期改正;逾期未改正的,责令停业整顿,并处10万元以上30万元以下的罚款;情节严重的,降低资质等级,直至吊销资质证书;造成重大安全事故,构成犯罪的,对直接责任人员,依照刑法有关规定追究刑事责任;造成损失的,依法承担赔偿责任:(1)未对施工组织设计中的安全技术措施或者专项施工方案进行审查的;(2)发现安全事故隐患未及时要求施工单位整改或者暂时停止施工的;(3)施工单位拒不整改或者不停止施工,未及时向有关主管部门报告的;(4)未依照法律、法规和工程建设强制性标准实施监理的。

22. C

【解析】《中华人民共和国刑法》第一百三十七条规定,工程监理单位违反国家规定,降低工程质量标准,造成重大安全事故的,对直接责任人员,处五年以下有期徒刑或者拘役,并处罚金;后果特别严重的,处五年以上十年以下有期徒刑,并处罚金。

23. C

【解析】《建设工程质量管理条例》第七十二条规定,监理工程师因过错造成质量事故的,责令停止执业1年;造成重大质量事故的,吊销执业资格证书,5年以内不予注册;情节特别恶劣的,终身不予注册。

24. A

【解析】为了建立投资约束机制,规范建设单位行为,对于经营性政府投资工程需实行项目法人责任制,由项目法人对项目的策划、资金筹措、建设实施、生产经营、债务偿还和资产的保值增值,实行全过程负责。

25. D

【解析】项目法人责任制的核心是要落实"谁投资、谁决策,谁承担风险"的基本原则。项目法人要对工程项目的建设及建成后的生产经营实行一条龙管理和全面负责。

26. A

【解析】根据国家有关规定,新上项目在项目建议书被批准后,应由项目的投资方派代表组成项目法人筹备组,具体负责项目法人的筹建工作。

27. C

【解析】本题考核的是项目法人的设立。按照有关规定,新上项目在项目建议书被批准后,应由项目的投资方派代表组成项目法人筹备组,具体负责项目法人的筹建工作。在项目可行性研究报告被批准后,应正式成立项目法人。按有关规定确保资本金按时到位,并及时办理公司设立登记。项目公司可以是有限责任公司(包括国有独资公司),也可以是股份有限公司。

28. B

【解析】 根据国家有关规定,由原有企业负责建设的大中型基建项目,需新设立子公司的,要重新设立项目法人;只设分公或分厂的,原企业法人即是项目法人,原企业法人应向分公司或分厂派专职管理人员,并实行专项考核。

29. C

【解析】 本题考核的是项目董事会的职权。建设项目董事会的职权有:(1)负责筹措建设资金;(2)审核、上报项目初步设计和概算文件;(3)审核、上报年度投资计划并落实年度资金;(4)提出项目开工报告;(5)研究解决建设过程中出现的重大问题;(6)负责提出项目竣工验收申请报告;(7)审定偿还债务计划和生产经营方针,并负责按时偿还债务;(8)聘任或解聘项目总经理,并根据总经理的提名,聘任或解聘其他高级管理人员。

30. C

【解析】 本题考核的是项目总经理的职权。项目总经理的主要职权包括:组织编制项目初步设计文件,对项目工艺流程、设备选型、建设标准、总图布置提出意见,提交董事会审查;编制并组织实施归还贷款和其他债务计划;组织工程建设实施,负责控制工程投资、工期和质量;负责组织项目试生产和单项工程预验收;提请董事会聘任或解聘项目高级管理人员等。选项A、B、D属于项目董事会的职权。

31. A

【解析】 本题考核的是项目总经理的职权。项目总经理的职权有:(1)组织编制项目初步设计文件,对项目工艺流程、设备选型、建设标准、总图布置提出意见,提交董事会审查;(2)组织工程设计、施工监理、施工队伍和设备材料采购的招标工作,编制和确定招标方案、标底和评标标准,评选和确定投标、中标单位;(3)编制并组织实施项目年度投资计划、用款计划、建设进度计划;(4)编制项目财务预算、决算;(5)编制并组织实施归还贷款和其他债务计划;(6)组织工程建设实施,负责控制工程投资、工期和质量;(7)在项目建设过程中,在批准的概算范围内对单项工程的设计进行局部调整(凡引起生产性质、能力、产品品种和标准变化的设计调整以及概算调整,需经董事会决定并报原审批单位批准);(8)根据董事会授权处理项目实施中的重大紧急事件,并及时向董事会报告;(9)负责生产准备工作和培训有关人员;(10)负责组织项目试生产和单项工程预验收;(11)拟定生产经营计划、企业内部机构设置、劳动定员定额方案及工资福利方案;(12)组织项目后评价,提出项目后评价报告;(13)按时向有关部门报送项目建设、生产信息和统计资料;提请董事会聘任或解聘项目高级管理人员。选项B、C、D属于项目董事会的职权。

32. A

【解析】 项目法人负责制与工程监理制的关系,主要表现为以下两点:(1)项目法人责任制是实行工程监理制的必要条件。项目法人责任制的核心是要落实"谁投资、谁决策、谁承担风险"的基本原则。项目法人为了做好投资决策和风险承担工作,切实承担其职责,必然需要社会化、专业化机构为其提供服务,这种需求为工程监理的发展提供了坚实基础。(2)工程监理制是实行项目法人责任制的基本保障。实行工程监理制,项目法人可以依据自身需求和有关规定委托监理,在工程监理单位协助下,进行建设工程质量、造价、进度目标有效控制,从而为在计划目标内完成工程建设提供了基本保证。

33. D

【解析】本题考核的是工程招标的具体范围和规模标准。建设工程项目的勘察、设计、施工、监理以及与工程建设有关的重要设备、材料等的采购，达到下列标准之一的，必须进行招标：(1)施工单项合同估算价在400万元人民币以上；(2)重要设备、材料等货物的采购，单项合同估算价在200万元人民币以上；(3)勘察、设计、监理等服务的采购，单项合同估算价在100万元人民币以上。同一项目中可以合并进行的勘察、设计、施工、监理以及与工程建设有关的重要设备、材料等的采购，合同估算价合计达到上述规定标准的，必须招标。

34. C

【解析】招标投标制与工程监理制的关系，主要表现为以下两点：(1)招标投标制是实行工程监理制的重要保证。对于法律法规规定必须招标的监理项目，建设单位需要按规定采用招标方式选择工程监理单位。通过工程监理招标，有利于建设单位优选高水平工程监理单位，确保工程监理效果。(2)工程监理制是落实招标投标制的重要手段。实行工程监理制，建设单位可以通过委托工程监理单位做好招标工作，更好地优选施工单位和材料设备供应单位。

35. C

【解析】工程建设是一个极为复杂的社会生产过程，由于现代社会化大生产和专业化分工，许多单位会参与到工程建设之中，而各类合同则是维系各参与单位之间关系的纽带。

36. D

【解析】(1)建设单位是建设工程的投资人和管理人，因此工程建设的各个阶段都必须有建设单位参与，为实现工程项目总目标，建设单位可通过签订合同将工程项目有关活动委托给相应的专业承包单位或专业服务机构，相应的合同有：工程承包(总承包、施工承包)合同、工程勘察合同、工程设计合同、材料设备采购合同、工程咨询(可行性研究、技术咨询、造价咨询)合同、工程监理合同、工程项目管理服务合同、工程保险合同、贷款合同等。(2)工程项目的规划、设计最后必须通过施工单位的施工活动才能实现，施工单位作为工程承包合同的履行者，也可通过签订合同将工程承包合同中所确定的工程设计、施工、材料设备采购等部分任务委托给其他相关单位来完成，相应的合同有：工程分包合同、材料设备采购合同、运输合同、加工合同、租赁合同、劳务分包合同、保险合同等。综上所述，在工程项目合同体系中，建设单位和施工单位是两个最主要的节点。

37. A

【解析】本题考核的是工程监理制和合同管理制两者的关系。合同管理制与工程监理制的关系：(1)合同管理制是实行工程监理制的重要保证。建设单位委托监理时，需要与工程监理单位建立合同关系，明确双方的义务和责任。工程监理单位实施监理时，需要通过合同管理控制工程质量、造价和进度目标。合同管理制的实施，为工程监理单位开展合同管理工作提供了法律和制度支持。(2)工程监理制是落实合同管理制的重要保障。实行工程监理制，建设单位可以通过委托工程监理单位做好合同管理工作，更好地实现建设工程项目目标。

二、多项选择题

1. BCDE

【解析】 我国工程建设领域体制改革的主要内容,就是建立了项目法人责任制、招标投标制、合同管理制、工程监理制等,它们构成了我国工程建设管理的基本制度。

2. ABCE

【解析】 从建设工程监理的概念可知,建设单位(业主、项目法人)是工程监理任务的委托方,工程监理单位是监理任务的受托方。工程监理单位在建设单位的委托授权范围内从事专业化服务活动。与国际上一般的工程咨询服务不同,工程监理是一项具有中国特色的工程建设管理制度。目前我国的建设工程监理不仅定位于工程施工阶段,而且法律法规将工程质量、安全生产管理方面的责任赋予工程监理单位。

3. BC

【解析】 工程监理单位除了应履行建设工程监理合同约定的各项职责,还应履行相关法律赋予的法定职责和社会责任。在工程监理单位的基本职责中,建设工程质量管理和安全生产管理是《建设工程质量管理条例》和《建设工程安全生产管理条例》赋予工程监理单位应履行的法定职责和社会责任。当然,法律赋予工程监理单位应履行的法定职责和社会责任在合同中也可以进一步详细明确地约定。

4. ABCD

【解析】《建筑法》第三十一条规定,实行监理的工程,由建设单位委托具有相应资质条件的工程监理单位实施监理。工程监理的行为主体是工程监理单位。工程监理不同于建设主管部门的监督管理。后者属于行政性监督管理,其行为主体是建设主管部门。同样,建设单位自行管理、工程总承包单位或施工总承包单位对分包单位的监督管理都不是工程监理。由此可知,只有工程监理单位在建设单位的委托授权范围内从事专业化服务活动才构成工程监理。

5. ABCE

【解析】 建设工程监理实施依据包括:(1)法律法规。包括:《建筑法》、《中华人民共和国民法典》❶第三编合同、《招标投标法》、《中华人民共和国安全生产法》❷、《建设工程质量管理条例》、《建设工程安全生产管理条例》、《中华人民共和国招标投标法实施条例》❸等法律法规,以及地方性法规等。(2)工程建设标准。包括:有关工程技术标准、规范、规程及《建设工程监理规范》等。(3)勘察设计文件及合同。包括:批准的初步设计文件、施工图设计文件,建设工程监理合同以及与所监理工程相关的施工合同,材料设备采购合同等。

6. AB

【解析】 建设工程监理实施依据包括法律法规、工程建设标准、勘察设计文件及有关合同文件。这里的合同包括建设工程监理合同以及与所监理工程相关的施工合同、材料设备采购合同等。工程分包合同是明确总承包人与分包人权利义务,协调总承包人与分包人关系的协议。监理规划是监理机构和监理人员开展监理活动的指导性文件。施工组织设计则是施工单位组织开展施工活动的指导性文件。

7. AB

---

❶ 本书其余习题中简称《民法典》。
❷ 本书其余习题中简称《安全生产法》。
❸ 本书其余习题中简称《招标投标法实施条例》。

【解析】这里应正确区分工程监理和相关服务。(1)建设工程监理定位于工程施工阶段。工程监理单位受建设单位委托,按照建设工程监理合同约定,在施工阶段对建设工程施工质量、造价和进度进行控制,对施工合同、信息进行管理,对工程建设相关方关系进行协调,并履行建设工程安全生产管理的法定职责。(2)相关服务定位于工程勘察、设计、保修阶段。在工程勘察、设计、保修等阶段提供的服务活动均为相关服务。就是说,除了承揽工程监理业务,工程监理单位还可以拓展自身的经营范围,为建设单位提供投资决策综合性咨询、工程建设全过程咨询乃至全过程工程咨询。

8. ABDE

【解析】工程监理单位的基本职责是在建设单位委托授权范围内,通过合同管理和信息管理,以及协调工程建设相关方关系,控制建设工程质量、造价和进度三大目标,即:"三控两管一协调"。此外,还需履行建设工程安全生产管理的法定职责,这是《建设工程安全生产管理条例》赋予工程监理单位的社会责任。选项C属于施工单位的职责。

9. ACE

【解析】(1)工程监理的行为主体是工程监理单位。建设主管部门的监督管理属于行政性监督管理,其行为主体是建设主管部门。同样,建设单位自行管理、工程总承包单位或施工总承包单位对分包单位的监督管理都不是工程监理。(2)只有建设单位委托和授权后,才能在规定的范围内实施监理。工程监理单位在委托监理的工程中拥有一定管理权限,是建设单位授权的结果。(3)建设工程监理实施依据包括法律法规、工程建设标准、勘察设计文件及合同。监理规划是在相关依据的规范下指导监理机构开展监理工作的指导性文件。(4)在工程勘察、设计、保修等阶段提供的服务活动均为相关服务,不是工程监理。(5)实施建设工程安全生产管理,这是《建设工程安全生产管理条例》赋予工程监理单位的法定职责和社会责任。

10. BDE

【解析】在我国,建设工程监理的性质可概括为服务性、科学性、独立性和公平性等四方面。虽然国家明确了必须实施监理的工程范围,但在该范围以外的工程建设单位也可根据工程实际情况实施工程监理。工程监理单位是受建设单位的委托和授权,为建设单位提供服务,无法成为公正或不偏不倚的第三方,在有些问题的处理中实际上很难做到公正。因此,主要强调公平性,就是需要公平地对待建设单位和施工单位。公平性是建设工程监理行业能够长期生存和发展的基本职业道德准则。

11. ABCD

【解析】本题考核的是建设工程监理的性质。建设工程监理的性质可概括为服务性、科学性、独立性和公平性四个方面。

12. ACDE

【解析】建设工程监理是指工程监理单位受建设单位委托,根据法律法规、工程建设标准、勘察设计文件及合同,在施工阶段对建设工程质量、造价、进度进行控制,对合同、信息进行管理,对工程建设相关方关系进行协调,并履行建设工程安全生产管理法定职责的服务活动。由上述建设工程监理的定义中可知,在我国工程监理服务对象具有单一性,即建设工程监理的服务对象只有建设单位。换句话说,只有建设单位委托的工程监理单位在工程施工阶段为建设单位提供的专业化服务才属于监理。因此,工程监理单位只为建设单位提供专业化的管理和技术服务。

13. ACE

【解析】《建设工程质量管理条例》第十二条规定,五类工程必须实行监理,即:①国家重点建设工程;②大中型公用事业工程;③成片开发建设的住宅小区工程;④利用外国政府或者国际组织贷款、援助资金的工程;⑤国家规定必须实行监理的其他工程。注意,这里所说的国家规定必须实行监理的其他工程,是指:(1)项目总投资额在3000万元以上关系社会公共利益、公众安全的下列基础设施项目:①煤炭、石油、天然气、电力、新能源等项目;②铁路、公路、管道、水运、民航以及其他交通运输业等项目;③邮政、电信枢纽、通信、信息网络等项目;④防洪、灌溉、排涝、发电、引(供)水、滩涂治理等水利建设项目;⑤道路、桥梁、地铁和轻轨交通、污水排放及处理、垃圾处理、地下管道、公共停车场等城市基础设施项目;⑥生态环境保护项目;⑦其他基础设施项目。(2)学校、影剧院、体育场馆项目。

14. ABE

【解析】根据《建设工程监理范围和规模标准规定》,国家重点建设工程是指对国民经济和社会发展有重大影响的骨干项目,包括:(1)基础设施、基础产业和支柱产业中的大型项目,如选项A;(2)高科技并能带动行业技术进步的项目,如选项E;(3)跨地区并对全国经济发展或者区域经济发展有重大影响的项目,如选项B;(4)对社会发展有重大影响的项目;(5)其他骨干项目。选项C属于公用事业工程,选项D属于关系社会公共利益、公众安全的工程。

15. ABD

【解析】大中型公用事业工程是指项目总投资额在3000万元以上的下列工程项目:(1)供水、供电、供气、供热等市政工程项目;(2)科技、教育、文化等项目;(3)体育、旅游、商业等项目;(4)卫生、社会福利等项目;(5)其他公用事业项目。

16. ACE

【解析】成片开发建设的住宅小区工程,建筑面积在5万m^2以上的住宅建设工程必须实行监理;5万m^3以下的住宅建设工程,可以实行监理,具体范围和规模标准由省、自治区、直辖市人民政府建设行政主管部门规定。为了保证住宅质量,对高层住宅及地基、结构复杂的多层住宅应当实行监理,农民自建低层住宅工程不实行监理。

17. ABE

【解析】《建筑法》第三十一条规定,实行监理的建筑工程,由建设单位委托具有相应资质条件的工程监理单位监理。建设单位与其委托的工程监理单位应当订立书面委托监理合同。

《建设工程质量管理条例》第十二条也规定,实行监理的建设工程,建设单位应当委托具有相应资质等级的工程监理单位进行监理,也可以委托具有工程监理相应资质等级并与被监理工程的施工承包单位没有隶属关系或者其他利害关系的该工程的设计单位进行监理。

18. ABCD

【解析】《建筑法》第三十四条规定,工程监理单位应当在其资质等级许可的监理范围内,承担工程监理业务。《建设工程质量管理条例》第三十七条规定,工程监理单位应当选派具备相应资格的总监理工程师和监理工程师进驻施工现场。未经监理工程师签字,建筑材料、建筑构配件和设备不得在工程上使用或者安装,施工单位不得进行下一道工序的施工。未经总监理工程师签字,建设单位不拨付工程款,不进行竣工验收。《建设工程安全生产管理条例》第十四条规定,工程监理单位应当审查施工组织设计中的安全技术措施或者专项施工方案是否符合工程建设强制性标准。工程监理单位在实施监理过程中,发现存在安全事故隐患的,应当要求施工单位整改;情况严重的,应当要求施工单位暂时停止施工,并及时报告建设单位。施工单位拒不整改或者不停止施工的,工程监理单位应当及时向有关主管部门报告。

19. ABDE

【解析】《建设工程质量管理条例》第六十七条规定,工程监理单位有下列行为之一的,责令改正,处50万元以上100万元以下的罚款,降低资质等级或者吊销资质证书;故选项C错误;有违法所得的,予以没收;造成损失的,承担连带赔偿责任:(1)与建设单位或者施工单位串通,弄虚作假,降低工程质量的;(2)将不合格的建设工程、建筑材料、建筑构配件和设备按照合格签字的。《建筑法》第六十九条规定,工程监理单位与建设单位或者建筑施工企业串通,弄虚作假,降低工程质量的,责令改正,处以罚款,降低资质等级或者吊销资质证书;有违法所得的,予以没收;造成损失的,承担连带赔偿责任;构成犯罪的,依法追究刑事责任。故选项E正确。

20. ABCE

【解析】本题考核的是工程监理单位的法律责任。(1)《建设工程质量管理条例》第五十六条规定,未按照国家规定办理工程质量监督手续的;建设单位对建设项目必须实行工程监理而未实行工程监理的;责令改正,处20万元以上50万元以下的罚款;故选项A、B正确。(2)《建设工程质量管理条例》第六十条和第六十一条规定,工程监理单位有下列行为的,责令停止违法行为或改正,处合同约定的监理酬金1倍以上2倍以下的罚款;可以责令停业整顿,降低资质等级;情节严重的,吊销资质证书:①超越本单位资质等级承揽工程的;②允许其他单位或者个人以本单位名义承揽工程的。故选项C正确。(3)《建设工程质量管理条例》第六十二条规定,工程监理单位转让工程监理业务的,责令改正,没收违法所得,处合同约定的监理酬金25%以上50%以下的罚款;可以责令停业整顿,降低资质等级;情节严重的,吊销资质证书。故选项D错误。(4)《建设工程质量管理条例》第六十三条规定,违反本条例规定,有下列行为之一的,责令改正,处10万元以上30万元以下的罚款:①勘察单位未按照工程建设强制性标准进行勘察的;②设计单位未根据勘察成果文件进行工程设计的;③设计单位指定建筑材料、建筑构配件的生产厂、供应商的;④设计单位未按照工程建设强制性标准进行设计的。故选项E正确。

21. ABCE

【解析】《建设工程安全生产管理条例》第五十七条规定,工程监理单位未对施工组织设计中的安全技术措施或者专项施工方案进行审查的,或者发现安全事故隐患未及时要求施工单位整改或者暂时停止施工的,或者施工单位拒不整改或者不停止施工,未及时向有关主管部门报告的,或者未依照法律、法规和工程建设强制性标准实施监理的,责令限期改正;逾期未改正的,责令停业整顿,并处10万元以上30万元以下的罚款;情节严重的,降低资质等级,直至吊销资质证书;造成重大安全事故,构成犯罪的,对直接责任人员,依照刑法有关规定追究刑事责任;造成损失的,依法承担赔偿责任。

22. ABCE

【解析】《建设工程安全生产管理条例》第五十八条规定,监理工程师未执行法律、法规和工程建设强制性标准的,责令停止执业3个月以上1年以下;情节严重的,吊销执业资格证书,5年内不予注册;造成重大安全事故的,终身不予注册;构成犯罪的,依照刑法有关规定追究刑事责任。

23. ACDE

【解析】按照有关规定,我国工程建设应实行项目法人责任制、工程监理制、招标投标制和合同管理制,这些制度相互关联、相互支持,共同构成了我国工程建设管理基本制度。

24. AC

【解析】建设项目董事会的职权有:负责筹措建设资金;审核、上报项目初步设计和概算文件;审核、上报年度投资计划并落实年度资金;提出项目开工报告;研究解决建设过程中出现的重大问题等。选项B、D、E属于项目总经理的职权。

25. AE

【解析】本题考核的是建设工程法人责任制中项目董事会职权的内容。建设项目董事会的职权有:(1)负责筹措建设资金;(2)审核、上报项目初步设计和概算文件;(3)审核、上报年度投资计划并落实年度资金;(4)提出项目开工报告;(5)研究解决建设过程中出现的重大问题;(6)负责提出项目竣工验收申请报告;(7)审定偿还债务计划和生产经营方针,并负责按时偿还债务;(8)聘任或解聘项目总经理,并根据总经理的提名,聘任或解聘其他高级管理人员。选项B、C、D中组织编制项目初步设计文件、拟定生产经营计划和提出项目后评价报告则是项目总经理的职权。故选项B、C、D错误。

26. BCE

【解析】本题考核的是项目总经理的职权。项目总经理的职权有:(1)组织编制项目初步设计文件,对项目工艺流程、设备选型、建设标准、总图布置提出意见,提交董事会审查;(2)组织工程设计、施工监理、施工队伍和设备材料采购的招标工作,编制和确定招标方案、标底和评标标准,评选和确定投标、中标单位;(3)编制并组织实施项目年度投资计划、用款计划、建设进度计划;(4)编制项目财务预算、决算;(5)编制并组织实施归还贷款和其他债务计划;(6)组织工程建设实施,负责控制工程投资、工期和质量;(7)在项目建设过程中,在批准的概算范围内对单项工程的设计进行局部调整(凡引起生产性质、能力、产品品种和标准变化的设计调整以及概算调整,需经董事会决定并报原审批单位批准);(8)根据董事会授权处理项目实施中的重大紧急事件,并及时向董事会报告;(9)负责生产准备工作和培训有关人员;(10)负责组织项目试生产和单项工程预验收;(11)拟定生产经营计划、企业内部机构设置、劳动定员定额方案及工资福利方案;(12)组织项目后评价,提出项目后评价报告;(13)按时向有关部门报送项目建设、生产信息和统计资料;(14)提请董事会聘任或解聘项目高级管理人员。选项A、D属于项目董事会的职权。

27. ACE

【解析】《招标投标法》第三条规定,在中华人民共和国境内进行下列工程建设项目的勘察、设计、施工、监理以及与工程建设有关的重要设备、材料等的采购,必须进行招标:(1)大型基础设施、公用事业等关系社会公共利益、公众安全的项目;(2)全部或者部分使用国有资金投资或者国家融资的项目;(3)使用国际组织或者外国政府贷款、援助资金的项目。《招标投标法》第六十六条规定,涉及国家安全、国家秘密、抢险救灾或者属于利用扶贫资金实行以工代赈、需要使用农民工等特殊情况,按照国家有关规定可以不进行招标。

28. AC

【解析】根据《必须招标的工程项目规定》,全部或者部分使用国有资金投资或者国家融资的项目包括:(1)使用预算资金200万元人民币以上,且该资金占投资额10%以上的项目;(2)使用国有企业事业单位资金,且该资金占控股或者主导地位的项目。

29. DE

【解析】本题考核的是《工程建设项目招标范围和规模标准规定》中必须招标的内容。勘察、设计、施工、监理以及与工程建设有关的重要设备、材料等的采购,达到下列标准之一的,必须进行招标:(1)施工单项合同估算价在400万元人民币以上的;(2)重要设备、材料等货物的采购,单项合同估算价在200万元人民币以上的;(3)勘察、设计、监理等服务的采购,单项合同估算价在100万元人民币以上的。同一项目中可以合并进行的勘察、设计、施工、监理以及与工程建设有关的重要设备、材料等的采购,合同估算价合计达到上述规定标准的,必须进行招标。根据题意,故答案应选D、E选项。

30. ABDE

【解析】工程监理含义可从以下几方面理解:(1)建设工程监理行为主体;(2)建设工程监理实施前提;(3)建设工程监理依据;(4)建设工程监理实施范围;(5)建设工程监理基本职责。

31. ACDE

【解析】自建设工程监理制度实施以来,有关法律、行政法规、部门规章等逐步明确了工程监理的法律地位。建设工程监理的法律地位主要体现以下几方面:(1)法律明确了强制实施监理的工程范围;(2)法律明确了建设单位委托工程监理单位的职责;(3)法律明确了工程监理单位的职责;(4)明确了工程监理人员的职责。

32. ABCE

【解析】《建筑法》第三十条规定,国家推行建筑工程监理制度。国务院可以规定实行强制监理的建筑工程的范围。《建设工程质量管理条例》第十二条规定,五类工程必须实行监理,即:(1)国家重点建设工程;(2)大中型公用事业工程;(3)成片开发建设的住宅小区工程;(4)利用外国政府或者国际组织贷款、援助资金的工程;(5)国家规定必须实行监理的其他工程。《招标投标法》第六十六条规定,涉及国家安全、国家秘密、抢险救灾或者属于利用扶贫资金实行以工代赈、需要使用农民工等特殊情况,不适宜进行招标的项目,按照国家有关规定可以不进行招标。

33. ACDE

【解析】为了建立投资约束机制,规范建设单位行为,对于经营性政府投资工程需实行项目法人责任制,由项目法人对项目的策划、资金筹措、建设实施、生产经营、债务偿还和资产的保值增值,实行全过程负责。项目法人责任制的核心内容是明确由项目法人承担投资风险,项目法人要对工程项目的建设及建成后的生产经营实行一条龙管理和全面负责。

34. AC

【解析】实行建设项目法人责任制的项目中,项目法人的职权主要包括项目董事会的职权和总经理的职权。

第二章 工程建设程序及组织实施模式

习 题 精 练

一、单项选择题

1. 按照工程建设内在规律,每一项建设工程都要经过( )两个发展阶段。
   A. 勘察设计和施工安装　　　　　B. 投资决策和建设实施
   C. 施工建造和竣工验收　　　　　D. 可行性研究和建设实施

2. 对于政府投资工程,项目建议书按要求编制完成后,应根据建设规模和限额划分报送有关部门审批。批准的项目建议书( )。
   A. 不是工程项目的最终决策　　　B. 是工程项目的最终决策
   C. 是工程项目勘察设计的主要依据　D. 是工程投资决策阶段工作结束的标志

3. 对于政府投资项目,不属于可行性研究应完成工作的是( )。
   A. 进行市场研究　　　　　　　　B. 进行工艺技术方案研究
   C. 进行环境影响的初步评价　　　D. 进行财务和经济分析

4. 根据《国务院关于投资体制改革的决定》,政府投资工程实行( )。
   A. 审批制　　B. 核准制　　C. 公示制　　D. 登记备案制

5. 根据《国务院关于投资体制改革的决定》,对于采用投资补助、转贷和贷款贴息的政府投资工程,政府需要审批( )。
   A. 项目建议书　　　　　　　　　B. 可行性研究报告
   C. 初步设计和概算　　　　　　　D. 资金申请报告

6. 根据《国务院关于投资体制改革的决定》,采用直接投资的政府投资项目,除特殊情况外,不再审批( )。
   A. 项目建议书　　　　　　　　　B. 可行性研究报告
   C. 初步设计和概算　　　　　　　D. 开工报告

7. 政府投资工程一般都要经过符合资质要求的咨询中介机构的评估论证,特别重大的工程还应实行( )。
   A. 公示制度　　　　　　　　　　B. 听证制度
   C. 专家评议制度　　　　　　　　D. 登记备案制度

8. 根据《国务院关于投资体制改革的决定》,对于企业不使用政府资金投资建设的工程,将区别不同情况实行( )。
   A. 核准制或登记备案制　　　　　B. 公示制或登记备案制

C. 听证制或公示制 D. 听证制或核准制

9. 根据《国务院关于投资体制改革的决定》,民营企业投资建设《政府核准的投资项目目录》中的项目时,需向政府提交(   )。

   A. 项目申请报告 B. 可行性研究报告
   C. 初步设计和概算 D. 开工报告

10. 根据《国务院关于投资体制改革的决定》,民营企业投资建设《政府核准的投资项目目录》以外的项目时,由企业按照属地原则向地方政府投资主管部门(   )。

    A. 备案 B. 提交项目申请报告
    C. 项目建议书 D. 可行性研究报告

11. 对于基本建立现代企业制度的特大型企业集团,投资建设《政府核准的投资项目目录》中的项目时,可以按项目(   )。

    A. 单独登记备案 B. 单独申报核准
    C. 单独申报审批 D. 单独审批开工报告

12. 基于建设工程施工安装的需要,工程勘察需要对(   )进行详细论证,保证建设工程合理进行。

    A. 建设项目技术上的可行性 B. 建设项目经济上的合理性
    C. 工程建设场地的适合性 D. 建设项目周围环境的配合性

13. 根据有关规定,建设工程设计工作一般划分为(   )。

    A. 初步设计和详细设计 B. 一阶段设计和二阶段设计
    C. 初步设计和施工图设计 D. 结构设计和外观设计

14. 建设工程设计一般划分为两个阶段,即初步设计和施工图设计。其中初步设计是根据可行性研究报告的要求进行具体(   )设计。

    A. 工艺 B. 结构 C. 实施方案 D. 环境

15. 根据有关规定,如果工程初步设计提出的总概算超过可行性研究报告总投资的(   )以上或其他主要指标需要变更时,应说明原因和计算依据,并重新向原审批单位报批可行性研究报告。

    A. 3% B. 5% C. 10% D. 15%

16. 根据有关规定,工程初步设计阶段应编制的技术经济文件是(   )。

    A. 投资估算 B. 设计概算 C. 工程预算 D. 初步预算

17. 根据《房屋建筑和市政基础设施工程施工图设计文件审查管理办法》,施工图审查机构对施工图审查的内容是(   )。

    A. 施工组织设计的合理性 B. 施工方案的经济性
    C. 工程建设强制性标准的符合性 D. 使用功能要求的符合性

18. 某建设工程施工过程中,施工现场出现了不可预见的不利物质条件,经有关单位批准对该工程的地基基础进行了修改,建设单位应当将修改后的施工图送(   )审查。

    A. 原设计单位 B. 监理机构
    C. 建设主管部门 D. 原审查机构

19. 根据有关规定,建设单位在(   )之前应当到规定的工程质量监督机构办理工程质量监督注册手续。
    A. 施工招标   B. 开始施工
    C. 办理施工许可证   D. 签订施工合同
20. 按照有关规定,建设单位办理工程质量监督注册手续时需提供的文件是( )。
    A. 施工图设计文件   B. 施工组织设计文件
    C. 监理单位质量管理体系文件   D. 建筑工程用地审批文件
21. 根据国家有关规定,( )在开工前应当向工程所在地县级以上人民政府建设主管部门申请领取施工许可证。
    A. 建设单位   B. 施工单位
    C. 工程监理单位   D. 勘察设计单位
22. 建设工程开工时间是指工程设计文件中规定的任何一项永久性工程( )的开始日期。
    A. 地质勘察   B. 场地旧建筑物拆除
    C. 施工用临时道路施工   D. 第一次正式破土开槽
23. 对于生产性工程项目而言,生产准备是工程项目投产前由( )进行的一项重要工作。
    A. 建设单位   B. 施工单位
    C. 设计单位   D. 政府建设主管部门
24. 从服务内容看,全过程工程咨询包括( )。
    A. 决策咨询和实施咨询   B. 技术咨询和管理咨询
    C. 政策法律咨询和环境风险咨询   D. 合同咨询和信息咨询
25. 全过程工程咨询的核心是( )。
    A. 通过采取综合性的技术与管理方法,为委托方提供高水平的专业化服务
    B. 通过组织协调与管理,调动工程参与各方能动性,从而实现共同目标
    C. 通过采用工程技术、经济、管理方法和多阶段集成化服务,为委托方提供增值服务
    D. 通过技术、经济、管理的综合集成服务,实现项目目标的优化
26. 工程总承包的服务范围包括( )等阶段。
    A. 工程设计、采购
    B. 工程设计、施工
    C. 工程采购、施工
    D. 工程设计、采购、施工或者设计、施工
27. 工程总承包单位应建立与工程总承包项目相适应的项目管理组织,即项目部,并行使项目管理职能。项目部的基本职能不包括( )。
    A. 应具有工程总承包项目组织实施和控制职能
    B. 应具有内外部沟通协调管理职能
    C. 应对项目质量、安全、费用、进度、职业健康和环境保护目标负责
    D. 负责组织项目试生产和单项工程预验收

二、多项选择题

1. 我国目前着力推行的工程建设组织实施模式包括( )。
   A. 平行承包
   B. 施工总承包
   C. 工程总承包(EPC/DB)
   D. 建筑工程管理(CM)
   E. 全过程工程咨询

2. 建设工程投资决策阶段工作内容主要包括( )。
   A. 项目规划
   B. 项目建议书的编报和审批
   C. 可行性研究报告的编报和审批
   D. 项目投资经济效果评价
   E. 勘察设计文件的评审

3. 项目建议书是拟建项目单位向政府投资主管部门提出的要求建设某一工程项目的建议文件。项目建议书的主要作用是推荐一个拟建项目,论述其( )。
   A. 建设的必要性
   B. 建设条件的可行性
   C. 建设风险的可控性
   D. 可用资源的充分性
   E. 项目获利的可能性

4. 项目建议书是针对拟建工程项目编制的建议文件,其主要内容包括( )。
   A. 项目提出的必要性和依据
   B. 拟建规模和建设地点的初步设想
   C. 项目的技术可行性
   D. 项目投资估算
   E. 项目进度安排

5. 项目建议书是拟建项目单位向政府投资主管部门提出的要求建设某一工程项目的建议文件,应包括的内容有( )。
   A、项目提出的必要性和依据
   B. 项目资金筹措及还贷方案设想
   C. 项目建设地点的初步设想
   D. 项目的进度安排
   E. 项目融资风险分析

6. 对于采用直接投资和资本金注入方式的政府投资工程,需审批其项目建议书。项目建议书的内容一般应包括( )。
   A. 项目提出的必要性和依据
   B. 投资估算、资金筹措及还贷方案设想
   C. 产品方案、拟建规模和建设地点的初步设想
   D. 项目建设重点、难点的初步分析
   E. 环境影响的初步评价

7. 对于采用直接投资的政府投资项目,政府需要从投资决策的角度审批可行性研究报告。下列各项工作,属于可行性研究应完成的工作有( )。
   A. 进行市场研究
   B. 进行工艺技术方案研究
   C. 进行财务和经济分析
   D. 环境影响的初步评价
   E. 经济效益和社会效益的初步估计

8. 根据《国务院关于投资体制改革的决定》,采用资本金注入方式的政府投资工程,政府需要从投资决策的角度审批的事项有( )。

A.项目建议书　　　　　　　　B.可行性研究报告
C.初步设计　　　　　　　　　D.工程预算
E.开工报告

9.建设工程实施阶段工作内容主要包括(　　)。
A.可行性研究　　　　　　　　B.勘察设计
C.建设准备　　　　　　　　　D.施工安装
E.竣工验收

10.不同的工程项目,其实施阶段的工作内容有所不同。对于生产性工程项目,其实施阶段的工作内容包括(　　)。
A.可行性研究　　　　　　　　B.勘察设计
C.施工安装　　　　　　　　　D.生产准备
E.竣工验收

11.根据有关规定,重大工程和技术复杂工程的设计包括(　　)。
A.初步设计　　　　　　　　　B.结构设计
C.技术设计　　　　　　　　　D.工艺流程设计
E.施工图设计

12.技术设计阶段的主要依据包括(　　)。
A.可行性研究报告　　　　　　B.初步设计文件
C.施工图设计文件　　　　　　D.初步勘察资料
E.更详细的调查研究资料

13.根据《房屋建筑和市政基础设施工程施工图设计文件审查管理办法》,建设单位应当将施工图送施工图审查机构审查。审查施工图设计文件的主要内容包括(　　)。
A.结构选型是否经济合理
B.地基基础的安全性
C.主体结构的安全性
D.勘察设计企业是否按规定在施工图上盖章
E.注册执业人员是否按规定在施工图上签字,并加盖执业印章

14.切实做好各项准备工作对于确保建设工程按时开工非常重要。建设准备工作的主要内容包括(　　)。
A.组建生产管理机构,招聘和培训生产人员
B.准备必要的施工图纸
C.完成施工用水、电、通信、道路等接通工作
D.办理工程质量监督和施工许可手续
E.组织招标选择工程监理单位、施工单位及设备、材料供应商

15.按照国家有关规定,建设单位在办理工程质量监督注册手续时需提供的资料包括(　　)。
A.施工图设计文件　　　　　　B.中标通知书和施工合同
C.项目监理机构的负责人和机构组成　　D.监理规划
E.施工组织设计和监理规划

16. 下列关于建设工程开工时间的说法中,正确的有( )。
   A. 建设工程开工时间是指工程设计文件中规定的任何一项永久性工程第一次正式破土开槽的开始日期
   B. 不需要开槽的工程,以正式开始打桩的日期作为开工日期
   C. 铁路、公路、水库等需要进行大量土石方工程的,以开始进行土石方工程施工的日期作为正式开工日期
   D. 分期建设的工程分别按各期工程开工的日期计算
   E. 工程地质勘察、平整场地、旧建筑物拆除、临时建筑、施工用临时道路等工程开始施工的日期作为正式开工日期

17. 对于生产性工程项目而言,生产准备是工程项目投产前由建设单位进行的一项重要工作。生产准备的主要工作内容包括( )。
   A. 征地、拆迁和场地平整
   B. 组建生产管理机构
   C. 制定管理有关制度和规定
   D. 组织招标选择工程监理单位、施工单位及设备、材料供应商
   E. 招聘和培训生产人员,组织生产人员参加设备的安装、调试和工程验收工作

18. 全过程工程咨询服务的范围可包括( )。
   A. 项目投资决策阶段
   B. 项目建设实施阶段
   C. 项目运营维护阶段
   D. 项目勘察设计阶段
   E. 施工安装和竣工验收阶段

19. 全过程工程咨询服务内容包括( )。
   A. 投资决策综合性咨询
   B. 勘察设计全过程咨询
   C. 工程建设全过程咨询
   D. 施工安装全过程咨询
   E. 采购、施工全过程咨询

20. 与传统"碎片化"咨询相比,全过程工程咨询具有的特点包括( )。
   A. 咨询服务范围广
   B. 咨询专业化强
   C. 强调智力性策划
   D. 咨询综合性强
   E. 实施多阶段集成

21. 全过程工程咨询是一种智力性服务活动,它强调智力性策划,为委托方提供智力服务。为此,需要全过程工程咨询单位拥有一批高水平复合型人才。全过程工程咨询单位专业咨询人员应具备的能力包括( )等。
   A. 策划决策能力
   B. 组织领导能力
   C. 集成管控能力
   D. 解决纠纷能力
   E. 协调解决能力

22. 下列有关全过程工程咨询本质的说法中,正确的是( )。
   A. 全过程工程咨询是一种工程建设组织模式,不是一种制度,它具有选择性
   B. 全过程工程咨询可包含工程监理,但不是替代关系

C. 全过程工程咨询强调技术、经济、管理的综合集成服务；项目管理服务则主要侧重于管理咨询

D. 可以用"项目管理服务"或"工程代建"替代"全过程工程咨询"

E. 全过程工程咨询业务可以覆盖项目投资决策、建设实施全过程，项目运营维护期咨询可看作是全过程工程咨询的"外延"

23. 工程监理企业发展全过程工程咨询的策略包括(　　)。
   A. 加大人才培养引进力度　　　B. 优化调整企业组织结构
   C. 创新工程咨询服务模式　　　D. 加强现代信息技术应用
   E. 建立完善激励和奖惩机制

24. 工程总承包模式的特点包括(　　)。
   A. 有利于缩短建设工期　　　B. 便于较早确定工程造价
   C. 不利于控制工程质量　　　D. 工程总承包合同价较高
   E. 工程项目责任主体单一

25. 任何工程建设组织实施模式都有各自的适用条件。工程总承包模式的适用条件包括(　　)。
   A. 建设内容明确、技术方案成熟的建设工程
   B. 建设单位或其代表有权监督总承包单位工作，但不能过分干预总承包单位工作，也不要审批大多数施工图纸
   C. 工程的期中支付款应由建设单位直接按合同约定支付，可按月支付，也可按阶段(形象进度或里程碑事件)支付，但不需要先由监理工程师审查工程量和总承包单位结算报告，再签发工程款支付证书
   D. 工程范围和规模不确定而无法准确确定造价的建设工程
   E. 设计变更可能性较大或时间因素最为重要的建设工程

26. 工程总承包单位应在工程总承包合同生效后，任命项目经理。工程总承包项目经理应具备条件包括(　　)。
   A. 取得工程建设类注册执业资格或高级专业技术职称
   B. 具有大学专科及以上学历，5年及以上工程管理实践经验
   C. 具有类似项目的管理经验和良好的信誉
   D. 具有工程总承包项目管理及相关的经济、法律法规和标准化知识
   E. 具备决策、组织、领导和沟通能力，能正确处理和协调与建设单位、项目相关方之间及企业内部各专业、各部门之间的关系

27. 工程总承包组织管理模式实行项目经理负责制。工程总承包项目经理应履行的职责包括(　　)。
   A. 负责生产准备工作和培训有关人员
   B. 代表企业组织实施工程总承包项目管理，对实现合同约定的项目目标负责
   C. 完成项目管理目标责任书规定的任务
   D. 在授权范围内负责与项目关系人的协调，解决项目实施中出现的问题
   E. 对项目实施全过程进行策划、组织、协调和控制

习题答案及解析

1. B

【解析】按照工程建设内在规律,每一项建设工程都要经过投资决策和建设实施两个发展时期(或阶段)。这两个发展时期又可分为若干阶段,各阶段之间存在着严格的先后次序,可以进行合理交叉,但不能任意颠倒次序。

2. A

【解析】对于政府投资工程,项目建议书按要求编制完成后,应根据建设规模和限额划分报送有关部门审批。项目建议书经批准后,可进行可行性研究工作,但并不表明项目非上不可,批准的项目建议书不是工程项目的最终决策。

3. C

【解析】本题考核的是可行性研究的工作内容。可行性研究应完成以下工作内容:(1)进行市场研究,以解决工程建设的必要性问题;(2)进行工艺技术方案研究,以解决工程建设的技术可行性问题;(3)进行财务和经济分析,以解决工程建设的经济合理性问题。选项A、B、D是可行性研究应完成的工作内容,而选项C属于项目建议书应包括的内容。

4. A

【解析】根据《国务院关于投资体制改革的决定》,政府投资工程实行审批制;非政府投资工程实行核准制或登记备案制。

5. D

【解析】本题考核的是政府投资工程的内容。政府投资工程有两种常见的情况:(1)对于采用直接投资和资本金注入方式的政府投资工程,政府需要从投资决策的角度审批项目建议书和可行性研究报告,除特殊情况外,不再审批开工报告,同时还要严格审批其初步设计和概算;(2)对于采用投资补助、转贷和贷款贴息方式的政府投资工程,则只审批资金申请报告。

6. D

【解析】本题考核的是政府投资工程。根据《国务院关于投资体制改革的决定》的规定,对于采用直接投资和资本金注入方式的政府投资工程,政府需要从投资决策的角度审批项目建议书和可行性研究报告,除特殊情况外,不再审批开工报告,同时还要严格审批其初步设计和概算。

7. C

【解析】政府投资工程一般都要经过符合资质要求的咨询中介机构的评估论证,特别重大的工程还应实行专家评议制度。国家将逐步实行政府投资工程公示制度,以广泛听取各方面的意见和建议。

8. A

【解析】本题考核的是非政府投资工程的内容。非政府投资工程简单说就是企业不使用政府资金投资建设的工程。对于企业不使用政府资金投资建设的工程,政府不再进行投资决策性质的审批,区别不同情况实行核准制或登记备案制。

9. A

【解析】本题考核的是非政府投资工程。对于企业不使用政府资金投资建设的工程，政府不再进行投资决策性质的审批。对于非政府投资工程，企业投资建设《政府核准的投资项目目录》中的项目，实行核准制，企业仅需向政府提交项目申请报告，不再经过批准项目建议书、可行性研究报告和开工报告的程序。

10. A

【解析】对于非政府投资工程，企业投资建设《政府核准的投资项目目录》以外的项目，实行备案制，除国家另有规定外，由企业按照属地原则向地方政府投资主管部门备案，不再经过批准项目建议书、可行性研究报告和开工报告的程序。

11. B

【解析】为扩大大型企业集团的投资决策权，对于基本建立现代企业制度的特大型企业集团，投资建设《政府核准的投资项目目录》中的项目时，可以按项目单独申报核准，也可编制中长期发展建设规划，规划经国务院或国务院投资主管部门批准后，规划中属于《政府核准的投资项目目录》中的项目不再另行申报核准，只需办理备案手续。企业集团要及时向国务院有关部门报告规划执行和项目建设情况。

12. C

【解析】工程勘察通过对地形、地质及水文等要素的测绘、勘探、测试及综合评定，提供工程建设所需的基础资料。工程勘察需要对工程建设场地进行详细论证，保证建设工程合理进行，促使建设工程取得最佳的经济、社会和环境效益。

13. C

【解析】工程设计工作一般划分为两个阶段，即初步设计和施工图设计。重大工程和技术复杂工程，可根据需要增加技术设计阶段。

14. C

【解析】初步设计是根据可行性研究报告的要求进行具体实施方案设计，目的是为了阐明在指定的地点、时间和投资控制数额内，拟建项目在技术上的可行性和经济上的合理性，并通过对建设工程作出的基本技术经济规定，编制工程总概算。

15. C

【解析】初步设计不得随意改变被批准的可行性研究报告所确定的建设规模、产品方案、工程标准、建设地址和总投资等控制目标。如果初步设计提出的总概算超过可行性研究报告总投资的10%以上或其他主要指标需要变更时，应说明原因和计算依据，并重新向原审批单位报批可行性研究报告。

16. B

【解析】初步设计阶段应编制的技术经济文件是设计概算；技术设计阶段编制修正概算；施工图设计阶段编制施工图预算。项目建议书阶段编制建议书投资估算；可行性研究阶段编制投资估算。

17. C

【解析】本题考核的是施工图设计文件的审查。施工图审查机构对施工图审查的主要内容包括：(1)是否符合工程建设强制性标准；(2)地基基础和主体结构的安全性；(3)消防安全性;(4)人防工程(不含人防指挥工程)防护安全性;(5)是否符合民用建筑节能强制性标准,对执行绿色建筑标准的项目,还应当审查是否符合绿色建筑标准;(6)勘察设计企业和注册执业人员以及相关人员是否按规定在施工图上加盖相应的图章和签字;(7)法律、法规、规章规定必须审查的其他内容。

18. D

【解析】施工图审查机构对施工图审查的主要内容包括:(1)是否符合工程建设强制性标准;(2)地基基础和主体结构的安全性;(3)消防安全性;(4)人防工程(不含人防指挥工程)防护安全性;(5)是否符合民用建筑节能强制性标准,对执行绿色建筑标准的项目,还应当审查是否符合绿色建筑标准;(6)勘察设计企业和注册执业人员以及相关人员是否按规定在施工图上加盖相应的图章和签字;(7)法律、法规、规章规定必须审查的其他内容。任何单位或者个人不得擅自修改审查合格的施工图。确需修改的,凡涉及上述审查内容的,建设单位应当将修改后的施工图送原审查机构审查。

19. C

【解析】《建设工程质量管理条例》第十三条规定,建设单位在办理施工许可证之前应当到规定的工程质量监督机构办理工程质量监督注册手续。

20. B

【解析】本题考核的是办理质量监督注册手续需提供的资料。按照有关规定,建设单位在办理施工许可证之前应当到规定的工程质量监督机构办理工程质量监督注册手续。办理质量监督注册手续时需提供下列资料:(1)施工图设计文件审查报告和批准书;(2)中标通知书和施工、监理合同;(3)建设单位、施工单位和监理单位工程项目的负责人和机构组成;(4)施工组织设计和监理规划(监理实施细则);(5)其他需要的文件资料。

21. A

【解析】《建筑法》规定,建筑工程开工前,建设单位应当按照国家有关规定向工程所在地县级以上人民政府建设主管部门申请领取施工许可证。必须申请领取施工许可证的建筑工程未取得施工许可证的,一律不得开工。这里要注意,按照国务院规定的权限和程序批准开工报告的建筑工程,不再领取施工许可证。

22. D

【解析】本题考核的是建设工程的开工时间。按照规定,建设工程新开工时间是指工程设计文件中规定的任何一项永久性工程第一次正式破土开槽的开始日期。不需要开槽的工程,以正式开始打桩的日期作为开工日期。铁路、公路、水库等需要进行大量土石方工程的,以开始进行土石方工程施工的日期作为正式开工日期。分期建设的工程分别按各期工程开工的日期计算。工程地质勘察、平整场地、旧建筑物拆除、临时建筑、施工用临时道路和水、电等工程开始施工的日期不能算作正式开工日期。

23. A

【解析】生产准备是衔接建设和生产的桥梁,是工程项目由建设转入生产经营的必要条件。因此,生产准备是工程项目投产前由建设单位进行的一项重要工作。

24. B

【解析】全过程工程咨询服务覆盖面广,主要体现在两个方面:一是从服务阶段看,全

第二章 工程建设程序及组织实施模式

过程工程咨询覆盖项目投资决策、建设实施(设计、招标、施工)全过程集成化服务,有时还会包括运营维护阶段咨询服务;二是从服务内容看,全过程工程咨询包含技术咨询和管理咨询,而不只是侧重于管理咨询。

25. C

【解析】全过程工程咨询的核心是通过采用一系列工程技术、经济、管理方法和多阶段集成化服务,为委托方提供增值服务。

26. D

【解析】在我国,工程总承包是指承包单位按照与建设单位签订的合同,对工程设计、采购、施工或者设计、施工等阶段实行总承包,并对工程的质量、安全、工期和造价等全面负责的工程建设组织实施方式。事实上,这里所说的设计、采购、施工(EPC)承包或者设计、施工(DB)承包,只是工程总承包的两种主要代表性模式,工程总承包还有多种不同模式。

27. D

【解析】工程总承包单位承担建设项目工程总承包,宜采用矩阵式管理,应建立与工程总承包项目相适应的项目管理组织,即项目部,并行使项目管理职能。项目部应由项目经理领导,并接受工程总承包单位职能部门指导、监督、检查和考核。项目部的基本职能如下:(1)项目部应具有工程总承包项目组织实施和控制职能;(2)项目部应对项目质量、安全、费用、进度、职业健康和环境保护目标负责;(3)项目部应具有内外部沟通协调管理职能。

二、多项选择题

1. CE

【解析】《国务院办公厅关于促进建筑业持续健康发展的意见》指出,要完善工程建设组织模式,包括:培育全过程工程咨询和加快推行工程总承包。因此,全过程工程咨询和工程总承包是我国目前着力推行的工程建设组织实施模式,工程监理单位及监理工程师需要适应新模式下工程监理职责的履行。

2. BC

【解析】建设工程投资决策阶段的工作内容,主要包括项目建议书和可行性研究报告的编报和审批。

3. ABE

【解析】项目建议书是拟建项目单位向政府投资主管部门提出的要求建设某一工程项目的建议文件,是对工程项目建设的轮廓设想。项目建议书的主要作用是推荐一个拟建项目,论述其建设的必要性、建设条件的可行性和获利的可能性,供政府投资主管部门选择并确定是否进行下一步工作。

4. ABDE

【解析】项目建议书的内容视工程项目不同而有繁有简,但一般应包括以下几方面内容:(1)项目提出的必要性和依据;(2)产品方案、拟建规模和建设地点的初步设想;(3)资源情况、建设条件、协作关系和设备技术引进国别、厂商的初步分析;(4)投资估算、资金筹措及还贷方案设想;(5)项目进度安排;(6)经济效益和社会效益的初步估计;(7)环境影响的初步评价。选项C属于可行性研究的内容之一。

5. ABCD

【解析】本题考核的是项目建议书的内容。项目建议书的内容视工程项目不同而有繁有简,但一般应包括以下几方面内容:(1)项目提出的必要性和依据;(2)产品方案、拟建规模和建设地点的初步设想;(3)资源情况、建设条件、协作关系和设备技术引进国别、厂商的初步分析;(4)投资估算、资金筹措及还贷方案设想;(5)项目进度安排;(6)经济效益和社会效益的初步估计;(7)环境影响的初步评价。选项E属于可行性研究的内容。

6. ABCE

【解析】本题考核的是项目建议书的内容。项目建议书的内容视工程项目不同而有繁有简,但一般应包括以下几方面内容:(1)项目提出的必要性和依据;(2)产品方案、拟建规模和建设地点的初步设想;(3)资源情况、建设条件、协作关系和设备技术引进国别、厂商的初步分析;(4)投资估算、资金筹措及还贷方案设想;(5)项目进度安排;(6)经济效益和社会效益的初步估计;(7)环境影响的初步评价。

7. ABC

【解析】可行性研究应完成以下工作内容:(1)进行市场研究,以解决工程建设的必要性问题;(2)进行工艺技术方案研究,以解决工程建设的技术可行性问题;(3)进行财务和经济分析,以解决工程建设的经济合理性问题。可行性研究工作完成后,需要编写出反映其全部工作成果的可行性研究报告。凡经可行性研究未通过的项目,不得进行下一步工作。选项D、E属于项目建议书的内容。

8. ABC

【解析】本题考核的是政府投资工程。根据《国务院关于投资体制改革的决定》的规定:(1)对于采用直接投资和资本金注入方式的政府投资工程,政府需要从投资决策的角度审批项目建议书和可行性研究报告,除特殊情况外,不再审批开工报告,同时还要严格审批其初步设计和概算;(2)对于采用投资补助、转贷和贷款贴息方式的政府投资工程,则只审批资金申请报告。

9. BCDE

【解析】建设工程实施阶段工作内容主要包括勘察设计、建设准备、施工安装及竣工验收。对于生产性工程项目,在施工安装后期,还需要进行生产准备工作。

10. BCDE

【解析】对于生产性工程项目,建设工程实施阶段工作内容主要包括:勘察设计、建设准备、施工安装、生产准备及竣工验收。

11. ACE

【解析】根据有关规定,重大工程和技术复杂工程的设计可划分为三个阶段,即初步设计、技术设计和施工图设计,通常简称为三阶段设计。

12. BE

【解析】技术设计应根据初步设计和更详细的调查研究资料编制,以进一步解决初步设计中的重大技术问题,如:工艺流程、建筑结构、设备选型及数量确定等,使工程设计更具体、更完善,技术指标更好。

13. BCDE

【解析】根据《房屋建筑和市政基础设施工程施工图设计文件审查管理办法》,审查施工图设计文件的主要内容包括:(1)是否符合工程建设强制性标准;(2)地基基础和主体结构的安全性;(3)消防安全性;(4)人防工程(不含人防指挥工程)防护安全性;(5)是否符合民用建筑节能强制性标准,对执行绿色建筑标准的项目,还应当审查是否符合绿色建筑标准;(6)勘察设计企业和注册执业人员以及相关人员是否按规定在施工图上加盖相应的图章和签字;(7)法律、法规、规章规定必须审查的其他内容。

14. BCDE

【解析】工程项目在开工建设之前要切实做好各项准备工作,其主要内容包括:(1)征地、拆迁和场地平整;(2)完成施工用水、电、通信、道路等接通工作;(3)组织招标选择工程监理单位、施工单位及设备、材料供应商;(4)准备必要的施工图纸;(5)办理工程质量监督和施工许可手续。注意区分建设准备和生产准备。选项A属于生产准备的工作内容。

15. BCDE

【解析】本题考核的是工程质量监督手续的办理。办理质量监督注册手续时需提供下列资料:(1)施工图设计文件审查报告和批准书;(2)中标通知书和施工、监理合同;(3)建设单位、施工单位和监理单位工程项目的负责人和机构组成;(4)施工组织设计和监理规划(监理实施细则);(5)其他需要的文件资料。

16. ABCD

【解析】按照规定,建设工程新开工时间是指工程设计文件中规定的任何一项永久性工程第一次正式破土开槽的开始日期。不需要开槽的工程,以正式开始打桩的日期作为开工日期。铁路、公路、水库等需要进行大量土石方工程的,以开始进行土石方工程施工的日期作为正式开工日期。工程地质勘察、平整场地、旧建筑物拆除、临时建筑、施工用临时道路和水、电等工程开始施工的日期不能算作正式开工日期。分期建设的工程分别按各期工程开工的日期计算,如二期工程应根据工程设计文件规定的永久性工程开工的日期计算。

17. BCE

【解析】对于生产性工程项目而言,生产准备是工程项目投产前由建设单位进行的一项重要工作。生产准备是衔接建设和生产的桥梁,是工程项目建设转入生产经营的必要条件。建设单位应适时组成专门机构做好生产准备工作,确保工程项目建成后能及时投产。生产准备的主要工作内容包括:组建生产管理机构,制定管理有关制度和规定;招聘和培训生产人员,组织生产人员参加设备的安装、调试和工程验收工作;落实原材料、协作产品、燃料、水、电、气等的来源和其他需协作配合的条件,并组织工装、器具、备品、备件等的制造或订货等。

18. ABC

【解析】所谓全过程工程咨询,是指工程咨询方综合运用多学科知识、工程实践经验、现代科学技术和经济管理方法,采用多种服务方式组合,为委托方在项目投资决策、建设实施及至运营维护阶段持续提供局部或整体解决方案的智力性服务活动。这种全过程工程咨询不仅强调投资决策、建设实施全过程,甚至延伸至运营维护阶段;而且强调技术、经济和管理相结合的综合性咨询。

19. AC

【解析】根据《国家发展改革委住房城乡建设部关于推进全过程工程咨询服务发展的

指导意见》，全过程工程咨询服务内容包括投资决策综合性咨询和工程建设全过程咨询。(1)投资决策综合性咨询。是指综合性工程咨询单位接受投资者委托，就投资项目的市场、技术、经济、生态环境、能源、资源、安全等影响可行性的要素，结合国家、地区、行业发展规划及相关重大专项建设规划、产业政策、技术标准及相关审批要求进行分析研究和论证，为投资者提供决策依据和建议，其目的是为了减少分散专项评价评估，避免可行性研究论证碎片化。(2)工程建设全过程咨询。是指由一家具有相应资质条件的咨询企业或多家具有相应资质条件的咨询企业组成联合体，为建设单位提供招标代理、勘察、设计、监理、造价、项目管理等全过程咨询服务，满足建设单位一体化服务需求，增强工程建设过程的协同性。

20. ACE

【解析】与传统"碎片化"咨询相比，全过程工程咨询具有以下三大特点：(1)咨询服务范围广：全过程工程咨询业务可以覆盖项目投资决策、建设实施全过程，既包含技术咨询也包含管理咨询。(2)强调智力性策划：全过程工程咨询单位要运用工程技术、经济学、管理学、法学等多学科知识和经验，为委托方提供智力服务。(3)实施多阶段集成：全过程工程咨询服务不是将各个阶段简单相加，而是要通过多阶段集成化咨询服务，为委托方创造价值。

21. ABCE

【解析】全过程工程咨询强调智力性策划。全过程工程咨询单位要运用工程技术、经济学、管理学、法学等多学科知识和经验，为委托方提供智力服务。为此，需要全过程工程咨询单位拥有一批高水平复合型人才，需要具备策划决策能力、组织领导能力、集成管控能力、专业技术能力、协调解决能力等。

22. ABCE

【解析】要正确理解全过程工程咨询的内涵，就要将全过程工程咨询与其他相关概念相区别。(1)要将"制度"与"模式"相区别。全过程工程咨询是一种工程建设组织模式，不是一种制度。工程监理、工程招投标等属于制度，制度的本质是"强制性"；而模式的本质是"选择性"。全过程工程咨询可包含工程监理，但不是替代关系。(2)要将"全过程工程咨询"与"项目管理服务"相区别。全过程工程咨询强调技术、经济、管理的综合集成服务；而项目管理服务主要侧重于管理咨询。绝不能用"项目管理服务"或"工程代建"替代"全过程工程咨询"。(3)要将"全过程"与"全寿命期"相区别。全过程工程咨询业务可以覆盖项目投资决策、建设实施全过程，但并非每一个项目都需要从头到尾进行咨询，也可以是其中若干阶段，而且，项目运营维护期咨询可看作是全过程工程咨询的"外延"。

23. ABCD

【解析】工程监理企业要想发展为全过程工程咨询企业，需制定和采取的策略包括：(1)加大人才培养引进力度；(2)优化调整企业组织结构；(3)创新工程咨询服务模式；(4)加强现代信息技术应用；(5)重视知识管理平台建设。

24. ABDE

【解析】工程总承包模式具有以下特点：(1)有利于缩短建设工期。(2)便于较早确定工程造价。(3)有利于控制工程质量。(4)工程项目责任主体单一。(5)可减轻建设单位合同管理负担。但由于工程总承包单位的选择范围小，同时因工程总承包的责任重、风险大，为应对工程实施风险，总承包单位通常会提高报价，最终导致工程总承包合同价会较高。

25. ABC

【解析】工程总承包模式适用条件包括：(1)对于建设内容明确、技术方案成熟的工程，建设单位能给予投标人充分的资料和时间，以便使投标人能够仔细研究"业主要求"。(2)建设单位或其代表有权监督总承包单位工作，但不能过分干预总承包单位工作，也不要审批大多数施工图纸。(3)由于采用总价合同，因而工程的期中支付款应由建设单位直接按合同约定支付，可按月支付，也可按阶段(形象进度或里程碑事件)支付，但不需要先由监理工程师审查工程量和总承包单位结算报告，再签发工程款支付证书。

26. ACDE

【解析】工程总承包单位应在工程总承包合同生效后，任命项目经理，并由工程总承包单位法定代表人签发书面授权委托书。工程总承包项目经理应具备下列条件：(1)取得工程建设类注册执业资格或高级专业技术职称；(2)具备决策、组织、领导和沟通能力，能正确处理和协调与建设单位、项目相关方之间及企业内部各专业、各部门之间的关系；(3)具有工程总承包项目管理及相关的经济、法律法规和标准化知识；(4)具有类似项目的管理经验；(5)具有良好的信誉。

27. BCDE

【解析】工程总承包组织管理模式实行项目经理负责制。工程总承包项目经理应履行的职责包括：(1)执行工程总承包单位管理制度，维护企业合法权益；(2)代表企业组织实施工程总承包项目管理，对实现合同约定的项目目标负责；(3)完成项目管理目标责任书规定的任务；(4)在授权范围内负责与项目关系人的协调，解决项目实施中出现的问题；(5)对项目实施全过程进行策划、组织、协调和控制；(6)负责组织项目的管理收尾和合同收尾工作。

第三章 建设工程监理相关法规政策及标准

习 题 精 练

一、单项选择题

1.《建筑法》所规定的建筑许可包括(　　)。
   A. 建筑工程从业许可和从业资格
   B. 建筑工程施工许可和从业资格
   C. 建筑工程施工许可和安全生产许可
   D. 建筑工程资质等级许可和从业资格

2. 根据国家有关规定,建筑工程开工前,(　　)应当按照国家有关规定向工程所在地县级以上人民政府建设主管部门申请领取施工许可证。
   A. 施工单位　　　B. 监理单位　　　C. 建设单位　　　D. 设计单位

3. 根据《建筑法》,关于施工许可的说法,正确的是(　　)。
   A. 建设单位应当自领取施工许可证之日起 1 个月内开工
   B. 建设单位申领施工许可证时,应有保证工程质量和安全的具体措施
   C. 因故不能按施工许可如期开工的,可申请延期 2 次,每次不超过 6 个月
   D. 建筑工程因故中止施工的,建设单位应在 3 个月内向发证机关报告

4. 根据《建筑法》的规定,建设单位应当自领取施工许可证之日起(　　)个月内开工。
   A. 1　　　　B. 2　　　　C. 3　　　　D. 6

5. 根据《建筑法》的规定,建设单位应当自领取施工许可证之日起 3 个月内开工。因故不能按期开工的,应当向发证机关申请延期;延期以(　　)次为限,每次不超过(　　)个月。
   A. 1;1　　　B. 1;2　　　C. 2;2　　　D. 2;3

6. 根据《建筑法》,在建的建筑工程因故中止施工的,建设单位应当自中止施工之日起(　　)内,向施工许可证发证机关报告。
   A. 10 日　　　B. 15 日　　　C. 1 个月　　　D. 2 个月

7.《建筑法》规定,在建的建筑工程因故中止施工的,中止施工满 1 年的工程恢复施工前,建设单位应当向发证机关(　　)。
   A. 备案
   B. 报告
   C. 重新申领施工许可证
   D. 核验施工许可证

8.《建筑法》所规定的从业资格包括(　　)。
   A. 工程建设参与单位资质和单位负责人资格
   B. 工程建设参与单位资质等级和从业范围
   C. 工程建设参与单位项目负责人资格和技术负责人资格

D. 工程建设参与单位资质和专业技术人员执业资格

9. 根据《建筑法》，从事建筑活动的建筑施工企业、勘察单位、设计单位和工程监理单位，应当具备的条件不包括( )。

A. 有符合国家规定的注册资本

B. 有与其从事的建筑活动相适应的具有法定执业资格的专业技术人员

C. 有从事相关建筑活动所应有的技术装备

D. 有健全的组织机构和规章制度

10. 根据《建筑法》，实行施工总承包的工程，由( )负责施工现场安全。

A. 总承包单位　　　　　　　　　B. 具体施工的分包单位

C. 总承包单位的项目经理　　　　D. 分包单位的项目经理

11. 根据《建筑法》，下列关于建筑安全生产管理的说法，正确的是( )。

A. 施工单位应安排有经验的人员作为爆破作业人员

B. 企业必须为从事危险作业的职工办理意外伤害保险

C. 施工作业人员有权获得安全生产所必需的防护用品

D. 施工现场安全由现场项目经理负责

12. 根据《招标投标法》，关于招标要求的说法，正确的是( )。

A. 招标人采用邀请招标方式的，应向 5 个以上特定法人发出投标邀请书

B. 招标文件中可以要求或标明特定的生产供应者

C. 招标人对已发出的招标文件进行必要澄清的，应在提交投标文件截止时间 7 日之前

D. 招标人不得强制投标人组成联合体共同投标

13. 根据《招标投标法》，招标人对已发出的招标文件进行必要的澄清或者修改的，应当在招标文件要求提交投标文件截止时间至少( )日前，以书面形式通知所有招标文件收受人。

A. 3　　　　B. 5　　　　C. 15　　　　D. 20

14. 根据《招标投标法》，依法必须进行招标的项目，自招标文件开始发出之日起至投标人提交投标文件截止之日止，最短不得少于( )日。

A. 10　　　　B. 15　　　　C. 20　　　　D. 30

15. 根据《招标投标法》，下列关于开标要求的说法，不正确的是( )。

A. 开标应当由招标人主持

B. 开标的时间为招标文件确定的提交投标文件截止时间的同一时间

C. 开标时，由评标委员会检查投标文件的密封情况

D. 招标人在招标文件要求提交投标文件的截止时间前收到的所有投标文件，开标时都应当当众予以拆封、宣读

16. 根据《招标投标法》，下列关于评标与中标条件的说法，不正确的是( )。

A. 招标人应当采取必要的措施，保证评标在严格保密的情况下进行

B. 在确定中标人前，招标人可以与投标人就投标价格、投标方案等实质性内容进行谈判

C. 招标人应根据评标委员会提交的书面评标报告和推荐的中标候选人确定中标人，

招标人也可以授权评标委员会直接确定中标人

D. 中标人的投标能够满足招标文件的实质性要求,并且经评审的投标价格最低。但是,投标价格低于成本的除外

17. 根据《招标投标法》,中标人确定后,招标人应当向中标人发出中标通知书,并同时将中标结果通知所有未中标的投标人。中标通知书对( )具有法律效力。

A. 招标人 B. 投标人
C. 招标人和中标人 D. 评标委员会和中标人

18. 根据《招标投标法》,招标人和中标人应当自中标通知书发出之日起( )日内,按照招标文件和中标人的投标文件订立书面合同。

A. 20 B. 28 C. 30 D. 35

19. 根据《招标投标法》,依法必须进行招标的项目,招标人应当自确定中标人之日起( )日内,向有关行政监督部门提交招投标情况的书面报告。

A. 7 B. 15 C. 20 D. 30

20. 根据《民法典》第三编合同,要约不得撤销的情形不包括( )。

A. 要约人确定了承诺期限
B. 要约人以其他形式明示要约不可撤销
C. 要约已经到达受要约人
D. 受要约人有理由认为要约是不可撤销的,并已经为履行合同做了准备工作

21. 根据《民法典》第三编合同,下列关于合同价格调整的说法中,不正确的有( )。

A. 执行政府定价或政府指导价的,在合同约定的交付期限内政府价格调整时,按照交付时的价格计价
B. 逾期交付标的物的,遇价格上涨时,按照新价格执行;价格下降时,按照原价格执行
C. 逾期提取标的物或者逾期付款的,遇价格上涨时,按照新价格执行;价格下降时,按照原价格执行
D. 逾期交付标的物的,遇价格上涨时,按照原价格执行;价格下降时,按照新价格执行

22. 根据《民法典》第三编合同,下列关于合同转让的说法,不正确的有( )。

A. 债权人可以根据法律规定、合同约定或当事人约定将合同的权利全部或者部分转让给第三人。债权人转让债权,未通知债务人的,该转让对债务人不发生效力
B. 债务人将合同的义务全部或者部分转移给第三人的,应当经债权人同意
C. 当事人一方经对方同意,可以将自己在合同中的权利和义务一并转让给第三人
D. 当事人订立合同后分立的,除债权人和债务人另有约定外,该合同终止

23. 根据《民法典》第三编合同,下列合同中,不属于建设工程合同的是( )。

A. 工程勘察合同 B. 工程设计合同
C. 工程咨询合同 D. 工程施工合同

24. 根据《民法典》第三编合同,工程勘察合同属于( )。

A. 承揽合同 B. 技术咨询合同
C. 委托合同 D. 建设工程合同

25. 根据《民法典》第三编合同,关于委托合同的说法,错误的是( )。

A. 受托人应当亲自处理委托事务
B. 受托人处理委托事务取得的财产应转交给委托人
C. 对无偿的委托合同,因受托人重大过失给委托人造成损失的,委托人不应要求赔偿
D. 受托人为处理委托事务垫付的必要费用,委托人应偿还该费用及利息

26. 根据《建设工程质量管理条例》,下列质量管理工作,不属于建设单位质量责任和义务的是( )。
A. 向有关的勘察、设计、施工、工程监理等单位提供与建设工程有关的原始资料
B. 不得明示或者暗示施工单位使用不合格的建筑材料、建筑构配件和设备
C. 建立健全教育培训制度,加强对职工的教育培训
D. 应当按照国家有关规定办理工程质量监督手续

27. 根据《建设工程质量管理条例》,属于施工单位质量责任和义务的是( )。
A. 申领施工许可证   B. 办理工程质量监督手续
C. 建立健全教育培训制度   D. 向有关主管部门移交建设项目档案

28. 根据《建设工程质量管理条例》,下列关于工程监理单位质量责任和义务的说法,正确的是( )。
A. 监理单位代表建设单位对施工质量实施监理
B. 监理单位发现施工图有差错应要求设计单位修改
C. 监理单位应将施工单位现场取样的试块送检测单位
D. 监理单位应组织设计、施工单位进行竣工验收

29. 根据《建设工程质量管理条例》,建设工程的保修期,应自( )之日起计算。
A. 工程竣工移交   B. 竣工验收合格
C. 竣工验收报告提交   D. 竣工结算完成

30. 根据《建设工程质量管理条例》,建设单位应当自建设工程竣工验收合格之日起( )日内,将建设工程竣工验收报告和规划、公安消防、环保等部门出具的认可文件或者准许使用文件报建设行政主管部门或者其他有关部门备案。
A. 5   B. 10   C. 15   D. 20

31. 根据《建设工程质量管理条例》,建设工程发生质量事故,有关单位应当在( )小时内向当地建设行政主管部门和其他有关部门报告。
A. 1   B. 6   C. 12   D. 24

32. 根据《建设工程质量管理条例》,建设单位有( )行为的,责令改正,处 20 万元以上 50 万元以下的罚款。
A. 未组织竣工验收,擅自交付使用
B. 对验收不合格的工程,擅自交付使用
C. 将不合格的建设工程按照合格工程验收
D. 暗示设计单位违反工程建设强制性标准,降低工程质量

33. 根据《建设工程安全生产管理条例》,下列属于建设单位安全责任的是( )。
A. 确定安全施工措施所需费   B. 确定施工现场安全生产
C. 确定安全技术措施   D. 确定安全生产责任制度

34. 根据《建设工程安全生产管理条例》,对于依法批准开工报告的建设工程,建设单位应自开工报告批准之日起( )日内,将保证安全施工的措施报送当地建设行政主管部门或其他有关部门备案。

    A. 10   B. 15   C. 20   D. 30

35. 根据《建设工程安全生产管理条例》,属于建设单位安全责任的是( )。

    A. 定期进行专项安全检查

    B. 现场监督施工机械安装过程

    C. 配备专职安全生产管理人员

    D. 编制工程概算时确定安全施工措施所需费用

36. 根据《建设工程安全生产管理条例》,建设单位应当将拆除工程发包给具有相应资质等级的施工单位,并在拆除工程施工( )日前,将相关资料报送建设工程所在地的县级以上地方人民政府建设行政主管部门或者其他有关部门备案。

    A. 5   B. 10   C. 15   D. 20

37. 根据《建设工程安全生产管理条例》,下列关于勘察、设计单位的安全责任的说法,不正确的是( )。

    A. 勘察单位在勘察作业时,应当严格执行操作规程,采取措施保证各类管线、设施和周边建筑物、构筑物的安全

    B. 设计单位应当考虑施工安全操作和防护的需要,对涉及施工安全的重点部位和环节在设计文件中注明,并对防范生产安全事故提出指导意见

    C. 采用新结构、新材料、新工艺的建设工程和特殊结构的建设工程,设计单位应当在设计中提出保障施工作业人员安全和预防生产安全事故的措施建议

    D. 设计单位应当设立安全生产管理机构,配备专职安全生产管理人员,防止因设计不合理导致生产安全事故的发生

38. 根据《建设工程安全生产管理条例》,下列关于工程监理单位的安全责任的说法,不正确的是( )。

    A. 应当按照法律、法规和工程建设强制性标准实施监理,并对建设工程安全生产承担监理责任

    B. 应当审查施工组织设计中的安全技术措施或者专项施工方案是否符合工程建设强制性标准

    C. 在实施监理过程中,发现存在安全事故隐患的,应当要求施工单位暂时停止施工,并及时报告建设单位

    D. 对于施工中存在的安全事故隐患,施工单位不执行监理单位的指示,拒不整改或者不停止施工的,工程监理单位应当及时向有关主管部门报告

39. 根据《建设工程安全生产管理条例》,下列关于施工单位安全责任的说法,正确的是( )。

    A. 不得压缩合同约定的工期

    B. 应当为施工现场人员办理意外伤害保险

    C. 将保证安全施工的措施报有关部门备案

D. 保证本单位安全生产条件所需资金的投入

40. 根据《建设工程安全生产管理条例》，下列关于施工单位的安全责任的说法，不正确的是(　　)。

    A. 应当设立安全生产管理机构，配备专职安全生产管理人员
    B. 应当建立健全安全生产教育培训制度，应当对管理人员和作业人员每年至少进行一次安全生产教育培训。安全生产教育培训考核不合格的人员，不得上岗
    C. 特种作业人员，必须按照国家有关规定经过专门的安全作业培训，并取得特种作业操作资格证书后，方可上岗作业
    D. 在使用施工起重机械和整体提升脚手架、模板等自升式架设设施前，应当进行验收。验收合格的方可使用

41. 根据《建设工程安全生产管理条例》，施工单位按规定编制的专项施工方案，经(　　)审核签字后实施。

    A. 施工单位负责人　　　　　　B. 施工单位项目负责人
    C. 施工单位技术负责人　　　　D. 总监理工程师
    E. 施工单位技术负责人、总监理工程师

42. 根据《建设工程安全生产管理条例》，下列关于施工单位安全责任的说法，不正确的是(　　)。

    A. 使用承租的机械设备和施工机具及配件的，应由施工单位、设计单位、监理单位和安装单位共同进行验收。验收合格的方可使用
    B. 应当自施工起重机械和整体提升脚手架、模板等自升式架设设施验收合格之日起30日内，向建设行政主管部门或者其他有关部门登记。登记标志应当置于或者附着于该设备的显著位置
    C. 在使用施工起重机械和整体提升脚手架、模板等自升式架设设施前，应当组织有关单位进行验收，也可以委托具有相应资质的检验检测机构进行验收
    D. 应当为施工现场从事危险作业的人员办理意外伤害保险，并承担意外伤害保险费

43. 根据《生产安全事故报告和调查处理条例》，某企业发生安全事故造成30人死亡，9000万元直接经济损失，则该生产安全事故属于(　　)。

    A. 特别重大事故　　　　　　　B. 重大事故
    C. 较大事故　　　　　　　　　D. 一般事故

44. 根据《生产安全事故报告和调查处理条例》，某生产安全事故造成5人死亡，1亿元直接经济损失，该生产安全事故属(　　)。

    A. 特别重大事故　　　　　　　B. 重大事故
    C. 严重事故　　　　　　　　　D. 较大事故

45. 根据《生产安全事故报告和调查处理条例》，某建筑施工单位施工现场发生生产安全事故造成2人死亡，2600万元直接经济损失，则该生产安全事故属于(　　)。

    A. 特别重大事故　　　　　　　B. 重大事故
    C. 较大事故　　　　　　　　　D. 一般事故

46. 根据《生产安全事故报告和调查处理条例》，生产安全事故发生后，事故现场有关人员

应当立即向本单位负责人报告;单位负责人接到报告后,应当于( )小时内向事故发生地县级以上人民政府安全生产监督管理部门和负有安全生产监督管理职责的有关部门报告。

A.1 B.2 C.12 D.24

47. 根据《生产安全事故报告和调查处理条例》,生产安全事故报告后出现新情况的,应当及时补报。自事故发生之日起( )日内,事故造成的伤亡人数发生变化的,应当及时补报。道路交通事故、火灾事故自发生之日起( )日内,事故造成的伤亡人数发生变化的,应当及时补报。

A.10;3 B.15;5 C.20;5 D.30;7

48. 根据《生产安全事故报告和调查处理条例》,除特殊情况外,安全事故调查组应当自事故发生之日起( )日内提交事故调查报告。

A.60 B.45 C.30 D.15

49. 根据《生产安全事故报告和调查处理条例》,事故调查组应当自事故发生之日起( )日内提交事故调查报告;特殊情况下,经负责事故调查的人民政府批准,提交事故调查报告的期限可以适当延长,但延长的期限最长不超过( )日。

A.20;10 B.30;20 C.50;50 D.60;60

50. 根据《生产安全事故报告和调查处理条例》,对发生重大事故的单位,处以( )的罚款。

A.一年收入60% B.100万元以上500元以下
C.50万元以上200万元以下 D.20万元以上50万元以下

51. 根据《生产安全事故报告和调查处理条例》,事故发生单位主要负责人受到刑事处罚或者撤职处分的,自刑罚执行完毕或者受处分之日起( )年内不得担任任何生产经营单位的主要负责人。

A.1 B.2 C.3 D.5

52. 根据《招标投标法实施条例》,可采用邀请招标的情形是( )。

A.采购人依法能够自行建设 B.需向原中标人采购,否则影响施工
C.需采用不可替代的专利 D.只有少量潜在投标人可供选择

53. 根据《招标投标法实施条例》,依法必须进行招标的项目的资格预审公告和招标公告,应当在( )依法指定的媒介发布。

A.国务院发展改革部门 B.国务院建设主管部门
C.招标项目审批部门 D.招标人

54. 根据《招标投标法实施条例》,资格预审文件或者招标文件的发售期不得少于( )日。

A.3 B.5 C.7 D.10

55. 根据《招标投标法实施条例》,招标人可以对已发出的资格预审文件进行必要的澄清或者修改。澄清或者修改的内容可能影响资格预审申请文件编制的,招标人应当在提交资格预审申请文件截止时间至少( )日前以书面形式通知所有获取资格预审文件的潜在投标人。

A.3 B.5 C.7 D.15

56. 根据《招标投标法实施条例》,招标人可以对已发出的招标文件进行必要的澄清或者修改。澄清或者修改的内容可能影响投标文件编制的,招标人应当在提交投标文件截止时间至少( )日前,以书面形式通知所有获取招标文件的潜在投标人。
    A. 5　　　　　　B. 10　　　　　　C. 15　　　　　　D. 20

57. 根据《招标投标法实施条例》,潜在投标人或者其他利害关系人对资格预审文件有异议的,应当在提交资格预审申请文件截止时间( )日前提出。招标人应当自收到异议之日起( )日内作出答复。
    A. 1;1　　　　　B. 1;3　　　　　C. 2;1　　　　　D. 2;3

58. 根据《招标投标法实施条例》,潜在投标人或者其他利害关系人对招标文件有异议的,应当在投标截止时间( )日前提出。招标人应当自收到异议之日起( )日内作出答复。
    A. 3;1　　　　　B. 5;2　　　　　C. 5;3　　　　　D. 10;3

59. 根据《招标投标法实施条例》,依法必须进行招标的项目提交资格预审申请文件的时间,自资格预审文件停止发售之日起不得少于( )日。
    A. 3　　　　　　B. 5　　　　　　C. 7　　　　　　D. 10

60. 根据《招标投标法实施条例》,招标人采用资格后审办法对投标人进行资格审查的,应当在开标后由( )按照招标文件规定的标准和方法对投标人的资格进行审查。
    A. 资格审查委员会　　　　　　B. 政府招投标监督部门
    C. 评标委员会　　　　　　　　D. 招标人委托的公证机关

61. 根据《招标投标法实施条例》,对技术复杂或者无法精确拟定技术规格的项目,招标人可以分两阶段进行招标。其中,第一阶段投标人按照招标公告或者投标邀请书的要求提交( )。
    A. 技术方案　　　　　　　　　B. 商务文件
    C. 不带报价的技术建议　　　　D. 投标报价

62. 根据《招标投标法实施条例》,招标人应当在招标文件中载明投标有效期。投标有效期从( )之日起算。
    A. 发售招标文件　　　　　　　B. 提交投标文件的截止
    C. 投标资格审查通过　　　　　D. 发布招标公告

63. 根据《招标投标法实施条例》,招标人在招标文件中要求投标人提交投标保证金的,投标保证金不得超过招标项目估算价的( )。
    A. 1%　　　　　B. 1.5%　　　　C. 2%　　　　　D. 3%

64. 根据《招标投标法实施条例》,投标人撤回已提交的投标文件,应当在投标截止时间前书面通知招标人,招标人已收取投标保证金的,应当自收到投标人书面撤回通知之日起( )日内退还。
    A. 3　　　　　　B. 5　　　　　　C. 7　　　　　　D. 10

65. 根据《招标投标法实施条例》,依法必须进行招标的项目,招标人应当自收到评标报告之日起( )日内公示中标候选人,公示期不得少于( )日。
    A. 1;2　　　　　B. 2;2　　　　　C. 3;2　　　　　D. 3;3

66. 根据《招标投标法实施条例》,招标人最迟应当在书面合同签订后( )日内向中标人和未中标的投标人退还投标保证金及银行同期存款利息。

  A. 3   B. 5   C. 7   D. 10

67. 根据《招标投标法实施条例》,招标文件要求中标人提交履约保证金的,中标人应当按照招标文件的要求提交。履约保证金不得超过中标合同金额的(　　)。

  A. 2%   B. 3%   C. 5%   D. 10%

68. 根据《招标投标法实施条例》,投标人或者其他利害关系人认为招标投标活动不符合法律、行政法规规定的,可以自知道或者应当知道之日起(　　)日内向有关行政监督部门投诉。

  A. 3   B. 5   C. 10   D. 15

69. 根据《招标投标法实施条例》,投标人或者其他利害关系人认为招标投标活动不符合法律、行政法规规定的,可以向有关行政监督部门投诉。行政监督部门应当自收到投诉之日起(　　)个工作日内决定是否受理投诉,并自受理投诉之日起(　　)个工作日内作出书面处理决定。

  A. 1;10   B. 2;20   C. 3;30   D. 5;10

70. 根据《建设工程监理规范》(GB/T 50319—2013),项目监理机构的监理人员组成通常包括(　　)。

  A. 总监理工程师、专业监理工程师

  B. 总监理工程师、总监理工程师代表和专业监理工程师

  C. 总监理工程师、专业监理工程师和监理员

  D. 总监理工程师、总监理工程师代表和监理员

71. 根据《建设工程监理规范》(GB/T 50319—2013),项目总监理工程师应具有(　　)。

  A. 注册监理工程师执业资格或者注册建造师执业资格

  B. 注册监理工程师执业资格

  C. 具有中级及以上专业技术职称、5年及以上工程实践经验并经监理业务培训

  D. 注册监理工程师执业资格或者注册造价工程师执业资格

72. 根据《建设工程监理规范》(GB/T 50319—2013),当一名注册监理工程师需要同时担任多项建设工程监理合同的总监理工程师时,应经(　　),且最多不得超过(　　)项。

  A. 监理单位法定代表人批准;2   B. 建设单位书面同意;3

  C. 工程施工单位的书面认可;2   D. 建设主管部门审批;3

73. 根据《建设工程监理规范》(GB/T 50319—2013),总监理工程师代表的任职资格是(　　)。

  A. 具有工程类注册执业资格

  B. 具有中级及以上专业技术职称、3年及以上工程实践经验并经监理业务培训

  C. 具有工程类注册执业资格或具有中级及以上专业技术职称

  D. 具有工程类注册执业资格或具有中级及以上专业技术职称、3年及以上工程实践经验并经监理业务培训

74. 根据《建设工程监理规范》(GB/T 50319—2013),专业监理工程师的任职资格是(　　)。

A. 具有工程类注册执业资格

B. 具有中级及以上专业技术职称、2年及以上工程实践经验并经监理业务培训

C. 具有工程类注册执业资格或具有中级及以上专业技术职称

D. 具有工程类注册执业资格或具有中级及以上专业技术职称、2年及以上工程实践经验并经监理业务培训

75. 根据《建设工程监理规范》(GB/T 50319—2013),专业监理工程师应具有中级及以上专业技术职称、(   )年及以上工程实践经验并经监理业务培训的人员担任。

　　A. 1　　　　　　B. 2　　　　　　C. 3　　　　　　D. 5

76. 根据《建设工程监理规范》(GB/T 50319—2013),工程开工前,项目监理机构监理人员应参加由(   )主持召开的第一次工地会议。

　　A. 政府工程质量监督机构　　　　　B. 项目监理机构

　　C. 建设单位　　　　　　　　　　　D. 施工单位

77. 根据《建设工程监理规范》GB/T 50319—2013,项目监理机构应定期召开监理例会,并组织有关单位研究解决(   )。

　　A. 监理工作范围内工程专项问题

　　B. 编制施工组织设计及专项施工方案相关事项

　　C. 与监理相关的问题

　　D. 工程设计文件评审相关事项

78. 根据《建设工程监理规范》(GB/T 50319—2013),建设工程监理基本表式包括(   )。

　　A. A 类表

　　B. A 类表、B 类表

　　C. A 类表、B 类表、C 类表

　　D. A 类表、B 类表、C 类表、D 类表

二、多项选择题

1. 《建筑法》是我国工程建设领域的一部大法。它包含的主要内容有(   )。

　　A. 建筑许可　　　　　　　　　　　B. 建筑工程招标投标

　　C. 建筑工程监理　　　　　　　　　D. 建筑安全生产管理

　　E. 建筑工程质量管理

2. 根据《建筑法》,建设单位申请领取施工许可证应当具备的条件有(   )。

　　A. 已办理该建筑工程用地批准手续　　B. 已取得规划许可证

　　C. 有满足施工需要的资金安排　　　　D. 已确定建筑施工企业

　　E. 已确定工程监理企业

3. 下列关于建筑工程发包的说法中,正确的有(   )。

　　A. 建筑工程实行直接发包的,发包单位应当将建筑工程发包给具有相应资质条件的承包单位

　　B. 建筑工程的发包单位可以将建筑工程勘察、设计、施工、设备采购的一项或者多项发包给一个工程总承包单位

　　C. 发包单位不得将应当由一个承包单位完成的建筑工程肢解成若干部分发包给几个承包单位

D. 提倡对建筑工程实行总承包,禁止将建筑工程肢解发包

E. 建筑材料、建筑构配件和设备由工程承包单位采购的,发包单位可以指定承包单位购入用于工程的建筑材料、建筑构配件和设备或者指定生产厂、供应商

4. 下列关于建筑工程承包的说法中,正确的有( )。

A. 承包建筑工程的单位应当持有依法取得的资质证书,并在其资质等级许可的业务范围内承揽工程

B. 两个以上不同资质等级的单位实行联合共同承包的,应当按照资质等级低的单位的业务许可范围承揽工程

C. 禁止承包单位将其承包的全部建筑工程转包给他人,禁止承包单位将其承包的全部建筑工程肢解以后以分包的名义分别转包给他人

D. 建筑工程总承包单位可以将承包工程中的任何部分工程发包给具有相应资质条件的分包单位

E. 施工总承包的,建筑工程主体结构的施工必须由总承包单位自行完成

5. 根据《建筑法》,关于建筑工程发包与承包的说法,正确的有( )。

A. 建筑工程造价应按国家有关规定,由发包单位与承包单位在合同中约定

B. 发包单位可以将建筑工程的设计、施工、设备采购一并发包给一个承包单位

C. 按照合同约定,由承包单位采购的设备,发包单位可以指定生产厂

D. 两个资质等级相同的企业,方可组成联合体共同承包

E. 总承包单位与分包单位就分包工程对建设单位承担连带责任

6. 根据《建筑法》,建设单位领取施工许可证后,还应按照国家有关规定办理申请批准手续的情形包括( )。

A. 临时占用规划批准范围以内的场地　　B. 拆除场地内的旧建筑物

C. 可能损坏电力公共设施的场地　　D. 需要临时中断道路的场地

E. 需要进行焊接作业的场地

7. 下列关于建筑施工企业安全生产管理的说法中,正确的有( )。

A. 施工现场安全由建筑施工企业负责。实行施工总承包的,由总承包单位负责

B. 施工企业应加强对职工安全生产的教育培训;未经安全生产教育培训的人员,不得上岗作业

C. 作业人员对危及生命安全和人身健康的行为有权提出批评、检举和控告

D. 施工企业应当为职工办理意外伤害保险,支付保险费

E. 房屋拆除应当由具备保证安全条件的建筑施工单位承担,由建筑施工单位负责人对安全负责

8. 下列关于建筑工程质量管理的说法中,正确的有( )。

A. 建筑工程实行总承包的,工程质量由工程总承包单位负责,总承包单位将建筑工程分包给其他单位的,应当对分包工程的质量与分包单位承担连带责任

B. 建筑设计单位对设计文件选用的建筑材料、建筑构配件和设备,不得指定生产厂、供应商

C. 设计文件选用的建筑材料、建筑构配件和设备,应当注明其规格、型号、性能和生产厂、供应商,其质量要求必须符合国家规定的标准
D. 工程设计的修改由原设计单位负责,建筑施工企业不得擅自修改工程设计
E. 建筑工程竣工时,屋顶、墙面不得留有渗漏、开裂等质量缺陷

9. 根据《招标投标法》,下列关于招标要求的说法中,正确的有(　　)。
   A. 招标分为公开招标和邀请招标两种方式
   B. 公开招标是指招标人以招标公告的方式邀请特定的法人或者其他组织投标
   C. 依法必须进行招标的项目,应当通过国家指定的报刊、信息网络、媒介发布招标公告
   D. 采用邀请招标方式的,应当向3个以上具备相应资格的特定法人或者其他组织发出投标邀请书
   E. 招标人不得以不合理的条件限制或者排斥潜在投标人,不得对潜在投标人实行歧视待遇

10. 根据《招标投标法》,下列关于招标的说法,正确的有(　　)。
    A. 邀请招标,是指招标人以投标邀请书的方式邀请特定的法人或者其他组织投标
    B. 采用邀请招标的,招标人可以告知拟邀请投标人向他人发出邀请的情况
    C. 招标人不得以不合理的条件限制或排斥潜在投标人
    D. 招标文件不得要求或标明特定的生产供应者
    E. 招标人需澄清招标文件的,应以电话或书面形式通知所有招标文件收受人

11. 根据《招标投标法》,下列关于招标文件的说法,正确的有(　　)。
    A. 招标文件应当包括招标项目的技术要求、对投标人资格审查的标准、投标报价要求和评标标准等所有实质性要求和条件,以及拟签订合同的主要条款
    B. 招标文件不得要求或者标明特定的生产供应者以及含有倾向或者排斥潜在投标人的其他内容
    C. 开标前,招标人应公开已获取招标文件的潜在投标人的名称、数量等信息
    D. 招标人对已发出的招标文件进行必要的澄清或者修改的,应当在招标文件要求提交投标文件截止时间至少15日前,以书面形式通知所有招标文件收受人
    E. 招标项目需要划分标段、确定工期的,招标人应当合理划分标段、确定工期,并在招标文件中载明

12. 根据《招标投标法》,下列关于投标要求的说法。正确的有(　　)。
    A. 建设施工项目的投标文件应当包括拟派出的项目负责人与主要技术人员的简历、业绩和拟用于完成招标项目的机械设备等内容
    B. 投标人拟在中标后将中标项目的部分非主体、非关键工程进行分包的,应当在投标文件中载明
    C. 投标人在招标文件要求提交投标文件的截止时间前,可以补充、修改或者撤回已提交的投标文件,并书面通知招标人
    D. 投标人应当在招标文件要求提交投标文件的截止时间前,将投标文件送达投标地点
    E. 联合体中标的,联合体各方应当分别与招标人签订合同,就中标项目向招标人承担各自的责任

13. 根据《招标投标法》,下列关于评标要求的说法,正确的有( )。
    A. 评标由招标人和评标委员会共同负责
    B. 依法必须进行招标的项目,其评标委员会由招标人的代表和有关技术、经济等方面的专家组成
    C. 评标委员会成员人数为5人以上单数。其中,技术、经济等方面的专家不得少于成员总数的2/3
    D. 中标人的投标能够最大限度地满足招标文件中规定的各项综合评价标准
    E. 评标委员会应当按照招标人和投标人协商确定的评标标准和方法,对投标文件进行评审和比较

14. 根据《招标投标法》,下列关于评标委员会组成的说法,正确的有( )。
    A. 评标委员会由招标人依法组建
    B. 评标委员会由招标人的代表和有关技术、经济等方面的专家组成
    C. 评标委员会成员人数为5人以上单数。其中,技术、经济等方面的专家不得少于成员总数的2/3
    D. 评标委员会的专家成员应当从事相关领域工作满八年并具有高级职称或者具有同等专业水平
    E. 评标委员会的专家成员,一般招标项目可以由招标人直接确定,特殊招标项目采取随机抽取方式确定

15. 根据《民法典》第三编合同,合同的形式包括( )。
    A. 书面形式
    B. 口头形式
    C. 数据电文形式
    D. 信件形式
    E. 其他形式

16. 根据《民法典》第三编合同,合同内容由当事人约定,一般包括( )。
    A. 当事人的名称或姓名和住所
    B. 标的
    C. 数量、质量
    D. 履行期限、地点和方式
    E. 当事人的财务状况

17. 根据《民法典》第三编合同,下列关于要约的说法,正确的有( )。
    A. 要约必须是以缔结合同为目的,必须具备合同的主要条款
    B. 要约邀请不是合同成立过程中的必经过程,它不含有合同得以成立的主要内容和相对人同意后受其约束的表示
    C. 要约人发出要约时,要约生效
    D. 要约可以撤回,撤回要约的通知应当在要约到达受要约人之前或者与要约同时到达受要约人
    E. 要约可以撤销,撤销要约的通知应当在受要约人发出承诺通知之前到达受要约人

18. 根据《民法典》第三编合同,关于要约失效的说法,正确的有( )。
    A. 拒绝要约的通知到达要约人,该要约失效
    B. 撤销要约的通知在受要约人发出承诺通知前到达受要约人,要约可撤销
    C. 受要约人对要约的内容作出实质性变更,该要约即失效

D. 承诺期限届满,受要约人未作出承诺,该要约继续有效

E. 要约人依法撤销要约,该要约失效

19. 根据《民法典》第三编合同,下列关于承诺的说法,正确的有(　　)。

   A. 根据交易习惯或者要约表明可以通过行为的方式作出承诺

   B. 要约没有确定承诺期限的,以非对话方式作出的要约,承诺应当在合理期限内到达

   C. 受要约人对要约的内容作出实质性变更的,为新要约

   D. 受要约人超过承诺期限发出承诺的,除要约人及时通知受要约人该承诺有效的以外,为新要约

   E. 承诺期限内发出的承诺,因其他原因承诺到达要约人时超过承诺期限的,该承诺无效

20. 根据《民法典》第三编合同,关于要约与承诺的说法,错误的有(　　)。

   A. 要约是希望与他人订立合同的意思表示

   B. 要约邀请是合同成立过程中的必经过程

   C. 要约到达受要约人后可以撤销

   D. 承诺是受要约人同意要约的意思表示

   E. 承诺的内容应当与要约的内容一致

21. 根据《民法典》第三编合同,下列关于合同成立的说法,正确的有(　　)。

   A. 当事人采用合同书形式订立合同的,自双方当事人签字或者盖章时合同成立

   B. 当事人采用信件、数据电文等形式订立合同的,可以在合同成立之前要求签订确认书。签订确认书时合同成立

   C. 法律、行政法规规定或者当事人约定采用书面形式订立合同,当事人未采用书面形式,即使一方已经履行主要义务,对方也接受的,合同仍不成立

   D. 采用合同书形式订立合同,在签字或者盖章之前,当事人一方已经履行主要义务,对方接受的,则合同成立

   E. 当事人采用合同书形式订立合同的,双方当事人签字或者盖章地点为合同成立地点

22. 根据《民法典》第三编合同,下列关于格式条款的说法,正确的有(　　)。

   A. 格式条款是当事人为了重复使用而预先拟定,并在订立合同时与对方协商的条款

   B. 采用格式条款订立合同的,提供格式条款的一方应当遵循公平原则确定当事人之间的权利和义务,并采取合理的方式提请对方注意免除或限制其责任的条款,按照对方的要求,对该条款予以说明

   C. 提供格式条款一方免除自己责任、加重对方责任、排除对方主要权利的,该条款无效

   D. 对格式条款的理解发生争议的,应当按照通常理解予以解释。对格式条款有两种以上解释的,应当作出不利于提供格式条款一方的解释

   E. 格式条款和非格式条款不一致的,应当采用格式条款

23. 根据《民法典》第三编合同,承担缔约过失责任的情形包括(　　)。

   A. 假借订立合同,恶意进行磋商

B.故意隐瞒与订立合同有关的重要事实或者提供虚假情况
C.有其他违背诚实信用原则的行为
D.对合同内容产生重大误解
E.以欺诈、胁迫的手段订立合同

24.根据《民法典》第三编合同,下列关于合同效力的说法,正确的有( )。
    A.依法成立的合同,自成立即生效
    B.当事人对合同的效力可以约定附条件
    C.当事人对合同的效力可以约定附期限
    D.限制民事行为能力人订立的合同,经法定代理人追认后仍然无效
    E.法定代表人或负责人超越权限订立的合同无效

25.根据《民法典》第三编合同,导致合同无效的情形包括( )。
    A.一方以欺诈、胁迫的手段订立合同,损害国家利益
    B.恶意串通,损害国家、集体或第三人利益
    C.在订立合同时显失公平的
    D.以合法形式掩盖非法目的
    E.违反法律、行政法规的强制性规定

26.根据《民法典》第三编合同,下列免责条款,属于无效免责条款的有( )。
    A.造成对方人身伤害的
    B.因不可抗力造成对方财产损失的
    C.因故意或者重大过失造成对方财产损失的
    D.因异常恶劣的气候条件造成合同履行期限延长的
    E.因法律变化造成对方财产损失的

27.根据《民法典》第三编合同,下列合同,当事人一方有权请求人民法院或者仲裁机构变更或者撤销的有( )。
    A.因重大误解订立的合同
    B.恶意串通,损害国家、集体或第三人利益
    C.在订立时显失公平的合同
    D.一方以欺诈、胁迫的手段订立合同,但没有损害国家利益
    E.乘人之危,使对方在违背真实意思的情况下订立的合同

28.合同生效后,当事人就质量、价款或者报酬、履行地点等内容约定不明确的,可以协议补充;不能达成补充协议的,按照合同有关条款或者交易习惯确定。依照上述规定仍不能确定的,下列说法正确的有( )。
    A.质量要求不明确的,按照国家标准、行业标准履行;没有国家标准、行业标准的,按照通常标准或者符合合同目的的特定标准履行
    B.价款或者报酬不明确的,按照订立合同时履行地的市场价格履行;依法应当执行政府定价或者政府指导价的,按照规定履行
    C.履行地点不明确的,给付货币的,在接受货币一方所在地履行;交付不动产的,在不动产所在地履行;其他标的,在履行义务一方所在地履行

D.履行期限不明确的,债务人应按照债权人的要求履行

E.履行费用的负担不明确的,由履行义务一方负担

29.《民法典》第三编合同规定,抗辩权可分为( )。

A.同时履行抗辩权　　　　　　　B.先履行抗辩权

C.代为履行抗辩权　　　　　　　D.解除抗辩权

E.不安抗辩权

30.根据《民法典》第三编合同,下列情形,应当先履行债务的当事人可以中止履行的有( )。

A.对方当事人经营状况严重恶化

B.对方当事人转移财产、抽逃资金,以逃避债务

C.对方当事人丧失商业信誉

D.对方当事人违约导致合同工期延误

E.对方当事人未按技术规范组织施工导致出现质量事故

31.根据《民法典》第三编合同,合同债权人可以行使的保全措施包括( )。

A.代位权　　　　　　　　　　　B.抗辩权

C.撤销权　　　　　　　　　　　D.变更权

E.仲裁权

32.根据《民法典》第三编合同,下列关于合同变更和转让的说法,正确的有( )。

A.当事人协商一致,可以变更合同

B.当事人对合同变更的内容约定不明确的,推定为未变更

C.合同转让不是变更合同中规定的权利义务内容,而是变更合同主体

D.债务人将合同的义务全部或者部分转移给第三人的,应当通知债权人。未经通知,该转让对债权人不发生效力

E.当事人订立合同后合并的,由合并后的法人或其他组织行使合同权利,履行合同义务

33.根据《民法典》第三编合同,下列情形,可导致合同终止的有( )。

A.债务人经营状况严重恶化　　　B.债权债务同归于一人

C.债务相互抵销　　　　　　　　D.债权人免除债务

E.债务人依法将标的物提存

34.根据《民法典》第三编合同,合同权利义务的终止,不影响执行合同中约定的条款有( )。

A.预付款支付义务　　　　　　　B.结算和清理条款

C.通知义务　　　　　　　　　　D.缺陷责任条款

E.保密义务

35.根据《民法典》第三编合同,下列关于合同解除的说法,正确的有( )。

A.当事人协商一致,可以解除合同

B.当事人可以约定一方解除合同的条件。解除合同的条件成立时,解除权人可以解除合同

C. 因不可抗力致使不能实现合同目的,当事人可以解除合同

D. 当事人一方迟延履行主要债务

E. 在履行期限届满之前,当事人一方明确表示或者以自己的行为表明不履行主要债务

36. 根据《民法典》第三编合同,下列情形,当事人可以解除合同的有(　　)。

　　A. 当事人一方履行质量义务不符合约定,造成重大质量事故

　　B. 因不可抗力致使不能实现合同目的

　　C. 在履行期限届满之前,当事人一方明确表示或者以自己的行为表明不履行主要债务

　　D. 当事人一方迟延履行主要债务,经催告后在合理期限内仍未履行

　　E. 当事人一方迟延履行债务或者有其他违约行为致使不能实现合同目的

37. 根据《民法典》第三编合同,当事人一方不履行合同义务或者履行合同义务不符合约定的,应当承担的违约责任包括(　　)。

　　A. 继续履行　　　　　　　　B. 采取补救措施

　　C. 赔偿损失　　　　　　　　D. 合同中止

　　E. 定金

38. 根据《民法典》第三编合同,下列关于违约责任的说法,正确的有(　　)。

　　A. 当事人可以约定一方违约时应当根据违约情况向对方支付一定数额的违约金

　　B. 约定的违约金低于造成的损失的,当事人可以请求人民法院或者仲裁机构予以增加

　　C. 约定的违约金高于造成的损失的,当事人可以请求人民法院或者仲裁机构予以减少

　　D. 当事人既约定违约金,又约定定金的,一方违约时,对方可以选择适用违约金或者定金条款

　　E. 合同采用定金担保的,收受定金的一方不履行约定的债务的,应当双倍返还定金

39. 根据《民法典》第三编合同,合同争议解决方式包括(　　)。

　　A. 和解　　　　B. 调解　　　　C. 仲裁　　　　D. 诉讼

　　E. 强制执行

40. 根据《民法典》第三编合同,施工合同的内容包括(　　)。

　　A. 工程范围、建设工期　　　　B. 工程质量、工程造价

　　C. 材料和设备供应责任　　　　D. 拨款和结算、竣工验收

　　E. 承包人的利润目标

41. 根据《民法典》第三编合同,下列关于委托合同中委托人权利义务的说法,正确的有(　　)。

　　A. 委托人应当预付处理委托事务费用

　　B. 对无偿委托合同,因受托人重大过失给委托人造成损失的,委托人不应要求赔偿

　　C. 受托人超越权限给委托人造成损失的,应当向委托人赔偿损失

　　D. 委托人不经受托人同意,可以在受托人之外委托第三人处理委托事务

E. 经同意的转委托,委托人可以就委托事务直接指示转委托的第三人

42. 根据《民法典》第三编合同,属于委托合同的有( )。
    A. 工程勘察合同　　　　　　　B. 工程设计合同
    C. 建设工程监理合同　　　　　D. 施工合同
    E. 项目管理合同

43. 根据《民法典》第三编合同,下列关于委托合同中受托人主要权利和义务的说法,正确的有( )。
    A. 受托人应当亲自处理委托事务。经委托人同意,受托人可以转委托
    B. 受托人应当按照委托人的指示处理委托事务。需要变更委托人指示的,应当经委托人同意
    C. 转委托经同意的,委托人可以就委托事务直接指示转委托的第三人
    D. 受托人处理委托事务时,因不可归责于自己的事由受到损失的,不得向委托人要求赔偿损失
    E. 委托人经受托人同意,可以在受托人之外委托第三人处理委托事务。因此给受托人造成损失的,受托人可以向委托人要求赔偿损失

44. 根据《安全生产法》,下列关于生产经营单位主要负责人安全管理职责的说法,正确的有( )。
    A. 建立健全本单位安全生产责任制
    B. 组织制定并实施本单位安全生产教育和培训计划
    C. 保证本单位安全生产投入的有效实施
    D. 督促检查本单位的安全生产工作,及时消除生产安全事故隐患
    E. 了解相关作业场所和工作岗位存在的危险因素、防范措施及事故应急措施,对本单位的安全生产工作提出建议

45. 根据《安全生产法》,下列关于生产经营单位安全生产管理机构及专职安全生产管理人员安全管理职责的说法,正确的有( )。
    A. 组织或参与拟定本单位安全生产规章制度、操作规程
    B. 组织制定并实施本单位的生产安全事故应急救援预案
    C. 组织或参与本单位安全生产教育和培训,如实记录安全生产教育和培训情况
    D. 督促落实本单位重大危险源的安全管理措施
    E. 制止和纠正违章指挥、强令冒险作业、违反操作规程的行为

46. 根据《安全生产法》,下列关于生产经营单位从业人员的安全生产权利和义务的说法,正确的有( )。
    A. 有权了解其作业场所和工作岗位存在的危险因素、防范措施及事故应急措施,有权对本单位的安全生产工作提出建议
    B. 有权对本单位安全生产工作中存在的问题提出批评、检举、控告;有权拒绝违章指挥和强令冒险作业
    C. 发现直接危及人身安全的紧急情况时,在经项目技术负责人同意后,可以停止作业或者在采取可能的应急措施后撤离作业场所

D. 在作业过程中,应当严格遵守本单位的安全生产规章制度和操作规程,服从管理,正确佩戴和使用劳动防护用品

E. 应当接受安全生产教育和培训,掌握本职工作所需安全生产知识,提高安全生产技能

47. 根据《安全生产法》,下列规模较大的生产经营单位,应当建立应急救援组织的有( )。

　　A. 建筑施工单位　　　　　　　　B. 金属冶炼单位
　　C. 物流单位　　　　　　　　　　D. 危险物品的生产、经营、储存单位
　　E. 城市轨道交通运营单位

48. 根据《建设工程质量管理条例》,建设单位的质量责任和义务有( )。

　　A. 不使用未经审查批准的施工图设计文件
　　B. 建立健全教育培训制度
　　C. 不得任意压缩合理工期
　　D. 签署工程保修书
　　E. 向有关部门移交建设项目档案

49. 根据《建设工程质量管理条例》,建设工程竣工验收应具备的条件有( )。

　　A. 有完整的技术档案和施工管理资料
　　B. 有施工、监理等单位分别签署的质量合格文件
　　C. 有质量监督机构签署的质量合格文件
　　D. 有工程造价结算报告
　　E. 有施工单位签署的工程保修书

50. 根据《建设工程质量管理条例》,下列关于勘察、设计单位质量责任和义务的说法,正确的有( )。

　　A. 勘察单位提供的地质、测量、水文等勘察成果必须真实、准确
　　B. 设计单位应当根据勘察成果文件进行建设工程设计
　　C. 设计文件应当符合国家规定的设计深度要求,注明工程合理使用年限
　　D. 设计单位应当就审查合格的施工图设计文件向施工单位作出详细说明
　　E. 设计单位在设计文件中选用的建筑材料、建筑构配件和设备,应当注明规格、型号和生产厂、供应商

51. 根据《建设工程质量管理条例》,下列关于施工单位质量责任和义务的说法,正确的有( )。

　　A. 在施工过程中发现设计文件和图纸有差错的,应当及时改正
　　B. 建设工程实行总承包的,总承包单位应当对全部建设工程质量负责
　　C. 隐蔽工程在隐蔽前,施工单位应当通知建设单位和建设工程质量监督机构
　　D. 应当按照国家有关规定办理工程质量监督手续
　　E. 未经检验或者检验不合格的建筑材料、建筑构配件、设备,不得使用

52. 根据《建设工程质量管理条例》,下列关于工程监理单位质量责任和义务的说法,正确的有( )。

　　A. 在施工过程中发现设计文件和图纸有差错的,应当及时改

B. 监理工程师应当按照建设工程监理规范的要求,采取旁站、巡视和平行检验等形式,对建设工程实施监理

C. 未经监理工程师签字,建筑材料、建筑构配件和设备不得在工程上使用或者安装,施工单位不得进行下一道工序的施工

D. 未经总监理工程师签字,建设单位不得拨付工程款,不得进行竣工验收

E. 工程监理单位与被监理工程的施工承包单位以及建筑材料、建筑构配件和设备供应单位有隶属关系或者其他利害关系的,不得承担该项建设工程的监理业务

53. 根据《建设工程质量管理条例》,下列关于质量保修期限的说法,正确的有(　　)。

A. 地基基础工程最低保修期限为设计文件规定的该工程合理使用年限

B. 屋面防水工程最低保修期限为3年

C. 给排水管道工程最低保修期限为2年

D. 供热工程最低保修期限为2个采暖期

E. 建设工程的保修期自交付使用之日起计算

54. 根据《建设工程质量管理条例》,下列关于建设工程最低保修期限的说法,正确的有(　　)。

A. 房屋主体结构工程为设计文件规定的合理使用年限

B. 屋面防水工程为3年

C. 供热系统为2个供暖期

D. 电气管道工程为3年

E. 给水排水管道工程为3年

55. 根据《建设工程质量管理条例》,存在下列(　　)行为的,可处10万元以上30万元以下罚款。

A. 勘察单位未按工程建设强制性标准进行勘察

B. 设计单位未根据勘察成果文件进行工程设计

C. 建设单位迫使承包方以低于成本的价格竞标

D. 建设单位明示施工单位使用不合格建筑材料

E. 设计单位指定建筑材料供应商

56. 根据《建设工程安全生产管理条例》,建设单位存在下列(　　)行为的,责令改正,处20万元以上50万元以下的罚款。

A. 要求施工单位压缩合同工期的

B. 对工程监理单位提出不符合强制性标准要求的

C. 未提供建设工程安全生产作业环境的

D. 申请施工许可证时,未提供有关安全施工措施资料的

E. 明示施工单位租赁使用不符合安全施工要求的机械设备的

57. 根据《建设工程安全生产管理条例》,下列关于建设单位安全责任的说法,正确的有(　　)。

A. 应当向施工单位提供施工现场及毗邻区域内供水、供电、供气、供热、通信、广播电

视等地下管线资料,气象和水文观测资料,并保证资料的真实、准确、完整

B. 不得压缩合同约定的工期;不得明示或者暗示施工单位购买、租赁、使用不符合安全施工要求的安全防护用具、机械设备

C. 在编制工程概算时,应当确定建设工程安全作业环境及安全施工措施所需费用

D. 在申请领取施工许可证时,应当提供建设工程有关安全施工措施的资料

E. 应当设立安全生产管理机构,配备专职安全生产管理人员

58. 根据《建设工程安全生产管理条例》,在拆除工程施工15日前,建设单位应向建设工程所在地的县级以上地方人民政府建设行政主管部门或者其他有关部门报送的备案资料有( )。

A. 施工单位资质等级证明

B. 拆除施工组织方案

C. 拟拆除建筑物、构筑物及可能危及毗邻建筑的说明

D. 堆放、清除废弃物的措施

E. 施工单位签署的安全施工保证书

59. 根据《建设工程安全生产管理条例》,设计单位的安全责任包括( )。

A. 在设计文件中注明涉及施工安全的重点部位和环节

B. 采用新结构的建设工程,应当在设计中提出保障施工作业人员安全的措施建议

C. 审查危险性较大的专项施工方案是否符合强制性标准

D. 对特殊结构的建设工程,应在设计中提出防范生产安全事故的指导意见

E. 审查监测方案是否符合设计要求

60. 根据《建设工程安全生产管理条例》,下列工程建设有关单位的安全责任的说法,正确的有( )。

A. 为建设工程提供机械设备和配件的单位,应当按照安全施工的要求配备齐全有效的保险、限位等安全设施和装置

B. 出租单位应当对出租的机械设备和施工机具及配件的安全性能进行检测,在签订租赁协议时,应当出具检测合格证明

C. 在施工现场安装、拆卸施工起重机械和整体提升脚手架、模板等自升式架设设施,必须由具有相应资质的单位承担

D. 安装、拆卸施工起重机械和整体提升脚手架、模板等自升式架设设施,应当编制拆装方案、制定安全施工措施,并由监理人员现场监督

E. 施工起重机械和整体提升脚手架、模板等自升式架设设施安装完毕后,安装单位应当自检,出具自检合格证明,并向施工单位进行安全使用说明,办理验收手续并签字

61. 根据《建设工程安全生产管理条例》,属于施工单位安全责任的有( )。

A. 拆除工程施工前,向有关部门报送拆除施工组织方案

B. 列入工程概算的安全作业环境所需费用不得挪作他用

C. 对所承担的建设工程进行定期和专项安全检查并做好安全检查记录

D. 为施工现场从事危险作业的人员办理意外伤害保险
E. 向作业人员提供安全防护用具和安全防护服装

62. 根据《建设工程安全生产管理条例》，下列达到一定规模的危险性较大的分部分项工程中，施工单位还应当组织专家对其专项施工方案进行论证、审查的分部分项工程有( )。
   A. 深基坑工程　　　　　　　　B. 脚手架工程
   C. 地下暗挖工程　　　　　　　D. 起重吊装工程
   E. 拆除爆破工程

63. 根据《建设工程安全生产管理条例》，属于施工单位安全责任的有( )。
   A. 不得压缩合同约定的工期
   B. 由具有相应资质的单位安装、拆卸施工起重机械
   C. 对所承担的建设工程进行定期和专项安全检查
   D. 应当在施工组织设计中编制安全技术措施
   E. 对因施工可能造成毗邻构筑物、地下管线变形的，应采取专项防护措施

64. 根据《建设工程安全生产管理条例》，下列关于施工单位安全责任的说法，正确的有( )。
   A. 应当建立健全安全生产责任制度，制定安全生产规章制度和操作规程
   B. 严格按照拆装方案及安全措施，在施工现场安装、拆卸施工起重机械和整体提升脚手架、模板等自升式架设设施
   C. 保证本单位安全生产条件所需资金的投入，对所承担的建设工程进行定期和专项安全检查
   D. 总承包单位依法将建设工程分包给其他单位的，分包单位应当服从总承包单位的安全生产管理。如分包单位不服从管理导致生产安全事故，由分包单位承担全部责任
   E. 安全作业环境及安全施工措施费，应当用于施工安全防护用具及设施的采购和更新、安全施工措施的落实、安全生产条件的改善，不得挪作他用

65. 根据《建设工程安全生产管理条例》，下列达到一定规模的分部分项工程，应编制专项施工方案的有( )。
   A. 基坑支护与降水工程　　　　B. 土方开挖工程
   C. 模板工程　　　　　　　　　D. 屋面防水工程
   E. 起重吊装工程

66. 根据《建设工程安全生产管理条例》，下列关于施工单位的安全责任的说法，正确的有( )。
   A. 应当向作业人员提供安全防护用具和安全防护服装，并书面告知危险岗位的操作规程和违章操作的危害
   B. 应当将施工现场的办公、生活区与作业区分开设置，并保持安全距离
   C. 在尚未竣工的建筑物内设置员工集体宿舍的，应采取确保安全的措施
   D. 对因建设工程施工可能造成损害的毗邻建筑物、构筑物和地下管线等，应当采取专项防护措施

E. 应当在施工现场设置消防通道、消防水源,配备消防设施和灭火器材,并在施工现场入口处设置明显标志

67. 根据《生产安全事故报告和调查处理条例》,生产安全事故发生后,单位负责人接到报告后,应在规定的时间内向有关部门报告。事故报告的内容包括(　　)。

　　A. 事故发生单位概况

　　B. 事故的简要经过

　　C. 已经采取的措施

　　D. 事故的性质

　　E. 事故发生的时间、地点以及事故现场情况

68. 根据《生产安全事故报告和调查处理条例》,生产安全事故发生后,有关单位和部门应逐级上报事故情况,事故报告内容包括(　　)。

　　A. 事故发生单位概况　　　　　B. 事故现场情况

　　C. 已经采取的措施　　　　　　D. 事故发生的原因

　　E. 事故的性质

69. 根据《生产安全事故报告和调查处理条例》,事故调查组应当自事故发生之日起60日内提交事故调查报告。事故调查报告应包括的内容有(　　)。

　　A. 事故发生单位概况

　　B. 事故发生经过和事故救援情况

　　C. 事故发生的时间、地点以及事故现场情况

　　D. 事故造成的人员伤亡和直接经济损失

　　E. 事故发生的原因和事故性质

70. 根据《招标投标法实施条例》,按照国家有关规定需要履行项目审批、核准手续的依法必须进行招标的项目,应当报项目审批、核准部门审批、核准的事项包括(　　)。

　　A. 招标范围　　　　　　　　　B. 招标方式

　　C. 招标组织形式　　　　　　　D. 招标文件

　　E. 评标委员会组成

71. 根据《招标投标法实施条例》,国有资金占控股或者主导地位的依法必须进行招标的项目,可以采用邀请招标的情形包括(　　)。

　　A. 技术简单、投资额小的项目

　　B. 涉及国家秘密、安全的项目

　　C. 采用公开招标方式的费用占项目合同金额的比例过大

　　D. 工程范围不明确、设计不详细的项目

　　E. 技术复杂、有特殊要求或者受自然环境限制,只有少量潜在投标人可供选择

72. 根据《招标投标法实施条例》,可以不进行招标的项目包括(　　)。

　　A. 需要采用不可替代的专利或者专有技术

　　B. 采购人依法能够自行建设、生产或者提供

　　C. 工期紧、投资额小,质量标准较低

　　D. 已通过招标方式选定的特许经营项目投资人依法能够自行建设、生产或者提供

E. 需要向原中标人采购工程、货物或者服务,否则将影响施工或者功能配套要求

73. 根据《招标投标法实施条例》,招标人的下列行为,属于以不合理条件限制、排斥潜在投标人或者投标人的有( )。
    A. 对潜在投标人或者投标人采取不同的资格审查或者评标标准
    B. 限定或者指定特定的专利、商标、品牌、原产地或者供应商
    C. 依法必须进行招标的项目非法限定潜在投标人或者投标人的所有制形式或者组织形式
    D. 依法必须进行招标的项目以特定行政区域或者特定行业的业绩、奖项作为加分条件或者中标条件
    E. 要求潜在投标人或者投标人在投标文件中确定项目经理以及是否分包

74. 根据《招标投标法实施条例》,下列关于招标标底及投标限价的说法,正确的有( )。
    A. 招标人可以自行决定是否编制标底
    B. 一个招标项目只能有一个标底,标底必须保密
    C. 接受委托编制标底的中介机构不得参加受托编制标底项目的投标
    D. 招标人设有最高投标限价的,应当在招标文件中明确最高投标限价或者最高投标限价的计算方法
    E. 招标人可以规定最低投标限价

75. 根据《招标投标法实施条例》,下列情形,属于投标人相互串通投标的有( )。
    A. 投标人之间约定中标人
    B. 投标人之间协商投标报价等投标文件的实质性内容
    C. 不同投标人委托同一单位或者个人办理投标事宜
    D. 投标人之间约定部分投标人放弃投标或者中标
    E. 属于同一集团、协会、商会等组织成员的投标人按照该组织要求协同投标

76. 根据《招标投标法实施条例》,下列情形,视为投标人相互串通投标的有( )。
    A. 不同投标人的投标文件相互混装
    B. 不同投标人的投标文件载明的项目管理成员为同一人
    C. 不同投标人的投标文件由同一单位或者个人编制
    D. 属于同一集团、协会、商会等组织成员的投标人按照该组织要求协同投标
    E. 不同投标人的投标文件异常一致或者投标报价呈规律性差异

77. 根据《招标投标法实施条例》,下列情形,属于招标人与投标人串通投标的有( )。
    A. 招标人授意投标人撤换、修改投标文件
    B. 招标人明示或者暗示投标人压低或者抬高投标报价
    C. 评标委员会要求投标人对投标文件进行澄清、说明的
    D. 招标人在开标前开启投标文件并将有关信息泄露给其他投标人
    E. 招标人明示或者暗示投标人为特定投标人中标提供方便

78. 根据《招标投标法实施条例》,下列关于开标和评标的说法,正确的有( )。
    A. 投标人少于3个的,不得开标,招标人应当重新招标

B. 对技术复杂、专业性强或者国家有特殊要求的招标项目,可以由招标人直接确定技术、经济等方面的评标专家

C. 超过1/3的评标委员会成员认为评标时间不够的,招标人应当适当延长

D. 标底为评标的重要依据,可以以投标报价是否接近标底作为中标条件

E. 招标文件没有规定的评标标准和方法不得作为评标的依据

79. 根据《招标投标法实施条例》,下列情形,评标委员会应当否决其投标的有(   )。

A. 投标文件未经投标单位盖章和单位负责人签字

B. 投标联合体没有提交共同投标协议

C. 投标报价高于招标项目设定的标底

D. 投标报价低于成本或者高于招标文件设定的最高投标限价

E. 投标报价低于招标文件设定的最低投标限价

80. 根据《招标投标法实施条例》,中标候选人不符合中标条件的情形包括(   )。

A. 中标候选人放弃中标

B. 中标候选人提出在发出中标通知书之日起20日内签订合同

C. 中标候选人因不可抗力不能履行合同

D. 中标候选人被查实存在影响中标结果的违法行为

E. 中标候选人不按照招标文件要求提交履约保证金

81. 根据《招标投标法实施条例》,关于对招标人处罚的说法,正确的有(   )。

A. 依法应当公开招标而采用邀请招标的,责令改正,可以处10万元以下的罚款

B. 依法应当公开招标的项目不按照规定发布招标公告,责令改正,可以处1万元以上5万元以下的罚款

C. 接受未通过资格预审的单位或个人参加投标的,责令改正,可以处5万元以下罚款

D. 接受应当拒收的投标文件,责令改正,可以处5万元以下罚款

E. 超过招标项目估算价2%的比例收取投标保证金,责令改正,可以处5万元以上的罚款

82. 下列有关《建设工程监理规范》(GB/T 50319—2013)的说法,正确的有(   )。

A. 制定该规范的目的是为规范建设工程相关服务行为,提高建设工程相关服务水平

B. 该规范的适用范围为适用于新建、扩建、改建建设工程监理与相关服务活动

C. 该规范明确规定了建设工程监理合同形式和内容

D. 该规范明确规定了建设工程监理应实行总监理工程师负责制

E. 该规范明确规定了总监理工程师签发工程暂停令的权力和情形

83. 根据《建设工程监理规范》(GB/T 50319—2013),总监理工程师代表的任职资格包括(   )。

A. 具有高级专业技术职称

B. 具有中级及以上专业技术职称

C. 5年及以上工程实践经验

D. 3年及以上工程实践经验

E. 经监理业务培训

84. 根据《建设工程监理规范》(GB/T 50319—2013)，专业监理工程师的任职资格包括( )。

    A. 具有高级专业技术职称

    B. 具有中级及以上专业技术职称

    C. 3 年及以上工程实践经验

    D. 2 年及以上工程实践经验

    E. 经监理业务培训

85. 根据《建设工程监理规范》(GB/T 50319—2013)，监理员的任职资格包括( )。

    A. 大学专科及以上学历

    B. 中专及以上学历

    C. 1 年及以上工程实践经验

    D. 初级及以上技术职称

    E. 经监理业务培训

86. 根据《建设工程监理规范》(GB/T 50319—2013)，建设工程监理核心工作包括( )。

    A. 工程质量、造价、进度控制　　B. 工程变更、索赔及施工合同争议处理

    C. 安全生产管理的监理工作　　　D. 协调工程建设相关方关系

    E. 监理文件资料管理

87. 根据《建设工程监理规范》(GB/T 50319—2013)，项目监理机构实施工程质量控制的任务包括( )。

    A. 编制工程质量保证措施文件

    B. 审查施工单位报审的施工方案

    C. 对施工质量进行平行检验

    D. 编写工程质量评估报告

    E. 对用于工程的材料进行见证取样、平行检验

88. 根据《建设工程监理规范》(GB/T 50319—2013)，项目监理机构实施工程造价控制的工作内容包括( )。

    A. 进行工程计量和付款签证

    B. 编制工程量报表

    C. 审核竣工结算款

    D. 签发竣工结算款支付证书

    E. 对实际完成量与计划完成量进行比较分析

89. 根据《建设工程监理规范》(GB/T 50319—2013)，项目监理机构实施工程进度控制的工作内容包括( )。

    A. 编制施工中进度计划和阶段性施工进度计划

    B. 审查施工总进度计划和阶段性施工进度计划

    C. 检查施工进度计划的实施情况

    D. 比较分析工程施工实际进度与计划进度

    E. 预测实际进度对工程总工期的影响

90. 根据《建设工程监理规范》(GB/T 50319—2013),项目监理机构实施安全生产管理的监理工作内容包括(   )。
   A. 编制专项施工方案,落实相关监理人员
   B. 审查施工单位现场安全生产规章制度的建立和实施情况
   C. 核查施工机械和设施的安全许可验收手续
   D. 处置安全事故隐患
   E. 审查施工单位安全生产许可证及施工单位项目经理、专职安全生产管理人员和特种作业人员的资格

91. 根据《建设工程监理规范》(GB/T 50319—2013),设备监造工作内容包括(   )。
   A. 检查设备制造单位的质量管理体系
   B. 审查设备制造生产计划和工艺方案
   C. 参与设备的装配过程,审核设备制造过程的检验结果
   D. 对设备制造过程进行监督和检查
   E. 参加设备整机性能检测、调试和出厂验收

92. 根据《建设工程监理规范》(GB/T 50319—2013),工程勘察设计阶段相关服务工作内容包括(   )。
   A. 协助建设单位选择勘察设计单位并签订工程勘察设计合同
   B. 审查勘察单位提交的勘察方案、勘察成果报告,并参与勘察成果验收
   C. 检查设计进度计划执行情况,审查设计单位提交的设计成果
   D. 组织设计成果的评审,报审有关工程设计文件
   E. 审查设计单位提出的新材料、新工艺、新技术、新设备在相关部门的备案情况

93. 根据《建设工程监理规范》(GB/T 50319—2013),工程保修阶段相关服务工作内容包括(   )。
   A. 定期回访
   B. 检查和记录质量缺陷
   C. 监督施工单位的缺陷修复工作
   D. 调查质量缺陷原因,确定责任归属
   E. 编制工程质量评估报告

习题答案及解析

1. B

【解析】建筑许可包括建筑工程施工许可和从业资格两方面:(1)建筑工程施工许可。建筑工程施工许可是建设行政主管部门根据建设单位的申请,依法对建筑工程所应具备的施工条件进行审查,对符合规定条件者准许其开始施工并颁发施工许可证的一种管理制度。(2)从业资格。从业资格包括工程建设参与单位资质和专业技术人员执业资格两方面。

2. C

【解析】《建筑法》规定,建筑工程开工前,建设单位应当按照国家有关规定向工程所在

地县级以上人民政府建设主管部门申请领取施工许可证。按照国务院规定的权限和程序批准开工报告的建筑工程,不再领取施工许可证。

3. B

【解析】本题考核的是建筑工程施工许可。建筑工程开工前,建设单位应当按照国家有关规定向工程所在地县级以上人民政府建设主管部门申请领取施工许可证。建设单位申请领取施工许可证要有保证工程质量和安全的具体措施。建设单位应当自领取施工许可证之日起3个月内开工。因故不能按施工许可按期开工的,应当向发证机关申请延期,延期以两次为限,每次不超过3个月。在建的工程因故中止施工的,建设单位应当自中止施工之日起1个月内,向发证机关报告。

4. C

【解析】《建筑法》规定,建设单位应当自领取施工许可证之日起3个月内开工。因故不能按期开工的,应当向发证机关申请延期;延期以两次为限,每次不超过3个月。既不开工又不申请延期或者超过延期时限的,施工许可证自行废止。

5. D

【解析】《建筑法》规定,建设单位领取施工许可证后,工程因故不能按期开工的,应当向发证机关申请延期;延期以2次为限,每次不超过3个月。既不开工又不申请延期或者超过延期时限的,施工许可证自行废止。

6. C

【解析】本题考核的是施工许可证的有效期。《建筑法》规定,在建的建筑工程因故中止施工的,建设单位应当自中止施工之日起1个月内,向发证机关报告,并按照规定做好建筑工程的维护管理工作。

7. D

【解析】在建的建筑工程因故中止施工的,建设单位应当自中止施工之日起1个月内,向发证机关报告,并按照规定做好建筑工程的维护管理工作。建筑工程恢复施工时,应当向发证机关报告。中止施工满1年的工程恢复施工前,建设单位应当报发证机关核验施工许可证。

8. D

【解析】《建筑法》所规定的从业资格,包括工程建设参与单位资质和专业技术人员执业资格两方面。(1)工程建设参与单位资质:从事建筑活动的建筑施工企业、勘察单位、设计单位和工程监理单位,按照其资质条件,划分为不同的资质等级,经资质审查合格,取得相应等级的资质证书后,方可在其资质等级许可的范围内从事建筑活动。(2)专业技术人员执业资格:从事建筑活动的专业技术人员,应当依法取得相应的执业资格证书,并在执业资格证书许可的范围内从事建筑活动,如:建筑师、监理工程师、造价工程师、建造师等。

9. D

【解析】国家对工程建设参与单位的资质有明确要求。从事建筑活动的建筑施工企业、勘察单位、设计单位和工程监理单位,应当具备下列条件:(1)有符合国家规定的注册资本;(2)有与其从事的建筑活动相适应的具有法定执业资格的专业技术人员;(3)有从事相关建筑活动所应有的技术装备;(4)法律、行政法规规定的其他条件。

10. A

【解析】本题考核的是施工现场安全管理。《建筑法》规定,施工现场安全由建筑施工企业负责。实行施工总承包的,由总承包单位负责。分包单位向总承包单位负责,服从总承包单位对施工现场的安全生产管理。

11. C

【解析】本题考核的是《建筑法》有关建筑安全生产管理。《建筑法》规定:(1)鼓励企业为从事危险作业的职工办理意外伤害保险,支付保险费。故选项B错误。(2)未经安全生产教育培训的特种作业人员,不得上岗作业。故选项A错误。(3)施工现场安全由施工企业负责。故选项D错误。(4)施工作业人员有权对影响人身健康的作业程序和作业条件提出改进意见,有权获得安全生产所必需的防护用品。故选项C正确。

12. D

【解析】本题考核的是招标要求。招标分为公开招标和邀请招标两种方式。招标人采用邀请招标方式的,应向3个以上特定法人发出投标邀请书,故选项A错误。招标文件中不得要求或标明特定的生产供应者以及含有倾向或者排斥潜在投标人的其他内容,故选项B错误。招标人对已发出的招标文件进行必要澄清的,应在提交投标文件截止时间至少15日之前,以书面形式通知所有招标文件收受人,故选项C错误。

13. C

【解析】《招标投标法》规定,招标人对已发出的招标文件进行必要的澄清或者修改的,应当在招标文件要求提交投标文件截止时间至少15日前,以书面形式通知所有招标文件收受人。该澄清或者修改的内容为招标文件的组成部分。

14. C

【解析】《招标投标法》规定,招标人应当确定投标人编制投标文件所需要的合理时间。依法必须进行招标的项目,自招标文件开始发出之日起至投标人提交投标文件截止之日止,最短不得少于20日。

15. C

【解析】《招标投标法》规定:(1)开标应当在招标人主持下,在招标文件确定的提交投标文件截止时间的同一时间公开进行。开标地点应当为招标文件中预先确定的地点。开标应邀请所有投标人参加。(2)开标时,由投标人或者其推选的代表检查投标文件的密封情况,也可以由招标人委托的公证机构检查并公证。经确认无误后,由工作人员当众拆封,宣读投标人名称、投标价格和投标文件的其他主要内容。(3)招标人在招标文件要求提交投标文件的截止时间前收到的所有投标文件,开标时都应当众予以拆封、宣读。开标过程应当记录,并存档备查。

16. B

【解析】《招标投标法》规定:(1)招标人应当采取必要的措施,保证评标在严格保密的情况下进行。评标委员会应当按照招标文件确定的评标标准和方法,对投标文件进行评审和比较。设有标底的,应当参考标底。(2)中标人的投标应当符合下列条件之一:①能够最大限度地满足招标文件中规定的各项综合评价标准;②能够满足招标文件的实质性要求,并且经评审的投标价格最低。但是,投标价格低于成本的除外。(3)评标委员会完成评标后,应当向招标人提出书面评标报告,并推荐合格的中标候选人。招标人据此确定中标人。招标人也可以授权评标委员会直接确定中标人。(4)在确定中标人前,招标人不得与投标人就投标价格、投标方案等实质性内容进行谈判。

17. C

【解析】《招标投标法》规定,中标人确定后,招标人应当向中标人发出中标通知书,并同时将中标结果通知所有未中标的投标人。中标通知书对招标人和中标人具有法律效力,中标通知书发出后,招标人改变中标结果或者中标人放弃中标项目的,应当依法承担法律责任。

18. C

【解析】《招标投标法》规定,招标人和中标人应当自中标通知书发出之日起30日内,按照招标文件和中标人的投标文件订立书面合同。招标人和中标人不得再订立背离合同实质性内容的其他协议。

19. B

【解析】按照《招标投标法》的规定,招标人应按有关规定在招标投标监督部门指定的媒体或场所公示推荐的中标候选人,并根据相关法律法规和招标文件规定的定标原则和程序确定中标人,向中标人发出中标通知书。同时,将中标结果通知所有未中标的投标人,并在15日内按有关规定将招标投标情况书面报告提交招标投标行政监督部门。

20. C

【解析】《民法典》第三编合同规定,要约可以撤销,但有以下情形之一的除外:(1)要约人以确定承诺期限或者其他形式明示要约不可撤销;(2)受要约人有理由认为要约是不可撤销的,并已经为履行合同做了准备工作。

21. B

【解析】《民法典》第三编合同规定:(1)执行政府定价或政府指导价的,在合同约定的交付期限内政府价格调整时,按照交付时的价格计价。(2)逾期交付标的物的,遇价格上涨时,按照原价格执行;价格下降时,按照新价格执行。(3)逾期提取标的物或者逾期付款的,遇价格上涨时,按照新价格执行;价格下降时,按照原价格执行。

22. D

【解析】《民法典》第三编规定:(1)债权人可以将合同的权利全部或者部分转让给第三人。但下列情形除外:①根据债权性质不得转让;②按照当事人约定不得转让;③依照法律规定不得转让。债权人转让债权,未通知债务人的,该转让对债务人不发生效力。(2)债务人将债务的义务全部或者部分转移给第三人的,应当经债权人同意。(3)债权债务一并转让。当事人一方经对方同意,可以将自己在合同中的权利和义务一并转让给第三人。(4)当事人订立合同后合并的,由合并后的法人或其他组织行使合同权利,履行合同义务。当事人订立合同后分立的,除债权人和债务人另有约定外,由分立的法人或其他组织对合同的权利和义务享有连带债权,承担连带债务。

23. C

【解析】本题考核的是合同的分类。《民法典》第三编合同规定,建设工程合同包括工程勘察、设计、施工合同。

24. D

【解析】本题考核的是建设工程合同的种类。《民法典》第三编合同规定,建设工程合同包括工程勘察合同、工程设计合同、工程施工合同。承揽合同、委托合同是和建设工程合同并行的一类合同。技术咨询合同则属于技术合同。

25. C

【解析】本题考核的是委托人的主要权利和义务。有偿的委托合同,因受托人的过错给委托人造成损失的,委托人可以请求赔偿损失。无偿的委托合同,因受托人的故意或者重大过失给委托人造成损失的,委托人可以请求赔偿损失。受托人超越权限给委托人造成损失的,应当赔偿损失。

26. C

【解析】《建设工程质量管理条例》规定:(1)建设单位应当将工程发包给具有相应资质等级的单位。不得迫使承包方以低于成本的价格竞标,不得任意压缩合理工期;不得明示或者暗示设计单位或者施工单位违反工程建设强制性标准,降低建设工程质量。建设单位必须向有关的勘察、设计、施工、工程监理等单位提供与建设工程有关的原始资料。原始资料必须真实、准确、齐全。故选项 A 正确。(2)建设单位在领取施工许可证或者开工报告前,应当按照国家有关规定办理工程质量监督手续。故选项 D 正确。(3)按照合同约定,由建设单位采购建筑材料、建筑构配件和设备的,建设单位应当保证建筑材料、建筑构配件和设备符合设计文件和合同要求。建设单位不得明示或者暗示施工单位使用不合格的建筑材料、建筑构配件和设备。故选项 B 正确。选项 C 属于施工单位的质量责任和义务。

27. C

【解析】本题考核的是工程施工单位质量责任和义务。施工单位对建设工程的施工质量负责,应当建立质量责任制,确定工程项目的项目经理、技术负责人和施工管理负责人。还应当建立、健全教育培训制度,加强对职工的教育培训;未经教育培训或者考核不合格的人员,不得上岗作业。

28. A

【解析】本题考核的是建设工程监理实施。《建设工程质量管理条例》规定,工程监理单位应当依照法律、法规以及有关技术标准、设计文件和建设工程承包合同,代表建设单位对施工质量实施监理,并对施工质量承担监理责任。监理工程师应当按照建设工程监理规范的要求,采取旁站、巡视和平行检验等形式,对建设工程实施监理。监理单位发现施工图有差错应报告建设单位。故选项 B 错误。施工单位应将施工单位现场取样的试块送检测单位。故选项 C 错误。建设单位应组织设计、施工、监理等单位进行竣工验收。故选项 D 错误。

29. B

【解析】本题考核的是工程质量保修。根据《建设工程质量管理条例》的规定,施工单位在向建设单位提交工程竣工验收报告时,应当向建设单位出具质量保修书。质量保修书中应当明确建设工程的保修范围、保修期限和保修责任等。建设工程的保修期,自竣工验收合格之日起计算。

30. C

【解析】建设工程实行工程竣工验收备案制。《建设工程质量管理条例》规定,建设单位应当自建设工程竣工验收合格之日起15日内,将建设工程竣工验收报告和规划、公安消防、环保等部门出具的认可文件或者准许使用文件报建设行政主管部门或者其他有关部门备案。

31. D

【解析】《建设工程质量管理条例》规定,建设工程发生质量事故,有关单位应当在24小时内向当地建设行政主管部门和其他有关部门报告。对重大质量事故,事故发生地的建设行政主管部门和其他有关部门应当按照事故类别和等级向当地人民政府和上级建设行政主管部门和其他有关部门报告。

32. D

【解析】《建设工程质量管理条例》规定,违反本条例规定,建设单位有下列行为之一的,责令改正,处20万元以上50万元以下的罚款:(1)迫使承包方以低于成本的价格竞标的;(2)任意压缩合理工期的;(3)明示或暗示设计单位或者施工单位违反工程建设强制性标准,降低工程质量的;(4)施工图设计文件未经审查或者审查不合格,擅自施工的;(5)建设项目必须实行工程监理而未实行工程监理的;(6)未按照国家规定办理工程质量监督手续的;(7)明示或者暗示施工单位使用不合格的建筑材料、建筑构配件和设备;(8)未按照国家规定将竣工验收报告、有关认可文件或者准许使用文件报送备案的。

33. A

【解析】《建设工程安全生产管理条例》规定,建设单位在编制工程概算时,应当确定建设工程安全作业环境及安全施工措施所需费用。选项B、D属于施工单位的安全责任。选项C属于设计单位的安全责任。

34. B

【解析】本题考核的是建设单位安全责任中的安全施工措施。《建设工程安全生产管理条例》规定,依法批准开工报告的建设工程,建设单位应当自开工报告批准之日起15日内,将保证安全施工的措施报送建设工程所在地的县级以上地方人民政府建设行政主管部门或者其他有关部门备案。

35. D

【解析】本题考核的是建设单位的安全责任。《建设工程安全生产管理条例》规定的建设单位的安全责任主要包括4个方面:(1)提供资料;(2)禁止行为;(3)安全施工措施及其费用(建设单位在编制工程概算时,应当确定建设工程安全作业环境及安全施工措施所需费用);(4)拆除工程发包与备案。关于选项B,《建设工程安全生产管理条例》规定,施工机械设施安装单位应当编制安装、拆卸方案、制定安全施工措施,并由专业技术人员现场监督,故选项B属于施工机械设施安装单位的安全责任。施工单位应当建立健全安全生产责任制度,对所承担的建设工程进行定期和专项安全检查,并做好安全检查记录。施工单位应当设立安全生产管理机构,配备专职安全生产管理人员。故选项A、C属于施工单位安全责任。

36. C

【解析】建设工程实行拆除工程发包与备案制。《建设工程安全生产管理条例》规定,建设单位应当将拆除工程发包给具有相应资质等级的施工单位,并在拆除工程施工15日前,将相关资料报送建设工程所在地的县级以上地方人民政府建设行政主管部门或者其他有关部门备案。

37. D

【解析】根据《建设工程安全生产管理条例》,(1)勘察单位的安全责任主要了解:勘察单位在勘察作业时,应当严格执行操作规程,采取措施保证各类管线、设施和周边建筑物、构筑物的安全。(2)设计单位的安全责任主要了解:①设计单位应当按照法律、法规和工程建设强制性标准进行设计,防止因设计不合理导致生产安全事故的发生。②设计单位应当考虑施工安全操作和防护的需要,对涉及施工安全的重点部位和环节在设计文件中注明,并对防范生产安全事故提出指导意见。③采用新结构、新材料、新工艺的建设工程和特殊结构的建设工程,设计单位应当在设计中提出保障施工作业人员安全和预防生产安全事故的措施建议。

38. C

【解析】关于工程监理单位的安全责任,《建设工程安全生产管理条例》规定:(1)工程监理单位和监理工程师应当按照法律、法规和工程建设强制性标准实施监理,并对建设工程安全生产承担监理责任。(2)工程监理单位应当审查施工组织设计中的安全技术措施或者专项施工方案是否符合工程建设强制性标准。(3)工程监理单位在实施监理过程中,发现存在安全事故隐患的,应当要求施工单位整改;情况严重的,应当要求施工单位暂时停止施工,并及时报告建设单位。施工单位拒不整改或者不停止施工的,工程监理单位应当及时向有关主管部门报告。

39. D

【解析】本题考核的是安全生产责任制度的内容。施工单位主要负责人依法对本单位的安全生产工作全面负责。施工单位应当建立健全安全生产责任制度,制定安全生产规章制度和操作规程,保证本单位安全生产条件所需资金的投入,对所承担的建设工程进行定期和专项安全检查,并做好安全检查记录。施工单位应当为施工现场从事危险作业的人员办理意外伤害保险,故选项B错误。选项A、C属于建设单位的安全责任。

40. D

【解析】《建设工程安全生产管理条例》规定的施工单位的安全责任表现在各个方面,例如:(1)施工单位应当设立安全生产管理机构,配备专职安全生产管理人员。建设工程施工前,施工单位负责项目管理的技术人员应当向施工作业班组、作业人员进行安全技术交底,并由双方签字确认。专职安全生产管理人员负责对安全生产进行现场监督检查。发现安全事故隐患,应当及时向项目负责人和安全生产管理机构报告;对违章指挥、违章操作应当立即制止。(2)施工单位应当建立健全安全生产教育培训制度,应当对管理人员和作业人员每年至少进行一次安全生产教育培训,其教育培训情况记入个人工作档案。安全生产教育培训考核不合格的人员,不得上岗。垂直运输机械作业人员、安装拆卸工、爆破作业人员、起重信号工、登高架设作业人员等特种作业人员,必须按照国家有关规定经过专门的安全作业培训,并取得特种作业操作资格证书后,方可上岗作业。(3)在使用施工起重机械和整体提升脚手架、模板等自升式架设设施前,应当组织有关单位进行验收,也可以委托具有相应资质的检验检测机构进行验收。验收合格后方可使用。故选项D不正确。

41. E

【解析】《建设工程安全生产管理条例》规定,施工单位应当在施工组织设计中编制安全技术措施和施工现场临时用电方案,对于达到一定规模的危险性较大的分部分项工程应当编制专项施工方案,并附具安全验算结果,经施工单位技术负责人、总监理工程师签字后实施,由专职安全生产管理人员进行现场监督。

42. A

【解析】《建设工程安全生产管理条例》对施工单位的安全责任中所涉及的施工机具设备安全管理和意外伤害保险等也作出了明确规定:(1)施工单位采购、租赁的安全防护用具、机械设备,应当具有生产(制造)许可证、产品合格证,并在进入施工现场前进行查验。施工现场的安全防护用具、机械设备必须由专人管理,定期进行检查、维修和保养,并按照国家有关规定及时报废。(2)施工单位在使用施工起重机械和整体提升脚手架、模板等自升式架设设施前,应当组织有关单位进行验收,也可以委托具有相应资质的检验检测机构进行验收;(3)使用承租的机械设备和施工机具及配件的,应由施工总承包单位、分包单位、出租单位和安装单位共同进行验收。验收合格的方可使用。故选项A错误。(4)施工单位应当自施工起重机械和整体提升脚手架、模板等自升式架设设施验收合格之日起30日内,向建设行政主管部门或者其他有关部门登记。登记标志应当置于或者附着于该设备的显著位置。(5)意外伤害保险。施工单位应当为施工现场从事危险作业的人员办理意外伤害保险。意外伤害保险费由施工单位支付。

43. A

【解析】根据《生产安全事故报告和调查处理条例》,特别重大生产安全事故,是指造成30人及以上死亡,或者100人及以上重伤(包括急性工业中毒),或者1亿元及以上直接经济损失的事故。

44. A

【解析】本题考核的是生产安全事故的分类。根据生产安全事故造成的人员伤亡或者直接经济损失,生产安全事故分为以下等级:(1)特别重大生产安全事故,是指造成30人及以上死亡,或者100人及以上重伤(包括急性工业中毒,下同),或者1亿元及以上直接经济损失的事故。(2)重大生产安全事故,是指造成10人及以上30人以下死亡,或者50人及以上100人以下重伤,或者5000万元及以上1亿元以下直接经济损失的事故。(3)较大生产安全事故,是指造成3人及以上10人以下死亡,或者10人及以上50人以下重伤,或者1000万元及以上5000万元以下直接经济损失的事故。(4)一般生产安全事故,是指造成3人以下死亡,或者10人以下重伤,或者1000万元以下直接经济损失的事故。

45. C

【解析】根据《生产安全事故报告和调查处理条例》,较大生产安全事故,是指造成3人及以上10人以下死亡,或者10人及以上50人以下重伤,或者1000万元及以上5000万元以下直接经济损失的事故。

46. A

【解析】《生产安全事故报告和调查处理条例》规定,生产安全事故发生后,事故现场有关人员应当立即向本单位负责人报告;单位负责人接到报告后,应当于1小时内向事故发生地县级以上人民政府安全生产监督管理部门和负有安全生产监督管理职责的有关部门报告。情况紧急时,事故现场有关人员可以直接向事故发生地县级以上人民政府安全生产监督管理部门和负有安全生产监督管理职责的有关部门报告。安全生产监督管理部门和负有安全生产监督管理职责的有关部门逐级上报事故情况,每级上报的时间不得超过2小时。

47. D

【解析】《生产安全事故报告和调查处理条例》规定,事故报告后出现新情况的,应当及时补报。自事故发生之日起30日内,事故造成的伤亡人数发生变化的,应当及时补报。道路交通事故、火灾事故自发生之日起7日内,事故造成的伤亡人数发生变化的,应当及时补报。

48. A

【解析】本题考核的是事故调查报告。《生产安全事故报告和调查处理条例》规定,事故调查组应当自事故发生之日起60日内提交事故调查报告;特殊情况下,经负责事故调查的人民政府批准,提交事故调查报告的期限可以适当延长,但延长的期限最长不超过60日。

49. D

【解析】《生产安全事故报告和调查处理条例》规定,事故调查组应当自事故发生之日起60日内提交事故调查报告;特殊情况下,经负责事故调查的人民政府批准,提交事故调查报告的期限可以适当延长,但延长的期限最长不超过60日。

50. C

【解析】《生产安全事故报告和调查处理条例》第三十七条规定,事故发生单位对事故发生负有责任的,依照下列规定处以罚款:(1)发生一般事故的,处10万元以上20万元以下的罚款;(2)发生较大事故的,处20万元以上50万元以下的罚款;(3)发生重大事故的,处50万元以上200万元以下的罚款;(4)发生特别重大事故的,处200万元以上500万元以下的罚款。

51. D

【解析】本题考核的是主要负责人的法律责任。根据《生产安全事故报告和调查处理条例》第四十条的规定,事故发生单位对事故发生负有责任的,由有关部门依法暂扣或者吊销其有关证照;对事故发生单位负有事故责任的有关人员,依法暂停或者撤销其与安全生产有关的执业资格、岗位证书;事故发生单位主要负责人受到刑事处罚或者撤职处分的,自刑罚执行完毕或者受处分之日起,5年内不得担任任何生产经营单位的主要负责人。

52. D

【解析】本题考核的是可以邀请招标的项目。《招标投标法实施条例》规定,国有资金占控股或者主导地位的依法必须进行招标的项目,应当公开招标;但有下列情形之一的,可以邀请招标:(1)技术复杂、有特殊要求或者受自然环境限制,只有少量潜在投标人可供选择;(2)采用公开招标方式的费用占项目合同金额的比例过大。

53. A

【解析】《招标投标法实施条例》规定,依法必须进行招标的项目的资格预审公告和招标公告,应当在国务院发展改革部门依法指定的媒介发布。在不同媒介发布的同一招标项目的资格预审公告或者招标公告的内容应当一致。指定媒介发布依法必须进行招标的项目的境内资格预审公告、招标公告,不得收取费用。

54. B

【解析】《招标投标法实施条例》规定,招标人应当按照资格预审公告、招标公告或者投标邀请书规定的时间、地点发售资格预审文件或者招标文件。资格预审文件或者招标文件的发售期不得少于5日。招标人发售资格预审文件、招标文件收取的费用应当限于补偿印刷、邮寄的成本支出,不得以营利为目的。

55. A

【解析】《招标投标法实施条例》规定,招标人可以对已发出的资格预审文件进行必要的澄清或者修改。澄清或者修改的内容可能影响资格预审申请文件编制的,招标人应当在提交资格预审申请文件截止时间至少3日前,以书面形式通知所有获取资格预审文件的潜在投标人;不足3日的,招标人应当顺延提交资格预审申请文件的截止时间。

56. C

【解析】《招标投标法实施条例》规定,招标人可以对已发出的招标文件进行必要的澄清或者修改。澄清或者修改的内容可能影响投标文件编制的,招标人应当在提交投标文件截止时间至少15日前,以书面形式通知所有获取资格预审文件或者招标文件的潜在投标人;不足15日的,招标人应当顺延提交投标文件的截止时间。

57. D

【解析】《招标投标法实施条例》规定,潜在投标人或者其他利害关系人对资格预审文件有异议的,应当在提交资格预审申请文件截止时间2日前提出。招标人应当自收到异议之日起3日内作出答复。作出答复前,应当暂停招标投标活动。

58. D

【解析】《招标投标法实施条例》规定,潜在投标人或者其他利害关系人对招标文件有异议的,应当在投标截止时间10日前提出。招标人应当自收到异议之日起3日内作答复;作出答复前,应当暂停招标投标活动。

59. B

【解析】《招标投标法实施条例》规定,招标人应当合理确定提交资格预审申请文件的时间。依法必须进行招标的项目提交资格预审申请文件的时间,自资格预审文件停止发售之日起不得少于5日。

60. C

【解析】《招标投标法实施条例》规定,招标人采用资格后审办法对投标人进行资格审查的,应当在开标后由评标委员会按照招标文件规定的标准和方法对投标人的资格进行审查。

61. C

【解析】对技术复杂或者无法精确拟定技术规格的项目,招标人可以分两阶段进行招标:第一阶段,投标人按照招标公告或者投标邀请书的要求提交不带报价的技术建议,招标人根据投标人提交的技术建议确定技术标准和要求,编制招标文件。第二阶段,招标人向在第一阶段提交技术建议的投标人提供招标文件,投标人按照招标文件的要求提交包括最终技术方案和投标报价的投标文件。招标人要求投标人提交投标保证金的,应当在第二阶段提出。

62. B

【解析】《招标投标法实施条例》规定,招标人应当在招标文件中载明投标有效期。投标有效期从提交投标文件的截止之日起算。

63. C

【解析】《招标投标法实施条例》规定,招标人在招标文件中要求投标人提交投标保证金的,投标保证金不得超过招标项目估算价的2%。投标保证金有效期应当与投标有效期一致。依法必须进行招标的项目的境内投标单位,以现金或者支票形式提交的投标保证金应当从其基本账户转出。招标人不得挪用投标保证金。

64. B

【解析】《招标投标法实施条例》规定,投标人撤回已提交的投标文件,应当在投标截止时间前书面通知招标人,招标人已收取投标保证金的,应当自收到投标人书面撤回通知之日起5日内退还,投标截止后投标人撤销投标文件的,招标人可以不退还投标保证金。

65. D

【解析】《招标投标法实施条例》规定,依法必须进行招标的项目,招标人应当自收到评标报告之日起3日内公示中标候选人,公示期不得少于3日。投标人或者其他利害关系人对依法必须进行招标的项目的评标结果有异议的,应当在中标候选人公示期间提出,招标人应当自收到异议之日起3日内作出答复;作出答复前,应当暂停招标投标活动。

66. B

【解析】《招标投标法实施条例》规定,招标人最迟应当在书面合同签订后5日内向中标人和未中标的投标人退还投标保证金及银行同期存款利息。

67. D

【解析】《招标投标法实施条例》规定,招标文件要求中标人提交履约保证金的,中标人应当按照招标文件的要求提交。履约保证金不得超过中标合同金额的10%。

68. C

【解析】《招标投标法实施条例》规定,投标人或者其他利害关系人认为招标投标活动不符合法律、行政法规规定的,可以自知道或者应当知道之日起10日内向有关行政监督部门投诉。投诉应当有明确的请求和必要的证明材料。

69. C

【解析】《招标投标法实施条例》规定,投标人或者其他利害关系人认为招标投标活动不符合法律、行政法规规定的,可以向有关行政监督部门投诉。行政监督部门应当自收到投诉之日起3个工作日内决定是否受理投诉,并自受理投诉之日起30个工作日内作出书面处理决定;需要检验、检测、鉴定、专家评审的,所需时间不计算在内。

70. C

【解析】《建设工程监理规范》(GB/T 50319—2013)规定,项目监理机构的监理人员应由总监理工程师、专业监理工程师和监理员组成,且专业配套、数量应满足建设工程监理工作需要,必要时可设总监理工程师代表。

71. B

【解析】《建设工程监理规范》(GB/T 50319—2013)规定,总监理工程师是指由工程监理单位法定代表人书面任命,负责履行建设工程监理合同、主持项目监理机构工作的注册监理工程师。总监理工程师应由注册监理工程师担任。

第三章 建设工程监理相关法规政策及标准

72. B

【解析】《建设工程监理规范》(GB/T 50319—2013)规定,一名注册监理工程师可担任一项建设工程监理合同的总监理工程师。当需要同时担任多项建设工程监理合同的总监理工程师时,应经建设单位书面同意,且最多不得超过3项。

73. D

【解析】《建设工程监理规范》(GB/T 50319—2013)规定,总监理工程师代表是指经工程监理单位法定代表人同意,由总监理工程师书面授权,代表总监理工程师行使其部分职责和权力,具有工程类注册执业资格或具有中级及以上专业技术职称、3年及以上工程实践经验并经监理业务培训的人员。由此可知,总监理工程师代表可以由具有工程类注册执业资格的人员(如:注册监理工程师、注册造价工程师、注册建造师、注册工程师、注册建筑师等)担任,也可由具有中级及以上专业技术职称、3年及以上工程实践经验并经监理业务培训的人员担任。

74. D

【解析】根据《建设工程监理规范》(GB/T 50319—2013),专业监理工程师可以由具有工程类注册执业资格的人员(如:注册监理工程师、注册造价工程师、注册建造师、注册结构工程师、注册建筑师等)担任,也可由具有中级及以上专业技术职称、2年及以上工程实践经验并经监理业务培训的人员担任。

75. B

【解析】根据《建设工程监理规范》(GB/T 50319—2013),专业监理工程师是指由总监理工程师授权,负责实施某一专业或某一岗位的监理工作,有相应监理文件签发权,具有工程类注册执业资格或具有中级及以上专业技术职称、2年及以上工程实践经验并经监理业务培训的人员。

76. C

【解析】《建设工程监理规范》(GB/T 50319—2013)规定,工程开工前,项目监理机构监理人员应参加由建设单位主持召开的第一次工地会议。

77. C

【解析】根据《建设工程监理规范》(GB/T 50319—2013),项目监理机构应定期召开监理例会,并组织有关单位研究解决与监理相关的问题。项目监理机构可根据工程需要,主持或参加专题会议,解决监理工作范围内工程专项问题。

78. C

【解析】《建设工程监理规范》(GB/T 50319—2013)规定的建设工程监理基本表式包括三类表,即:(1)A类表:工程监理单位用表。由工程监理单位或项目监理机构签发。(2)B类表:施工单位报审、报验用表。由施工单位或施工项目经理部填写后报送工程建设相关方。(3)C类表:通用表。是工程建设相关方工作联系的通用表。

二、多项选择题

1. ACDE

【解析】《建筑法》是我国工程建设领域的一部大法,以建筑市场管理为中心,以建筑工程质量和安全管理为重点,主要包括:建筑许可、建筑工程发包与承包、建筑工程监理、建筑安全生产管理和建筑工程质量管理等方面内容。

2. ACD

【解析】本题考核的是建设单位申请领取施工许可证应当具备的条件。建设单位申请领取施工许可证,应当具备下列条件:(1)已经办理该建筑工程用地批准手续;(2)依法应当办理建设工程规划许可证的,已经取得规划许可证;(3)需要拆迁的,其拆迁进度符合施工要求;(4)已经确定建筑施工企业;(5)有满足施工需要的资金安排、施工图纸及技术资料;(6)有保证工程质量和安全的具体措施。

3. ABCD

【解析】(1)建筑工程实行招标发包的,发包单位应当将建筑工程发包给依法中标的承包单位。建筑工程实行直接发包的,发包单位应当将建筑工程发包给具有相应资质条件的承包单位。(2)提倡对建筑工程实行总承包,禁止将建筑工程肢解发包。发包单位可以将建筑工程的勘察、设计、施工、设备采购一并发包给一个工程总承包单位,也可以将建筑工程勘察、设计、施工、设备采购的一项或者多项发包给一个工程总承包单位;但是,不得将应当由一个承包单位完成的建筑工程肢解成若干部分发包给几个承包单位。(3)按照合同约定,建筑材料、建筑构配件和设备由工程承包单位采购的,发包单位不得指定承包单位购入用于工程的建筑材料、建筑构配件和设备或者指定生产厂、供应商。

4. ABCE

【解析】(1)承包建筑工程的单位应当在其资质等级许可的业务范围内承揽工程。禁止建筑施工企业超越本企业资质等级许可的业务范围或者以任何形式用其他建筑施工企业的名义承揽工程。禁止建筑施工企业以任何形式允许其他单位或者个人使用本企业的资质证书、营业执照,以本企业的名义承揽工程。(2)大型建筑工程或者结构复杂的建筑工程,可以由两个以上的承包单位联合共同承包。两个以上不同资质等级的单位实行联合共同承包的,应当按照资质等级低的单位的业务许可范围承揽工程。共同承包的各方对承包合同的履行承担连带责任。(3)禁止承包单位将其承包的全部建筑工程转包给他人,禁止承包单位将其承包的全部建筑工程肢解以后以分包的名义分别转包给他人。(4)建筑工程总承包单位可以将承包工程中的部分工程发包给具有相应资质条件的分包单位。施工总承包的,建筑工程主体结构的施工必须由总承包单位自行完成。建筑工程总承包单位按照总承包合同的约定对建设单位负责;分包单位按照分包合同的约定对总承包单位负责。总承包单位和分包单位就分包工程对建设单位承担连带责任。禁止总承包单位将工程分包给不具备相应资质条件的单位。禁止分包单位将其承包的工程再分包。

5. ABE

【解析】本题考核的是《建筑法》中建筑工程发包与承包的主要内容。(1)建筑工程造价应当按照国家有关规定,由发包单位与承包单位在合同中约定,故选项A正确。(2)建筑工程的发包单位可以将建筑工程的勘察、设计、施工、设备采购一并发包给一个工程总承包单位,故选项B正确。(3)按照合同约定,建筑材料、建筑构配件和设备由工程承包单位采购的,发包单位不得指定承包单位购入用于工程的建筑材料、建筑构配件和设备或者指定生产厂、供应商,故选项C错误。(4)联合体承包:大型建筑工程或者结构复杂的建筑工程,可以由两个以上的承包单位联合共同承包。两个以上不同资质等级的单位实行联合共同承包的,应当按照资质等级低的单位的业务许可范围承揽工程。共同承包的各方对承包合同的履行承担连带责任,故选项D错误。(5)建筑工程总承包单位按照总承包合同的约定对建设单位负责;分包单位按照分包合同的约定对总承包单位负责。总承包单位和分包单位就分包工程对建设单位承担连带责任,故选项E正确。

6. CD

【解析】《建筑法》规定,有下列情形之一的,建设单位应当按照国家有关规定办理申请批准手续:(1)需要临时占用规划批准范围以外场地的;(2)可能损坏道路、管线、电力、邮电通信等公共设施的;(3)需要临时停水、停电、中断道路交通的;(4)需要进行爆破作业的;(5)法律、法规规定需要办理报批手续的其他情形。

7. ABCE

【解析】(1)施工现场安全管理。施工现场安全由建筑施工企业负责。实行施工总承包的,由总承包单位负责。(2)安全生产教育培训。建筑施工企业应当加强对职工安全生产的教育培训;未经安全生产教育培训的人员,不得上岗作业。(3)安全生产防护。建筑施工企业和作业人员应当遵守有关安全生产的法律、法规和规章、规程,不得违章指挥或者违章作业。作业人员有权对影响人身健康的作业程序和作业条件提出改进意见,有权获得安全生产所需的防护用品。作业人员对危及生命安全和人身健康的行为有权提出批评、检举和控告。(4)工伤保险和意外伤害保险。建筑施工企业应当依法为职工参加工伤保险缴纳工伤保险费。鼓励企业为从事危险作业的职工办理意外伤害保险,支付保险费。(5)装修工程施工安全。涉及建筑主体和承重结构变动的装修工程,建设单位应当在施工前委托原设计单位或者具有相应资质条件的设计单位提出设计方案;没有设计方案的,不得施工。(6)房屋拆除安全。房屋拆除应当由具备保证安全条件的建筑施工单位承担,由建筑施工单位负责人对安全负责。(7)施工安全事故处理。施工中发生事故时,建筑施工企业应当采取紧急措施减少人员伤亡和事故损失,并按照国家有关规定及时向有关部门报告。

8. ABDE

【解析】(1)建筑工程实行总承包的,工程质量由工程总承包单位负责,总承包单位将建筑工程分包给其他单位的,应当对分包工程的质量与分包单位承担连带责任。(2)建设单位的工程质量管理。建设单位不得以任何理由,要求建筑设计位或者建筑施工企业违反法律、行政法规和建筑工程质量、安全标准,降低工程质量。(3)勘察、设计单位的工程质量管理。勘察、设计文件应当符合有关法律、行政法规的规定和建筑工程质量、安全标准、建筑工程勘察、设计技术规范以及合同的约定。设计文件选用的建筑材料、建筑构配件和设备,应当注明其规格、型号、性能等技术指标,其质量要求必须符合国家规定的标准。建筑设计单位对设计文件选用的建筑材料、建筑构配件和设备,不得指定生产厂、供应商。(4)施工单位的工程质量管理。建筑施工企业对工程的施工质量负责。建筑施工企业必须按照工程设计图纸和施工技术标准施工。工程设计的修改由原设计单位负责,建筑施工企业不得擅自修改工程设计。建筑工程竣工时,屋顶、墙面不得留有渗漏、开裂等质量缺陷;对已发现的质量缺陷,建筑施工企业应当修复。

9. ACDE

【解析】《招标投标法》规定,招标分为公开招标和邀请招标两种方式。公开招标是指招标人以招标公告的方式邀请不特定的法人或者其他组织投标。邀请招标是指招标人以投标邀请书的方式邀请特定的法人或者其他组织投标。(1)招标人采用公开招标方式的,应当发布招标公告。依法必须进行招标的项目,应当通过国家指定的报刊、信息网络或者媒介发布招标公告。(2)招标人采用邀请招标方式的,应当向3个以上具备承担招标项目能力、资信良好的特定法人或者其他组织发出投标邀请书。(3)招标人不得以不合理的条件限制或者排斥潜在投标人,不得对潜在投标人实行歧视待遇。

10. ACD

【解析】本题考核的是《招标投标法》主要内容。(1)邀请招标,是指招标人以投标邀请书的方式邀请特定的法人或者其他组织投标,故选项A正确。(2)招标人采用邀请招标方式的招标人不得以不合理的条件限制或者排斥潜在投标人,不得对潜在投标人实行歧视待遇(招标人可以告知拟邀请投标人向他人发出邀请的情况,属于对他人的不公平歧视待遇),故选项B错误、选项C正确。(3)招标文件不得要求或者标明特定的生产供应者以及含有倾向或者排斥潜在投标人的其他内容,故选项D正确。(4)招标人对已发出的招标文件进行必要的澄清或者修改的,应当在招标文件要求提交投标文件截止时间至少15日前,以书面形式通知所有招标文件收受人,故选项E错误。

11. ABDE

【解析】《招标投标法》规定:(1)招标文件应当包括招标项目的技术要求、对投标人资格审查的标准、投标报价要求和评标标准等所有实质性要求和条件,以及拟签订合同的主要条款。(2)招标项目需要划分标段、确定工期的,招标人应当合理划分标段、确定工期,并在招标文件中载明。(3)招标文件不得要求或者标明特定的生产供应者以及含有倾向或者排斥潜在投标人的其他内容。招标人不得向他人透露已获取招标文件的潜在投标人的名称、数量及可能影响公平竞争的有关招标投标的其他情况。(4)招标人对已发出的招标文件进行必要的澄清或者修改的,应当在招标文件要求提交投标文件截止时间至少15日前,以书面形式通知所有招标文件收受人。该澄清或者修改的内容为招标文件的组成部分。

12. ABCD

【解析】(1)投标文件。投标文件应当对招标文件提出的实质性要求和条件作出响应。建设施工项目的投标文件应当包括拟派出的项目负责人与主要技术人员的简历、业绩和拟用于完成招标项目的机械设备等内容。投标人拟在中标后将中标项目的部分非主体、非关键工程进行分包的,应当在投标文件中载明。投标人在招标文件要求提交投标文件的截止时间前,可以补充、修改或者撤回已提交的投标文件,并书面通知招标人。补充、修改的内容为投标文件的组成部分。(2)投标文件的送达。投标人应当在招标文件要求提交投标文件的截止时间前,将投标文件送达投标地点。在招标文件要求提交投标文件的截止时间后送达的投标文件,招标人应当拒收。(3)联合投标。两个以上法人或者其他组织可以组成一个联合体,以一个投标人的身份共同投标。联合体各方均应具备承担招标项目的相应能力。由同一专业的单位组成的联合体,按照资质等级较低的单位确定资质等级。联合体各方应当签订共同投标协议,明确约定各方拟承担的工作和责任,并将共同投标协议连同投标文件一并提交给招标人。联合体中标的,联合体各方应当共同与招标人签订合同,就中标项目向招标人承担连带责任。

13. BCD

【解析】《招标投标法》规定：(1)评标由招标人依法组建的评标委员会负责。(2)依法必须进行招标的项目，其评标委员会由招标人的代表和有关技术、经济等方面的专家组成，成员人数为5人以上单数。其中，技术、经济等方面的专家不得少于成员总数的2/3。(3)招标人应当采取必要的措施，保证评标在严格保密的情况下进行。评标委员会应当按照招标文件确定的评标标准和方法，对投标文件进行评审和比较。设有标底的，应当参考标底。(4)中标人的投标应当符合下列条件之一：①能够最大限度地满足招标文件中规定的各项综合评价标准；②能够满足招标文件的实质性要求，并且经评审的投标价格最低。但是，投标价格低于成本的除外。(5)评标委员会完成评标后，应当向招标人提出书面评标报告，并推荐合格的中标候选人。招标人据此确定中标人。招标人也可以授权评标委员会直接确定中标人。在确定中标人前，招标人不得与投标人就投标价格、投标方案等实质性内容进行谈判。

14. ABCD

【解析】(1)依法必须进行招标的项目，其评标委员会由招标人的代表和有关技术、经济等方面的专家组成，成员人数为5人以上单数。其中，技术、经济等方面的专家不得少于成员总数的2/3。(2)评标委员会的专家成员应当从事相关领域工作满8年并具有高级职称或者具有同等专业水平，一般招标项目可以采取随机抽取方式，特殊招标项目可以由招标人直接确定。(3)与投标人有利害关系的人不得进入相关项目的评标委员会，已经进入的应当进行更换。评标委员会成员的名单在中标结果确定前应当保密。

15. ABE

【解析】《民法典》第三编合同规定，当事人订立合同，有书面形式、口头形式和其他形式。法律法规规定采用书面形式的，或当事人约定采用书面形式的，应当采用书面形式。书面形式是指合同书、信件和数据电文(包括电报、电传、传真、电子数据交换和电子邮件)等可以有形地表现所载内容的形式。建设工程合同、建设工程监理合同、项目管理服务合同应当采用书面形式。

16. ABCD

【解析】《民法典》第三编合同规定，合同内容由当事人约定，一般包括以下条款：(1)当事人的名称或姓名和住所；(2)标的；(3)数量；(4)质量；(5)价款或者报酬；(6)履行期限、地点和方式；(7)违约责任；(8)解决争议的方法。

17. ABDE

【解析】(1)要约是希望与他人订立合同的意思表示。要约应当符合如下规定：内容具体确定；表明经受要约人承诺，要约人即受该意思表示约束。也就是说，要约必须是特定人的意思表示，必须是以缔结合同为目的，必须具备合同的主要条款。(2)所谓要约邀请，是希望他人向自己发出要约的意思表示。要约邀请并不是合同成立过程中的必经过程，它是当事人订立合同的预备行为，这种意思表示的内容往往不确定，不含有合同得以成立的主要内容和相对人同意后受其约束的表示，在法律上无须承担责任。(3)要约到达受要约人时生效。(4)要约可以撤回，撤回要约的通知应当在要约到达受要约人之前或者与要约同时到达受要约人；要约可以撤销，撤销要约的通知应当在受要约人发出承诺通知之前到达受要约人。

18. ACE

【解析】本题考核的是要约失效的情形。有下列情形之一的,要约失效:(1)拒绝要约的通知到达要约人;(2)要约人依法撤销要约;(3)承诺期限届满,受要约人未作出承诺;(4)受要约人对要约的内容作出实质性变更。

19. ABCD

【解析】(1)除根据交易习惯或者要约表明可以通过行为作出承诺的之外,承诺应当以通知的方式作出。(2)承诺应当在要约确定的期限内到达要约人。要约没有确定承诺期限的,承诺应当依照下列规定到达:①除非当事人另有约定,以对话方式作出的要约,应当即时作出承诺;②以非对话方式作出的要约,承诺应当在合理期限内到达。(3)承诺通知到达要约人时生效。受要约人在承诺期限内发出承诺,按照通常情形能够及时到达要约人,但因其他原因承诺到达要约人时超过承诺期限的,除要约人及时通知受要约人因承诺超过期限不接受该承诺的以外,该承诺有效。(4)承诺可以撤回,撤回承诺的通知应当在承诺通知到达要约人之前或者与承诺通知同时到达要约人。(5)受要约人超过承诺期限发出承诺的,除要约人及时通知受要约人该承诺有效的以外,为新要约。(6)承诺的内容应当与要约的内容一致。有关合同标的、数量、质量、价款或者报酬、履行期限、履行地点和方式、违约责任和解决争议方法等的变更,是对要约内容的实质性变更。受要约人对要约的内容作出实质性变更的,为新要约。承诺对要约的内容作出非实质性变更的,除要约人及时表示反对或者要约表明承诺不得对要约的内容作出任何变更的以外,该承诺有效,合同的内容以承诺的内容为准。

20. BC。

【解析】本题考核的是《民法典》第三编合同中要约与承诺的主要内容。(1)要约是希望与他人订立合同的意思表示,故选项 A 正确。(2)要约邀请,是希望他人向自己发出要约的意思表示。要约邀请并不是合同成立过程中的必经过程,它是当事人订立合同的预备行为,故选项 B 错误。(3)撤销要约的通知应当在受要约人发出承诺通知之前到达受要约人,故选项 C 错误。(4)承诺是受要约人同意要约的意思表示,故选项 D 正确。(5)承诺的内容应当与要约的内容一致,故选项 E 正确。

21. ABDE

【解析】《民法典》第三编合同规定:(1)当事人采用合同书形式订立合同的,自双方当事人签字或者盖章时合同成立。当事人采用信件、数据电文等形式订立合同的,可以在合同成立之前要求签订确认书。签订确认书时合同成立。(2)合同成立的其他情形还包括:①法律、行政法规规定或者当事人约定采用书面形式订立合同,当事人未采用书面形式,但一方已经履行主要义务,对方接受的;②采用合同书形式订立合同,在签字或者盖章之前,当事人一方已经履行主要义务,对方接受的。(3)合同成立地点。承诺生效的地点为合同成立的地点。当事人采用合同书形式订立合同的,双方当事人签字或者盖章的地点为合同成立的地点。

22. BCD

【解析】《民法典》第三编合同规定:格式条款是当事人为了重复使用而预先拟定,并在订立合同时未与对方协商的条款。(1)格式条款提供者的义务。采用格式条款订立合同的,提供格式条款的一方应当遵循公平原则确定当事人之间的权利和义务,并采取合理的方式提请对方注意免除或限制其责任的条款,按照对方的要求,对该条款予以说明。(2)格式条款无效。提供格式条款一方免除自己责任、加重对方责任、排除对方主要权利的,该条款无效。此外,《民法典》第三编合同规定的合同无效的情形,同样适用于格式合同条款。(3)格式条款的解释。对格式条款的理解发生争议的,应当按照通常理解予以解释。对格式条款有两种以上解释的,应当作出不利于提供格式条款一方的解释。格式条款和非格式条款不一致的,应当采用非格式条款。

23. ABC

【解析】当事人在订立合同过程中有下列情形之一,导致合同不成立,给对方造成损失的,应当承担损害赔偿责任:(1)假借订立合同,恶意进行磋商;(2)故意隐瞒与订立合同有关的重要事实或者提供虚假情况;(3)有其他违背诚实信用原则的行为。另外,当事人在订立合同过程中知悉的商业秘密,无论合同是否成立,不得泄露或者不正当地使用。泄露或者不正当地使用该商业秘密给对方造成损失的,应当承担损害赔偿责任。

24. ABC

【解析】《民法典》第三编合同规定:(1)依法成立的合同,自成立时生效。依照法律、行政法规规定应当办理批准、登记等手续的,待手续完成时合同生效。(2)当事人对合同的效力可以约定附条件。附生效条件的合同,自条件成就时生效,附解除条件的合同,自条件成就时失效。(3)当事人对合同的效力可以约定附期限。附生效期限的合同,自期限届至时生效。附终止期限的合同,自期限届满时失效。(4)限制民事行为能力人订立的合同,经法定代理人追认后,该合同有效,故选项 D 错误。(5)法人或者其他组织的法定代表人、负责人超越权限订立的合同,除相对人知道或者应当知道其超越权限的以外,该代表行为有效,故选项 E 错误。

25. ABDE

【解析】根据《民法典》第三编合同,有下列情形之一的,合同无效:(1)一方以欺诈、胁迫的手段订立合同,损害国家利益;(2)恶意串通,损害国家、集体或第三人利益;(3)以合法形式掩盖非法目的;(4)损害社会公共利益;(5)违反法律、行政法规的强制性规定。

26. AC

【解析】《民法典》第三编合同规定,合同中的下列免责条款无效:(1)造成对方人身伤害的;(2)因故意或者重大过失造成对方财产损失的。

27. ACDE

【解析】《民法典》第三编合同规定,下列合同,当事人一方有权请求人民法院或者仲裁机构变更或者撤销:(1)因重大误解订立的;(2)在订立合同时显失公平的;(3)一方以欺诈、胁迫的手段订立的合同,但未损害国家利益;(4)乘人之危,使对方在违背真实意思的情况下订立的合同。

28. ABCE

【解析】《民法典》第三编合同规定:合同生效后,当事人就质量、价款或者报酬、履行地点等内容没有约定或者约定不明确的,可以协议补充;不能达成补充协议的,按照合同有关条款或者交易习惯确定。依照上述规定仍不能确定的,适用下列规定:(1)质量要求不明确的,按照国家标准、行业标准履行;没有国家标准、行业标准的,按照通常标准或者符合合同目的的特定标准履行。(2)价款或者报酬不明确的,按照订立合同时履行地的市场价格履行;依法应当执行政府定价或者政府指导价的,按照规定履行。(3)履行地点不明确的,给付货币的,在接受货币一方所在地履行;交付不动产的,在不动产所在地履行;其他标的,在履行义务一方所在地履行。(4)履行期限不明确的,债务人可以随时履行,债权人也可以随时要求履行,但应当给对方必要的准备时间。(5)履行方式不明确的,按照有利于实现合同目的的方式履行。⑥履行费用的负担不明确的,由履行义务一方负担。

29. ABE

【解析】《民法典》第三编合同规定的抗辩权,可分为同时履行抗辩权、先履行抗辩权和不安抗辩权。(1)同时履行抗辩权:当事人互负债务,没有先后履行顺序的,应当同时履行。一方在对方履行之前有权拒绝其履行要求。一方在对方履行债务不符合约定时,有权拒绝其相应的履行要求;(2)先履行抗辩权:当事人互负债务,有先后履行顺序,先履行一方未履行的,后履行一方有权拒绝其履行要求。先履行一方履行债务不符合约定的,后履行一方有权拒绝其相应的履行要求;(3)不安抗辩权:当事人互负债务,有先后履行顺序,应当先履行债务的当事人,有确切证据证明对方已无能力履行债务的,可以中止履行。

30. ABC

【解析】《民法典》第三编合同规定,应当先履行债务的当事人,有确切证据证明对方有下列情形之一的,可以中止履行:(1)经营状况严重恶化;(2)转移财产、抽逃资金,以逃避债务;(3)丧失商业信誉;(4)有丧失或者可能丧失履行债务能力的其他情形。当事人没有确切证据中止履行的,应当承担违约责任。当事人依照上述规定中止履行的,应当及时通知对方。当对方提供适当担保时,应当恢复履行。中止履行后,对方在合理期限内未恢复履行能力并且未提供适当担保的,中止履行的一方可以解除合同。

31. AC

【解析】债权人可行使的保全措施包括代位权和撤销权。(1)代位权。因债务人怠于行使其到期债权,对债权人造成损害的,债权人可以向人民法院请求以自己的名义代位行使债务人的债权,但该债权专属于债务人自身的除外。代位权的行使范围以债权人的债权为限。债权人行使代位权的必要费用,由债务人负担。(2)撤销权。因债务人放弃其到期债权或者无偿转让财产,对债权人造成损害的,债权人可以请求人民法院撤销债务人的行为。债务人以明显不合理的低价转让财产,对债权人造成损害,并且受让人知道该情形,债权人也可以请求人民法院撤销债务人的行为。撤销权的行使范围以债权人的债权为限。债权人行使撤销权的必要费用,由债务人负担。撤销权自债权人知道或者应当知道撤销事由之日起1年内行使,自债务人的行为发生之日起5年内没有行使撤销权的,该撤销权消灭。

32. ABCE

【解析】《民法典》第三编合同规定:(1)当事人协商一致,可以变更合同。当事人对合同变更的内容约定不明确的,推定为未变更。(2)合同转让是合同变更的一种特殊形式,合同转让不是变更合同中规定的权利义务内容,而是变更合同主体。(3)债务人将合同的义务全部或者部分转移给第三人的,应当经债权人同意,否则,该转让对债权人不发生效力。

33. BCDE

【解析】根据《民法典》第三编合同规定,合同终止的情形包括:(1)债务已经按照约定履行;(2)合同解除;(3)债务相互抵销;(4)债务人依法将标的物提存;(5)债权人免除债务;

(6)债权债务同归于一人;(7)法律规定或者当事人约定终止的其他情形。债权人免除债务人部分或者全部债务的,合同的权利义务部分或者全部终止;债权和债务同归于一人的,合同的权利义务终止,但涉及第三人利益的除外。

34. BCE

【解析】本题考核的是合同权利义务的终止。《民法典》第三编合同规定,合同权利义务的终止,不影响合同中结算和清理条款的效力和解决争议条款的效力以及通知、协助、保密等义务的履行。

35. ABCE

【解析】《民法典》第三编合同规定:(1)当事人协商一致,可以解除合同。当事人可以约定一方解除合同的条件。解除合同的条件成立时,解除权人可以解除合同。(2)有下列情形之一的,当事人可以解除合同:①因不可抗力致使不能实现合同目的;②在履行期限届满之前,当事人一方明确表示或者以自己的行为表明不履行主要债务;③当事人一方迟延履行主要债务,经催告后在合理期限内仍未履行;④当事人一方迟延履行债务或者有其他违约行为致使不能实现合同目的;⑤法律规定的其他情形。

36. BCDE

【解析】本题考核的是合同解除的法定条件。《民法典》第三编合同规定,有下列情形之一的,当事人可以解除合同:(1)因不可抗力致使不能实现合同目的;(2)在履行期限届满之前,当事人一方明确表示或者以自己的行为表明不履行主要债务;(3)当事人一方迟延履行主要债务,经催告后在合理期限内仍未履行;(4)当事人一方迟延履行债务或者有其他违约行为致使不能实现合同目的;(5)法律规定的其他情形。当事人依法主张解除合同的,应当通知对方。合同自通知到达对方时合同解除。对方有异议的,可以请求人民法院或者仲裁机构确认解除合同的效力。

37. ABCE

【解析】《民法典》第三编合同规定,当事人一方不履行合同义务或者履行合同义务不符合约定的,应当承担继续履行、采取补救措施、赔偿损失、支付违约金、定金等违约责任。选项D是债务人享有的一种抗辩权。

38. ABDE

【解析】《民法典》第三编合同规定:(1)当事人可以约定一方违约时应当根据违约情况向对方支付一定数额的违约金,也可以约定因违约产生的损失赔偿额的计算方法。约定的违约金低于造成的损失的,当事人可以请求人民法院或者仲裁机构予以增加;约定的违约金过分高于造成的损失的,当事人可以请求人民法院或者仲裁机构予以适当减少。(2)当事人可以依照《中华人民共和国担保法》约定一方向对方给付定金作为债权的担保。债务人履行债务后,定金应当抵作价款或者收回。给付定金的一方不履行约定的债务的,无权要求返还定金;收受定金的一方不履行约定的债务的,应当双倍返还定金。(3)当事人既约定违约金,又约定定金的,一方违约时,对方可以选择适用违约金或者定金条款。

39. ABCD

【解析】《民法典》第三编合同规定,当事人可以通过和解或者调解解决合同争议。当事人不愿和解、调解或者和解、调解不成的,可以根据仲裁协议向仲裁机构申请仲裁。当事人没有订立仲裁协议或者仲裁协议无效的,可以向人民法院起诉。当事人应当履行发生法律效力的判决、仲裁裁决、调解书;拒不履行的,对方可以请求人民法院执行。

40. ABCD

【解析】《民法典》第三编合同规定,施工合同的内容包括工程范围、建设工期、中间交工工程的开工和竣工时间、工程质量、工程造价、技术资料交付时间、材料和设备供应责任、拨款和结算、竣工验收、质量保修范围和质量保证期、双方相互协作等条款。

41. ACE

【解析】关于委托合同中委托人权利义务,《民法典》第三编合同规定:(1)委托人应当预付处理委托事务的费用。受托人为处理委托事务垫付的必要费用,委托人应当偿还该费用及其利息。(2)有偿的委托合同,因受托人的过错给委托人造成损失的,委托人可以要求赔偿损失。无偿的委托合同,因受托人的故意或者重大过失给委托人造成损失的,委托人可以要求赔偿损失。故选项 B 错误。受托人超越权限给委托人造成损失的,应当赔偿损失。(3)受托人完成委托事务的,委托人应当向其支付报酬。因不可归责于受托人的事由,委托合同解除或者委托事务不能完成的,委托人应当向受托人支付相应的报酬,当事人另有约定的,按照其约定。(4)委托人经受托人同意,可以在受托人之外委托第三人处理委托事务,故选项 D 错误。

42. CE

【解析】本题考核的是《民法典》第三编合同中委托合同的主要内容。(1)建设工程合同包括工程勘察、设计、施工合同;(2)委托合同是指委托人和受托人约定,由受托人处理委托人事务的合同。委托人可以特别委托受托人处理一项或者数项事务,也可以概括委托受托人处理一切事务。由此可见,建设工程监理合同、项目管理服务合同则属于委托合同。故选项 C、E 正确。

43. ABCE

【解析】《民法典》第三编合同规定:(1)受托人应当按照委托人的指示处理委托事务。需要变更委托人指示的,应当经委托人同意。故选项 B 正确。因情况紧急,难以和委托人取得联系的,受托人应当妥善处理委托事务,但事后应当将该情况及时报告委托人。(2)受托人应当亲自处理委托事务。经委托人同意,受托人可以转委托。故选项 A 正确。转委托经同意的,委托人可以就委托事务直接指示转委托的第三人,受托人仅就第三人的选任及其对第三人的指示承担责任。故选项 C 正确。转委托未经同意的,受托人应当对转委托的第三人的行为承担责任。(3)受托人应当按照委托人的要求,报告委托事务的处理情况。委托合同终止时,受托人应当报告委托事务的结果。(4)受托人处理委托事务时,因不可归责于自己的事由受到损失的,可以向委托人要求赔偿损失。故选项 D 错误。(5)委托人经受托人同意,可以在受托人之外委托第三人处理委托事务。因此给受托人造成损失的,受托人可以向委托人要求赔偿损失。故选项 E 正确。(6)两个以上的受托人共同处理委托事务的,对委托人承担连带责任。

44. ABCD

【解析】根据《安全生产法》,生产经营单位的主要负责人对本单位安全生产工作的职责如下:(1)建立健全本单位安全生产责任制;(2)组织制定本单位安全生产规章制度和操作规程;(3)组织制定并实施本单位安全生产教育和培训计划;(4)保证本单位安全生产投入的有效实施;(5)督促检查本单位的安全生产工作,及时消除生产安全事故隐患;(6)组织制定并实施本单位的生产安全事故应急救援预案;(7)及时、如实报告生产安全事故。选项 E 是生产经营单位从业人员的安全生产权利义务。

45. ACDE

【解析】根据《安全生产法》,生产经营单位的安全生产管理机构及专职安全生产管理人员应履行下列职责:(1)组织或参与拟定本单位安全生产规章制度、操作规程和生产安全事故应急救援预案;(2)组织或参与本单位安全生产教育和培训,如实记录安全生产教育和培训情况;(3)督促落实本单位重大危险源的安全管理措施;(4)组织或参与本单位应急救援演练;(5)检查本单位的安全生产状况,及时排查生产安全事故隐患,提出改进安全生产管理的建议;(6)制止和纠正违章指挥、强令冒险作业、违反操作规程的行为;(7)督促落实本单位安全生产整改措施。选项 B 是生产经营单位的主要负责人的安全管理职责。

46. ABDE

【解析】根据《安全生产法》,生产经营单位从业人员的安全生产权利和义务如下:(1)生产经营单位的从业人员有权了解其作业场所和工作岗位存在的危险因素、防范措施及事故应急措施,有权对本单位的安全生产工作提出建议。(2)从业人员有权对本单位安全生产工作中存在的问题提出批评、检举、控告;有权拒绝违章指挥和强令冒险作业。(3)从业人员发现直接危及人身安全的紧急情况时,有权停止作业或者在采取可能的应急措施后撤离作业场所。(4)因生产安全事故受到损害的从业人员,除依法享有工伤保险外,依照有关民事法律尚有获得赔偿的权利的,有权向本单位提出赔偿要求。(5)从业人员在作业过程中,应当严格遵守本单位的安全生产规章制度和操作规程,服从管理,正确佩戴和使用劳动防护用品。(6)从业人员应当接受安全生产教育和培训,掌握本职工作所需的安全生产知识,提高安全生产技能,增强事故预防和应急处理能力。(7)从业人员发现事故隐患或者其他不安全因素,应当立即向现场安全生产管理人员或者本单位负责人报告;接到报告的人员应当及时予以处理。

47. ABDE

【解析】《安全生产法》规定,对于危险物品的生产、经营、储存单位及矿山、金属冶炼、城市轨道交通运营、建筑施工单位,应当建立应急救援组织;生产经营规模较小的,可以不建立应急救援组织,但应当指定兼职的应急救援人员。应当配备必要的应急救援器材、设备和物资,并进行经常性维护、保养,保证正常运转。

48. ACE

【解析】本题考核的是建设单位的质量责任和义务。建设单位的质量责任和义务包括:(1)建设单位应当将工程发包给具有相应资质等级的单位。不得迫使承包方以低于成本的价格竞标;不得任意压缩合理工期;不得明示或者暗示设计单位或者施工单位违反工程建设强制性标准,降低建设工程质量。故选项 C 正确。(2)施工图设计文件未经审查批准的,不得使用。故选项 A 正确。(3)建设单位应当严格按照国家有关档案管理的规定,及时收集、整理建设项目各环节的文件资料,建立、健全建设项目档案,并在建设工程竣工验收后,及时向建设行政主管部门或者其他有关部门移交建设项目档案,故选项 E 正确。选项 B 属于施工单位的质量责任和义务。工程保修书应由施工单位签署,故选项 D 错误。

49. ABE

【解析】本题考核的是建设工程竣工验收应具备的条件。《建设工程质量管理条例》规定:建设工程竣工验收应当具备下列条件:(1)完成建设工程设计和合同约定的各项内容;(2)有完整的技术档案和施工管理资料;(3)有工程使用的主要建筑材料、建筑构配件和设备的进场试验报告;(4)有勘察、设计、施工、工程监理等单位分别签署的质量合格文件;(5)有施工单位签署的工程保修书。

50. ABCD

【解析】《建设工程质量管理条例》规定:(1)勘察、设计单位必须按照工程建设强制性标准进行勘察、设计,并对其勘察、设计的质量负责。勘察单位提供的地质、测量、水文等勘察成果必须真实、准确。故选项 A 正确。(2)设计单位应当根据勘察成果文件进行建设工程设计。设计文件应当符合国家规定的设计深度要求,注明工程合理使用年限。设计单位还应当就审查合格的施工图设计文件向施工单位作出详细说明。故选项 B、C、D 正确。(3)设计单位在设计文件中选用的建筑材料、建筑构配件和设备,应当注明规格、型号、性能等技术指标,其质量要求必须符合国家规定的标准。除有特殊要求的建筑材料、专用设备、工艺生产线等外,设计单位不得指定生产厂、供应商。故选项 E 错误。(4)设计单位还应当参与建设工程质量事故分析,并对因设计造成的质量事故,提出相应的技术处理方案。

51. BCE

【解析】《建设工程质量管理条例》规定,施工单位的质量责任和义务包括:(1)施工单位应当建立质量责任制。施工单位还应当建立、健全教育培训制度,加强对职工的教育培训;未经教育培训或者考核不合格的人员,不得上岗作业。(2)建设工程实行总承包的,总承包单位应当对全部建设工程质量负责。(3)施工单位必须按照工程设计图纸和施工技术标准施工,不得擅自修改工程设计,不得偷工减料。施工单位在施工过程中发现设计文件和图纸有差错的,应当及时提出意见和建议。故选项 A 错误。(4)施工单位必须按照工程设计要求、施工技术标准和合同约定,对建筑材料、建筑构配件、设备和商品混凝土进行检验;未经检验或者检验不合格的,不得使用。施工人员对涉及结构安全的试块、试件以及有关材料,应当在建设单位或者工程监理单位监督下现场取样,并送具有相应资质等级的质量检测单位进行检测。(5)施工单位必须建立、健全施工质量的检验制度,做好隐蔽工程的质量检查和记录。隐蔽工程在隐蔽前,施工单位应当通知建设单位和建设工程质量监督机构。选项 D 属于建设单位的质量责任义务。故选项 D 错误。

52. BCDE

【解析】《建设工程质量管理条例》规定,工程监理单位的质量责任和义务包括:(1)工程监理单位不得转让建设工程监理业务。工程监理单位与被监理工程的施工承包单位以及建筑材料、建筑构配件和设备供应单位有隶属关系或者其他利害关系的,不得承担该项建设工程的监理业务。(2)工程监理单位应当依照法律、法规以及有关技术标准、设计文件和建设工程承包合同,代表建设单位对施工质量实施监理,并对施工质量承担监理责任。(3)监理工程师应当按照建设工程监理规范的要求,采取旁站、巡视和平行检验等形式,对建设工程实施监理。

(4)工程监理单位应当选派具有相应资格的总监理工程师进驻施工现场。(5)未经监理工程师签字,建筑材料、建筑构配件和设备不得在工程上使用或者安装,施工单位不得进行下一道工序的施工。未经总监理工程师签字,建设单位不得拨付工程款,不得进行竣工验收。选项A中发现设计文件和图纸有差错的,应及时通知建设单位。故选项A错误。

53. ACD

【解析】《建设工程质量管理条例》规定,在正常使用条件下,建设工程最低保修期限为:(1)基础设施工程、房屋建筑的地基基础工程和主体结构工程,为设计文件规定的该工程合理使用年限。(2)屋面防水工程、有防水要求的卫生间、房间和外墙面的防渗漏,为5年,故选项B错误。(3)供热与供冷系统,为2个供暖期、供冷期。(4)电气管道、给水排水管道、设备安装和装修工程,为2年。建设工程的保修期,自竣工验收合格之日起计算,故选项E错误。

54. AC

【解析】本题考核的是《建设工程质量管理条例》中最低保修期限的内容。在正常使用条件下,建设工程最低保修期限为:(1)基础设施工程、房屋建筑的地基基础工程和主体结构工程,为设计文件规定的该工程合理使用年限,故选项A正确。(2)屋面防水工程、有防水要求的卫生间、房间和外墙面的防渗漏,为5年,故选项B错误。(3)供热与供冷系统,为2个采暖期、供冷期,故选项C正确。(4)电气管道、给水排水管道、设备安装和装修工程,为2年,故选项D、E错误。

55. ABE

【解析】本题考核的是勘察、设计单位的违法行为。根据《建设工程质量管理条例》第六十三条,违反本条例规定,有下列行为之一的,责令改正,处10万元以上30万元以下的罚款:(1)勘察单位未按照工程建设强制性标准进行勘察的;(2)设计单位未根据勘察成果文件进行工程设计的;(3)设计单位指定建筑材料、建筑构配件的生产厂、供应商的;(4)设计单位未按照工程建设强制性标准进行设计的。

56. AB

【解析】根据《建设工程安全生产管理条例》第五十五条,建设单位有下列行为之一的,责令限期改正,处20万元以上50万元以下的罚款;造成重大安全事故,构成犯罪的,对直接责任人员,依照刑法有关规定追究刑事责任;造成损失的,依法承担赔偿责任:(1)对勘察、设计、施工、工程监理等单位提出不符合安全生产法律、法规和强制性标准规定的要求的;(2)要求施工单位压缩合同约定的工期的;(3)将拆除工程发包给不具有相应资质等级的施工单位的。

57. ABCD

【解析】关于建设单位的安全责任,《建设工程安全生产管理条例》规定:(1)建设单位应当向施工单位提供施工现场及毗邻区域内供水、排水、供电、供气、供热、通信、广播电视等地下管线资料,气象和水文观测资料,相邻建筑物和构筑物、地下工程的有关资料,并保证资料的真实、准确、完整。(2)建设单位不得对勘察、设计、施工、工程监理等单位提出不符合建设工程安全生产法律、法规和强制性标准规定的要求,不得压缩合同约定的工期;不得明示或者暗示施工单位购买、租赁、使用不符合安全施工要求的安全防护用具、机械设备、施工机具及配件、消防设施和器材。(3)建设单位在编制工程概算时,应当确定建设工程安全作业环境及安全施工措施所需费用;在申请领取施工许可证时,应当提供建设工程有关安全施工措施的资料。(4)建设单位应当将拆除工程发包给具有相应资质等级的施工单位,并在拆除工程施工15日前,有关资料报送建设工程所在地的县级以上地方人民政府建设行政主管部门或者其他有关部门备案。

58. ABCD

【解析】《建设工程安全生产管理条例》规定,建设单位应当将拆除工程发包给具有相应资质等级的施工单位,并在拆除工程施工15日前,将下列资料报送建设工程所在地的县级以上地方人民政府建设行政主管部门或者其他有关部门备案:(1)施工单位资质等级证明;(2)拟拆除建筑物、构筑物及可能危及毗邻建筑的说明;(3)拆除施工组织方案;(4)堆放、清除废弃物的措施。

59. AB

【解析】(1)设计单位应当考虑施工安全操作和防护的需要,对涉及施工安全的重点部位和环节在设计文件中注明,并对防范生产安全事故提出指导意见。(2)采用新结构、新材料、新工艺的建设工程和特殊结构的建设工程,设计单位应当在设计中提出保障施工作业人员安全和预防生产安全事故的措施建议。故选项D错误。选项C、E属于工程监理单位的安全责任。

60. ABCE

【解析】根据《建设工程安全生产管理条例》,(1)机械设备配件供应单位和出租单位的安全责任:为建设工程提供机械设备和配件的单位,应当按照安全施工的要求配备齐全有效的保险、限位等安全设施和装置。故选项A正确。出租的机械设备和施工机具及配件,应当具有生产(制造)许可证、产品合格证。出租单位应当对出租的机械设备和施工机具及配件的安全性能进行检测,在签订租赁协议时,应当出具检测合格证明。故选项B正确。禁止出租检测不合格的机械设备和施工机具及配件。(2)施工机械设施安装单位的安全责任:在施工现场安装、拆卸施工起重机械和整体提升脚手架、模板等自升式架设设施,必须由具有相应资质的单位承担。故选项C正确。安装、拆卸上述机械和设施,应当编制拆装方案、制定安全施工措施,并由专业技术人员现场监督。故选项D错误。安装完毕后,安装单位应当自检,出具自检合格证明,并向施工单位进行安全使用说明,办理验收手续并签字。故选项E正确。

61. BCDE

【解析】本题考核的是施工单位的安全责任。《建设工程安全生产管理条例》规定:(1)施工单位应当建立健全安全生产责任制度,制定安全生产规章制度和操作规程,保证本单位安全生产条件所需资金的投入,对所承担的建设工程进行定期和专项安全检查,并做好安全检查记录。故选项C正确。(2)施工单位对列入建设工程概算的安全作业环境及安全施工措施所需费用,应当用于施工安全防护用具及设施的采购和更新、安全施工措施的落实、安全生产条件的改善,不得挪作他用。故选项B正确。(3)施工单位应当向作业人员提供安全防护用具和安全防护服装,并书面告知危险岗位的操作规程和违章操作的危害。故选项E正确。(4)施工单位应当为施工现场从事危险作业的人员办理意外伤害保险。意外伤害保险费由施工单位支付。实行施工总承包的,由总承包单位支付意外伤害保险费。故选项 D 正确。而选项 A 中拆除工程施工前,向有关部门送达拆除施工组织方案,则属于建设单位的安全责任。故选项 A 错误。

62. AC

【解析】本题考核的是安全技术措施和专项施工方案。施工单位应当在施工组织设计中编制安全技术措施和施工现场临时用电方案,对下列达到一定规模的危险性较大的分部分项工程编制专项施工方案,并附具安全验算结果,经施工单位技术负责人、总监理工程师签字后实施,由专职安全生产管理人员进行现场监督:(1)基坑支护与降水工程;(2)土方开挖工程;(3)模板工程;(4)起重吊装工程;(5)脚手架工程;(6)拆除、爆破工程;(7)国务院建设行政主管部门或者其他有关部门规定的其他危险性较大的工程。上述工程中涉及深基坑、地下暗挖工程、高大模板工程的专项施工方案,施工单位还应当组织专家进行论证、审查。

63. CDE

【解析】本题考核的是《建设工程安全生产管理条例》中施工单位的安全责任。不得压缩合同约定的工期,属于建设单位的禁止行为,故选项 A 错误。由具有相应资质的单位安装、拆卸施工起重机械,属于施工机械设备安装单位的安全责任,故选项 B 错误。施工单位的安全责任包括:(1)工程承揽;(2)安全生产责任制度:对所承担的建设工程进行定期和专项安全检查;(3)安全生产管理费用;(4)施工现场安全生产管理;(5)安全生产教育培训;(6)安全技术措施和专项施工方案:施工单位应当在施工组织设计中编制安全技术措施和施工现场临时用电方案;(7)施工现场安全防护;(8)施工现场卫生、环境与消防安全管理:施工单位对因建设工程施工可能造成损害的毗邻建筑物、构筑物和地下管线等,应当采取专项防护措施;(9)施工机具设备安全管理;(10)意外伤害保险。故选项 C、D、E 正确。

64. ACE

【解析】《建设工程安全生产管理条例》明确规定了施工单位的安全责任,例如:(1)施工单位应当建立健全安全生产责任制度,制定安全生产规章制度和操作规程,保证本单位安全生产条件所需资金的投入,对所承担的建设工程进行定期和专项安全检查,并做好安全检查记录。(2)建设工程实行施工总承包的,由总承包单位对施工现场的安全生产负总责。总承包单位依法将建设工程分包给其他单位的,总承包单位和分包单位对分包工程的安全生产承担连带责任。分包单位应当服从总承包单位的安全生产管理,如分包单位不服从管理导致生产安全事故,由分包单位承担主要责任。故选项 B 错误。(3)施工单位对列入建设工程概算的安全作业环境及安全施工措施所需费用,应当用于施工安全防护用具及设施的采购和更新、安全施工措施的落实、安全生产条件的改善,不得挪作他用。施工起重机械和整体提升脚手架、模板等自升式架设设施的安装、拆卸应由具有相应资质的单位承担。故选项 D 错误。

65. ABCE

【解析】《建设工程安全生产管理条例》规定,施工单位应当在施工组织设计中编制安全技术措施和施工现场临时用电方案,对下列达到一定规模的危险性较大的分部分项工程编制专项施工方案,并附具安全验算结果,经施工单位技术负责人、总监理工程师签字后实施,由专职安全生产管理人员进行现场监督:(1)基坑支护与降水工程;(2)土方开挖工程;(3)模板工程;(4)起重吊装工程;(5)脚手架工程;(6)拆除、爆破工程;(7)国务院建设行政主管部门或者其他有关部门规定的其他危险性较大的工程。上述工程中涉及深基坑、地下暗挖工程、高大模板工程的专项施工方案,施工单位还应当组织专家进行论证、审查。

66. ABDE

【解析】《建设工程安全生产管理条例》对施工单位的安全责任所涉及的施工现场安全防护、施工现场卫生、环境与消防安全也作了明确规定:(1)施工单位应当在施工现场入口处、施工起重机械、脚手架、出入通道口及爆破物及有害危险气体和液体存放处等危险部位,设置明显的符合国家标准的安全警示标志。(2)施工单位应当向作业人员提供安全防护用具和安全防护服装,并书面告知危险岗位的操作规程和违章操作的危害。(3)施工单位应当将施工现场的办公、生活区与作业区分开设置,并保持安全距离;办公、生活区的选址应当符合安全性要求。(4)施工单位不得在尚未竣工的建筑物内设置员工集体宿舍。故选项C错误。施工现场使用的装配式活动房屋应当具有产品合格证。(5)施工单位对因建设工程施工可能造成损害的毗邻建筑物、构筑物和地下管线等,应当采取专项防护措施。(6)施工单位应当在施工现场建立消防安全责任制度,确定消防安全责任人,设置消防通道、消防水源,配备消防设施和灭火器材,并在施工现场入口处设置明显标志。

67. ABCE

【解析】《生产安全事故报告和调查处理条例》规定,事故报告应当包括下列内容:(1)事故发生单位概况;(2)事故发生的时间、地点以及事故现场情况;(3)事故的简要经过;(4)事故已经造成或者可能造成的伤亡人数(包括下落不明的人数)和初步估计的直接经济损失;(5)已经采取的措施;(6)其他应当报告的情况。

68. ABC

【解析】本题考核的是事故报告的内容。事故报告应当包括下列内容:(1)事故发生单位概况;(2)事故发生的时间、地点以及事故现场情况;(3)事故的简要经过;(4)事故已经造成或者可能造成的伤亡人数(包括下落不明的人数)和初步估计的直接经济损失;(5)已经采取的措施;(6)其他应当报告的情况。事故发生的原因和事故性质是要由事故调查组通过调查、技术鉴定等来确定的。因此选项D、E属于事故调查报告中的内容。

69. ABDE

【解析】《生产安全事故报告和调查处理条例》规定,事故调查报告应当包括下列内容:(1)事故发生单位概况;(2)事故发生经过和事故救援情况;(3)事故造成的人员伤亡和直接经济损失;(4)事故发生的原因和事故性质;(5)事故责任的认定以及对事故责任者的处理建议;(6)事故防范和整改措施。选项C为事故报告包含的内容。

70. ABC

【解析】《招标投标法实施条例》规定,按照国家有关规定需要履行项目审批、核准手续的依法必须进行招标的项目,其招标范围、招标方式、招标组织形式应当报项目审批、核准部门审批、核准。

71. CE

【解析】《招标投标法实施条例》规定,国有资金占控股或者主导地位的依法必须进行招标的项目,应当公开招标;但有下列情形之一的,可以邀请招标:(1)技术复杂、有特殊要求或者受自然环境限制,只有少量潜在投标人可供选择;(2)采用公开招标方式的费用占项目合同金额的比例过大。

72. ABDE

【解析】《招标投标法实施条例》规定,除《招标投标法》规定的可以不进行招标的特殊情况外,有下列情形之一的,可以不进行招标:(1)需要采用不可替代的专利或者专有技术;(2)采购人依法能够自行建设、生产或者提供;(3)已通过招标方式选定的特许经营项目投资人依法能够自行建设、生产或者提供;(4)需要向原中标人采购工程、货物或者服务,否则将影响施工或者功能配套要求;(5)国家规定的其他特殊情形。

73. ABCD

【解析】根据《招标投标法实施条例》,招标人有下列行为之一的,属于以不合理条件限制、排斥潜在投标人或者投标人:(1)就同一招标项目向潜在投标人或者投标人提供有差别的项目信息;(2)设定的资格、技术、商务条件与招标项目的具体特点和实际需要不相适应或者与合同履行无关;(3)依法必须进行招标的项目以特定行政区域或者特定行业的业绩、奖项作为加分条件或者中标条件;(4)对潜在投标人或者投标人采取不同的资格审查或者评标标准;(5)限定或者指定特定的专利、商标、品牌、原产地或者供应商;(6)依法必须进行招标的项目非法限定潜在投标人或者投标人的所有制形式或者组织形式;(7)以其他不合理条件限制、排斥潜在投标人或者投标人。

74. ABCD

【解析】《招标投标法实施条例》规定,招标人可以自行决定是否编制标底。一个招标项目只能有一个标底。标底必须保密。接受委托编制标底的中介机构不得参加受托编制标底项目的投标,也不得为该项目的投标人编制投标文件或者提供咨询。招标人设有最高投标限价的,应当在招标文件中明确最高投标限价或者最高投标限价的计算方法。招标人不得规定最低投标限价。

75. ABDE

【解析】《招标投标法实施条例》规定,有下列情形之一的,属于投标人相互串通投标:(1)投标人之间协商投标报价等投标文件的实质性内容;(2)投标人之间约定中标人;(3)投标人之间约定部分投标人放弃投标或者中标;(4)属于同一集团、协会、商会等组织成员的投标人按照该组织要求协同投标;(5)投标人之间为谋取中标或者排斥特定投标人而采取的其他联合行动。选项C则可以视为投标人相互串通投标。

76. ABCE

【解析】《招标投标法实施条例》规定,有下列情形之一的,视为投标人相互串通投标:(1)不同投标人的投标文件由同一单位或者个人编制;(2)不同投标人委托同一单位或者个人办理投标事宜;(3)不同投标人的投标文件载明的项目管理成员为同一人;(4)不同投标人的投标文件异常一致或者投标报价呈规律性差异;(5)不同投标人的投标文件相互混装;(6)不同投标人的投标保证金从同一单位或者个人的账户转出。选项D属于投标人相互串通投标。

77. ABDE

【解析】《招标投标法实施条例》规定,有下列情形之一的,属于招标人与投标人串通投标:(1)招标人在开标前开启投标文件并将有关信息泄露给其他投标人;(2)招标人直接或者间接向投标人泄露标底、评标委员会成员等信息;(3)招标人明示或者暗示投标人压低或者抬高投标报价;(4)招标人授意投标人撤换、修改投标文件;(5)招标人明示或者暗示投标人为特定投标人中标提供方便;(6)招标人与投标人为谋求特定投标人中标而采取的其他串通行为。选项 C 则为评标过程中根据评标办法规定而为之的合法行为,不属于招标人与投标人串通的行为。

78. ABCE

【解析】《招标投标法实施条例》规定:(1)投标人少于 3 个的,不得开标,招标人应当重新招标。投标人对开标有异议的,应当在开标现场提出,招标人应当当场作出答复,并制作记录。(2)对技术复杂、专业性强或者国家有特殊要求的招标项目,可以由招标人直接确定技术、经济等方面的评标专家。行政监督部门的工作人员不得担任本部门负责监督项目的评标委员会成员。(3)招标人应当根据项目规模和技术复杂程度等因素合理确定评标时间。超过 1/3 的评标委员会成员认为评标时间不够的,招标人应当适当延长。(4)招标项目设有标底的,招标人应当在开标时公布。标底只能作为评标的参考,不得以投标报价是否接近标底作为中标条件,也不得以投标报价超过标底上下浮动范围作为否决投标的条件。故选项 C 错误。(6)评标委员会成员应当按照招标文件规定的评标标准和方法,客观、公正地对投标文件提出评审意见。招标文件没有规定的评标标准和方法不得作为评标的依据。

79. ABD

【解析】《招标投标法实施条例》规定,有下列情形之一的,评标委员会应当否决其投标:(1)投标文件未经投标单位盖章和单位负责人签字;(2)投标联合体没有提交共同投标协议;(3)投标人不符合国家或者招标文件规定的资格条件;(4)同一投标人提交两个以上不同的投标文件或者投标报价,但招标文件要求提交备选投标的除外;(5)投标报价低于成本或者高于招标文件设定的最高投标限价;(6)投标文件没有对招标文件的实质性要求和条件作出响应;(7)投标人有串通投标、弄虚作假、行贿等违法行为。

标底只能作为评标的参考,不得以投标报价是否接近标底作为中标条件,故选项 C 错误。招标人不得设定最低投标限价,故选项 E 错误。

80. ACDE

【解析】《招标投标法实施条例》规定,评标委员会应当向招标人提交书面评标报告和中标候选人名单。中标候选人应当不超过 3 个,并标明排序。国有资金占控股或者主导地位的依法必须进行招标的项目,招标人应当确定排名第一的中标候选人为中标人。排名第一的中标候选人放弃中标、因不可抗力不能履行合同、不按照招标文件要求提交履约保证金,或者被查实存在影响中标结果的违法行为等情形,不符合中标条件的,招标人可以按照评标委员会提出的中标候选人名单排序依次确定其他中标候选人为中标人,也可以重新招标。《招标投标法》规定,在发出中标通知书之日起 30 日内招标人与中标人签订书面合同。因此,选项 B 中中标候选人的行为并不违法,也不违反招标文件的各项规定和要求。

81. AB

【解析】招标人有下列情形之一的,由有关行政监督部门责令改正,可以处 10 万元以下的罚款:(1)依法应当公开招标而采用邀请招标;(2)招标文件、资格预审文件的发售、澄清、修改的时限,或者确定的提交资格预审申请文件、投标文件的时限不符合招标投标法规定;(3)接受未通过资格预审的单位或者个人参加投标,故选项 C 错误;(4)接受应当拒收的投标文件,故选项 D 错误。招标人超过规定的比例收取投标保证金,由有关行政监督部门责令改正,可以处 5 万元以下的罚款,故选项 E 错误。

82. BCDE

【解析】建设工程监理定位于工程施工阶段。在工程勘察、设计、保修等阶段提供的服务活动均为相关服务。为了拓展工程监理单位的经营范围,工程监理单位可以提供相关服务。因此,制定建设工程监理规范的目的是为了规范建设工程监理与相关服务行为,提高建设工程监理与相关服务水平。

83. BDE

【解析】根据《建设工程监理规范》(GB/T 50319—2013)的规定,总监理工程师代表可以由具有工程类执业资格的人员(如:注册监理工程师、注册造价工程师、注册建造师、注册工程师、注册建筑师等)担任,也可由具有中级及以上专业技术职称、3 年及以上工程实践经验并经监理业务培训的人员担任。

84. BDE

【解析】《建设工程监理规范》(GB/T 50319—2013)规定,专业监理工程师可以由具有工程类注册执业资格的人员(如:注册监理工程师、注册造价工程师、注册建造师、注册工程师、注册建筑师等)担任,也可由具有中级及以上专业技术职称、2 年及以上工程实践经验并经监理业务培训的人员担任。

85. BE

【解析】《建设工程监理规范》(GB/T 50319—2013)规定,监理员是指从事具体监理工作,具有中专及以上学历并经过监理业务培训的人员。因此,监理员需要有中专及以上学历,并经过监理业务培训。

86. ABCE

【解析】《建设工程监理规范》(GB/T 50319—2013)确定的建设工程监理核心工作包括:(1)工程质量、造价、进度控制及安全生产管理的监理工作;(2)工程变更、索赔及施工合同争议处理;(3)监理文件资料管理。

87. BCDE

【解析】《建设工程监理规范》(GB/T 50319—2013)规定的工程质量控制包括:(1)审查施工单位现场的质量管理组织机构、管理制度及专职管理人员和特种作业人员的资格;(2)审查施工组织设计、(专项)施工方案;(3)审查工程使用的新材料、新工艺、新技术、新设备的质量认证材料和相关验收标准的适用性;(4)检查、复核施工控制测量成果及保护措施、施工测量放线成果;(5)审核分包单位职工,检查施工单位为工程提供服务的试验室;(6)审查用于工程的材料、构配件、设备的质量证明文件,并按要求对用于工程的材料进行见证取样、平行检验;(7)审查影响工程质量的计量设备的检查和检定报告;(8)对关键部位、关键工序进行旁站,对工程施工质量进行巡视,对施工质量进行平行检验;(9)验收隐蔽工程、检验批、分项工程和分部工程;(10)对施工质量问题、质量缺陷、质量事故及时进行处置和检查验收;(11)对单位工程进行竣工验收,并组织工程竣工预验收;(12)编写工程质量评估报告;(13)参加工程竣工验收,签署建设工程监理意见等。选项 A 属于施工单位的质量管理工作内容。

88. ACDE

【解析】《建设工程监理规范》(GB/T 50319—2013)规定了监理机构实施工程造价控制的工作内容,主要包括:进行工程计量和付款签证;对实际完成量与计划完成量进行比较分析;审核竣工结算款,签发竣工结算款支付证书等。选项 B 属于施工单位的工作。

89. BCDE

【解析】《建设工程监理规范》(GB/T 50319—2013)规定了监理机构实施工程进度控制的工作内容,主要包括:审查施工单位报审的施工总进度计划和阶段性施工进度计划;检查施工进度计划的实施情况;比较分析工程施工实际进度与计划进度,预测实际进度对工程总工期的影响等。

90. BCDE

【解析】《建设工程监理规范》(GB/T 50319—2013)规定了监理机构实施安全生产管理的监理工作内容,主要包括:(1)审查施工单位现场安全生产规章制度的建立和实施情况;(2)审查施工单位安全生产许可证及施工单位项目经理、专职安全生产管理人员和特种作业人员的资格;(3)核查施工机械和设施的安全许可验收手续;(4)审查施工单位报审的专项施工方案;(5)处置安全事故隐患等。选项 A 中专项施工方案是由施工单位编制的。

91. ABDE

【解析】《建设工程监理规范》(GB/T 50319—2013)规定了设备监造工作内容,主要包括:(1)检查设备制造单位的质量管理体系。(2)审查设备制造生产计划和工艺方案,设备制造的检验计划和检验要求,设备制造的原材料、外购配套件、元器件、标准件,以及坯料的质量证明文件及检验报告等。(3)对设备制造过程进行监督和检查,对主要及关键零部件的制造工序应进行抽检。(4)审核设备制造过程的检验结果,并检查和监督设备的装配过程。(5)参加设备整机性能检测、调试和出厂验收。(6)审查设备制造单位报送的设备制造结算文件。选项 C 中,监理人员应检查和监督设备的装配过程,而不是参与设备的装配过程。

92. ABCE

【解析】《建设工程监理规范》(GB/T 50319—2013)规定了工程勘察设计阶段相关服务工作内容,主要包括:协助建设单位选择勘察设计单位并签订工程勘察设计合同;审查勘察单位提交的勘察方案;检查勘察现场及室内试验主要岗位操作人员的资格、所使用设备、仪器计量的检定情况;检查勘察进度计划执行情况;审核勘察单位提交的勘察费用支付申请;审查勘察单位提交的勘察成果报告,参与勘察成果验收;审查各专业、各阶段设计进度计划;检查设计进度计划执行情况;审核设计单位提交的设计费用支付申请;审查设计单位提交的设计成果;审查设计单位提出的新材料、新工艺、新技术、新设备在相关部门的备案情;审查设计单位提出的设计概算、施工图预算;协助建设单位组织专家评审设计成果;协助建设单位报审有关工程设计文件;协调处理勘察设计延期、费用索赔等事宜。选项 D 中组织设计成果的评审、报审有关工程设计文件都是建设单位的工作。监理机构只是协助建设单位组织专家评审设计成果,协助建设单位报审有关工程设计文件。

93. ABCD

【解析】根据《建设工程监理规范》(GB/T 50319—2013),工程保修阶段相关服务工作内容包括:(1)承担工程保修阶段的服务工作时,工程监理单位应定期回访。(2)对建设单位或使用单位提出的工程质量缺陷,工程监理单位应安排监理人员进行检查和记录,并应要求施工单位予以修复,同时应监督实施,合格后应予以签认。(3)工程监理单位应对工程质量缺陷原因进行调查,并应与建设单位、施工单位协商确定责任归属。对非施工单位原因造成的工程质量缺陷,应核实施工单位申报的修复工程费用,并应签认工程款支付证书,同时应报建设单位。

第四章 工程监理企业与监理工程师

习 题 精 练

一、单项选择题

1. 工程监理企业是指依法成立并取得建设主管部门颁发的工程监理企业资质证书,从事建设工程( )活动的机构。
   A. 监理服务　　　　　　　　　　　B. 专项咨询服务
   C. 相关服务　　　　　　　　　　　D. 监理与相关服务

2. 根据《中华人民共和国公司法》❶,有限责任公司由( )个以下股东出资设立。
   A. 2　　　　B. 50　　　　C. 100　　　　D. 200

3. 根据《公司法》,股份有限公司的设立方式包括( )。
   A. 自发设立、指定设立　　　　　　B. 一般设立、特殊设立
   C. 发起设立、募集设立　　　　　　D. 公募设立、私募设立

4. 根据《公司法》,设立股份有限公司,应当有( )为发起人,其中须有半数以上的发起人在中国境内有住所。
   A. 2 人以上、100 人以下　　　　　B. 10 人以上、200 人以下
   C. 2 人以上、200 人以下　　　　　D. 10 人以上、200 人以下

5. 工程监理企业从事工程监理活动,应当遵循的准则是( )。
   A. 公平、独立、诚信、科学　　　　B. 公正、廉洁、独立、科学
   C. 守法、诚信、公平、科学　　　　D. 独立、公正、诚信、科学

6. 工程监理企业从事建设工程监理活动时,应遵循"守法、诚信、公平、科学"的准则,体现守法准则的是( )。
   A. 依据相关法律法规、《建设工程监理规范》及合同约定,组建监理机构和派遣监理人员,配备必要的设备设施,开展工程监理工作
   B. 在监理投标活动中,坚持诚实信用原则,不弄虚作假,不串标、不围标,不低于成本价参与竞争。公平竞争,不扰乱市场秩序
   C. 要具有良好的职业道德,要熟悉建设工程合同有关条款
   D. 不弄虚作假、降低工程质量,不将不合格的建设工程、建筑材料、建筑构配件和设备按照合格签字

---
❶ 本书其余习题中简称《公司法》。

7. 工程监理企业从事建设工程监理活动时,应遵循"守法、诚信、公平、科学"的准则,体现诚信准则的是( )。
   A. 按规定进行检查和验证,按标准进行工程验收,确保工程监理全过程各项资料的真实性、时效性和完整性
   B. 按照工程监理合同约定严格履行义务
   C. 不得出售、转让工程监理企业资质证书
   D. 具有良好的专业技术能力

8. 根据国家规定,建设工程监理人员只有通过( ),才能以监理工程师的名义执业。
   A. 资格考试   B. 注册
   C. 主管部门认定和注册   D. 资格考试和注册

9. 根据国家有关规定,取得监理工程师职业资格证书且从事工程监理及相关业务活动的人员,经过( )方可以监理工程师名义执业。
   A. 主管部门认定   B. 岗位登记
   C. 注册   D. 主管部门认证

10. 注册监理工程师从事执业活动应履行的义务是( )。
    A. 依据本人能力从事经营管理活动   B. 获取相应的劳动报酬
    C. 对本人执业活动进行解释和辩护   D. 保证执业活动成果的质量

11. 根据《注册监理工程师管理规定》,属于注册监理工程师权利的是( )。
    A. 遵守法律、法规和有关管理规定
    B. 依据本人能力从事相应的执业活动
    C. 在工作中加强学习,努力提高执业水准
    D. 在规定的聘用单位业务范围内从事执业活动

二、多项选择题

1. 根据《公司法》,设立有限责任公司,应当具备的条件有( )。
   A. 股东符合法定人数
   B. 股东出资达到法定资本最低限额
   C. 股东共同制定公司章程
   D. 经营规模符合法律规定
   E. 有公司名称,建立符合有限责任公司要求的组织机构

2. 根据《公司法》,有限责任公司的组织机构包括( )。
   A. 股东会   B. 董事会   C. 经理   D. 董事会秘书处
   E. 监事会

3. 根据《公司法》,股份有限公司设立的条件有( )。
   A. 发起人符合法定人数
   B. 股份发行、筹办事项符合法律规定
   C. 发起人制订公司章程,采用募集方式设立的经创立大会通过
   D. 有符合法定要求的注册资本

E. 有公司名称,建立符合股份有限公司要求的组织机构

4. 根据《公司法》,股份有限公司的组织机构组成包括( )。
   A. 股东大会　　B. 董事会　　C. 经理　　D. 董事会秘书处
   E. 监事会

5. 工程监理企业从事建设工程监理活动时,应遵循"守法、诚信、公平、科学"的准则。下列关于工程监理企业经营活动准则的说法,体现守法准则的有( )。
   A. 在核定的资质等级和业务范围内从事监理活动,不得超越资质或挂靠承揽业务
   B. 不伪造、涂改、出租、出借、转让、出卖资质等级证书,不转让监理业务
   C. 不弄虚作假、降低工程质量,不将不合格的建设工程、建筑材料、建筑构配件和设备按照合格签字,不以索、拿、卡、要等手段向施工单位谋取不当利益
   D. 依法依规签订建设工程监理合同。严格按照建设工程监理合同约定履行义务,不违背自己承诺
   E. 不与被监理工程的施工及材料、构配件和设备供应单位有隶属关系或其他利害关系,不谋取非法利益

6. 工程监理企业从事建设工程监理活动时,应遵循"守法、诚信、公平、科学"的准则。下列关于工程监理企业经营活动准则的说法,体现诚信准则的有( )。
   A. 履行保密义务,不泄露商业秘密及保密工程的相关情况
   B. 不用虚假资料申报各类奖项、荣誉,不参与非法社团组织的各类评奖等活动
   C. 积极承担社会责任,践行社会公德,确保监理服务质量,维护国家和公众利益
   D. 坚持实事求是,努力提高专业技术能力和综合分析判断问题的能力
   E. 依据相关法律法规、《建设工程监理规范》及合同约定,组建监理机构和派遣监理人员,配备必要的设备设施,开展工程监理工作

7. 公平性是建设工程监理行业能够长期生存和发展的基本职业道德准则,也是工程监理企业经营活动准则之一。工程监理企业要做到公平,必须做到( )。
   A. 要具有良好的职业道德
   B. 要坚持实事求是
   C. 按规定进行检查和验证,按标准进行工程验收
   D. 要熟悉建设工程合同有关条款
   E. 要提高专业技术能力和综合分析判断问题的能力

8. 工程监理企业从事建设工程监理活动时,应遵循"守法、诚信、公平、科学"的准则。下列关于工程监理企业经营活动准则的说法,体现科学准则的有( )。
   A. 制定出切实可行、行之有效的监理规划和监理实施细则,使各项监理活动都纳入计划管理轨道
   B. 解决问题要用事实说话、用书面文字说话、用数据说话
   C. 必须借助于先进的科学仪器做好监理工作
   D. 要开发、利用计算机信息平台和软件辅助建设工程监理
   E. 依据相关法律法规、《建设工程监理规范》及合同约定,组建监理机构和派遣监理人员,配备必要的设备设施,开展工程监理工作

9. 建立和实行监理工程师执业资格制度的意义主要表现在（　　）等方面。
    A. 与工程监理制度紧密衔接
    B. 统一监理工程师执业能力标准
    C. 强化工程监理人员执业责任
    D. 提高工程监理人员社会地位
    E. 促进工程监理人员努力钻研业务知识，提高业务水平

10. 注册监理工程师从事执业活动时享有的权利包括（　　）。
    A. 使用注册监理工程师称谓
    B. 执行技术标准、规范和规程
    C. 保管和使用本人的注册证书和执业印章
    D. 对侵犯本人权利的行为进行申诉
    E. 保守在执业中知悉的商业秘密

11. 下列工作事项中，属于注册监理工程师义务的有（　　）。
    A. 依据本人能力从事相应的执业活动
    B. 对本人执业活动进行解释和辩护
    C. 在规定的执业范围和聘用单位业务范围内从事执业活动
    D. 接受继续教育，努力提高执业水平
    E. 保管和使用本人的注册证书和执业印章

12. 注册监理工程师在执业活动中应严格遵守的职业道德守则有（　　）。
    A. 履行工程监理合同规定的义务
    B. 根据本人的能力从事相应的执业活动
    C. 不以个人名义承揽监理业务
    D. 接受继续教育
    E. 坚持独立自主地开展工作

13. 下列行为中，属于注册监理工程师职业道德守则的有（　　）。
    A. 不同时在两个或两个以上工程监理单位注册和从事监理活动
    B. 在企业所属地范围内从事执业活动
    C. 不泄露所监理工程各方认为需要保密的事项
    D. 不在政府部门和施工、材料设备的生产供应等单位兼职
    E. 保证执业活动成果达到质量认证标准

◁　习题答案及解析　▷

1. D

【解析】《建设工程监理规范》(GB/T 50319—2013)规定，工程监理企业是指依法成立并取得建设主管部门颁发的工程监理企业资质证书，从事建设工程监理与相关服务活动的机构。我国工程监理企业主要是公司制工程监理企业。公司制工程监理企业主要有两种形式，即：有限责任公司和股份有限公司。

2. B

【解析】《公司法》规定,有限责任公司由 50 个以下股东出资设立。

3. C

【解析】《公司法》规定,股份有限公司的设立,可以采取发起设立或者募集设立的方式。发起设立是指由发起人认购公司应发行的全部股份而设立公司。募集设立是指由发起人认购公司应发行股份的一部分,其余股份向社会公开募集或者向特定对象募集而设立公司。

4. C

【解析】《公司法》规定,设立股份有限公司,应当有 2 人以上、200 人以下为发起人,其中须有半数以上的发起人在中国境内有住所。

5. C

【解析】工程监理企业从事工程监理活动,应当遵循"守法、诚信、公平、科学"的准则。

6. B

【解析】守法,即遵守法律法规。对于工程监理企业而言,守法就是要依法经营,主要体现在以下几方面:(1)自觉遵守相关法律法规及行业自律公约和诚信守则,在核定的资质等级和业务范围内从事监理活动,不得超越资质或挂靠承揽业务。(2)不伪造、涂改、出租、出借、转让、出卖资质等级证书及从业人员执业资格证书,不出租、出借企业相关资信证明,不转让监理业务。(3)在监理投标活动中,坚持诚实信用原则,不弄虚作假,不串标、不围标,不低于成本价参与竞争。公平竞争,不扰乱市场秩序。(4)依法依规签订建设工程监理合同,不签订有损国家、集体或他人利益的虚假合同或附加条款。严格按照建设工程监理合同约定履行义务,不违背自己承诺。(5)不与被监理工程的施工及材料、构配件和设备供应单位有隶属关系或其他利害关系,不谋取非法利益。(6)在异地承接监理业务的,自觉遵守工程所在地有关规定,主动向工程所在地建设主管部门备案登记,接受其指导和监督管理。备选项中,选项 A、D 体现的是诚信准则,选项 C 体现的是公平准则。

7. A

【解析】本题考核的是企业信用管理制度。工程监理企业诚信行为主要体现在以下几方面:(1)建立诚信建设制度,激励诚信,惩戒失信。定期进行诚信建设制度实施情况检查考核,及时处理不诚信和履职不到位人员。(2)依据相关法律法规、工程监理规范和合同约定,组建监理机构和派遣监理人员,配备必要的设备设施,开展工程监理工作。(3)不弄虚作假、降低工程质量,不将不合格的建设工程、建筑材料、建筑构配件和设备按照合格签字,不以索、拿、卡、要等手段向建设单位、施工单位谋取不当利益,不以虚假行为损害工程建设各方合法权益。(4)在承揽监理业务时,不得夸大自己的能力,不得擅自分包或转让监理业务。在监理活动中,应提供与其资质水平相适应的技术服务。(5)按规定进行检查和验证,按标准进行工程验收,确保工程监理全过程各项资料的真实性、时效性和完整性。(6)加强内部管理,建立企业内部信用管理责任制度,开展廉洁执业教育,及时检查和评估企业信用实施情况,健全服务质量考评体系和信用评价体系,不断提高企业信用管理水平。(7)履行保密义务,不泄露商业秘密及保密工程的相关情况。(8)不用虚假资料申报各类奖项、荣誉,不参与非法社团组织的各类评奖等活动。(9)积极承担社会责任,践行社会公德,确保监理服务质量,维护国家和公众利益。(10)自觉践行自律公约,接受建设主管部门对监理工作的监督检查。

第四章 工程监理企业与监理工程师

8. D

【解析】监理工程师是指通过职业资格考试取得中华人民共和国监理工程师职业资格证书,并经注册后从事建设工程监理与相关业务活动的专业技术人员。由此可知,建设工程监理人员只有通过资格考试和注册,才能以监理工程师名义执业。

9. C

【解析】国家对监理工程师职业资格实行执业注册管理制度,监理工程师注册是政府对工程监理执业人员实行市场准入控制的有效手段。取得监理工程师职业资格证书且从事工程监理及相关业务活动的人员,经过注册方可以监理工程师名义执业。住房和城乡建设部、交通运输部、水利部按专业类别分别负责监理工程师注册及相关工作。

10. D

【解析】本题考核的是注册监理工程师从事职业活动应履行的义务。注册监理工程师应当履行下列义务:(1)遵守法律、法规和有关管理规定;(2)履行管理职责,执行技术标准、规范和规程;(3)保证执业活动成果的质量,并承担相应责任;(4)接受继续教育,努力提高执业水准;(5)在本人执业活动所形成的建设工程监理文件上签字、加盖执业印章;(6)保守在执业中知悉的国家秘密和他人的商业、技术秘密;(7)不得涂改、倒卖、出租、出借或者以其他形式非法转让注册证书或者执业印章;(8)不得同时在两个或者两个以上单位受聘或者执业;(9)在规定的执业范围和聘用单位业务范围内从事执业活动;(10)协助注册管理机构完成相关工作。

11. B

【解析】本题考核的是注册监理工程师的权利。注册监理工程师的权利包括:(1)使用注册监理工程师称谓;(2)在规定范围内从事执业活动;(3)依据本人能力从事相应的执业活动;(4)保管和使用本人的注册证书和执业印章;(5)对本人执业活动进行解释和辩护;(6)接受继续教育;(7)获得相应的劳动报酬;(8)对侵犯本人权利的行为进行申诉。选项A、C、D为注册监理工程师义务。

二、多项选择题

1. ABCE

【解析】《公司法》规定,设立有限责任公司,应当具备下列条件:(1)股东符合法定人数;(2)股东出资达到法定资本最低限额;(3)股东共同制定公司章程;(4)有公司名称,建立符合有限责任公司要求的组织机构;(5)有公司住所。

2. ABCE

【解析】根据《公司法》,有限责任公司的组织机构包括:(1)股东会。有限责任公司股东会由全体股东组成。股东会是公司的权力机构,依照《公司法》行使职权。(2)董事会。有限责任公司设董事会,其成员为3~13人。股东人数较少或者规模较小的有限责任公司,可以设一名执行董事,不设董事会。执行董事可以兼任公司经理。(3)经理。有限责任公司可以设经理,由董事会决定聘任或者解聘。经理对董事会负责,行使公司管理职权。(4)监事会。有限责任公司设监事会,其成员不得少于3人。股东人数较少或者规模较小的有限责任公司,可以设一至二名监事,不设监事会。

3. ABCE

【解析】根据《公司法》的规定,设立股份有限公司,应当具备下列条件:(1)发起人符合法定人数;(2)有符合公司章程规定的全体发起人认购的股本总额或者募集的实收股本总额;(3)股份发行、筹办事项符合法律规定;(4)发起人制订公司章程,采用募集方式设立的经创立大会通过;(5)有公司名称,建立符合股份有限公司要求的组织机构;(6)有公司住所。

4. ABCE

【解析】根据《公司法》,股份有限公司的组织机构组成包括:(1)股东大会。股份有限公司股东大会由全体股东组成。股东大会是公司的权力机构,依照《公司法》行使职权。(2)董事会。股份有限公司设董事会,其成员为5~19人。上市公司需要设立独立董事和董事会秘书。(3)经理。股份有限公司设经理,由董事会决定聘任或者解聘。公司董事会可以决定由董事会成员兼任经理。(4)监事会。股份有限公司设监事会,其成员不得少于3人。

5. ABDE

【解析】守法,即遵守法律法规。对于工程监理企业而言,守法就是要依法经营,主要体现在以下几方面:(1)自觉遵守相关法律法规及行业自律公约和诚信守则,在核定的资质等级和业务范围内从事监理活动,不得超越资质或挂靠承揽业务。(2)不伪造、涂改、出租、出借、转让、出卖资质等级证书及从业人员执业资格证书,不出租、出借企业相关资信证明,不转让监理业务。(3)在监理投标活动中,坚持诚实信用原则,不弄虚作假,不串标、不围标、不低于成本价参与竞争。公平竞争,不扰乱市场秩序。(4)依法依规签订建设工程监理合同,不签订有损国家、集体或他人利益的虚假合同或附加条款。严格按照建设工程监理合同约定履行义务,不违背自己承诺。(5)不与被监理工程的施工及材料、构配件和设备供应单位有隶属关系或其他利害关系,不谋取非法利益。(6)在异地承接监理业务的,自觉遵守工程所在地有关规定,主动向工程所在地建设主管部门备案登记,接受其指导和监督管理。选项C体现的是诚信准则。

6. ABCE

【解析】诚信,即诚实守信。这是道德规范在市场经济中的体现。工程监理企业诚信行为主要体现在以下几方面:(1)建立诚信建设制度,激励诚信,惩戒失信。(2)依据相关法律法规、《建设工程监理规范》及合同约定,组建监理机构和派遣监理人员,配备必要的设备设施,开展工程监理工作。(3)不弄虚作假、降低工程质量,不将不合格的建设工程、建筑材料、建筑构配件和设备按照合格签字,不以索、拿、卡、要等手段向建设单位、施工单位谋取不当利益,不以虚假行为损害工程建设各方合法权益。(4)按规定进行检查和验证,按标准进行工程验收,确保工程监理全过程各项资料的真实性、时效性和完整性。(5)加强内部管理,建立内部信用管理责任制度,开展廉洁执业教育,及时检查和评估企业信用实施情况,健全服务质量考评体系和信用评价体系,不断提高企业信用管理水平。(6)履行保密义务,不泄露商业秘密及保密工程的相关情况。(7)不用虚假资料申报各类奖项、荣誉,不参与非法社团组织的各类评奖等活动。(8)积极承担社会责任,践行社会公德,确保监理服务质量,维护国家和公众利益。(9)自觉践行自律公约,接受建设主管部门对监理工作的监督检查。

7. ABDE

【解析】公平,是指工程监理企业在监理活动中既要维护建设单位利益,又不能损害施工单位合法权益,并依据合同公平合理地处理建设单位与施工单位之间争议。工程监理企业要做到公平,必须做到以下几点:(1)要具有良好的职业道德;(2)要坚持实事求是;(3)要熟悉建设工程合同有关条款;(4)要提高专业技术能力;(5)要提高综合分析判断问题的能力。选项C体现的是诚信准则。

8. ABCD

【解析】科学,是指工程监理企业要依据科学的方案,运用科学的手段,采取科学的方法开展监理工作。工程监理工作结束后,还要进行科学的总结。实施科学化管理主要体现在以下几个方面:(1)科学的方案。建设工程监理方案主要是指监理规划和监理实施细则。在实施建设工程监理前,要尽可能准确地预测出各种可能的问题,有针对性地拟定解决办法,制定出切实可行、行之有效的监理规划和监理实施细则,使各项监理活动都纳入计划管理轨道。(2)科学的手段。实施建设工程监理,必须借助于先进的科学仪器才能做好监理工作,如各种检测、试验、化验仪器、摄录像设备及计算机等。(3)科学的方法。监理工作的科学方法主要体现在监理人员在掌握大量、确凿的有关监理对象及其外部环境实际情况的基础上,适时、妥帖、高效地处理有关问题,解决问题要用事实说话、用书面文字说话、用数据说话;要开发、利用计算机信息平台和软件辅助建设工程监理。选项E体现的是诚信准则。

9. ABCE

【解析】实行监理工程师执业资格制度的意义在于:(1)工程监理制度紧密衔接;(2)统一监理工程师执业能力标准;(3)强化工程监理人员执业责任;(4)促进工程监理人员努力钻研业务知识,提高业务水平;(5)合理建立工程监理人才库,优化调整市场资源结构;(6)便于开拓国际工程监理市场。

10. ACD

【解析】本题考核的是注册监理工程师享有的权利。注册监理工程师享有下列权利:(1)使用注册监理工程师称谓;(2)在规定范围内从事执业活动;(3)依据本人能力从事相应的执业活动;(4)保管和使用本人的注册证书和执业印章;(5)对本人执业活动进行解释和辩护;(6)接受继续教育;(7)获得相应的劳动报酬;(8)对侵犯本人权利的行为进行申诉。

11. CD

【解析】本题考核的是注册监理工程师的义务。注册监理工程师应当履行下列义务:(1)遵守法律、法规和有关管理规定;(2)履行管理职责,执行技术标准、规范和规程;(3)保证执业活动成果的质量,并承担相应责任;(4)接受继续教育,努力提高执业水准;(5)在本人执业活动所形成的建设工程监理文件上签字、加盖执业印章;(6)保守在执业中知悉的国家秘密和他人的商业、技术秘密;(7)不得涂改、倒卖、出租、出借或者以其他形式非法转让注册证书或者执业印章;(8)不得同时在两个或者两个以上单位受聘或者执业;(9)在规定的执业范围和聘用单位业务范围内从事执业活动;(10)协助注册管理机构完成相关工作。选项A依据本人能力从事相应的执业活动,选项B对本人执业活动进行解释和辩护,选项E保管和使用本人的注册证书和执业印章则属于注册监理工程师享有的权利。

12. ACE

【解析】 本题考核的是注册监理工程师遵守的职业道德守则。注册监理工程师在执业过程中也要公平,不能损害工程建设任何一方的利益,为此,注册监理工程师应严格遵守如下职业道德守则:(1)遵法守规,诚实守信。维护国家的荣誉和利益,遵守法规和行业自律公约,讲信誉,守承诺,坚持实事求是,"公平、独立、诚信、科学"地开展工作。(2)严格监理,优质服务。执行有关工程建设法律、法规、标准和制度,履行建设工程监理合同规定的义务,提供专业化服务,保障工程质量和投资效益,改进服务措施,维护业主权益和公共利益。(3)恪尽职守,爱岗敬业。遵守建设工程监理人员职业道德行为准则,履行岗位职责,做好本职工作,热爱监理事业,维护行业信誉。(4)团结协作,尊重他人。树立团队意识,加强沟通交流,团结互助,不损害各方的名誉。(5)加强学习,提升能力。积极参加专业培训,努力学习专业技术和工程监理知识,不断提高业务能力和监理水平。(6)维护形象,保守秘密。抵制不正之风,廉洁从业,不谋取不正当利益。不为所监理工程指定承包商、建筑构配件、设备、材料生产厂家;不收受施工单位的任何礼金、有价证券等;不转借、出租、伪造、涂改监理证书及其他相关资信证明,不以个人名义承揽监理业务;不同时在两个或两个以上工程监理单位注册和从事监理活动;不在政府部门和施工、材料设备的生产供应等单位兼职;树立良好的职业形象。保守商业秘密,不泄露所监理工程各方认为需要保密的事项。

13. ACD

【解析】 本题考核的是注册监理工程师职业道德守则。注册监理工程师应严格遵守如下职业道德守则:(1)遵法守规,诚实守信。维护国家的荣誉和利益,遵守法规和行业自律公约,讲信誉,守承诺,坚持实事求是,"公平、独立、诚信、科学"地开展工作。(2)严格监理,优质服务。执行有关工程建设法律、法规、标准和制度,履行建设工程监理合同规定的义务,提供专业化服务,保障工程质量和投资效益,改进服务措施,维护业主权益和公共利益。(3)恪尽职守,爱岗敬业。遵守建设工程监理人员职业道德行为准则,履行岗位职责,做好本职工作,热爱监理事业,维护行业荣誉。(4)团结协作,尊重他人。树立团队意识,加强沟通交流,团结互助,不损害各方的名誉。(5)加强学习,提升能力。积极参加专业培训,努力学习专业技术和建设工程监理知识,不断提高业务能力和监理水平。(6)维护形象,保守秘密。抵制不正之风,廉洁从业,不谋取不正当利益。不为所监理工程指定承包商、建筑构配件、设备、材料生产厂家;不收受施工单位的任何礼金、有价证券等;不转借、出租、伪造、涂改监理证书及其他资信证明,不以个人名义承揽监理业务;不同时在两个或两个以上工程监理单位注册和从事监理活动;不在政府部门和施工、材料设备的生产供应等单位兼职。树立良好的职业形象。保守商业秘密,不泄露所监理工程各方认为需要保密的事项。

第五章 建设工程监理招投标与合同管理

习 题 精 练

一、单项选择题

1. 为了保证潜在投标人能够公平地获取投标竞争的机会,确保投标人满足招标项目的资格条件,招标人应组织审查监理投标人资格。资格审查方式可分为(   )
   A. 单项审查和综合审查   B. 一般审查和特殊审查
   C. 资格预审和资格后审   D. 技术审查和商务审查

2. 工程监理投标资格审查分为资格预审和资格后审两种。设置资格预审的目的是(   )。
   A. 为了排除不合格投标人,进而降低招标人的招标成本,提高招标工作效率
   B. 为了减少投标人的数量,提高投标中标概率
   C. 为了优选投标人,使招标人获得合理的投标报价
   D. 为了确保招标工作质量,提高投标文件的编制水平

3. 建设工程监理招标的标的是(   )。
   A. 招标项目   B. 监理服务   C. 监理服务报价   D. 监理方案

4. 建设工程监理评标时应重点评审监理大纲的(   )。
   A. 专业性、公平性和服务性   B. 全面性、针对性和科学性
   C. 系统性、协调性和全面性   D. 独立性、公平性和科学性

5. 建设工程监理评标时对试验检测仪器设备及其应用能力应重点评审(   )。
   A. 试验检测人员数量与资质
   B. 投标文件中所列的设备、仪器、工具的数量及检定情况
   C. 投标文件中所列的设备、仪器、工具等能否满足建设工程监理要求
   D. 试验场地及环境对试验检测准确性的影响程度

6. 建设工程监理评标中采用"综合评估法"的优点是(   )。
   A. 能减少评标过程中的相互干扰   B. 评价因素较少,评标过程简单
   C. 能充分体现招标人的意见   D. 能增加评标的透明度

7. 建设工程监理评标程序的第一阶段为初步评审。初步评审包括(   )。
   A. 形式评审和资格评审   B. 形式评审和响应性评审
   C. 资格评审和响应性评审   D. 形式评审、资格评审和响应性评审

8. 建设工程监理投标文件的核心是(   )。

A. 投标报价 B. 监理大纲
C. 投入的试验检测设备 D. 信誉业绩

9. 建设工程监理投标文件的核心是监理大纲,监理大纲内容不包括( )。

A. 工程概述 B. 监理依据
C. 建设工程监理重点、难点 D. 监理服务报价

10. 通常情况下,对于特大型、有代表性或有重大影响力的工程,工程监理投标可采取的投标策略是( )。

A. 以信誉和口碑取胜 B. 以缩短工期等承诺取胜
C. 以附加服务取胜 D. 适应长远发展的策略

11. 一般情况下,对于建设单位对工期等因素比较敏感的工程,工程监理投标可采取的投标策略是( )。

A. 以信誉和口碑取胜 B. 以缩短工期等承诺取胜
C. 以附加服务取胜 D. 适应长远发展的策略

12. 工程项目前期建设较为复杂,招标人组织结构不完善,专业人才和经验不足的工程,工程监理投标可采取的投标策略是( )。

A. 以信誉和口碑取胜 B. 以缩短工期等承诺取胜
C. 以附加服务取胜 D. 适应长远发展的策略

13. 如果投标人投标的目的不在于当前招标工程上获利,而着眼于发展,争取将来的优势,则工程监理投标可采取的投标策略是( )。

A. 以信誉和口碑取胜 B. 以缩短工期等承诺取胜
C. 以附加服务取胜 D. 适应长远发展的策略

14. 根据国家九部委《标准监理招标文件》(2017年版),下列关于合同条款的说法,不正确的是( )。

A. 通用合同条款包括一般约定、委托人义务、委托人管理等共计12条
B. 专用合同条款是对通用合同条款的细化、完善、补充、修改或另行约定的条款
C. 合同当事人可根据不同工程特点及具体情况,通过谈判、协商对相应通用合同条款进行修改、补充从而形成专用合同条款
D. 招标人可根据招标项目特点和项目管理工作需要制定专用合同条款

15. 建设工程监理合同组成文件中唯一需要委托人和监理人签字盖章的文件是( )。

A. 合同协议书 B. 投标函及投标函附录
C. 委托人要求 D. 监理报酬清单

16. 根据《建设工程监理合同(示范文本)》(GF—2012—0202),下列文件中,不属于建设工程监理合同组成文件的有( )。

A. 中标通知书 B. 协议书 C. 招标文件 D. 专用条件

17. 根据国家九部委《标准监理招标文件》(2017年版),下列文件中,不属于建设工程监理合同文件组成的有( )。

A. 监理报酬清单 B. 委托人要求 C. 监理大纲 D. 合同附件

18. 根据《建设工程监理合同(示范文本)》(GF—2012—0202),采用直接委托方式确定工

程监理单位时,监理合同的组成文件是( )。

   A. 委托书　　　　　　　　　　B. 监理实施细则
   C. 总监理工程师任命书　　　　D. 监理规划

19. 根据国家九部委《标准监理招标文件》(2017年版),仅就中标通知书、协议书、专用合同条件而言,下列合同文件优先解释顺序,正确的是( )。

   A. 协议书→专用条件→中标通知书　　B. 协议书→中标通知书→专用条件
   C. 专用条件→中标通知书→协议书　　D. 专用条件→协议书→中标通知书

20. 根据建设工程监理合同条款,委托人应在合同签订后( )天内,将委托人代表的姓名、职务、联系方式、授权范围和授权期限书面通知监理人。

   A. 5　　　　B. 7　　　　C. 10　　　　D. 14

21. 根据建设工程监理合同条款,委托人应在收到预付款支付申请后( )天内,将预付款支付给监理人。

   A. 14　　　　B. 21　　　　C. 28　　　　D. 35

22. 根据建设工程监理合同条款,符合专用合同条款约定的开始监理条件的,委托人应提前( )天向监理人发出开始监理通知。

   A. 3　　　　B. 5　　　　C. 7　　　　D. 14

23. 根据建设工程监理合同条款,监理服务期限自( )起计算。

   A. 工程监理合同生效之日　　　　B. 开始监理通知中载明的开始监理日期
   C. 监理人提交履约保证金之日　　D. 监理人收到预付款之日

24. 根据建设工程监理合同条款,委托人应按合同约定向监理人发出指示。在紧急情况下,委托人代表或其授权人员可以当场签发临时书面指示。委托人代表应在临时书面指示发出后( )小时内发出书面确认函。

   A. 12　　　　B. 24　　　　C. 36　　　　D. 48

25. 根据建设工程监理合同条款,委托人应在收到中期支付或费用结算申请后的( )天内,将应付款项支付给监理人。

   A. 14　　　　B. 21　　　　C. 28　　　　D. 35

26. 根据建设工程监理合同条款,委托人要求监理人进行外出考察、试验检测、专项咨询或专家评审时,相应费用( )。

   A. 包含在合同价格之中　　　　　B. 不含在合同价格之中,由委托人另行支付
   C. 由监理人承担　　　　　　　　D. 由委托人与监理人协商处理

27. 根据国家九部委《标准监理招标文件》(2017年版),下列行为,属于监理人不履行合同义务的是( )。

   A. 未完成合同约定范围内的工作
   B. 未按规定的程序进行监理
   C. 无正当理由单方解除合同
   D. 未及时发出指令,导致工程实施进程发生混乱

28. 根据国家九部委《标准监理招标文件》(2017年版),监理人更换总监理工程师时应事先( )同意,并应在更换( )天前将拟更换的总监理工程师的姓名和详细资料提交委托人。

A. 取得监理单位法定代表人的同意;7　　B. 征得施工单位项目负责人同意;14
C. 征得委托人同意;14　　D. 得到主管部门同意;7

29. 根据国家九部委《标准监理招标文件》(2017年版),监理人为履行合同发出的一切函件均应盖有监理人单位章或由监理人授权的项目机构章,并由监理人的(　　)签字确认。
   A. 法定代表人　　　　　　　　　　B. 总监理工程师
   C. 专业监理工程师　　　　　　　　D. 总监理工程师代表

30. 根据国家九部委《标准监理招标文件》(2017年版),监理人应在接到开始监理通知之日起(　　)天内,向委托人提交监理项目机构以及人员安排的报告
   A. 7　　　B. 14　　　C. 21　　　D. 28

31. 根据国家九部委《标准监理招标文件》(2017年版),监理人更换主要监理人员的,应取得(　　)的同意,并向其提交继任人员的资格、管理经验等资料。
   A. 承包人　　　　　　　　　　　　B. 委托人
   C. 监理人技术负责人　　　　　　　D. 主管部门

32. 根据国家九部委《标准监理招标文件》(2017年版),总监理工程师应当在办理工程质量监督手续前签署(　　),连同法定代表人出具的授权书,报送工程质量监督机构备案。
   A. 工程质量承诺书　　　　　　　　B. 工程质量保证书
   C. 工程质量保证措施文件　　　　　D. 工程质量终身责任承诺书

33. 根据国家九部委《标准监理招标文件》(2017年版),委托人发生违约情况时,监理人可向委托人发出暂停监理通知,要求其在限定期限内纠正;逾期仍不纠正的,监理人有权(　　)并向委托人发出通知。
   A. 暂停合同履行　　B. 主张合同无效　　C. 解除合同　　D. 停止履行部分义务

二、多项选择题

1. 下列关于建设工程监理招标方式的说法中,正确的有(　　)。
   A. 建设工程监理招标可分为公开招标和邀请招标两种方式
   B. 国有资金占控股或者主导地位依法必须进行监理招标的项目,应当采用公开招标方式委托监理任务
   C. 公开招标属于非限制性竞争招标,其优点是能够充分体现招标信息公开性、招标程序规范性、投标竞争公平性,有助于打破垄断,实现公平竞争
   D. 采用邀请招标方式,建设单位不需要发布招标公告,也不进行资格预审(但可组织必要的资格审查),使招标程序得到简化
   E. 邀请招标的缺点是招标工作量大、招标时间长、招标费用较高

2. 根据《招标投标法》,建设工程监理招标一般包括(　　)等环节。
   A. 编制和发售招标文件　　　　　　B. 召开投标预备会
   C. 编制和递交投标文件　　　　　　D. 开标、评标和定标
   E. 组建评标委员会

3. 招标准备是建设工程监理招标不可缺少的一个环节。招标准备工作内容包括(　　)。
   A. 确定招标组织　　　　　　　　　B. 明确招标范围和内容

C.发布资格预审公告 D.编制招标方案
E.组建资格审查委员会

4.建设工程监理招标一个工作环节就是发出招标公告或投标邀请书。招标公告与投标邀请书应当载明的内容包括( )。
A.建设单位的名称和地址 B.招标项目的性质
C.招标项目的实施地点 D.招标项目的评标办法
E.获取招标文件的办法

5.招标文件既是投标人编制投标文件的依据,也是招标人与中标人签订建设工程监理合同的基础。下列文件,属于招标文件内容组成的有( )。
A.投标人须知 B.评标办法
C.合同条款及格式 D.委托人要求
E.工程量清单

6.建设工程监理评标内容包括( )。
A.工程监理单位的基本素质 B.工程监理人员配备
C.建设工程监理大纲 D.监理规划与实施细则
E.试验检测仪器设备及其应用能力

7.工程监理单位的基本素质是工程监理评标的重要内容。工程监理单位的基本素质通常包括( )。
A.工程监理单位资质 B.技术及服务能力
C.社会信誉和企业诚信度 D.监理人员构成及资格
E.类似工程监理业绩和经验

8.建设工程监理评标时对工程监理人员配备的评价内容包括( )。
A.项目监理机构的组织形式是否合理
B.总监理工程师人选是否符合招标文件规定的资格及能力要求
C.监理人员的数量、专业配置是否符合工程专业特点要求
D.监理人员的执业经历、业绩与信誉
E.工程监理整体力量投入是否能满足工程需要

9.建设工程监理评标时对监理费用报价应重点评审( )。
A.监理费用报价水平和构成是否合理、完整
B.监理费用报价水平和构成的分析说明是否明确
C.监理服务费用的支付条件是否公平合理
D.监理服务费用的调整条件和办法是否符合招标文件要求
E.监理服务费用是否符合监理服务期限

10.建设工程监理评标中的形式评审标准内容包括( )。
A.投标人名称 B.投标函及投标函附录签字盖章
C.投标文件格式 D.监理服务期
E.备选投标方案

11.建设工程监理评标中的资格评审标准内容包括( )。

A. 营业执照和组织机构代码证

B. 资质要求、财务要求、业绩要求、信誉要求、总监理工程师、其他主要人员、试验检测仪器设备、其他要求需符合招标文件中的要求

C. 联合体投标协议书及联合体资质

D. 对投标人的禁止性规定

E. 投标人的业绩和信誉

12. 建设工程监理评标中的响应性评审标准内容包括(   )。

A. 投标报价　　　　　　　　B. 投标内容

C. 监理服务期限　　　　　　D. 投标文件格式

E. 监理大纲

13. 建设工程监理评标程序中的第二步是详细评审。详细评审的内容包括(   )。

A. 资信业绩　　B. 监理大纲　　C. 投标报价　　D. 投标文件格式

E. 投标文件内容

14. 建设工程监理投标工作内容包括(   )。

A. 投标决策　　B. 投标策划　　C. 投标文件编制　　D. 投标文件评审

E. 投标后评估

15. 工程监理单位要想中标获得建设工程监理任务就需要科学地进行投标决策。投标决策的主要内容包括(   )。

A. 决定是否参与竞标　　　　B. 选择投标策略

C. 组建投标决策机构　　　　D. 合理投标报价

E. 确定投标人员

16. 建设工程监理投标决策应遵循的基本原则有(   )。

A. 基于自身实力进行决策　　B. 基于项目实施环境进行决策

C. 基于盈利目标进行决策　　D. 集中力量重点突破

E. 基于风险进行决策

17. 建设工程监理投标决策定量分析方法有(   )。

A. 调查分析法　　B. 数据分析法　　C. 综合评价法　　D. 风险分析法

E. 决策树法

18. 建设工程监理投标策划包括(   )。

A. 明确投标目标,决定资源投入　　B. 确定盈利目标,选择投标策略

C. 分析项目特点,制定投标进度计划　　D. 成立投标小组并确定任务分工

E. 收集项目资料,进行风险分析

19. 编制建设工程监理投标文件应遵循的原则有(   )。

A. 响应招标文件,保证不被废标

B. 认真研究招标文件,深入领会招标文件意图

C. 明确监理服务范围,合理确定投标报价

D. 投标文件要内容详细、层次分明、重点突出

E. 遵守相关法规,确保投标文件合法有效

20. 建设工程监理投标文件编制的依据包括( )。
    A. 相关法律法规及政策　　　　　　B. 建设工程监理招标文件
    C. 企业现有的设备资源　　　　　　D. 企业生产经营目标
    E. 企业现有的人力及技术资源

21. 建设工程监理投标文件的核心是反映监理服务水平高低的监理大纲。监理大纲的内容包括( )。
    A. 工程概述　　　　　　　　　　　B. 监理单位概述
    C. 监理依据和监理工作内容　　　　D. 建设工程监理实施方案
    E. 建设工程监理难点、重点及合理化建议

22. 建设工程监理大纲中的工程监理实施方案是监理评标的重点。工程监理实施方案的内容包括( )。
    A. 监理工作指导思想、工作计划　　B. 主要管理措施、技术措施以及控制要点
    C. 建设工程监理难点、重点的分析　D. 拟采用的监理方法和手段
    E. 监理工作制度和流程

23. 建设工程监理招标评标注重对工程监理单位能力的选择。因此,工程监理单位在投标时应在体现监理能力方面下功夫。编制投标文件时应注意的事项包括( )。
    A. 投标文件应对招标文件内容作出实质性响应
    B. 项目监理机构的设置应合理,要突出监理人员素质,尤其是总监理工程师人选
    C. 监理大纲应能充分体现工程监理单位的技术、管理能力
    D. 投标文件内容应全面完整,尽量避免出现偏离
    E. 监理服务报价应符合招标文件对报价的要求,以及工程监理成本利润测算

24. 建设工程监理投标后评估是对投标全过程的分析和总结。投标后评估应评价的内容包括( )。
    A. 投标决策是否正确
    B. 影响因素和环境条件是否分析全面
    C. 重难点和合理化建议是否有针对性
    D. 投标文件的格式、内容、标识是否合理
    E. 总监理工程师及项目监理机构成员人数、资历及组织机构设置是否合理

25. 为了合理制定和实施投标策略,需要分析的影响投标策略的因素有( )。
    A. 影响投标的因素　　　　　　　　B. 招标文件的准确理解
    C. 监理投标策略的合理选择　　　　D. 投标单位的投标态度
    E. 项目监理机构的合理设置

26. 为了制定正确的投标策略,对影响投标的因素进行科学分析十分重要,通常需要分析影响投标的因素包括( )。
    A. 建设单位(买方)　　　　　　　　B. 投标人(卖方)自身
    C. 竞争对手　　　　　　　　　　　D. 环境和条件
    E. 招标项目特点

27. 工程监理单位要想中标,分析建设单位(买方)因素是至关重要的。对建设单位的分

析,通常需要分析因素包括( )。

　　A. 建设单位对中标人的要求和建设单位提供的条件
　　B. 建设单位对于工程建设资金的落实和筹措情况
　　C. 建设单位领导层核心人物及下层管理人员资质、能力、水平、素质及心理等
　　D. 建设单位与施工单位的关系
　　E. 建设单位与政府相关部门和机构的关系

28. 分析投标人(卖方)自身对制定投标策略也非常重要。对投标人(卖方)自身的分析主要考虑的因素包括( )。

　　A. 企业当前经营状况和长远经营目标　　B. 企业自身能力
　　C. 企业对招标项目的适应程度　　　　　D. 采用联合体投标
　　E. 企业和招标单位的关系

29. 准确全面了解竞争对手是制定投标策略不可缺少的条件。对竞争对手的分析主要考虑的因素包括( )。

　　A. 竞争对手的数量和实际竞争对手　　　B. 竞争对手的实力和投标积极性
　　C. 以往同类工程投标竞争的结果　　　　D. 竞争对手的长远经营目标和投标策略
　　E. 竞争对手决策者情况

30. 环境和条件是影响合同履行的重要因素。环境和条件的分析对制定投标策略也非常必要。对环境和条件的分析主要考虑的因素包括( )。

　　A. 施工单位　　　　　　　　　　　　　B. 工程难易程度
　　C. 设计单位的水平和人员素质　　　　　D. 施工资源的可靠性
　　E. 工程所在地社会文化环境

31. 建设工程监理投标常用的投标策略有( )。

　　A. 以信誉和口碑取胜　　　　　　　　　B. 以缩短工期等承诺取胜
　　C. 以附加服务取胜　　　　　　　　　　D. 以综合素质取胜
　　E. 适应长远发展的策略

32. 充分重视项目监理机构的设置是实现监理投标策略的保证。工程监理单位在设置项目监理机构时应特别注意的事项包括( )。

　　A. 项目监理机构成员应满足招标文件要求
　　B. 项目监理机构人员名单应明确每一位监理人员详细情况以及每一位监理人员拟派驻现场及退场时间
　　C. 选派的总监理工程师应具备同类建设工程监理经验,有良好的组织协调能力。必要时,可考虑配备总监理工程师代表
　　D. 尽量以图表的形式反映项目监理机构的设置及人员配备、岗位职责等情况
　　E. 对总监理工程师及其他监理人员的能力和经验介绍要尽量做到翔实,重点说明现有人员配备对完成建设工程监理任务的适应性和针对性等

33. 建设工程监理费用计取的方法包括( )。

　　A. 按费率计费　　　　　　　　　　　　B. 按人工时计费
　　C. 按服务内容计费　　　　　　　　　　D. 按服务复杂性计费

E. 按风险等级计费

34. 建设工程监理合同是一种委托合同,除具有委托合同的共同特点外,还具有的特点包括( )。
    A. 当事人双方应是具有民事权力能力和民事行为能力、具有法人资格的企事业单位及其他社会组织
    B. 个人在法律允许的范围内也可以成为建设工程监理合同的当事人
    C. 监理服务工作内容必须符合法律法规、有关工程建设标准、勘察设计文件及合同约定
    D. 合同的标的是服务,合同的履行不产生物质成果
    E. 合同履行期限长、受环境因素影响大、实施风险高

35. 国家九部委《标准监理招标文件》(2017年版)中规定了监理合同条款及合同附件格式。其中合同附件格式包括( )。
    A. 合同协议书格式 B. 中标通知书格式
    C. 投标函及投标函附录格式 D. 投标保证金格式
    E. 履约保证金格式

36. 建设工程监理合同协议书除明确规定了对当事人双方有约束力的合同组成文件外,订立合同时需要明确填写的内容包括( )。
    A. 委托人和监理人名称 B. 实施监理的项目名称
    C. 监理投标文件 D. 签约合同价
    E. 总监理工程师

37. 建设工程监理合同履约担保采用保函形式,履约保函标准格式具有的特点包括( )。
    A. 担保期限:自委托人与监理人签订的合同生效之日起,至委托人签发工程竣工验收证书之日起28天后失效
    B. 担保方式:采用无条件担保方式,即:持有履约保函的委托人认为监理人有严重违约情况时,即可凭保函要求担保人予以赔偿,不需监理人确认
    C. 除担保期限、担保金额外,担保形式、担保方式等可由担保人选择
    D. 担保人与委托人就担保金额可在签订工程监理合同之前约定
    E. 担保人可自由选择担保方式,即采用有条件担保或者无条件担保

38. 根据国家九部委《标准监理招标文件》(2017年版),建设工程监理合同的组成文件包括( )。
    A. 协议书 B. 中标通知书 C. 投标人须知 D. 委托人要求
    E. 通用合同条款

39. 根据建设工程监理合同条款,委托人应当及时接收监理人提交的监理文件。委托人接收监理文件时,应向监理人出具文件签收凭证。文件签收凭证的内容包括( )。
    A. 文件名称、文件内容 B. 文件形式、份数
    C. 文件的传阅与保存期限 D. 提交和接收日期
    E. 提交人与接收人的亲笔签名

40. 根据国家九部委《标准监理招标文件》(2017年版),属于监理人义务的有(　　)。
    A. 查验施工测量放线成果　　B. 协调工程建设中的全部外部关系
    C. 参加工程竣工验收　　D. 签署竣工验收意见
    E. 向承包人明确总监理工程师具有的权限

41. 根据国家九部委《标准监理招标文件》(2017年版),监理人需完成的基本工作有(　　)。
    A. 主持图纸会审和设计交底会议　　B. 检查施工承包人的试验室
    C. 查验施工承包人的施工测量放线成果　　D. 审核施工承包人提交的工程款支付申请
    E. 编写工程质量评估报告

42. 根据国家九部委《标准监理招标文件》(2017年版),属于监理人义务的有(　　)。
    A. 负责协调工程建设中所有外部关系　　B. 参加由委托人主持的第一次工地会议
    C. 审核施工分包人资质条件　　D. 组织工程竣工验收
    E. 审查施工承包人提出的竣工结算

43. 根据国家九部委《标准监理招标文件》(2017年版),工程监理合同中所指的主要监理人员包括(　　)。
    A. 总监理工程师　　B. 专业监理工程师
    C. 监理员　　D. 资料员
    E. 试验员

44. 根据国家九部委《标准监理招标文件》(2017年版),在合同履行中发生的下列情况,属于委托人违约的有(　　)
    A. 委托人未按合同约定支付监理报酬　　B. 委托人原因造成监理停止
    C. 委托人未向监理人提出索赔要求　　D. 委托人无法履行或停止履行合同
    E. 委托人没有提出工程变更

45. 根据建设工程监理合同条款,在合同履行中发生下列情况,属于监理人违约的有(　　)。
    A. 监理人转让监理工作
    B. 监理文件不符合规范标准及合同约定
    C. 监理人无法履行或停止履行合同
    D. 委托人违约造成费用增加,监理人未及时提出索赔要求
    E. 监理人未按合同约定实施监理并造成工程损失

◀ 习题答案及解析 ▶

一、单项选择题

1. C

【解析】资格审查分为资格预审和资格后审两种。(1)资格预审是指在投标前,对申请参加投标的潜在投标人进行资质条件、业绩、信誉、技术、资金等多方面情况的审查。(2)资格

后审是指在开标后,由评标委员会根据招标文件中规定的资格审查因素、方法和标准,对投标人资格进行的审查。工程监理投标资格审查大多采用资格预审的方式进行。

2. A

【解析】 资格预审是指在投标前,对申请参加投标的潜在投标人进行资质条件、业绩、信誉、技术、资金等多方面情况的审查。资格预审的目的是为了排除不合格投标人,进而降低招标人的招标成本,提高招标工作效率。

3. B

【解析】 工程监理单位不承担建筑产品生产任务,只是受建设单位委托提供技术和管理咨询服务。建设工程监理招标属于服务类招标,其标的是无形的"监理服务"。因此,建设单位在选择工程监理单位时最重要的原则是"基于能力的选择",而不应将服务报价作为主要考虑因素。有时甚至不考虑建设工程监理服务报价,只考虑工程监理单位的服务能力。

4. B

【解析】 建设工程监理大纲是反映投标人技术、管理和服务综合水平的文件,反映了投标人对工程的分析和理解程度。评标时应重点评审建设工程监理大纲的全面性、针对性和科学性。(1)全面性。建设工程监理大纲内容是否全面,工作目标是否明确,组织机构是否健全,工作计划是否可行,质量、造价、进度控制措施是否全面、得当,安全生产管理、合同管理、信息管理等方法是否科学,以及项目监理机构的制度建设规划是否到位,监督机制是否健全等。(2)针对性。建设工程监理大纲中应对工程特点、监理重点与难点进行识别。在对招标工程进行透彻分析的基础上,结合自身工程经验,从工程质量、造价,进度控制及安全生产管理等方面确定监理工作的重点和难点,提出针对性措施和对策。(3)科学性。除常规监理措施外,建设工程监理大纲中应对招标工程的关键工序及分部分项工程制定有针对性的监理措施;制定针对关键点、常见问题的预防措施;合理设置旁站清单和保障措施等。

5. C

【解析】 评标时应重点评审投标人在投标文件中所列的设备、仪器、工具等能否满足建设工程监理要求。对于建设单位在现场另建试验、检测等中心的工程项目,应重点考查投标人评价分析、检验测量数据的能力。

6. A

【解析】 本题考核的是"综合评估法"的优点。综合评估法又称打分法、百分制计分评价法,是我国广泛采用的评标方法,其优点是量化所有评标指标,由评标委员会专家分别打分,减少了评标过程中的相互干扰,增强了评标的科学性和公正性。

7. D

【解析】 评标过程包括初步评审、详细评审、投标文件澄清和评标结果。首先评标委员会对投标文件进行初步评审,初步评审包括形式评审、资格评审和响应性评审,并填写符合性检查表。只有通过初步评审的投标文件才能参加详细评审。

8. B

【解析】 建设工程监理投标文件的核心是反映监理服务水平高低的监理大纲,尤其是针对工程具体情况制定的监理对策,以及向建设单位提出的原则性建议等。

9. D

【解析】本题考核的是建设工程监理大纲的内容。建设工程监理投标文件的核心是反映监理服务水平高低的监理大纲。监理大纲一般应包括以下主要内容：(1)工程概述；(2)监理依据和监理工作内容；(3)监理实施方案；(4)监理难点、重点及合理化建议。

10. A

【解析】以信誉和口碑取胜，就是工程监理单位依靠其在行业和客户中长期形成的良好信誉和口碑，争取招标人的信任和支持，不参与价格竞争。这个策略适用于特大、代表性或有重大影响力的工程。这类工程的招标人注重工程监理单位的服务品质，对于价格因素不是很敏感。

11. B

【解析】以缩短工期等承诺取胜，就是工程监理单位如对于某类工程的工期很有信心，可作出对于招标人有力的保证，靠此吸引招标人的注意。同时，工程监理单位需向招标人提出保证措施和惩罚性条款，确保承诺的可实施性。此策略适用于建设单位对工期等因素比较敏感的工程。

12. C

【解析】目前，随着建设工程复杂性程度的加大，招标人对于前期配套、设计管理等外延的服务需求越来越强烈，但招标人限于工程概算的限制，没有额外的经费聘请能提供此类服务的项目管理单位，如工程监理单位具有工程咨询、工程设计、招标代理、造价咨询及其他相关的资质，可在投标过程中向招标人推介此项优势。因此，以附加服务取胜策略适用于工程项目前期建设较为复杂，招标人组织结构不完善，专业人才和经验不足的工程。

13. D

【解析】适应长远发展的策略，其目的不在于当前招标工程上获利，而着眼于发展，争取将来的优势。如为了开辟新市场、参与某项有代表意义的工程等，宁可在当前招标工程中以微利甚至无利价格参与竞争。

14. D

【解析】国家九部委《标准监理招标文件》(2017年版)规定：(1)通用合同条款包括：一般约定、委托人义务、委托人管理、监理人义务、监理要求、开始监理和完成监理、监理责任与保险、合同变更、合同价格与支付、不可抗力、违约、争议解决共计12个方面。(2)专用合同条款：专用合同条款是对通用合同条款的细化、完善、补充、修改或另行约定的条款。合同当事人可根据不同工程特点及具体情况，通过谈判、协商对相应通用合同条款进行修改、补充。专用合同条款不得与通用合同条款发生矛盾和冲突。

15. A

【解析】建设工程监理合同组成文件中合同协议书是合同组成文件中唯一需要委托人和监理人签字盖章的法律文书。

16. C

【解析】根据《建设工程监理合同(示范文本)》(GF—2012—0202)，建设工程监理合同的组成文件包括：(1)协议书；(2)中标通知书(适用于招标工程)或委托书(适用于非招标工程)；(3)投标文件(适用于招标工程)或监理与相关服务建议书(适用于非招标工程)；(4)专用条件；(5)通用条件；(6)附录。

17. D

【解析】根据国家九部委《标准监理招标文件》(2017年版)(也可称为标准监理合同文本),建设工程监理合同的组成文件包括:(1)合同协议书;(2)中标通知书;(3)投标函及投标函附录;(4)专用合同条件;(5)通用合同条件;(6)委托人要求;(7)监理报酬清单;(8)监理大纲;(9)其他合同文件。

18. A

【解析】本题考核的是监理合同的组成文件。建设工程监理合同的组成文件包括:(1)协议书;(2)中标通知书(适用于招标工程)或委托书(适用于非招标工程);(3)投标文件(适用于招标工程)或监理与相关服务建议书(适用于非招标工程);(4)专用条件;(5)通用条件;(6)附录。因为工程采用直接委托方式选定的监理单位,故属于非招标工程,因此选项A正确。

19. B

【解析】根据国家九部委《标准监理招标文件》(2017年版),建设工程监理合同文件解释顺序如下:(1)合同协议书;(2)中标通知书;(3)投标函及投标函附录;(4)专用合同条件;(5)通用合同条件;(6)委托人要求;(7)监理报酬清单;(8)监理大纲;(9)其他合同文件。

20. D

【解析】除专用合同条款另有约定外,委托人应在合同签订后14天内,将委托人代表的姓名、职务、联系方式、授权范围和授权期限书面通知监理人。由委托人代表在其授权范围和授权期限内,代表委托人行使权利、履行义务和处理合同履行中的具体事宜。委托人更换委托人代表的,应提前14天将更换人员的姓名、职务、联系方式、授权范围和授权期限书面通知监理人。

21. C

【解析】国家九部委《标准监理招标文件》(2017年版)合同条款规定,委托人应在收到预付款支付申请后28天内,将预付款支付给监理人。

22. C

【解析】国家九部委《标准监理招标文件》(2017年版)合同条款规定,符合专用合同条款约定的开始监理条件的,委托人应提前7天向监理人发出开始监理通知。监理服务期限自开始监理通知中载明的开始监理日期起计算。

23. B

【解析】国家九部委《标准监理招标文件》(2017年版)合同条款规定,监理服务期限自委托人发出的开始监理通知中载明的开始监理日期起计算。

24. B

【解析】国家九部委《标准监理招标文件》(2017年版)合同条款规定,委托人应按合同约定向监理人发出指示,委托人的指示应盖有委托人单位章,并由委托人代表签字确认。在紧急情况下,委托人代表或其授权人员可以当场签发临时书面指示。委托人代表应在临时书面指示发出后24小时内发出书面确认函,逾期未发出书面确认函的,该临时书面指示应被视为委托人的正式指示。

25. C

【解析】国家九部委《标准监理招标文件》(2017年版)合同条款规定,委托人应在收到中期支付或费用结算申请后的28天内,将应付款项支付给监理人,委托人未能在前述时间内完成审批或不予答复的,视为委托人同意中期支付或费用结算申请。委托人不按期支付的,按专用合同条款的约定支付逾期付款违约金。

26. B

【解析】国家九部委《标准监理招标文件》(2017年版)合同条款规定,委托人要求监理人进行外出考察、试验检测、专项咨询或专家评审时,相应费用不含在合同价格之中,由委托人另行支付。另外,监理人提出的合理化建议降低工程投资、缩短施工期限或者提高工程经济效益的,委托人应按专用合同条款约定给予奖励。

27. C

【解析】本题考核的是监理人不履行合同义务的情形。应正确区分不履行合同与履行合同不符合约定这两种情形。监理人不履行合同义务的情形包括:(1)无正当理由单方解除合同;(2)无正当理由不履行合同约定的义务。

28. C

【解析】国家九部委《标准监理招标文件》(2017年版)规定,监理人应按合同协议书的约定指派总监理工程师,并在约定的期限内到职。监理人更换总监理工程师应事先征得委托人同意,并应在更换14天前将拟更换的总监理工程师的姓名和详细资料提交委托人。总监理工程师2天内不能履行职责的,应事先征得委托人同意,并委派代表代行其职责。

29. B

【解析】国家九部委《标准监理招标文件》(2017年版)规定,监理人为履行合同发出的一切函件均应盖有监理人单位章或由监理人授权的项目机构章,并由监理人的总监理工程师签字确认。按照专用合同条款约定,总监理工程师可以授权其下属人员履行其某项职责,但事先应将这些人员的姓名和授权范围书面通知委托人和承包人。

30. A

【解析】国家九部委《标准监理招标文件》(2017年版)规定,监理人应在接到开始监理通知之日起7天内,向委托人提交监理项目机构以及人员安排的报告,其内容应包括项目机构设置、主要监理人员和作业人员的名单及资格条件。

31. B

【解析】国家九部委《标准监理招标文件》(2017年版)规定,主要监理人员应相对稳定,更换主要监理人员的,应取得委托人的同意,并向委托人提交继任人员的资格、管理经验等资料。

32. D

【解析】国家九部委《标准监理招标文件》(2017年版)规定,总监理工程师应当在办理工程质量监督手续前签署工程质量终身责任承诺书,连同法定代表人出具的授权书,报送工程质量监督机构备案。总监理工程师应当按照法律法规、有关技术标准、设计文件和工程承包合同进行监理,对施工质量承担监理责任。

33. C

【解析】委托人发生违约情况时,监理人可向委托人发出暂停监理通知,要求其在限定期限内纠正;逾期仍不纠正的,监理人有权解除合同并向委托人发出解除合同通知。委托人应当承担由于违约所造成的费用增加、周期延误和监理人损失等。

二、多项选择题

1. ABCD

【解析】(1)法律规定,建设工程监理招标可分为公开招标和邀请招标两种方式。国有资金占控股或者主导地位等依法必须进行监理招标的项目,应当采用公开招标方式委托监理任务。(2)公开招标属于非限制性竞争招标,其优点是能够充分体现招标信息公开性、招标程序规范性、投标竞争公平性,有助于打破垄断,实现公平竞争;可使建设单位有较大的选择范围,可在众多投标人中选择经验丰富、信誉良好、价格合理的工程监理单位,能够大大降低串标、围标、抬标和其他不正当交易的可能性。公开招标的缺点是,准备招标、资格预审和评标的工作量大,因此,招标时间长、招标费用较高。(3)邀请招标属于有限竞争性招标,也称为选择性招标。采用邀请招标方式,建设单位不需要发布招标公告,也不进行资格预审,使招标程序得到简化。这样,既可节约招标费用,又可缩短招标时间。邀请招标虽然能够邀请到有经验和资信可靠的工程监理单位投标,但由于限制了竞争范围,选择投标人的范围和投标人竞争的空间有限,可能会失去技术和报价方面有竞争力的投标者,失去理想中标人,达不到预期竞争效果。选项E说的是公开招标的缺点。

2. ABCD

【解析】根据《招标投标法》,建设工程监理招标一般包括:招标准备;发出招标公告或投标邀请书;组织资格审查;编制和发售招标文件;组织现场踏勘;召开投标预备会;编制和递交投标文件;开标、评标和定标;签订建设工程监理合同等环节。

3. ABD

【解析】建设工程监理招标准备工作包括:确定招标组织、明确招标范围和内容、编制招标方案等内容。(1)确定招标组织。建设单位自身具有组织招标的能力时,可自行组织监理招标,否则,应委托招标代理机构组织招标。(2)明确招标范围和内容。综合考虑工程特点、建设规模、复杂程度、建设单位自身管理水平等因素,明确建设工程监理招标范围和内容。(3)编制招标方案。包括:划分监理标段、选择招标方式、选定合同类型及计价方式、确定投标人资格条件、安排招标工作进度等。

4. ABCE

【解析】(1)建设单位采用公开招标方式的,应当发布招标公告。投标邀请书是指采用邀请招标方式的建设单位,向三个以上具备承担招标项目能力、资信良好的特定工程监理单位发出的参加投标的邀请。(2)招标公告与投标邀请书应当载明:建设单位的名称和地址;招标项目的性质;招标项目的数量;招标项目的实施地点;招标项目的实施时间;获取招标文件的办法等内容。

5. ABCD

【解析】招标文件既是投标人编制投标文件的依据,也是招标人与中标人签订建设工程监理合同的基础。招标文件一般由以下内容组成:(1)招标公告(或投标邀请书);(2)投标人须知;(3)评标办法;(4)合同条款及格式;(5)委托人要求;(6)投标文件格式。

6. ABCE

【解析】工程监理评标办法中,通常会将下列要素作为评标内容:(1)工程监理单位的基本素质;(2)工程监理人员配备;(3)建设工程监理大纲;(4)试验检测仪器设备及其应用能力;(5)建设工程监理费用报价。

7. ABCE

【解析】工程监理单位的基本素质包括:工程监理单位资质、技术及服务能力、社会信誉和企业诚信度,以及类似工程监理业绩和经验。

8. ABCE

【解析】项目监理机构监理人员的数量和素质,特别是总监理工程师的综合能力和业绩是建设工程监理评标需要考虑的重要内容。对工程监理人员配备的评价内容具体包括:(1)项目监理机构的组织形式是否合理;(2)总监理工程师人选是否符合招标文件规定的资格及能力要求;(3)监理人员的数量,专业配置是否符合工程专业特点要求;(4)工程监理整体力量投入是否能满足工程需要;(5)工程监理人员年龄结构是否合理;(6)现场监理人员进退场计划是否与工程进展相协调等。

9. ABD

【解析】建设工程监理费用报价所对应的服务范围、服务内容、服务期限应与招标文件中的要求相一致。评标时要重点评审监理费用报价水平和构成是否合理、完整,分析说明是否明确,监理服务费用的调整条件和办法是否符合招标文件要求等。

10. ABCE

【解析】形式评审标准包括:(1)投标人名称:与营业执照、资质证书一致;(2)投标函及投标函附录签字盖章:由法定代表人或其委托代理人签字或加盖单位章。由法定代表人签字的,应附法定代表人身份证明,由代理人签字的,应附授权委托书。身份证明或授权委托书应符合招标文件中"投标文件格式"的规定;(3)投标文件格式:符合招标文件中"投标文件格式"的规定;(4)联合体投标人:提交符合招标文件要求的联合体协议书,明确各方承担连带责任,并明确联合体牵头人;(5)备选投标方案:除招标文件明确允许提交备选投标方案外,投标人不得提交备选投标方案。

11. ABCD

【解析】资格评审标准包括:(1)营业执照和组织机构代码证:投标人基本情况表应附投标人营业执照和组织机构代码证的复印件(按照"三证合一"或"五证合一"登记制度进行登记的,可仅提供营业执照复印件)、投标人监理资质证书副本等材料的复印件;(2)资质要求、财务要求、业绩要求、信誉要求、总监理工程师、其他主要人员、试验检测仪器设备、其他要求需符合招标文件中的要求;(3)联合体投标人:①联合体各方应按招标文件提供的格式签订联合体协议书,明确联合体牵头人和各方权利义务,并承诺就中标项目向招标人承担连带责任;②由同一专业的单位组成的联合体,按照资质等级较低的单位确定资质等级;③联合体各方不得再以自己名义单独或参加其他联合体在本招标项目中投标,否则各相关投标均无效;(4)投标人不得存在法律和招标文件所规定的情形。

12. ABCE

【解析】响应性评审标准包括:(1)投标报价:①投标报价应包括国家规定的增值税税金;②报价方式见招标文件中要求;③招标人设有最高投标限价的,投标人的投标报价不得超过最高投标限价,最高投标限价在招标文件中载明;(2)投标内容:符合招标文件要求;(3)监理服务期限:符合招标文件要求;(4)质量标准:符合招标文件要求;(5)投标有效期:除招标文件另有规定外,投标有效期为90天;(6)投标保证金:投标人在递交投标文件的同时,应按投标人须知前附表规定的金额、形式和招标文件中规定的形式递交投标保证金。联合体投标的,其投标保证金可以由牵头人递交,并应符合招标文件的规定;(7)权利义务:一般义务(包括遵守法律、依法纳税、完成全部监理工作和其他义务)、履约保证金、联合体、总监理工程师、监理人员的管理、撤换总监理工程师和其他人员、保障人员的合法权益、合同价款应专款专用;(8)监理大纲:符合"委托人要求"中的实质性要求和条件。投标文件有一项不符合以上评审标准的,评标委员会应当否决其投标。

13. ABC

【解析】详细评审内容主要有:(1)资信业绩:包括信誉、类似工程业绩、总监理工程师资历和业绩、其他主要人员资历和业绩、拟投入的试验检测仪器设备。(2)监理大纲:包括监理范围、监理内容、监理依据、监理工作目标,监理机构设置和岗位职责,监理工作程序、方法和制度,质量、进度、造价、安全、环保监理措施,合同、信息管理方案,监理组织协调内容及措施,监理工作重点、难点分析,合理化建议。(3)投标报价。

14. ABCE

【解析】建设工程监理投标是一项复杂的系统性工作,工程监理单位的投标工作内容包括:投标决策、投标策划、投标文件编制、参加开标及答辩、投标后评估等内容。

15. AB

【解析】实践证明,工程监理单位要想中标获得建设工程监理任务并获得预期利润,就需要认真进行投标决策。所谓投标决策,主要包括两方面内容:一是决定是否参与竞标;二是如果参加投标,应采取什么样的投标策略。投标决策的正确与否,关系到工程监理单位能否中标及中标后经济效益。

16. ABDE

【解析】为实现最优赢利目标,应遵循以下基本原则进行投标决策:(1)基于自身实力的进行决策。充分衡量自身人员和技术实力能否满足工程项目要求,且要根据工程监理单位自身实力、经验和外部资源等因素来确定是否参与竞标。(2)基于项目实施环境进行决策。充分考虑国家政策、建设单位信誉、招标条件、资金落实情况等,保证中标后工程项目能顺利实施。(3)集中力量重点突破。在一般情况下,工程监理单位与其将有限人力资源分散到几个小工程投标中,不如集中优势力量参与一个较大建设工程监理投标。(4)基于风险进行决策。对于竞争激烈、风险特别大或把握不大的工程项目,应主动放弃投标。

17. CE

【解析】常用的投标决策定量分析方法有综合评价法和决策树法。(1)综合评价法。是指决策者决定是否参加某建设工程监理投标时,将影响其投标决策的主客观因素用某些具体指标表示出来,并定量地进行综合评价,以此作为投标决策依据。(2)决策树法。决策树分析法是适用于风险型决策分析的一种简便易行的实用方法,其特点是用一种树状图表示决策过程,通过事件出现的概率和损益期望值的计算比较,帮助决策者对行动方案作出抉择。

18. AD

【解析】建设工程监理投标策划是指从总体上规划建设工程监理投标活动的目标、组织、任务分工等,通过严格的管理过程,提高投标效率和效果。投标策划包括:(1)明确投标目标,决定资源投入。一旦决定投标,首先要明确投标目标,投标目标决定了企业层面对投标过程的资源支持力度。(2)成立投标小组并确定任务分工。投标小组要由有类似建设工程监理投标经验的项目负责人全面负责收集信息、协调资源,作出决策,并组织参与资格审查、购买标书、编写质疑文件、进行质疑和现场踏勘、编制投标文件、封标、开标和答辩、标后总结等。同时,需要落实各参与人员的任务和职责,做到界面清晰,人尽其职。

19. ABD

【解析】投标文件编制原则包括:(1)响应招标文件,保证不被废标;(2)认真研究招标文件,深入领会招标文件意图;(3)投标文件要内容详细、层次分明、重点突出。

20. ABCE

【解析】监理投标文件编制依据包括:(1)国家及地方有关建设工程监理投标的法律法规及政策;(2)建设工程监理招标文件;(3)企业现有的设备资源;(4)企业现有的人力及技术资源;(5)企业现有的管理资源。

21. ACDE

【解析】监理大纲一般应包括以下主要内容:(1)工程概述;(2)监理依据和监理工作内容;(3)建设工程监理实施方案;(4)建设工程监理难点、重点及合理化建议。

22. ABDE

【解析】建设工程监理实施方案是监理评标的重点。根据监理招标文件的要求,针对建设单位委托监理工程特点,拟定:(1)监理工作指导思想、工作计划;(2)主要管理措施、技术措施以及控制要点;(3)拟采用的监理方法和手段;(4)监理工作制度和流程;(5)监理文件资料管理和工作表式;(6)拟投入的资源等。

23. ABCE

【解析】建设工程监理招标、评标注重对工程监理单位能力的选择。因此,工程监理单位在投标时应在体现监理能力方面下功夫,编制投标文件时应注意下列事项包括或应着重解决下列问题:(1)投标文件应对招标文件内容作出实质性响应。(2)项目监理机构的设置应合理,要突出监理人员素质,尤其是总监理工程师人选将是建设单位重点考察的对象。(3)应有类似建设工程监理经验。(4)监理大纲应能充分体现工程监理单位的技术、管理能力。(5)监理服务报价应符合招标文件对报价的要求,以及工程监理成本利润测算。(6)投标文件既要响应招标文件要求,又要巧妙回避建设单位的苛刻要求,同时还要避免为提高竞争力而盲目扩大监理工作范围,否则会给合同履行留下隐患。

24. ABCE

【解析】投标后评估要全面评价:(1)投标决策是否正确;(2)影响因素和环境条件是否分析全面;(3)重难点和合理化建议是否有针对性;(4)总监理工程师及项目监理机构成员人数、资历及组织机构设置是否合理;(5)投标报价预测是否准确;(6)参加开标和总监理工程师答辩准备是否充分;(7)投标过程组织是否到位等。总之,投标过程中任何导致成功与失败的细节都不能放过,这些细节是工程监理单位在随后投标过程中需要注意的问题。

25. ABCE

【解析】监理投标策略的合理制定和成功实施关键在于对下列因素的分析:(1)深入

分析影响监理投标的因素;(2)把握和深刻理解招标文件精神;(3)选择有针对性的监理投标策略;(4)充分重视项目监理机构的合理设置;(5)重视提出合理化建议;(6)有效地组织项目监理团队答辩。

26. ABCD

【解析】通常需要分析的影响投标的因素主要包括:(1)分析建设单位(买方)。招投标是一种买卖交易,在当今建筑市场属于买方市场的情况下,工程监理单位要想中标,分析建设单位(买方)因素是至关重要的。(2)分析投标人(卖方)自身。即根据企业当前经营状况和长远经营目标,根据自身能力,量力而行,决定是否参加建设工程监理投标。(3)分析竞争对手。商场即战场,我们的取胜就意味着对手的失败,要击败对手,就必然要对竞争者进行分析。这就是所谓的知己知彼,百战不殆。(4)分析环境和条件。环境和条件对合同的顺利履行非常重要,需要分析施工单位、各种自然环境因素等项目实施环境。

27. ABCD

【解析】招投标是一种买卖交易,在当今建筑市场属于买方市场的情况下,工程监理单位要想中标,分析建设单位(买方)因素是至关重要的。通常需要分析的事项包括:(1)分析建设单位对中标人的要求和建设单位提供的条件。(2)分析建设单位对于工程建设资金的落实和筹措情况。(3)分析建设单位领导层核心人物及下层管理人员资质、能力、水平、素质等,特别是对核心人物的心理分析更为重要。(4)如果在建设工程监理招标时,施工单位事先已经被选定,建设单位与施工单位的关系也是工程监理单位应关心的问题之一。

28. ABD

【解析】主要分析投标人(卖方)自身的下列因素:(1)根据企业当前经营状况和长远经营目标,决定是否参加建设工程监理投标。(2)根据自身能力,量力而行。(3)采用联合体投标,可以扬长补短。

29. ABCE

【解析】要从以下几个方面分析对手:(1)分析竞争对手的数量和实际竞争对手,以往同类工程投标竞争的结果,竞争对手的实力等。(2)分析竞争对手的投标积极性。如果竞争对手面临生存危机,势必采用"生存型"投标策略;如果竞争者是作为联合体投标,势必采用"盈利型"投标策略。(3)了解竞争对手决策者情况。在分析竞争对手的同时,详细了解竞争对手决策者年龄、文化程度、心理状态、性格特点及其追求目标,从而可以推断其在投标过程中的应变能力和谈判技巧,根据其在建设单位心目中留下的印象,调整自己的投标策略和技巧。

30. ABCE

【解析】对于制定投标策略而言,分析环境和条件主要考虑以下因素:(1)要分析施工单位。施工单位是建设工程监理最直接、至关重要的环境条件。(2)要分析工程难易程度。(3)要分析水文、气候、地形地貌等自然条件及工作环境的艰苦程度。(4)要分析设计单位的水平和人员素质。(5)要分析工程所在地社会文化环境,特别是当地政府与人民群众的态度等。(6)要分析工程条件和环境风险。总之,项目监理机构设置、人员配备、交通和通信设备的购置、工作生活的安置以及所需费用列支,都离不开对上述环境和条件的分析。

31. ABCE

【解析】由于招标内容不同,投标人不同,所采取的投标策略也不相同。常用的投标策略包括:(1)以信誉和口碑取胜。(2)以缩短工期等承诺取胜;(3)以附加服务取胜;(4)适应长远发展的策略。

32. ABCE

【解析】充分重视项目监理机构的设置是实现监理投标策略的保证。设置监理机构时应特别注意以下事项:(1)项目监理机构成员应满足招标文件要求。有必要的话,可提交一份工程监理单位支撑本工程的专家名单。(2)项目监理机构人员名单应明确每一位监理人员的姓名、性别、年龄、专业、职称、拟派职务、资格等,并以横道图形式明确每一位监理人员拟派驻现场及退场时间。(3)总监理工程师应具备同类建设工程监理经验,有良好的组织协调能力。若工程项目复杂或者考虑特殊管理需求,可考虑配备总监理工程师代表。(4)对总监理工程师及其他监理人员的能力和经验介绍要尽量做到翔实,重点说明现有人员配备对完成建设工程监理任务的适应性和针对性等。

33. ABC

【解析】由于建设工程类别、特点及服务内容不同,可采用不同方法计取监理费用。通行的咨询计价方式有以下几种:(1)按费率计费。这种方法是按照工程规模大小和所委托的咨询工作繁简,以建设投资的一定百分比来计算。一般情况下,工程规模越大,建设投资越多,计算咨询费的百分比越小。(2)按人工时计费。这种方法是根据合同项目执行时间(时间单位可以是小时,也可以是工作日或月)以补偿费加一定数额的补贴来计算咨询费总额。单位时间的补偿费用一般以咨询企业职员的基本工资为基础,再加上一定的管理费和利润(税前利润)。(3)按服务内容计费。这种方法是指在明确咨询工作内容的基础上,业主与工程咨询公司协商一致确定的固定咨询费,或工程咨询公司在投标时以固定价形式进行报价而形成的咨询合同价格。当实际咨询工作量有所增减时,一般也不调整咨询费。

34. ABCD

【解析】建设工程监理合同是一种委托合同,除具有委托合同的共同特点外,还具有以下特点:(1)建设工程监理合同当事人双方应是具有民事权力能力和民事行为能力,具有法人资格的企事业单位及其他社会组织,个人在法律允许的范围内也可以成为合同当事人。(2)建设工程监理合同委托的工作内容必须符合法律法规、有关工程建设标准、勘察设计文件及合同。建设工程监理合同是以对建设工程项目目标实施控制并履行建设工程安全生产管理法定职责为主要内容。因此,建设工程监理合同必须符合法律法规和有关工程建设标准,并与工程勘察设计文件、施工合同及材料设备采购合同相协调。(3)建设工程监理合同的标的是服务。工程建设实施阶段所签订的勘察设计合同、施工合同、物资采购合同、委托加工合同的标的物是产生新的信息成果或物质成果,而监理合同的履行不产生物质成果,而是由监理工程师凭借自己的知识、经验、技能,为委托人所签订的施工合同、物资采购合同等的履行实施监督管理。

35. AE

【解析】合同附件格式是订立合同时采用的规范化文件。国家九部委《标准监理招标文件》(2017年版)中明确了监理合同条款及合同附件格式。监理合同条款由通用合同条款和专用合同条款两部分组成。合同附件格式明确了合同协议书和履约保证金格式。

36. ABDE

【解析】合同协议书除明确规定对当事人双方有约束力的合同组成文件外,订立合同时需要明确填写的内容包括:(1)委托人和监理人名称;(2)实施监理的项目名称;(3)签约合同价;(4)总监理工程师;(5)监理工作质量符合的标准和要求;(6)监理人计划开始监理的日期和监理服务期限。

37. AB

【解析】建设工程监理合同履约担保采用保函形式,履约保函标准格式主要有以下特点:(1)担保期限。自委托人与监理人签订的合同生效之日起,至委托人签发工程竣工验收证书之日起28天后失效。(2)担保方式。采用无条件担保方式,即:持有履约保函的委托人认为监理人有严重违约情况时,即可凭函要求担保人予以赔偿,不需监理人确认。在履约保函标准格式中,担保人承诺"在本担保有效期内,如果监理人不履行合同约定的义务或其履行不符合合同的约定,我方在收到你方以书面形式提出的在担保金额内的赔偿要求后,在7日内无条件支付"。

38. ABDE

【解析】本题考核的是建设工程监理合同的组成文件。根据国家九部委《标准监理招标文件》(2017年版),建设工程监理合同的组成文件包括:(1)协议书;(2)中标通知书;(3)投标函及投标函附录;(4)专用合同条款;(5)通用合同条款;(6)委托人要求;(7)监理报酬清单;(8)监理大纲;(9)其他合同文件。

39. ABDE

【解析】国家九部委《标准监理招标文件》(2017年版)合同条款规定,委托人应当及时接收监理人提交的监理文件。如无正当理由拒收的,视为委托人已接收监理文件。委托人接收监理文件时,应向监理人出具文件签收凭证,凭证内容包括:文件名称、文件内容、文件形式、份数、提交和接收日期、提交人与接收人的亲笔签名等。

40. ACD

【解析】工程监理合同条款规定的监理人需要完成的基本工作很多,例如:收到工程设计文件后编制监理规划;熟悉工程设计文件;查验施工承包人的施工测量放线成果;参加工程竣工验收,签署竣工验收意见等。选项B、E属于委托人应做的工作。

41. BCDE

【解析】本题考核的是监理人需要完成的基本工作。根据国家九部委《标准监理招标文件》(2017年版),监理人需要完成的监理工作内容包括:(1)收到工程设计文件后编制监理规划,并在第一次工地会议7天前报委托人。根据有关规定和监理工作需要,编制监理实施细则;(2)熟悉工程设计文件,并参加由委托人主持的图纸会审和设计交底会议;(3)参加由委托人主持的第一次工地会议;主持监理例会并根据工程需要主持或参加专题会议;(4)审查施工承包人提交的施工组织设计,重点审查其中的质量安全技术措施、专项施工方案与工程建设强制性标准的符合性;(5)检查施工承包人工程质量、安全生产管理制度及组织机构和人员资格;(6)检查施工承包人专职安全生产管理人员的配备情况;(7)审查施工承包人提交的施工进度计划,核查施工承包人对施工进度计划的调整;(8)检查施工承包人的试验室;(9)审核施工分包人资质条件;(10)查验施工承包人的施工测量放线成果;(11)审查工程开工条件,对条件具备的签发开工令;(12)审查施工承包人报送的工程材料、构配件、设备的质量证明资料,抽检进场的工程材料、构配件的质量;(13)审核施工承包人提交的工程款支付申请,签发或出具工程款支付证书,并报委托人审核、批准;(14)在巡视、旁站和检验过程中,发现工程质量、施工安全存在事故隐患的,要求施工承包人整改并报委托人;(15)经委托人同意,签发工程暂停令和复工令;(16)审查施工承包人提交的采用新材料、新工艺、新技术、新设备的论证材料及相关验收标准;(17)验收隐蔽工程、分部分项工程;(18)审查施工承包人提交的工程变更申请,协调处理施工进度调整、费用索赔、合同争议等事项;(19)审查施工承包人提交的竣工验收申请,编写工程质量评估报告;(20)参加工程竣工验收,签署竣工验收意见;(21)审查施工承包人提交的竣工结算申请并报委托人;(22)编制、整理建设工程监理归档文件并报委托人。

42. BCE

【解析】监理人义务或者监理工作内容包括:(1)编制监理规划并报委托人,根据有关规定和监理工作需要,编制监理实施细则;(2)熟悉工程设计文件,参加委托人主持的图纸会审和设计交底会议;(3)参加由委托人主持的第一次工地会议;主持召开监理例会并根据工程需要主持或参加专题会议;(4)审查施工单位提交的施工组织设计,重点审查其中的质量安全技术措施,专项施工方案与工程建设强制性标准的符合性;(5)检查施工单位工程质量、安全生产管理制度及组织机构和人员资格;(6)检查施工单位专职安全生产管理人员的配备情况;(7)审查施工单位提交的施工进度计划,核查施工单位对施工进度计划的调整;(8)检查施工单位的试验室;(9)审核施工分包人资质条件;(10)查验施工单位的施工测量放线成果;(11)审查工程开工条件,对条件具备的签发开工令;(12)审查施工单位报送的工程材料、构配件、设备质量证明文件的有效性和符合性,并按规定对用于工程的材料采取平行检验或见证取样方式进行抽检;(13)审核施工单位提交的工程款支付申请,签发或出具工程款支付证书,并报委托人审核、批准;(14)在巡视、旁站和检验过程中,发现工程质量、施工安全存在事故隐患的,要求施工单位整改并报委托人;(15)经委托人同意,签发工程暂停令和复工令;(16)审查施工单位提交的采用新材料、新工艺、新技术、新设备的论证材料及相关验收标准;(17)验收隐蔽工程、分部分项工程;(18)审查施工单位提交的工程变更申请,协调处理施工进度调整、费用索赔、合同争议等事项;(19)审查施工单位提交的竣工验收申请,编写工程质量评估报告;(20)参加工程竣工验收,签署竣工验收意见;(21)审查施工单位提交的竣工结算申请并报委托人;(22)编制、整理工程监理归档文件并报委托人。

43. AB

【解析】国家九部委《标准监理招标文件》(2017年版)规定,主要监理人员包括总监理工程师、专业监理工程师等;其他人员包括各专业的监理员、资料员等。

44. ABD

【解析】根据建设工程监理合同条款,在合同履行中发生下列情况之一的,属委托人违约:(1)委托人未按合同约定支付监理报酬;(2)委托人原因造成监理停止;(3)委托人无法履行或停止履行合同;(4)委托人不履行合同约定的其他义务。

45. ABCE

【解析】在合同履行中发生下列情况之一的,属监理人违约:(1)监理文件不符合规范标准及合同约定;(2)监理人转让监理工作;(3)监理人未按合同约定实施监理并造成工程损失;(4)监理人无法履行或停止履行合同;(5)监理人不履行合同约定的其他义务。

第六章 建设工程监理组织

习 题 精 练

一、单项选择题

1. 建设工程采用平行承包模式的优点是( )。
   A. 有利于缩短建设工期 B. 有利于业主方的合同管理
   C. 有利于工程总价的确定 D. 有利于减少工程招标任务量

2. 下列关于平行承包模式下建设单位委托一家监理单位实施监理的说法,不正确的有( )。
   A. 这种委托方式要求被委托的工程监理单位应具有较强的合同管理与组织协调能力,并能做好全面规划工作
   B. 项目监理机构可以组建多个监理分支机构对各施工单位分别实施监理
   C. 采用这种委托方式,工程监理单位的监理对象相对单一,便于管理
   D. 总监理工程师应重点做好总体协调工作,加强横向联系,保证监理工作的有效运行

3. 建设工程采用施工总承包模式的特点是( )。
   A. 合同条款不易准确确定 B. 施工总承包单位的报价较低
   C. 招标发包工作难度大 D. 建设周期较长

4. 下列关于施工总承包模式下建设单位委托一家工程监理单位实施监理的说法,不正确的有( )。
   A. 采用该委托方式有利于工程监理单位统筹考虑工程质量、造价、进度控制
   B. 采用该委托方式便于监理机构合理进行总体规划协调,有利于实施建设工程监理工作
   C. 由于分包单位的资格、能力直接影响工程质量、进度等目标的实现。因此,监理工程师必须做好对分包单位资格的审查、确认工作
   D. 该委托方式要求监理工程师具备较全面的知识、做好合同管理工作。

5. 与其他承包模式相比,工程总承包模式具有的优点是( )。
   A. 有利于质量控制 B. 合同管理难度小
   C. 合同关系较简单 D. 合同条款可准确确定

6. 相比较而言,平行承包模式和施工总承包模式所具有的共同特点是( )。
   A. 有利于工程质量控制 B. 有利于工程造价控制
   C. 有利于工程进度控制 D. 有利于合同管理

7. 相比较而言,平行承包模式和工程总承包模式所具有的共同特点是( )。
   A. 有利于工程质量控制　　　　　　B. 有利于工程造价控制
   C. 有利于工程进度控制　　　　　　D. 组织协调工作量小

8. 相比较而言,施工总承包模式和工程总承包模式所具有的共同特点是( )。
   A. 有利于工程质量控制　　　　　　B. 有利于工程造价控制
   C. 有利于工程进度控制　　　　　　D. 有利于合同管理

9. 某建设工程在确保工程质量的前提下,将工程造价作为最重要的控制目标,而且要求合同管理难度不大。则该建设工程可考虑采取的实施组织模式为( )。
   A. 平行承包模式　　　　　　　　　B. 施工总承包模式
   C. 工程总承包模式　　　　　　　　D. 施工总承包模式或者工程总承包模式

10. 某建设工程所采用的实施组织模式合同关系简单,组织协调工作量小,有利于控制工程进度,可缩短建设周期,有利于工程造价控制,但合同条款不易准确确定,容易造成合同争议,合同管理难度较大,工程质量控制难度大。该组织模式是( )。
    A. 施工总承包模式　　　　　　　　B. 平行承包模式
    C. 工程总承包模式　　　　　　　　D. 平行承包模式或工程总承包模式

11. 某建设工程所采用的实施组织模式有利于合同管理、有利于控制工程造价和工程质量,但建设周期较长,合同报价较高。该组织模式是( )。
    A. 平行承包模式　　　　　　　　　B. 施工总承包模式
    C. 工程总承包模式　　　　　　　　D. 平行承包或工程总承包模式

12. 某建设工程所采取的实施组织模式有利于缩短工期、控制质量,但合同管理困难,工程造价控制难度大。该组织模式是( )。
    A. 平行承包模式　　　　　　　　　B. 施工总承包模式
    C. 工程总承包模式　　　　　　　　D. 施工总承包或工程总承包模式

13. 建设工程监理实施程序是( )。
    A. 收集工程监理有关资料→组建项目监理机构→编制监理规划及监理实施细则→规范化地开展监理工作→参与工程竣工验收→进行监理工作总结→向建设单位提交建设工程监理文件资料
    B. 组建项目监理机构→编制监理规划及监理实施细则→收集工程监理有关资料→规范化地开展监理工作→向建设单位提交建设工程监理文件资料→参与工程竣工验收→进行监理工作总结
    C. 组建项目监理机构→收集工程监理有关资料→编制监理规划及监理实施细则→规范化地开展监理工作→参与工程竣工验收→向建设单位提交建设工程监理文件资料→进行监理工作总结
    D. 收集工程监理有关资料→编制监理规划及监理实施细则→组建项目监理机构→规范化地开展监理工作→参与工程竣工验收→向建设单位提交建设工程监理文件资料→进行监理工作总结

14. 确定项目监理机构的组织形式和规模应考虑的因素不包括( )。
    A. 监理服务内容、服务期限　　　　B. 工程特点、规模

C. 技术复杂程度、环境　　　　　　D. 监理单位自身的人员、设备状况

15. 组建项目监理机构时,总监理工程师应依据的监理文件是(　　)。
    A. 监理大纲和监理细则　　　　　B. 监理规划和监理细则
    C. 监理规划和监理合同　　　　　D. 监理大纲和监理合同

16. 项目总监理工程师应由(　　)书面任命,并由建设单位通知施工单位。
    A. 建设单位负责人　　　　　　　B. 监理单位法定代表人
    C. 建设单位和监理单位共同　　　D. 建设主管部门

17. 建设工程施工完成后,(　　)应在正式验收前组织工程竣工预验收,在预验收中发现的问题应及时处理。
    A. 建设单位　　　　　　　　　　B. 项目监理机构
    C. 施工单位　　　　　　　　　　D. 工程质量监督机构

18. 总监理工程师负责制的"核心"内容是指(　　)。
    A. 总监理工程师是建设工程监理的权力主体
    B. 总监理工程师是建设工程监理的义务主体
    C. 总监理工程师是建设工程监理的责任主体
    D. 总监理工程师是建设工程监理的利益主体

19. 下列关于严格监理,热情服务原则的说法,不正确的是(　　)。
    A. 严格监理就是要求监理人员严格按照法规、标准和合同控制工程项目目标
    B. 在处理建设单位与施工单位之间的利益关系时,一方面要坚持严格按合同办事、严格监理要求;另一方面要立场公正,为施工单位提供热情服务
    C. 严格监理就是要求监理人员依照规定的程序和制度,认真履行监理职责
    D. 热情服务就是运用合理的技能,谨慎而勤奋地工作;按照合同要求,多方位、多层次地为建设单位提供良好服务

20. 通常情况下,项目监理机构的监理人员应由(　　)组成,且专业配套,数量满足监理工作需要。
    A. 一名总监理工程师和若干名专业监理工程师
    B. 一名总监理工程师和若干名监理员
    C. 一名总监理工程师、若干名专业监理工程师和监理员
    D. 一名总监理工程师、若干名总监理工程师代表和若干名专业监理工程师

21. 根据《建设工程监理规范》,一名监理工程师可担任一项建设工程监理合同的总监理工程师。当需要同时担任多项建设工程监理合同的总监理工程师时,应经建设单位书面同意,且最多不得超过(　　)项。
    A. 2　　　　　　B. 3　　　　　　C. 4　　　　　　D. 5

22. 一名注册监理工程师要同时担任3项建设工程的总监理工程师时,应(　　)。
    A. 征得质量监督机构书面同意　　B. 书面通知施工单位
    C. 征得建设单位书面同意　　　　D. 书面通知建设单位

23. 关于监理人员任职与调换的说法,正确的是(　　)。
    A. 监理单位调换总监理工程师时,应书面通知建设单位

B. 总监理工程师调换专业监理工程师时,应书面通知建设单位

C. 总监理工程师调换专业监理工程师时,可口头通知建设单位

D. 总监理工程师调换专业监理工程师时,不必通知建设单位

24. 项目监理机构设立步骤是(　　)。
   A. 确定监理工作内容→确定项目监理机构目标→制定工作流程和信息流程→设计项目监理机构组织结构
   B. 确定项目监理机构目标→制定工作流程和信息流程→确定监理工作内容→设计项目监理机构组织结构
   C. 确定项目监理机构目标→确定监理工作内容→设计项目监理机构组织结构→制定工作流程和信息流程。
   D. 设计项目监理机构组织结构→制定工作流程和信息流程→确定监理工作内容→确定项目监理机构目标

25. 设立项目监理机构的第一个步骤是(　　)。
   A. 确定监理工作内容　　　　　　B. 确定项目监理机构目标
   C. 制定工作流程和信息流程　　　D. 设计项目监理机构组织结构

26. 确定项目监理机构监理工作内容的主要依据是(　　)。
   A. 监理规划和监理实施细则　　　B. 监理大纲和监理规划
   C. 工程监理合同和监理目标　　　D. 监理招标文件和投标文件

27. 下列关于项目监理机构中管理层次与管理跨度的说法,正确的是(　　)。
   A. 管理层次是指组织中相邻两个层次之间人员的管理关系
   B. 管理跨度的确定应考虑管理活动的复杂性和相似性
   C. 管理跨度是指组织的最高管理层所管理下级人员数量总和
   D. 管理层次一般包括决策、计划、组织、指挥、控制五个层次

28. 设立项目监理机构的步骤中,需最后完成的工作是(　　)。
   A. 确定管理层次和管理跨度　　　B. 确定组织结构和工作内容
   C. 制定工作流程和信息流程　　　D. 制定岗位职责和考核标准

29. 项目监理机构管理层次中的中间控制层的基本职能是(　　)。
   A. 根据建设工程监理合同的要求和监理活动内容进行科学化、程序化决策与管理
   B. 具体负责监理规划的落实,监理目标控制及合同实施的管理
   C. 具体负责项目监理机构监理活动的操作实施
   D. 具体负责项目监理机构部门、人员职责的确定与调整

30. 下列关于项目监理机构确定管理层次与管理跨度的说法,不正确的是(　　)。
   A. 管理层次一般可分为3个层次,即决策层,中间控制层和操作层
   B. 组织的最高管理者到最基层实际工作人员权责逐层递增,而人数却逐层递减
   C. 中间控制层由各专业监理工程师组成,具体负责监理规划的落实,监理目标控制及合同实施的管理
   D. 管理跨度越大,领导者需要协调的工作量越大,管理难度也越大

31. 下列关于直线制组织形式特点的说法,正确的是(　　)。

A. 该组织形式组织机构简单,权力集中,命令统一,职责分明,决策迅速,隶属关系明确

B. 该组织形式加强了项目监理目标控制的职能化分工,可以发挥职能机构的专业管理作用,提高管理效率

C. 该组织形式加强了各职能部门的横向联系,具有较大的机动性和适应性

D. 该组织形式信息传递路线长,不利于互通信息

32. 下列监理组织形式中,要求总监理工程师通晓各种业务和多种专业技能,成为"全能"式人物的组织形式是( )

A. 矩阵制   B. 直线制   C. 职能制   D. 直线职能制

33. 下列关于职能制组织形式的说法,不正确的是( )。

A. 该组织形式要在项目监理机构内设立一些职能部门,将相应职责和权力交给职能部门

B. 在项目监理机构内设立的各职能部门在其职能范围内有权直接发布指令指挥下级

C. 该组织形式一般适用于大中型建设工程。如果子项目规模较大时,也可以在子项目层设置职能部门

D. 该组织形式组织机构简单,权力集中,命令统一,职责分明

34. 下列监理组织形式中,加强了项目监理目标控制的职能化分工,可以发挥职能机构的专业管理作用,提高管理效率,减轻总监理工程师负担的组织形式是( )。

A. 矩阵制   B. 直线制   C. 职能制   D. 直线职能制

35. 直线职能制组织形式的缺点是( )。

A. 下级人员受多头指挥   B. 实行没有职能部门的"个人管理"
C. 纵横向协调工作量大   D. 信息传递路线长

36. 下列关于直线职能制组织形式的说法,正确的是( )。

A. 直线职能制组织形式兼具职能制和矩阵制组织形式的优点

B. 直线职能制与职能制组织形式的职能部门具有相同的管理职能与权力

C. 直线职能制组织形式的直线指挥部门人员不接受职能部门的直接指令

D. 直线职能制组织形式的信息传递路线短,有利于互通消息

37. 下列监理组织形式中,具有信息传递路线长、不利于信息互通的组织形式是( )。

A. 矩阵制   B. 直线制   C. 职能制   D. 直线职能制

38. 下列监理组织形式中,既能体现统一指挥、职责分明的特点,又发挥了组织目标管理专业化的优点的组织形式是( )。

A. 矩阵制   B. 职能制   C. 直线制   D. 直线职能制

39. 下列关于矩阵制组织形式的说法,不正确的有( )。

A. 该组织形式是由纵横两套管理系统组成的矩阵组织结构,一套是纵向职能系统,另一套是横向子项目系统。

B. 纵、横两套管理系统在监理工作中是相互独立的关系

C. 该组织形式可以将上下左右集权与分权实行最优结合,有利于解决复杂问题

D. 该组织形式纵横向协调工作量大,处理不当会造成扯皮现象,产生矛盾

40. 项目监理机构配备监理人员的数量和专业不应考虑的因素是(　　)。
   A. 监理的任务范围、内容、工作期限
   B. 工程的类别、规模、技术复杂程度、工程环境
   C. 监理工作深度及建设工程监理目标控制的要求
   D. 监理单位自身的人员、设备资源供应情况

41. 下列关于工程建设强度的说法,正确的是(　　)。
   A. 工程建设强度可采用定量办法定级
   B. 单位时间内投入的建设工程资金的数量影响工程建设强度
   C. 工程建设强度越大,投入的监理人数越少
   D. 工程地质、工程结构类型是影响工程建设强度的主要因素

42. 下列关于影响项目监理机构人员配备因素的说法,正确的是(　　)。
   A. 工程建设强度中的工期是指工程项目总工期
   B. 工程监理单位的业务水平不同将影响监理人员需要量定额水平
   C. 监理工作需要委托专业监测、检验机构时也不宜减少监理人员数量
   D. 因监理工作专业配套的要求,简单工程与复杂工程的监理人数配备应一致

43. 某工程分为2个子项目,合同总价为28000万元人民币,其中子项目1合同价为16000万元人民币,子项目2合同价为12000万元人民币,合同工期为30个月。该工程建设强度为(　　)(千万元人民币/年)。
   A. 6.4　　　　B. 4.8　　　　C. 11.2　　　　D. 9.3

44. 某工程分为2个子项目,合同总价为28000万元人民币,其中子项目1合同价为16000万元人民币,子项目2合同价为12000万元人民币,合同工期为30个月。从定额中可查到监理人员需要量如下(人·年/千万元人民币):监理工程师:0.50;监理员:1.60;行政文秘人员0.35。则该工程需要配备的监理工程师、监理员及行政文秘人员数量分别为(　　)。
   A. 6;18;4　　　B. 4;11;3　　　C. 3;8;2　　　D. 5;15;4

45. 下列事项,不属于总监理工程师职责的是(　　)。
   A. 处置发现的质量问题和安全事故隐患
   B. 审查开复工报审表,签发工程开工令、暂停令和复工令
   C. 组织审查和处理工程变更
   D. 审查施工单位的竣工申请,组织工程竣工预验收

46. 根据《建设工程监理规范》,总监理工程师可以委托给总监理工程师代表的职责是(　　)。
   A. 组织审查和处理工程变更　　　B. 组织审查专项施工方案
   C. 组织工程竣工预验收　　　　　D. 组织编写工程质量评估报告

47. 下列工作,总监理工程师可以委托给总监理工程师代表的是(　　)。
   A. 组织审查施工组织设计、(专项)施工方案
   B. 调解建设单位与施工单位的合同争议,处理工程索赔
   C. 审查施工单位的竣工申请,组织工程竣工预验收
   D. 组织审核分包单位资格,审查开工复工报审表,组织审查施工单位的付款申请

48.根据《建设工程监理规范》(GB/T 50319—2013),下列监理职责中,属于专业监理工程师职责的是(　　)。
　　A.组织编写监理月报　　　　　　B.组织验收分部工程
　　C.组织编写监理日志　　　　　　D.组织审核竣工结算

49.根据《建设工程监理规范》,下列各项职责中,不属于专业监理工程师职责的是(　　)。
　　A.组织审核分包单位资格　　　　B.负责编制监理实施细则
　　C.检查进场的工程材料、构配件的质量　　D.处置发现的质量问题和安全事故隐患

二、多项选择题

1.监理单位设置项目监理机构应考虑的因素包括(　　　　)。
　　A.监理服务内容　　　　　　　　B.监理服务期限
　　C.监理单位的经营目标　　　　　D.工程特点、规模、环境
　　E.项目技术复杂程度

2.下列关于平行承包模式下建设单位委托多家监理单位实施监理的说法,正确的有(　　)。
　　A.监理单位之间的配合需建设单位协调
　　B.监理单位的监理对象相对复杂,不便于管理
　　C.建设工程监理工作易被肢解,不利于工程总体协调
　　D.各家监理单位各负其责
　　E.建设单位合同管理工作较为容易

3.下列关于施工总承包模式特点的说法,正确的有(　　)。
　　A.合同数量少,有利于建设单位的合同管理,减少协调工作量
　　B.总承包合同价可较早确定,有利于控制工程造价
　　C.可实施多层次质量管理,有利于工程质量控制
　　D.施工分包单位之间相互干扰影响,不利于总体进度的协调控制
　　E.建设周期较长,施工总承包单位的报价可能偏高

4.建设工程采用工程总承包模式的优点有(　　)。
　　A.有利于缩短建设周期　　　　　B.组织协调工作量小
　　C.有利于合同管理　　　　　　　D.有利于招标发包
　　E.有利于造价控制

5.下列关于工程总承包模式特点的说法,正确的有(　　)。
　　A.合同关系简单　　　　　　　　B.有利于进度控制
　　C.有利于工程造价控制　　　　　D.有利于工程质量控制
　　E.合同管理难度大

6.项目监理机构应收集工程监理有关资料,作为开展监理工作的依据。这些资料包括(　　)。
　　A.反映工程项目特征的有关资料

B.反映当地工程建设政策、法规的有关资料

C.反映工程造价、监理咨询取费依据、费率、标准的有关资料

D.反映工程所在地区经济状况等建设条件的资料

E.类似工程项目建设情况的有关资料

7.项目监理机构应收集反映工程项目特征的有关资料。这些资料有(　　)。

A.工程项目的批文

B.规划部门关于规划红线范围和设计条件的通知

C.当地关于工程造价管理的有关规定

D.批准的工程项目可行性研究报告或设计任务书

E.工程设计图纸及有关说明

8.项目监理机构应收集反映当地工程建设政策、法规的有关资料,作为监理依据。这些资料包括(　　)。

A.关于工程建设报建程序的有关规定　　B.当地关于拆迁工作的有关规定

C.当地有关建设工程监理的有关规定　　D.当地交通运输有关的可提供的能力及价格

E.当地关于工程造价管理的有关规定

9.项目监理机构应收集反映工程所在地区经济状况等建设条件的资料。这些资料有(　　)。

A.水文气象、工程地质及水文地质资料

B.与交通运输(包括铁路、公路、航运)有关的可提供的能力、时间及价格等的资料

C.与供水、供电、供热、供燃气、电信有关的可提供的容(用)量、价格等的资料

D.勘察设计单位状况、土建、安装施工单位状况,

E.当地关于工程造价管理的有关规定

10.建设工程监理工作的规范化体现在(　　)等方面。

A.工作的时序性　　　　　　B.职责分工的严密性

C.专业结构的配套性　　　　D.工作内容的完整性

E.工作目标的确定性

11.建设工程监理工作完成后,项目监理机构应向建设单位提交在监理合同文件中约定的建设工程监理文件资料。如合同中未作明确规定,一般应向建设单位提交的文件资料包括(　　)。

A.工程变更资料　　　　　　B.工程索赔审批资料

C.监理指令性文件　　　　　D.各类签证文件资料

E.工程质量试验检测资料

12.监理单位向建设单位提交的监理工作总结报告的内容包括(　　)。

A.监理大纲的主要内容及编制情况　　B.监理合同履行情况

C.监理工作的难点和特点　　　　　　D.监理工作成效

E.监理工作中发现的问题及其处理情况

13.项目监理机构向工程监理单位提交的监理工作总结报告的内容有(　　)。

A.建设工程监理工作的成效和经验

B. 项目监理机构

C. 建设工程监理工作中发现的问题、处理情况及改进建议

D. 建设工程监理合同履行情况

E. 监理工作的难点和特点

14. 工程监理单位受建设单位委托实施建设工程监理时,应遵循的基本原则有( )。

A. 公平、独立、诚信、科学原则　　B. 权责一致原则

C. 总监理工程师负责制原则　　　　D. 公开、公正、公平、诚实信用原则

E. 严格监理,热情服务原则

15. 工程监理单位实施监理是受建设单位的委托授权并根据有关建设工程监理法律法规而进行的。这种权力的授予主要体现在( )中。

A. 建设工程监理合同　　　　B. 建设工程施工合同

C. 建设工程监理规范　　　　D. 建设工程监理规划

E. 建设工程监理实施细则

16. 下列原则中,属于实施建设工程监理应遵循的原则有( )。

A. 权责一致原则　　　　B. 综合效益原则

C. 严格把关原则　　　　D. 利益最大原则

E. 热情服务原则

17. 建设工程监理实行总监理工程师负责制。总监理工程师负责制的内涵包括( )。

A. 总监理工程师是建设工程监理工作的责任主体

B. 总监理工程师是建设工程监理工作的权力主体

C. 总监理工程师是建设工程监理工作的义务主体

D. 总监理工程师是建设工程监理工作的利益主体

E. 总监理工程师是建设工程监理工作的协调主体

18. 项目监理机构的监理人员应由一名总监理工程师、若干名专业监理工程师和监理员组成,必要时可设总监理工程师代表。项目监理机构可设总监理工程师代表的情形包括( )。

A. 工程规模较大、专业较复杂,总监理工程师难以处理多个专业工程时,可按专业设总监理工程师代表

B. 一个建设工程监理合同中包含多个相对独立的施工合同,可按施工合同段设总监理工程师代表

C. 工程结构复杂,涉及专业多且复杂,可按专业设置总监理工程师代表

D. 工程规模较大,地域比较分散,可按工程地域设置总监理工程师代表

E. 采用工程总承包模式的工程项目,可按设计、施工不同阶段设置总监理工程师代表

19. 下列关于项目监理机构设立的说法,正确的有( )。

A. 项目监理机构监理人员应由一名总监理工程师、若干名专业监理工程师和监理员组成

B. 一个建设工程监理合同中包含多个相对独立的施工合同,可按施工合同段设总监理工程师代表

C. 当一名监理工程师需要同时担任多项建设工程监理合同的总监理工程师时,应经

建设单位书面同意,且最多得超过 4 项

D. 工程监理单位调换总监理工程师时,应征得建设单位书面同意

E. 工程监理单位调换专业监理工程师时,总监理工程师应书面通知建设单位

20. 设计项目监理机构组织结构的内容包括(　　)。
　　A. 选择组织结构形式　　　　　　B. 确定管理层次与管理跨度
　　C. 配备监理设备　　　　　　　　D. 设置项目监理机构部门
　　E. 制定岗位职责及考核标准

21. 项目监理机构组织结构形式选择的基本原则包括(　　)。
　　A. 有利于工程合同管理　　　　　B. 有利于监理目标控制
　　C. 有利于决策指挥　　　　　　　D. 有利于组织协调
　　E. 有利于信息沟通

22. 通常情况下,项目监理机构中的管理层次可分为(　　)。
　　A. 决策层　　　　　　　　　　　B. 中间控制层(协调层和执行层)
　　C. 职能转换层　　　　　　　　　D. 操作层
　　E. 监督检查层

23. 下列工作内容中,属于项目监理机构组织结构设计内容的有(　　)。
　　A. 确定管理层次与管理跨度　　　B. 确定项目监理机构目标
　　C. 确定监理工作内容　　　　　　D. 确定工作流程和信息流程
　　E. 确定项目监理机构部门划分

24. 项目监理机构中管理跨度的确定应考虑的因素有(　　)。
　　A. 监理人员的素质　　　　　　　B. 管理活动的复杂性和相似性
　　C. 监理业务的标准化程度　　　　D. 各项规章制度的建立健全情况
　　E. 监理机构组织结构模式

25. 设置项目监理机构各职能部门时,应根据(　　),将不同的监理工作内容按不同的职能形成相应管理部门。
　　A. 项目监理机构目标　　　　　　B. 可利用的人力和物力资源
　　C. 监理人员职责　　　　　　　　D. 合同结构情况
　　E. 监理设施设备

26. 项目监理机构应对监理人员的工作进行定期考核。考核事项包括(　　)。
　　A. 考核内容　　B. 考核依据　　C. 考核标准　　D. 考核时间
　　E. 考核结果

27. 根据《建设工程监理规范》(GB/T 50319—2013),下列关于监理人员任职条件的说法,正确的有(　　)。
　　A. 总监理工程师应由注册监理工程师担任,也可由注册建造师担任
　　B. 总监理工程师代表应由具有工程类职业资格的人员担任
　　C. 总监理工程师代表也可由具有中级及以上专业技术职称、3 年及以上工程实践经验并经监理业务培训的人员担任
　　D. 专业监理工程师应由具有工程类职业资格的人员担任

E. 专业监理工程师也可由具有中级及以上专业技术职称、2年及以上工程实践经验并经监理业务培训的人员担任

28. 常用的项目监理机构组织形式有(　　)。
   A. 职能制　　　B. 直线制　　　C. 矩阵制　　　D. 交叉制
   E. 直线职能制

29. 下列关于直线制组织形式的说法,正确的有(　　)。
   A. 该组织形式的特点是项目监理机构中任何一个下级只接受唯一上级的命令
   B. 项目监理机构中要设立职能部门
   C. 这种组织形式适用于能划分为若干个相对独立的子项目的大、中型建设工程
   D. 对于小型建设工程,项目监理机构也可采用按专业内容分解的直线制组织形式
   E. 如果建设单位将相关服务一并委托,项目监理机构的部门还可按不同的建设阶段分解设立直线制项目监理机构组织形式

30. 下列关于职能制组织形式的说法,正确的有(　　)。
   A. 在项目监理机构内设立一些职能部门,将相应的监理职责和权力交给职能部门
   B. 加强了项目监理目标控制的职能化分工,可以发挥职能机构专业管理作用,提高管理效率
   C. 一般适用于大中型建设工程
   D. 下级人员受多头指挥,如果这些指令相互矛盾,会使下级在监理工作中无所适从
   E. 信息传递路线长,不利于互通信息

31. 下列关于直线职能制组织形式的说法,正确的有(　　)。
   A. 该组织形式是吸收直线制组织形式和职能制组织形式的优点而形成的一种组织形式
   B. 该组织形式将管理部门和人员分为两类:一类是直线指挥部门的人员,另一类是职能部门的人员
   C. 直线指挥部门的人员,他们拥有对下级实行指挥和发布命令的权力,并对该部门的工作全面负责
   D. 职能部门的人员,他们是直线指挥人员的参谋,他们只能对下级部门进行业务指导,而不能对下级部门直接进行指挥和发布命令
   E. 由于下级人员受多头指挥,如果这些指令相互矛盾,会使下级在监理工作中无所适从

32. 矩阵制监理组织形式的优点有(　　)。
   A. 部门之间协调工作量小　　　B. 有利于监理人员业务能力的培养
   C. 有利于解决复杂问题　　　D. 具有较好的适应性
   E. 具有较好的机动性

33. 项目监理机构应具有合理的人员结构。对项目监理机构人员结构的要求主要体现在(　　)。
   A. 合理的专业结构　　　B. 合理的年龄结构
   C. 合理的性别结构　　　D. 合理的技术职称结构

E. 合理的管理知识结构

34. 影响项目监理机构人员数量的主要因素有（   ）。
   A. 工程建设强度
   B. 建设工程复杂程度
   C. 施工单位的业务水平
   D. 监理单位的业务水平
   E. 项目监理机构的组织结构和任务职能分工

35. 下列事项,属于影响建设工程复杂程度的因素的有（   ）。
   A. 设计活动、工程地点位置
   B. 气候条件、地形条件、工程地质
   C. 工程性质、工程结构类型
   D. 施工方法、工期要求、材料供应、工程分散程度
   E. 施工单位技术能力及经验

36. 影响项目监理机构监理工作效率的主要因素有（   ）。
   A. 工程复杂程度
   B. 工程规模大小
   C. 对工程的熟悉程度
   D. 管理水平
   E. 设备手段

37. 确定项目监理机构人员数量需要完成的工作包括（   ）。
   A. 测定、编制项目监理机构人员需要量定额
   B. 确定工程建设强度和工程复杂程度
   C. 根据工程复杂程度和工程建设强度套用监理人员需要量定额
   D. 根据项目监理机构职能部门岗位及职责确定监理人员数量
   E. 根据实际情况确定监理人员数量

38. 影响项目监理机构人员需要量定额的主要因素有（   ）。
   A. 监理工作内容
   B. 工程建设强度
   C. 工程复杂程度等级
   D. 监理单位业务水平
   E. 监理机构组织结构及职能分工

39. 下列各项职责,属于总监理工程师职责的有（   ）。
   A. 组织审核分包单位资格
   B. 组织审查施工组织设计、（专项）施工方案
   C. 组织检查施工单位现场质量、安全生产管理体系的建立及运行情况
   D. 检查进场的工程材料、构配件、设备的质量
   E. 组织验收分部工程,组织审查单位工程质量检验资料

40. 根据《建设工程监理规范》,属于总监理工程师的职责,不得委托给总监理工程师代表的工作包括（   ）。
   A. 组织审查施工组织设计
   B. 组织审查工程开工报审表
   C. 组织审核施工单位的付款申请
   D. 组织工程竣工预验收
   E. 组织编写工程质量评估报告

41. 下列总监理工作师职责中,可以委托给总监理工程师代表的有（   ）。
   A. 组织审查专项施工方案
   B. 组织审核分包单位资格

C.组织工程竣工预验收　　　　　　D.组织审查和处理工程变更

E.组织整理监理文件资料

42.根据《建设工程监理规范》,专业监理工程师应履行的职责有(　　)。

A.审批监理实施细则　　　　　　B.检查进场的工程材料、构配件、设备的质量

C.组织审核分包单位资格　　　　D.处置发现的质量问题和安全事故隐患

E.参与工程变更的审查和处理

43.根据《建设工程监理规范》,属于监理员职责的有(　　)。

A.复核工程计价有关数据　　　　B.检查工序施工结果

C.检查进场工程材料质量　　　　D.进行见证取样

E.进行工程计量

44.根据《建设工程监理规范》,下列监理人员职责中,不属于监理员职责的有(　　)。

A.检查工序施工结果　　　　　　B.参与验收分部工程

C.进行见证取样　　　　　　　　D.进行工程计量

E.参与整理监理文件资料

◀ 习题答案及解析 ▶

一、单项选择题

1. A

【解析】本题考核的是平行承包模式的优点。采用平行承包模式,由于各承包单位在其承包范围内同时进行相关工作,有利于缩短工期、控制质量,也有利于建设单位在更广范围内选择施工单位。但其缺点是:合同数量多,会造成合同管理困难;工程造价控制难度大。

2. C

【解析】采用在平行承包模式下建设单位委托一家工程监理单位实施监理,这种委托方式要求被委托的工程监理单位应具有较强的合同管理与组织协调能力,并能做好全面规划工作。工程监理单位的项目监理机构可以组建多个监理分支机构对各施工单位分别实施监理。在建设工程监理过程中,总监理工程师应重点做好总体协调工作,加强横向联系,保证建设工程监理工作的有效运行。

3. D

【解析】采用施工总承包模式,有利于建设工程的组织管理;由于施工合同数量比平行承包模式更少,有利于建设单位的合同管理,减少协调工作量,可发挥工程监理单位与施工总承包单位多层次协调的积极性;总包合同价可较早确定,有利于控制工程造价;由于既有施工分包单位的自控,又有施工总承包单位监督,还有工程监理单位的检查认可,有利于工程质量控制;施工总承包单位具有控制的积极性,施工分包单位之间也有相互制约的作用,有利于总体进度的协调控制。但该模式的缺点是:建设周期较长;施工总承包单位的报价可能较高。

4. D

【解析】在施工总承包模式下,建设单位宜委托一家工程监理单位实施监理。(1)该方

式有利于工程监理单位统筹考虑工程质量、造价、进度控制,合理进行总体规划协调,有利于实施建设工程监理工作。(2)虽然施工总承包单位对施工合同承担承包方的最终责任,但分包单位的资格、能力直接影响工程质量、进度等目标的实现,因此,监理工程师必须做好对分包单位资格的审查、确认工作。

5. C

【解析】 本题考核的是工程总承包方式的优点。采用建设工程总承包模式的优点是:建设单位的合同关系简单,组织协调工作量小。由于工程设计与施工由一个承包单位统筹安排,一般能做到工程设计与施工的相互搭接,有利于控制工程进度,可缩短建设周期。通过统筹考虑工程设计与施工,可以从价值工程或全寿命期费用角度取得明显的经济效果,有利于工程造价控制。该模式的缺点是:合同条款不易准确确定,容易造成合同争议。合同数量虽少,但合同管理难度大,造成招标发包工作难度大;由于承包范围大,介入工程时间早,工程信息未知数多,总承包单位要承担较大风险;由于有工程总承包能力的单位数量相对较少,建设单位选择总承包单位的余地也相应减少;工程质量标准和功能要求不易做到全面、具体、准确,"他人控制"机制薄弱,使工程质量控制难度加大。

6. A

【解析】 平行承包模式的特点是有利于缩短工期、控制质量,但合同管理困难,工程造价控制难度大。施工总承包模式的特点是有利于合同管理、有利于控制工程造价和工程质量,但建设周期较长,合同报价较高。比较可知,两者共同特点是有利于工程质量控制。

7. C

【解析】 平行承包模式的特点是有利于缩短工期、控制质量,但合同管理困难,组织协调工作量大,工程造价控制难度大。工程总承包模式的特点是合同关系简单,组织协调工作量小,有利于控制工程进度,可缩短建设周期,有利于工程造价控制,但合同条款不易准确确定,容易造成合同争议,合同管理难度较大,工程质量控制难度大。比较可知,两者共同特点是有利于工程进度控制。

8. B

【解析】 施工总承包模式的特点是有利于合同管理、有利于控制工程造价和工程质量,但建设周期较长,合同报价较高。工程总承包模式的特点是合同关系简单,组织协调工作量小,有利于控制工程进度,可缩短建设周期,有利于工程造价控制,但合同条款不易准确确定,容易造成合同争议,合同管理难度较大,工程质量控制难度大。比较可知,两者共同特点是有利于工程造价控制。

9. B

【解析】 施工总承包模式的特点是有利于合同管理、有利于控制工程造价和工程质量。平行承包模式合同管理困难,工程造价控制难度大。工程总承包模式有利于工程造价控制,但合同条款不易准确确定,容易造成合同争议,合同管理难度较大。

10. C

【解析】 采用建设工程总承包模式的优点是:建设单位的合同关系简单,组织协调工作量小。由于工程设计与施工由一个承包单位统筹安排,一般能做到工程设计与施工的相互搭接,有利于控制工程进度,可缩短建设周期。通过统筹考虑工程设计与施工,可以从价值工程或全寿命期费用角度取得明显的经济效果,有利于工程造价控制。该模式的缺点是:合同条款不易准确确定,容易造成合同争议。合同数量虽少,但合同管理难度大,造成招标发包工作难度大;由于承包范围大,介入工程时间早,工程信息未知数多,总承包单位要承担较大风险;由于有工程总承包能力的单位数量相对较少,建设单位选择总承包单位的余地也相应减少;工程质量标准和功能要求不易做到全面、具体、准确,"他人控制"机制薄弱,使工程质量控制难度加大。

11. B

【解析】采用施工总承包模式,有利于建设工程的组织管理,施工总承包模式比平行承包模式的合同数量少,有利于建设单位的合同管理,减少协调工作量,可发挥工程监理单位与施工总承包单位多层次协调的积极性;总包合同价可较早确定,有利于控制工程造价;既有施工分包单位的自控,又有施工总承包单位监督,还有工程监理单位的检查认可,有利于工程质量控制;施工总承包单位具有控制的积极性,施工分包单位之间也有相互制约的作用,有利于总体进度的协调控制,但该模式的缺点是:建设周期较长,施工总承包单位的报价可能偏高。

12. A

【解析】采用平行承包模式,由于各承包单位在其承包范围内同时进行相关工作,有利于缩短工期、控制质量,也有利于建设单位在更广范围内选择施工单位。但其缺点是:合同数量多,会造成合同管理困难;工程造价控制难度大。

13. C

【解析】建设工程监理实施程序是:组建项目监理机构→收集工程监理有关资料→编制监理规划及监理实施细则→规范化地开展监理工作→参与工程竣工验收→向建设单位提交建设工程监理文件资料→进行监理工作总结

14. D

【解析】工程监理单位实施监理时,应在施工现场派驻项目监理机构。项目监理机构的组织形式和规模,可根据建设工程监理合同约定的服务内容、服务期限,以及工程特点、规模、技术复杂程度、环境等因素确定。

15. D

【解析】本题考核的是组建项目监理机构。总监理工程师应根据监理大纲和签订的建设工程监理合同组建项目监理机构,确定监理人员及岗位职责,并在监理规划和具体实施计划执行中进行及时调整。

16. B

【解析】总监理工程师由工程监理单位法定代表人书面任命,负责履行建设工程监理合同,主持项目监理机构工作,是监理项目的总负责人,对内向工程监理单位负责,对外向建设单位负责。

17. B

【解析】建设工程施工完成后,项目监理机构应在正式验收前组织工程竣工预验收,在预验收中发现的问题,应及时与施工单位沟通,提出整改要求。项目监理机构应参加由建设单位组织的工程竣工验收,签署工程监理意见。

18. C

【解析】本题考核的是总监理工程师负责制的"核心"内容。总监理工程师是建设工程监理的责任主体。总监理工程师是实现建设工程监理目标的最高责任者,应是向建设单位和工程监理单位所负责任的承担者。责任是总监理工程师负责制的核心,它构成总监理工程师的工作压力和动力,也是确定总监理工程师权力和利益的依据。

19. B

【解析】严格监理,热情服务原则要求监理人员在处理建设单位与承包单位之间的利益关系时,一方面要坚持严格按合同办事、严格监理要求;另一方面要立场公正,为建设单位提供热情服务。严格监理就是要求监理人员严格按照法规、标准和合同控制工程项目目标,依照规定的程序和制度,认真履行监理职责。热情服务就是运用合理的技能,谨慎而勤奋地工作。工程监理单位应按照建设工程监理合同的要求,多方位、多层次地为建设单位提供良好服务,维护建设单位的正当权益。这里特别强调,项目监理机构和监理人员的服务对象是建设单位,而不是施工单位。因此,选项 B 错误。

20. C

【解析】项目监理机构的监理人员应由一名总监理工程师、若干名专业监理工程师和监理员组成,且专业配套,数量应满足监理工作和建设工程监理合同对监理工作深度及建设工程监理目标控制的要求,必要时可设总监理工程师代表。当然了,除总监理工程师、专业监理工程师和监理员外,项目监理机构可根据监理工作需要,配备文秘、翻译、驾驶员和其他行政辅助人员。

21. B

【解析】《建设工程监理规范》规定,一名监理工程师可担任一项建设工程监理合同的总监理工程师。当需要同时担任多项建设工程监理合同的总监理工程师时,应经建设单位书面同意,且最多不得超过 3 项。

22. C

【解析】《建设工程监理规范》规定,一名注册监理工程师可担任一项建设工程监理合同的总监理工程师。当需要同时担任多项建设工程监理合同的总监理工程师时,应经建设单位书面同意,且最多不得超过 3 项。

23. B

【解析】本题考核的是监理人员任职与调换。工程监理单位更换、调整项目监理机构监理人员时,应做好交接工作,保持建设工程监理工作的连续性。工程监理单位调换总监理工程师时,应征得建设单位书面同意;调换专业监理工程师时,总监理工程师应书面通知建设单位。

24. C

【解析】工程监理单位在组建项目监理机构时,一般按以下步骤进行:(1)确定项目监理机构目标。(2)确定监理工作内容。(3)设计项目监理机构组织结构。(4)制定工作流程和信息流程。

25. B

【解析】建设工程监理目标是项目监理机构建立的前提,目标是一切管理活动的出发点和落脚点。因此,设立项目监理机构的第一个步骤是确定项目监理机构目标。

26. C

【解析】 设立项目监理机构时,应根据监理目标和建设工程监理合同中规定的监理任务,明确列出监理工作内容,并进行分类归并及组合。

27. B

【解析】 本题考核的是项目监理机构的组织结构设计。管理层次是指组织的最高管理者到最基层实际工作人员之间等级层次的数量,故选项A错误。管理层次通常可分为三个层次,即决策层、中间控制层和操作层。故选项D错误。管理跨度是指一名上级管理人员所直接管理的下级人数,故选项C错误。项目监理机构中管理跨度的确定应考虑监理人员的素质、管理活动的复杂性和相似性、监理业务的标准化程度、各规章制度的建立健全情况、建设工程的集中或分散情况等,故选项B正确。

28. C

【解析】 本题考核的是项目监理机构设立的步骤。工程监理单位在组建(设立)项目监理机构时,一般按以下步骤进行:(1)确定项目监理目标;(2)确定监理工作内容;(3)设计项目监理机构组织结构;(4)制定工作流程和信息流程。

29. B

【解析】 项目监理机构管理层次可分为以下3个层次:(1)决策层。主要是指总监理工程师、总监理工程师代表,根据建设工程监理合同的要求和监理活动内容进行科学化、程序化决策与管理;(2)中间控制层(协调层和执行层)。由各专业监理工程师组成,具体负责监理规划的落实,监理目标控制及合同实施的管理;(3)操作层。主要由监理员组成,具体负责监理活动的操作实施。

30. B

【解析】 管理层次是指组织的最高管理者到最基层实际工作人员之间等级层次的数量。管理层次可分为3个层次,即决策层,中间控制层和操作层。组织的最高管理者到最基层实际工作人员权责逐层递减,而人数却逐层递增。

31. A

【解析】 直线制组织形式的主要优点是组织机构简单,权力集中,命令统一,职责分明,决策迅速,隶属关系明确。缺点是实行没有职能部门的"个人管理",这就要求总监理工程师通晓各种业务和多种专业技能,成为"全能"式人物。

32. B

【解析】 直线制组织形式实行没有职能部门的"个人管理",这就要求总监理工程师通晓各种业务和多种专业技能,成为"全能"式人物

33. D

【解析】 (1)职能制组织形式是在项目监理机构内设立一些职能部门,将相应的监理职责和权力交给职能部门,各职能部门在其职能范围内有权直接发布指令指挥下级。(2)职能制组织形式一般适用于大中型建设工程。如果子项目规模较大时,也可以在子项目层设置职能部门。选项D是直线制组织形式的优点。

34. C

【解析】 职能组织形式的主要优点是加强了项目监理目标控制的职能化分工,可以发

挥职能机构的专业管理作用,提高管理效率,减轻总监理工程师负担。缺点是由于下级人员受多头指挥,如果这些指令相互矛盾,会使下级在监理工作中无所适从。

35. D

【解析】直线职能制组织形式既保持了直线制组织实行集中领导、统一指挥、职责分明的优点,又保持了职能制组织目标管理专业化的优点。缺点是职能部门与指挥部门易产生矛盾,信息传递路线长,不利于互通信息。

36. C

【解析】本题考核的是直线职能制组织形式的内容。直线职能制组织形式是吸收直线制组织形式和职能制组织形式的优点而形成的一种组织形式。故选项A错误。直线职能制组织形式将管理部门和人员分为两类：一类是直线指挥部门的人员,他们拥有对下级实行指挥和发布命令的权力,并对该部门的工作全面负责；另一类是职能部门的人员,他们是直线指挥人员的参谋,他们只能对下级部门进行业务指导,而不能对下级部门直接进行指挥和发布命令。职能制组织形式是在项目监理机构内设立一些职能部门,将相应的监理职责和权力交给职能部门,各职能部门在其职能范围内有权直接发布指令指挥下级。故选项B错误、选项C正确。直线职能制组织形式既保持了直线制组织实行直线领导、统一指挥、职责分明的优点,又保持了职能制组织目标管理专业化的优点。缺点是职能部门与指挥部门易产生矛盾,信息传递路线长,不利于互通信息。故选项D错误。

37. D

【解析】本题考核的是直线职能制的特点。直线职能制组织形式既保持了直线制组织实行直线领导、统一指挥、职责分明的优点,又保持了职能制组织目标管理专业化的优点。缺点是职能部门与指挥部门易产生矛盾,信息传递路线长,不利于互通信息。

38. D

【解析】直线职能制组织形式既保持了直线制组织实行直线领导、统一指挥、职责分明的优点,又保持了职能制组织目标管理专业化的优点。缺点是职能部门与指挥部门易产生矛盾,信息传递路线长,不利于互通信息。

39. B

【解析】(1)矩阵制组织形式是由纵横两套管理系统组成的矩阵组织结构,一套是纵向职能系统,另一套是横向子项目系统。这种组织形式的纵、横两套管理系统在监理工作中是相互融合关系。(2)矩阵制组织形式的优点是加强了各职能部门的横向联系,具有较大的机动性和适应性,将上下左右集权与分权实行最优结合,有利于解决复杂问题,有利于监理人员业务能力的培养。缺点是纵横向协调工作量大,处理不当会造成扯皮现象,产生矛盾。

40. D

【解析】项目监理机构中配备监理人员的数量和专业应根据监理的任务范围、内容、工作期限以及工程的类别、规模、技术复杂程度、工程环境等因素综合考虑,并应符合建设工程监理合同中对监理工作深度及建设工程监理目标控制的要求,能体现项目监理机构的整体素质。

41. B

【解析】本题考核的是工程建设强度的影响因素。(1)通常不需要对工程建设强度定级,而工程复杂程度定级可采用定量办法,故选项 A 错误。(2)工程建设强度是指单位时间内投入的建设工程资金的数量,即:工程建设强度=投资/工期。显然,工程建设强度越大,需要投入的监理人数就越多,故选项 B 正确,选项 C 错误。(3)影响工程建设强度的主要因素是投资和工期。影响工程复杂程度的因素有很多,包括设计活动、工程地点位置、气候条件、地形条件、工程地质、工程性质、工程结构类型、施工方法、工期要求、材料供应、工程分散程度等,故选项 D 错误。

42. B

【解析】本题考核的是影响项目监理机构人员数量的因素。影响项目监理机构人员数量的主要因素包括:(1)工程建设强度;(2)建设工程复杂程度;(3)工程监理单位的业务水平(工程监理单位的业务水平不同将影响监理人员需要量定额水平);(4)监理机构的组织结构和任务职能分工。工程建设强度=投资/工期,这里的投资和工期是指工程监理单位所承担监理任务的工程的建设投资和工期。当然,工程建设强度越大,需投入的监理人数越多。有时,监理工作需要委托专业监测、检验机构进行,项目监理机构的监理人员数量可适当减少。显然,简单工程需要的监理人员较少,而复杂工程需要的监理人员较多。

43. C

【解析】该工程建设强度=28000/30×12=11200(万元人民币/年)=11.2(千万元人民币/年)。

44. A

【解析】经计算可知该工程建设强度为11.2(千万元人民币/年)。则各类监理人员数量如下:

监理工程师:0.50×11.2=5.60 人,按 6 人考虑;监理员:1.60×11.2=17.92 人,按 18 人考虑;行政文秘人员:0.35×11.2=3.92 人,按 4 人考虑。

45. A

【解析】总监理工程师应履行下列职责:(1)确定项目监理机构人员及其岗位职责;(2)组织编制监理规划,审批监理实施细则;(3)根据工程进展及监理工作情况调配监理人员,检查监理人员工作;(4)组织召开监理例会;(5)组织审核分包单位资格;(6)组织审查施工组织设计、(专项)施工方案;(7)审查开复工报审表,签发工程开工令、暂停令和复工令(8)组织检查施工单位现场质量、安全生产管理体系的建立及运行情况;(9)组织审核施工单位的付款申请,签发工程款支付证书,组织审核竣工结算;(10)组织审查和处理工程变更;(11)调解建设单位与施工单位的合同争议,处理工程索赔;(12)组织验收分部工程,组织审查单位工程质量检验资料;(13)审查施工单位的竣工申请,组织工程竣工预验收,组织编写工程质量评估报告,参与工程竣工验收;(14)参与或配合工程质量安全事故的调查和处理;(15)组织编写监理月报、监理工作总结,组织整理监理文件资料。

46. A

【解析】本题考核的是总监理工程师可以委托给总监理工程师代表的职责。《建设工程监理规范》规定,总监理工程师不得将下列工作委托给总监理工程师代表:(1)组织编制监理规划,审批监理实施细则;(2)根据工程进展及监理工作情况调配监理人员;(3)组织审查施工组织设计、(专项)施工方案;(4)签发工程开工令、暂停令和复工令;(5)签发工程款支付证书,组织审核竣工结算;(6)调解建设单位与施工单位的合同争议,处理工程索赔;(7)审查施工单位的竣工申请,组织工程竣工预验收,组织编写工程质量评估报告,参与工程竣工验收;(8)参与或配合工程质量安全事故的调查和处理。

47. D

【解析】根据《建设工程监理规范》,组织审查施工组织设计、(专项)施工方案,调解建设单位与施工单位的合同争议,处理工程索赔,审查施工单位的竣工申请,组织工程竣工预验收等职责总监理工程师不得委托给总监理工程师代表。

48. C

【解析】专业监理工程师的基本职责包括:(1)参与编制监理规划,负责编制监理实施细则;(2)审查施工单位提交的涉及本专业的报审文件,并向总监理工程师报告;(3)参与审核分包单位资格;(4)指导、检查监理员工作,定期向总监理工程师报告本专业监理工作实施情况;(5)检查进场的工程材料、构配件、设备的质量;(6)验收检验批、隐蔽工程、分项工程,参与验收分部工程;(7)处置发现的质量问题和安全事故隐患;(8)进行工程计量;(9)参与工程变更的审查和处理;(10)组织编写监理日志,参与编写监理月报;(11)收集、汇总、参与整理监理文件资料;(12)参与工程竣工预验收和竣工验收。

49. A

【解析】本题考核的是专业监理工程师职责。专业监理工程师职责包括:(1)参与编制监理规划,负责编制监理实施细则;(2)审查施工单位提交的涉及本专业的报审文件,并向总监理工程师报告;(3)参与审核分包单位资格;(4)指导、检查监理员工作,定期向总监理工程师报告本专业监理工作实施情况;(5)检查进场的工程材料、构配件、设备的质量;(6)验收检验批、隐蔽工程、分项工程,参与验收分部工程;(7)处置发现的质量问题和安全事故隐患;(8)进行工程计量;(9)参与工程变更的审查和处理;(10)组织编写监理日志,参与编写监理月报;(11)收集、汇总、参与整理监理文件资料;(12)参与工程竣工预验收和竣工验收。

二、多项选择题

1. ABDE

【解析】项目监理机构是工程监理单位派驻施工现场履行建设工程监理合同的组织机构。影响项目监理机构设立的因素包括:建设工程监理合同约定的服务内容、服务期限,以及工程特点、规模、技术复杂程度、环境等。

2. ACD

【解析】本题考核的是建设工程监理委托方式中平行承发包模式下工程监理委托方式。建设单位委托多家工程监理单位针对不同施工单位实施监理,需要分别与多家工程监理单位签订工程监理合同,这样,各工程监理单位之间的相互协作与配合需要建设单位进行协调,故选项A正确。采用这种委托方式,工程监理单位的监理对象相对单一,便于管理,故选项B错误。但建设工程监理工作被肢解,各家工程监理单位各负其责,故选项D正确。缺少一个对建设工程进行总体规划与协调控制的工程监理单位,故选项C正确。该模式中,建设单位需要分别与多家工程监理单位签订监理合同,合同数量多,合同管理工作量大且复杂,故选项E错误。

3. ABCE

【解析】采用施工总承包模式,有利于建设工程的组织管理,施工总承包模式比平行承包模式的合同数量少,有利于建设单位的合同管理,减少协调工作量,可发挥工程监理单位与施工总承包单位多层次协调的积极性;总包合同价可较早确定,有利于控制工程造价;既有施工分包单位的自控,又有施工总承包单位监督,还有工程监理单位的检查认可,有利于工程质量控制;施工总承包单位具有控制的积极性,施工分包单位之间也有相互制约的作用,有利于总体进度的协调控制。但该模式的缺点是:建设周期较长,施工总承包单位的报价可能偏高。

4. ABE

【解析】采用建设工程总承包模式,建设单位的合同关系简单、组织协调工作量小;有利于控制工程进度,可缩短建设周期;有利于工程造价控制等。缺点是合同条款不易准确确定,容易造成合同争议;合同管理难度一般较大,造成招标发包工作难度大;总承包单位要承担较大风险;建设单位选择工程总承包单位的余地较小工程质量控制难度加大等,故选项C、D错误。

5. ABCE

【解析】本题考核的是工程总承包模式的优点。采用建设工程总承包模式的优点是:(1)建设单位的合同关系简单,组织协调工作量小。(2)由于工程设计与施工由一个承包单位统筹安排一般能做到工程设计与施工的相互搭接,有利于控制工程进度,可缩短建设周期。(3)通过统筹考虑工程设计与施工,可以从价值工程或全寿命期费用角度取得明显的经济效果,有利于工程造价控制。但该模式的缺点是:(1)合同条款不易准确确定,容易造成合同争议。(2)合同数量虽少,但合同管理难度一般较大,造成招标发包工作难度大;(3)由于承包范围大,介入工程项目时间早,工程信息未知数多,总承包单位要承担较大风险;(4)由于有工程总承包能力的单位数量相对较少,建设单位择优选择工程总承包单位的范围小;(5)工程质量标准和功能要求不易做到全面、具体、准确,"他人控制"机制薄弱,使工程质量控制难度加大。

6. ABDE

【解析】项目监理机构应收集工程监理有关资料包括:(1)反映工程项目特征的有关资料;(2)反映当地工程建设政策、法规的有关资料;(3)反映工程所在地区经济状况等建设条件的资料;(4)类似工程项目建设情况的有关资料。

7. ABDE

【解析】反映工程项目特征的有关资料,主要包括:工程项目的批文,规划部门关于规划红线范围和设计条件的通知,土地管理部门关于准予用地的批文,批准的工程项目可行性研究报告或设计任务书,工程项目地形图,工程勘察成果文件,工程设计图纸及有关说明等。

8. ABCE

【解析】反映当地工程建设政策、法规的有关资料,主要包括:关于工程建设报建程序的有关规定,当地关于拆迁工作的有关规定,当地有关建设工程监理的有关规定,当地关于工程建设招标投标的有关规定,当地关于工程造价管理的有关规定等。

9. ABCD

【解析】反映工程所在地区经济状况等建设条件的资料,主要包括:气象资料,工程地质及水文地质资料,与交通运输(包括铁路、公路、航运)有关的可提供的能力、时间及价格等的资料,与供水、供电、供热、供燃气、电信有关的可提供的容(用)量、价格等的资料,勘察设计单位状况、土建、安装施工单位状况,建筑材料及构件、半成品的生产供应情况,进口设备及材料的到货口岸、运输方式等。

10. ABE

【解析】建设工程监理工作的规范化体现在以下几个方面:(1)工作的时序性。是指工程监理各项工作都应按一定的逻辑顺序开展,使建设工程监理工作能有效地达到目的而不至于造成工作状态的无序和混乱。(2)职责分工的严密性。建设工程监理工作是由不同专业、不同层次的专家群体共同完成的,他们之间严密的职责分工是协调进行建设工程监理工作的前提和实现建设工程监理目标的重要保证。(3)工作目标的确定性。在职责分工的基础上,每一项监理工作的具体目标都应确定,完成的时间也应有明确的限定,从而能通过书面资料对建设工程监理工作及其效果进行检查和考核。

11. ACD

【解析】建设工程监理工作完成后,项目监理机构应向建设单位提交在监理合同文件中约定的建设工程监理文件资料。如合同中未作明确规定,一般应向建设单位提交:工程变更资料、监理指令性文件、各类签证等文件资料。

12. BCDE

【解析】本题考核的是进行监理工作总结中向建设单位提交的监理工作总结的内容。监理工作总结应包括内容以下:(1)工程概况。包括:①工程名称、等级、建设地址、建设规模、结构形式以及主要设计参数;②工程建设单位、设计单位、勘察单位、施工单位、检测单位等;③工程项目主要的分项、分部工程施工进度和质量情况;④监理工作的难点和特点。(2)项目监理机构。(3)建设工程监理合同履行情况。包括:监理合同目标控制情况,监理合同履行情况,监理合同纠纷的处理情况等。(4)监理工作成效。包括:①项目监理机构提出的合理化建议并被建设、设计、施工等单位采纳;②发现施工中的差错,通过监理工作避免了工程质量事故、生产安全事故、累计核减工程款及为建设单位节约工程建设投资等事项的数据(可举典型事例和相关资料)。(5)监理工作中发现的问题及其处理情况。包括监理过程中产生的监理通知单、监理报告、工作联系单及会议纪要等所提出问题的简要统计;由工程质量、安全生产等问题所引起的今后工程合理、有效使用的建议等。(6)说明与建议。

13. AC

【解析】项目监理机构向工程监理单位提交的监理工作总结,主要内容包括:(1)建设工程监理工作的成效和经验。可以是采用某种监理技术、方法,或采用某种经济措施、组织措施,或如何处理好与建设单位、施工单位关系,以及其他工程监理合同执行方面的成效和经验;(2)建设工程监理工作中发现的问题、处理情况及改进建议。

14. ABCE

【解析】建设工程监理实施的原则包括:(1)公平、独立、诚信、科学原则;(2)权责一致原则;(3)总监理工程师负责制原则;(4)严格监理,热情服务原则;(5)综合效益原则;(6)预防为主原则;(7)实事求是原则。

15. AB

【解析】工程监理单位实施监理是受建设单位的委托授权并根据有关建设工程监理法律法规而进行的。这种权力的授予,除体现在建设单位与工程监理单位签订的建设工程监理合同之中外,还应体现在建设单位与施工单位签订的建设工程施工合同中。

16. ABE

【解析】本题考核的是建设工程监理实施程序和原则。建设工程监理单位受建设单位委托实施建设工程监理时,应遵循以下基本原则:(1)公平、独立、诚信、科学的原则;(2)权责一致的原则;(3)总监理工程师负责制的原则;(4)严格监理,热情服务的原则;(5)综合效益的原则;(6)预防为主原则;(7)实事求是的原则。

17. ABD

【解析】总监理工程师负责制指由总监理工程师全面负责建设工程监理工作,其内涵包括:(1)总监理工程师是建设工程监理工作的责任主体。总监理工程师是实现建设工程监理目标的最高责任者。责任是总监理工程师负责制的核心,也是确定总监理工程师权力和利益的依据。(2)总监理工程师是建设工程监理工作的权力主体。根据总监理工程师承担责任的要求,总监理工程师负责制体现了总监理工程师全面领导建设工程监理工作。(3)总监理工程师是建设工程监理工作的利益主体。总监理工程师对社会公众利益负责,对建设单位投资效益负责,同时也对所监理项目的监理效益负责。

18. ABD

【解析】项目监理机构可设总监理工程师代表的情形包括:(1)工程规模较大、专业较复杂,总监理工程师难以处理多个专业工程时,可按专业设总监理工程师代表。(2)一个建设工程监理合同中包含多个相对独立的施工合同,可按施工合同段设总监理工程师代表。(3)工程规模较大,地域比较分散,可按工程地域设置总监理工程师代表。

19. ABDE

【解析】(1)项目监理机构的监理人员应由一名总监理工程师、若干名专业监理工程师和监理员组成,必要时可设总监理工程师代表。(2)当工程规模较大、专业较复杂,总监理工程师难以处理多个专业工程时,可按专业设总监理工程师代表;当一个建设工程监理合同中包含多个相对独立的施工合同,可按施工合同段设总监理工程师代表;当工程规模较大,地域比较分散,可按工程地域设置总监理工程师代表。(3)一名监理工程师可担任一项建设工程监理合同的总监理工程师。当需要同时担任多项建设工程监理合同的总监理工程师时,应经建设单位书面同意,且最多不得超过3项。(4)工程监理单位调换总监理工程师时,应征得建设单位书面同意,调换专业监理工程师时,总监理工程师应书面通知建设单位。

20. ABDE

【解析】设计项目监理机构组织结构应包括以下内容:(1)选择组织结构形式;(2)确定管理层次与管理跨度;(3)设置项目监理机构部门;(4)制定岗位职责及考核标准;(5)选派监理人员。

21. ABCE

【解析】由于建设工程规模、性质、组织实施模式等不同,应选择适宜的项目监理机构组织形式,以适应监理工作需要。组织结构形式选择的基本原则是,有利于工程合同管理,有利于监理目标控制,有利于决策指挥,有利于信息沟通。

22. ABD

【解析】项目监理机构中管理层次可分为以下3个层次:(1)决策层。主要是指总监理工程师、总监理工程师代表,根据建设工程监理合同的要求和监理活动内容进行科学化、程序化决策与管理;(2)中间控制层(协调层和执行层)。由各专业监理工程师组成,具体负责监理规划的落实,监理目标控制及合同实施的管理;(3)操作层。主要由监理员组成,具体负责监理活动的操作实施。

23. AE

【解析】本题考核的是项目监理机构组织结构设计的内容。项目监理机构组织结构设计内容包括:(1)选择组织结构形式;(2)合理确定管理层次与管理跨度;(3)划分项目监理机构部门;(4)制定岗位职责及考核标准;(5)选派监理人员。选项B、C、D属于项目监理机构设立的步骤。

24. ABCD

【解析】管理跨度是指一名上级管理人员所直接管理的下级人数。管理跨度越大,领导者需要协调的工作量越大,管理难度也越大。为使组织结构能高效运行,必须确定合理的管理跨度。项目监理机构中,管理跨度的确定应考虑监理人员的素质、管理活动的复杂性和相似性、监理业务的标准化程度、各项规章制度的建立健全情况、建设工程的集中或分散情况等。

25. ABD

【解析】设置项目监理机构各职能部门时,应根据项目监理机构目标、可利用的人力和物力资源及合同结构情况,将质量控制、造价控制、进度控制、合同管理、信息管理及履行建设工程安全生产管理法定职责等监理工作内容按不同的职能形成相应管理部门。

26. ACD

【解析】岗位职务及职责的确定要有明确的目的性,不可因人设事。根据权责一致的原则,应进行适当授权,以承担相应的职责;并应确定考核标准,对监理人员的工作进行定期考核,包括考核内容、考核标准及考核时间。

27. BCDE

【解析】《建设工程监理规范》(GB/T 50319—2013)规定:(1)总监理工程师应由注册监理工程师担任。(2)总监理工程师代表由具有工程类职业资格的人员(如:监理工程师、造价工程师、建造师、建筑师、注册结构工程师、注册岩土工程师、注册机电工程师等)担任,也可由具有中级及以上专业技术职称、3年及以上工程实践经验并经监理业务培训的人员担任。(3)专业监理工程师由具有工程类职业资格的人员担任,也可由具有中级及以上专业技术职称、2年及以上工程实践经验并经监理业务培训的人员担任。(4)监理员由具有中专及以上学历并经过监理业务培训的人员担任。

28. ABCE

【解析】项目监理机构组织形式是指项目监理机构具体采用的管理组织结构。常用的项目监理机构组织形式有:直线制、职能制、直线职能制、矩阵制等

29. ACDE

【解析】(1)直线制组织形式的特点是项目监理机构中任何一个下级只接受唯一上级

的命令。各级部门主管人员对各自所属部门的事务负责,项目监理机构中不再另设职能部门。(2)这种组织形式适用于能划分为若干个相对独立的子项目的大、中型建设工程。如果建设单位将相关服务一并委托,项目监理机构的部门还可按不同的建设阶段分解设立直线制项目监理机构组织形式。对于小型建设工程,项目监理机构也可采用按专业内容分解的直线制组织形式。

30. ABCD

【解析】(1)职能制组织形式是在项目监理机构内设立一些职能部门,将相应的监理职责和权力交给职能部门,各职能部门在其职能范围内有权直接发布指令指挥下级。(2)职能制组织形式一般适用于大中型建设工程。(3)职能组织形式的主要优点是加强了项目监理目标控制的职能化分工,可以发挥职能机构的专业管理作用,提高管理效率,减轻总监理工程师负担。缺点是由于下级人员受多头指挥,如果这些指令相互矛盾,会使下级在监理工作中无所适从。

31. ABCD

【解析】直线职能制组织形式是吸收直线制组织形式和职能制组织形式的优点而形成的一种组织形式。这种组织形式将管理部门和人员分为两类:一类是直线指挥部门的人员,他们拥有对下级实行指挥和发布命令的权力,并对该部门的工作全面负责;另一类是职能部门的人员,他们是直线指挥人员的参谋,他们只能对下级部门进行业务指导,而不能对下级部门直接进行指挥和发布命令。缺点是职能部门与指挥部门易产生矛盾,信息传递路线长,不利于互通信息。选项E是职能制组织形式的特点。

32. BCDE

【解析】本题考核的是矩阵制监理组织形式的优点。矩阵制组织形式的优点是加强了各职能部门的横向联系,具有较大的机动性和适应性,将上下左右集权与分权实行最优结合,有利于解决复杂问题,有利于监理人员业务能力的培养。缺点是纵横向协调工作量大,处理不当会造成扯皮现象,从而产生矛盾。

33. AD

【解析】项目监理机构应具有合理的人员结构,包括以下两方面:(1)合理的专业结构。项目监理机构应由适应不同专业管理要求的各专业人员组成,也即各专业人员要配套,以满足项目各专业监理工作要求。实际监理工作中,将局部专业性强的监控工作另行委托给具有相应资质的咨询机构来承担,这也应视为保证了监理人员合理的专业结构。(2)合理的技术职称结构。合理的技术职称结构表现为监理人员的高级职称、中级职称和初级职称的比例与监理工作要求相适应。

34. ABDE

【解析】影响项目监理机构人员数量的主要因素包括以下几方面:(1)工程建设强度;(2)建设工程复杂程度;(3)工程监理单位的业务水平;(4)项目监理机构的组织结构和任务职能分工。

35. ABCD

【解析】通常情况下,工程复杂程度涉及以下因素:设计活动、工程地点位置、气候条件、地形条件、工程地质、工程性质、工程结构类型、施工方法、工期要求、材料供应、工程分散程度等。根据上述各项因素,可将工程分为若干工程复杂程度等级,不同等级的工程需要配备的监理人员数量有所不同,例如,可将工程复杂程度按五级划分:简单、一般、较复杂、复杂、很复杂。显然,简单工程需要的监理人员较少,而复杂工程需要的项目监理人员较多。

36. CDE

【解析】本题考核的是工程监理单位的业务水平。每个工程监理单位的业务水平和对某类工程的熟悉程度不完全相同,在监理人员素质、管理水平和监理设备手段等方面也存在差异,这都会直接影响到监理效率的高低。因此,影响监理工作效率的主要因素包括:(1)监理单位的业务水平;(2)对工程的熟悉程度;(3)监理人员素质及管理水平、监理设备手段。

37. ABCE

【解析】项目监理机构人员数量可按如下方法确定:测定、编制项目监理机构人员需要量定额→确定工程建设强度→确定工程复杂程度→根据工程复杂程度和工程建设强度套用监理人员需要量定额→根据实际情况确定监理人员数量。

38. AC

【解析】根据影响工程复杂程度的各项因素,可将工程分为若干工程复杂程度等级,不同等级的工程需要配备的监理人员数量有所不同,显然,简单工程需要的监理人员较少,而复杂工程需要的项目监理人员较多。根据监理工作内容和工程复杂程度等级,即可测定编制项目监理机构监理人员需要量定额。

39. ABCE

【解析】总监理工程师应履行下列职责:(1)确定项目监理机构人员及其岗位职责;(2)组织编制监理规划,审批监理实施细则;(3)根据工程进展及监理工作情况调配监理人员,检查监理人员工作;(4)组织召开监理例会;(5)组织审核分包单位资格;(6)组织审查施工组织设计、(专项)施工方案;(7)审查开复工报审表,签发工程开工令、暂停令和复工令(8)组织检查施工单位现场质量、安全生产管理体系的建立及运行情况;(9)组织审核施工单位的付款申请,签发工程款支付证书,组织审核竣工结算;(10)组织审查和处理工程变更;(11)调解建设单位与施工单位的合同争议,处理工程索赔;(12)组织验收分部工程,组织审查单位工程质量检验资料;(13)审查施工单位的竣工申请,组织工程竣工预验收,组织编写工程质量评估报告,参与工程竣工验收;(14)参与或配合工程质量安全事故的调查和处理;(15)组织编写监理月报、监理工作总结,组织整理监理文件资料。

40. ADE

【解析】本题考核的是总监理工程师代表职责。总监理工程师应组织专业监理工程师审查施工单位报送的开工报审表及相关资料,故选项 B 错误。总监理工程师应组织审核施工单位的付款申请,签发工程款支付证书,组织审核竣工结算,故选项 C 错误。

41. BDE

【解析】本题考核的是总监理工程师代表职责。总监理工程师不得将下列工作委托给总监理工程师代表:(1)组织编制监理规划,审批监理实施细则;(2)根据工程进展及监理工作情况调配监理人员;(3)组织审查施工组织设计、(专项)施工方案,故选项 A 错误。(4)签发工程开工令、暂停令和复工令;(5)签发工程款支付证书,组织审核竣工结算;(6)调解建设单位与施工单位的合同争议,处理工程索赔;(7)审查施工单位的竣工申请,组织工程竣工预验收,组织编写工程质量评估报告,参与工程竣工验收,故选项 C 错误。(8)参与或配合工程质量安全事故的调查和处理。

42. BDE

【解析】 本题考核的是项目监理机构人员配备及职责分工。专业监理工程师职责:(1)检查进场的工程材料、构配件、设备的质量;(2)处置发现的质量问题和安全事故隐患;(3)参与工程变更的审查和处理等。审批监理实施细则属于总监理工程师的职责,故选项 A 错误。组织审核分包单位资质属于总监理工程师的职责,故选项 C 错误。

43. ABD

【解析】 本题考核的是监理员职责。监理员应履行下列职责:(1)检查施工单位投入工程的人力、主要设备的使用及运行状况;(2)进行见证取样;(3)复核工程计量有关数据;(4)检查工序施工结果;(5)发现施工作业中的问题,及时指出并向专业监理工程师报告。选项 C、E 属于专业监理工程师职责。

44. BDE

【解析】 本题考核的是监理员的职责。监理员是在专业监理工程师领导下从事工程检查、材料的见证取样、有关数据复核等具体监理工作的人员。监理员职责包括:(1)检查施工单位投入工程的人力、主要设备的使用及运行状况;(2)进行见证取样;(3)复核工程计量有关数据;(4)检查工序施工结果;(5)发现施工作业中的问题,及时指出并向专业监理工程师报告。

第七章 监理规划与监理实施细则

习 题 精 练

一、单项选择题

1. 下列关于编制监理规划的说法,不正确的是( )。
   A. 工程监理单位在监理大纲中明确的内容均是监理规划的编制依据
   B. 在编写监理规划时,也要考虑施工合同中关于建设单位和施工单位义务和责任的内容,以及建设单位对于工程监理单位的授权
   C. 在不超出合同职责范围的前提下,工程监理单位应最大程度地满足建设单位和施工单位的合理要求
   D. 工程实施过程中输出的有关工程信息,如工程实施状况、工程招标投标情况、重大工程变更、外部环境变化等也是监理规划的编制依据

2. 下列监理规划的编制依据中,反映建设单位对项目监理要求的文件是( )。
   A. 建设工程监理规范   B. 监理工程范围和内容
   C. 设计图纸和施工说明书   D. 招投标和工程监理制度

3. 监理规划基本构成内容主要取决于( )对于工程监理单位的基本要求。
   A. 监理规划   B. 监理大纲   C. 工程监理制度   D. 建设单位

4. 为使监理工作得到有关各方的理解与支持,编写监理规划时应充分听取( )的意见。
   A. 建设单位   B. 设计单位   C. 施工单位   D. 工程质量监督机构

5. 监理规划要把握工程项目运行脉搏,是指( )。
   A. 在监理规划中应明确规定项目监理机构在施工过程中每个阶段的工作内容
   B. 监理规划的内容需要选择最有效的方式和方法来表示
   C. 监理规划应随着工程进展进行不断的补充、修改和完善
   D. 监理规划要随工程项目的进展分阶段编制

6. 监理规划应在签订建设工程监理合同及收到工程设计文件后由总监理工程师组织编制,并应在召开第一次工地会议( )天前报建设单位。
   A. 3   B. 5   C. 7   D. 14

7. 监理规划在编写完成后需进行审核并经批准。监理单位的技术管理部门是内部审核单位,( )应当签认,同时,还应当按工程监理合同约定提交给建设单位,由建设单位确认。
   A. 监理单位法定代表人   B. 监理单位技术负责人

C.监理单位合同管理部门负责人　　　D.监理单位技术管理部门负责人

8.下列关于监理规划编写要求的说法,正确的是(　　)。
   A.监理规划的内部审核单位是监理单位的商务合同管理部门
   B.监理规划应由专业监理工程师主持编写并报监理单位法定代表人审批
   C.监理规划应根据工程监理合同所规定的监理范围与内容进行编写
   D.监理规划中的监理方法措施应与施工方案相符

9.关于监理大纲、监理规划或监理实施细则的说法,正确的是(　　)。
   A.监理大纲和监理规划均应依据监理合同的要求编写
   B.监理规划和监理实施细则均应由监理单位技术负责人主持编制与审批
   C.委托监理的工程项目均应编制监理规划
   D.监理规划的编制依据包括监理合同、施工组织设计、建设单位要求等

10.下列制度,属于项目监理机构内部工作制度的是(　　)。
   A.施工组织设计审核制度　　　B.监理人员岗位职责制度
   C.监理工作报告制度　　　　　D.工程估算审核制度

11.下列工作制度中,属于相关服务工作制度的是(　　)。
   A.设计交底制度　　　　　　　B.设计方案评审制度
   C.设计变更处理制度　　　　　D.施工图纸会审制度

12.下列工程造价控制工作中,属于项目监理机构在施工阶段控制工程造价的工作内容是(　　)。
   A.定期进行工程计量　　　　　B.审查工程概算
   C.进行建设方案比选　　　　　D.进行投资方案论证

13.建设工程监理工作目标是指工程监理单位预期达到的工作目标。通常以(　　)来表示。
   A.工程竣工验收通过
   B.合同按期履行结束
   C.建设工程质量、造价、进度三大目标的控制值
   D.工程通过竣工预验收

14.严格事前、事中和事后的质量检查监督这是实施工程质量控制所采取的(　　)。
   A.组织措施　　B.技术措施　　C.经济措施　　D.合同措施

15.及时进行计划费用与实际费用的分析比较是工程造价控制的(　　)。
   A.合同措施　　B.组织措施　　C.技术措施　　D.经济措施

16.落实进度控制的责任,建立进度控制协调制度是工程进度控制的(　　)。
   A.技术措施　　B.组织措施　　C.经济措施　　D.合同措施

17.安全生产管理的监理工作目标是(　　)。
   A.及时处置安全事故隐患
   B.及时报告、处理生产安全事故
   C.巡视检查施工现场,及时排查、发现安全隐患
   D.履行法定职责,尽可能防止和避免施工安全事故的发生

18. 下列关于专项施工方案编制、审查的说法,不正确的是(　　)。
　　A. 实行施工总承包的,专项施工方案应当由施工总承包单位组织编制
　　B. 工程项目中起重机械安装拆卸工程、深基坑工程、附着式升降脚手架等专业工程实行分包的,其专项施工方案可由专业分包单位组织编制
　　C. 实行施工总承包的,专项施工方案应当由施工总承包单位技术负责人及相关专业分包单位技术负责人签字
　　D. 对于超过一定规模的危险性较大的分部分项工程专项方案应当由建设单位组织召开专家论证会
19. 处理工程暂停及复工、工程变更、索赔及施工合同争议、解除等事宜属于(　　)的主要工作内容。
　　A. 工程质量控制　　B. 工程造价控制　　C. 工程进度控制　　D. 合同管理
20. 建设工程项目组织协调的范围包括(　　)。
　　A. 建设单位和施工单位之间的关系
　　B. 建设单位和监理单位之间的关系
　　C. 施工单位和监理单位之间的关系
　　D. 建设单位、工程建设参与各方(政府管理部门)之间的关系
21. 依据《建设工程监理规范》(GB/T 50319—2013),监理规划应在签订建设工程监理合同及收到工程设计文件后编制,在(　　)前报送建设单位。
　　A. 审核开工报审表　　　　　　B. 工程开工
　　C. 签发工程开工令　　　　　　D. 召开第一次工地会议
22. 监理规划应由总监理工程师组织编制,(　　)审批签认,并报建设单位审查。
　　A. 总监理工程师　　　　　　　B. 监理单位技术负责人
　　C. 施工单位技术负责人　　　　D. 建设主管部门负责人
23. 根据《建设工程监理规范》,不属于监理实施细则编写依据的是(　　)。
　　A. 已批准的监理规划　　　　　B. 施工组织设计,专项施工方案
　　C. 工程外部环境调查资料　　　D. 与专业工程相关的设计文件和技术资料
24. 根据《建设工程监理规范》(GB/T 50319—2013),不属于监理实施细则主要内容的是(　　)。
　　A. 监理工作流程　　　　　　　B. 监理工作控制要点
　　C. 监理机构组织形式与人员配备　D. 专业工程特点
25. 《建设工程监理规范》(GB/T 50319—2013)规定,监理实施细则可随工程进展编制,但必须在相应工程施工前完成,并经(　　)审批后实施。
　　A. 建设单位负责人　　　　　　B. 监理单位负责人
　　C. 监理单位技术负责人　　　　D. 项目总监理工程师

二、多项选择题

1. 根据《建设工程监理规范》(GB/T 50319—2013),编制监理规划的依据有(　　)。
　　A. 建设工程外部环境调查研究资料　　B. 政府批准的工程建设文件

C. 建设单位要求　　　　　　　　D. 施工组织设计
E. 工程实施过程中输出的有关工程信息

2. 编制监理规划需要依据建设工程外部环境调查研究资料。建设工程外部环境调查研究资料主要有（　　）。
   A. 建设工程所在地点的地质、水文、气象、地形以及自然灾害发生情况等方面的资料
   B. 建设工程所在地人文环境、社会治安等方面的资料
   C. 建设主管部门、勘察和设计单位、施工单位、材料设备供应单位、工程咨询和工程监理单位等方面的资料
   D. 建设单位招标项目的情况，建设市场供求关系、建设环境以及市场竞争程度
   E. 交通设施、通信设施、公用设施、能源设施以及金融市场情况等方面的资料

3. 编制监理规划所依据的政府批准的工程建设文件包括（　　）。
   A. 可行性研究报告　　　　　　B. 项目立项批文
   C. 项目规划条件　　　　　　　D. 施工许可文件
   E. 环境保护要求

4. 下列文件资料，属于编制监理规划依据的有（　　）。
   A. 建设工程所在地点的地质、水文、气象、地形、交通设施、公用设施、能源设施以及金融市场情况等方面的资料
   B. 政府有关部门批准的可行性研究报告、立项批文和项目规划条件、土地使用条件
   C. 监理大纲中确定的项目监理组织计划，拟投入主要监理人员，工程质量、造价、进度控制方案，信息管理和合同管理方案
   D. 工程实施状况、工程招标投标情况、重大工程变更、外部环境变化
   E. 施工单位编制的施工组织设计、专项施工方案

5. 下列关于监理规划编写要求的说法，正确的有（　　）。
   A. 监理规划的基本构成内容应当力求统一
   B. 监理规划应把握工程项目运行脉搏
   C. 监理规划的表达方式应当标准化、格式化
   D. 监理规划的内容应符合施工单位的施工组织计划
   E. 监理规划的编制应充分考虑时效性

6. 监理规划的基本构成内容应包括（　　）。
   A. 项目监理组织及人员岗位职责，监理工作制度
   B. 工程质量、造价、进度控制
   C. 安全生产管理的监理工作
   D. 合同与信息管理，组织协调
   E. 监理工作范围和深度

7. 根据《建设工程监理规范》，属于监理规划主要内容的有（　　）。
   A. 安全生产管理制度　　　　　B. 监理工作制度
   C. 监理工作设施　　　　　　　D. 工程造价控制
   E. 工程进度计划

8. 下列制度,属于项目监理机构内部工作制度的有( )。
   A. 施工备忘录签发制度   B. 施工组织设计审核制度
   C. 工程变更处理制度   D. 监理工作日志制度
   E. 监理业绩考核制度

9. 下列实行专业分包的工程中,专项施工方案不能由专业分包单位组织编制的有( )。
   A. 深基坑工程   B. 附着式升降脚手架工程
   C. 起重机械安装拆卸工程 D. 高大模板工程
   E. 拆除、爆破工程

10. 建设工程监理基本工作内容有( )。
    A. 工程质量、造价、进度三大目标控制   B. 合同管理和信息管理
    C. 组织协调   D. 设计文件的审查和评审
    E. 建设工程安全生产管理

11. 监理规划中应根据工程特点和工作重点明确相应的监理工作制度。监理工作制度一般包括( )。
    A. 项目监理机构现场监理工作制度   B. 监理机构内部工作制度
    C. 监理机构社会服务工作制度   D. 相关服务工作制度
    E. 监理机构对外交流工作制度

12. 工程质量控制目标描述的内容有( )。
    A. 施工质量控制目标   B. 材料质量控制目标
    C. 设备质量控制目标   D. 施工工艺控制目标
    E. 质量目标实现的风险分析

13. 项目监理机构实施工程质量控制主要任务有( )。
    A. 编制工程质量保证措施文件
    B. 审查施工单位现场的质量保证体系
    C. 审查施工组织设计、(专项)施工方案
    D. 审核分包单位资格,检查施工单位为本工程提供服务的试验室
    E. 审查影响工程质量的计量设备的检查和检定报告

14. 建设工程质量目标控制范围应包括( )。
    A. 相关人员、工程材料   B. 施工机械设备
    C. 工艺方法和工程环境   D. 质量标准体系
    E. 工程、材料的检查验收

15. 项目监理机构实施工程造价控制的工作内容有( )。
    A. 熟悉施工合同及约定的计价规则,复核、审查施工图预算
    B. 定期进行工程计量、复核工程进度款申请,签署进度款付款签证
    C. 建立月完成工程量统计表,对实际完成量与计划完成量进行比较分析,发现偏差的,应提出调整建议,并报告建设单位
    D. 按程序进行竣工结算款审核,签署竣工结算款支付证书
    E. 按程序审查费用索赔申请,商定或确定索赔费用

16. 编制资金使用计划,并运用动态控制原理,对工程造价进行动态分析、比较和控制是工程造价控制的主要方法。工程造价动态比较的内容包括( )。
   A. 实施工程计量,审核工程量报表　　B. 工程造价目标分解值与造价实际值的比较
   C. 审核费用支付申请,签发支付证书　　D. 工程造价目标值的预测分析
   E. 工程决算审核

17. 下列工作,属于项目监理机构实施工程进度控制工作内容的有( )。
   A. 审查施工总进度计划和阶段性施工进度计划
   B. 检查、督促施工进度计划的实施
   C. 进行进度目标实现的风险分析,制定进度控制的方法和措施
   D. 编制施工总进度计划和阶段性施工进度计划
   E. 预测实际进度对工程总工期的影响,分析工期延误原因,制订对策和措施

18. 安全生产管理的监理工作内容有( )。
   A. 审查施工单位项目经理、专职安全生产管理人员和特种作业人员的资格
   B. 审查施工组织设计,专项施工方案
   C. 审查施工起重机械和整体提升脚手架、模板等设施的安全许可验收手续
   D. 巡视检查危险性较大的分部分项工程专项施工方案实施情况
   E. 建立安全生产管理机构、配备专职安全生产管理人员

19. 项目监理机构对专项施工方案的审查要求包括( )
   A. 对编制依据进行合规性审查　　B. 对编审程序进行符合性审查
   C. 对编制人员进行资格性审查　　D. 对实质性内容进行符合性审查
   E. 对方案实施进行针对性审查

20. 建设工程项目组织协调的层次主要包括( )。
   A. 协调工程参与各方之间的关系　　B. 工程技术协调
   C. 履行合同协调　　D. 施工索赔协调
   E. 内部关系协调

21. 项目监理机构内部协调组织协调的主要工作有( )。
   A. 总监理工程师牵头,做好项目监理机构内部人员之间的工作关系协调
   B. 明确监理人员分工及各自的岗位职责
   C. 建立信息沟通制度
   D. 及时交流信息、处理矛盾,建立良好的人际关系
   E. 做好项目监理机构内部人员之间的经济利益平衡

22. 项目监理机构实施组织协调所采用的方法包括( )。
   A. 会议协调　　B. 交谈协调　　C. 书面协调　　D. 调解协调
   E. 访问协调

23. 监理规划编制完成后需要进行审核批准。监理规划审核的内容主要包括( )。
   A. 监理范围、工作内容及监理目标的审核
   B. 项目监理机构及监理工作制度的审核
   C. 工程质量、造价、进度控制方法的审核

D. 对安全生产管理监理工作内容的审核

E. 监理依据、监理工作设施的审核

24. 审核监理规划时,针对项目监理机构的审核主要包括(　　)。

   A. 组织机构方面　　　　　　　　B. 组织结构形式方面

   C. 岗位职责方面　　　　　　　　D. 人员配备方面

   E. 人员职责分工方面

25. 审核监理规划时,对人员配备方面的审查内容包括(　　)。

   A. 派驻监理人员的专业满足程度

   B. 派驻监理人员的职称满足程度

   C. 派驻监理人员数量的满足程度

   D. 派驻现场监理人员计划表

   E. 派驻监理专业人员不足时采取的措施是否恰当

26. 监理规划审核时,对安全生产管理监理工作内容主要是审核(　　)

   A. 是否建立了对施工组织设计、专项施工方案的审查制度

   B. 是否建立了对现场安全隐患的巡视检查制度

   C. 是否建立了安全生产管理状况的监理报告制度

   D. 是否制定了安全生产事故的应急预案

   E. 是否制定了安全生产管理的措施制度

27. 下列监理规划的审核内容中,不属于履行安全生产管理的监理法定职责内容的有(　　)。

   A. 是否建立了对施工组织设计、专项施工方案的审查制度

   B. 是否建立了对现场安全隐患的巡视检查制度

   C. 是否结合工程特点建立了与建设单位的沟通协调机制

   D. 是否建立了安全生产管理状况的监理报告制度

   E. 是否确定了质量、造价、进度三大目标控制的相应措施

28. 根据《建设工程监理规范》,监理实施细则编写的依据有(　　)。

   A. 建设工程施工合同文件　　　　B. 已批准的监理规划

   C. 与专业工程相关的标准　　　　D. 已批准的施工组织设计、(专项)施工方案

   E. 施工单位的特定要求

29. 根据《建设工程监理规范》(GB/T 50319—2013),应编制监理实施细则的工程有(　　)。

   A. 采用新材料、新工艺的工程

   B. 采用新技术、新设备的工程

   C. 专业性较强、技术较复杂的分部分项工程

   D. 危险性较大的分部分项工程

   E. 工程规模较小、技术较为简单且有成熟监理经验和施工技术措施已落实的工程

30. 下列关于监理实施细则编制的说法,正确的有(　　)。

   A. 实施工程监理的所有工程都必须编制监理实施细则

B. 监理实施细则应符合监理规划的要求,并应结合工程专业特点,做到详细具体、具有可操作性

C. 监理实施细则可随工程进展编制,但应在相应工程开始前由专业监理工程师编制完成

D. 监理实施细则经总监理工程师审批后方可实施

E. 监理实施细则编制必须以工程监理合同、建设工程外部环境调查研究资料为依据

31. 为使监理实施细则更具有针对性和操作性,编制监理实施细则的基本要求包括( )。
    A. 依据充分   B. 内容全面   C. 针对性强   D. 措施有效
    E. 可操作性

32. 根据《建设工程监理规范》(GB/T 50319—2013),属于监理实施细则主要内容的有( )。
    A. 监理工作流程   B. 监理工作控制要点
    C. 专业工程特点   D. 工程质量控制方法
    E. 监理工作方法及措施

33. 监理实施细则内容中的专业工程特点应阐述的内容有( )。
    A. 施工的重点和难点   B. 施工范围和施工顺序
    C. 施工工艺和施工工序   D. 施工计划和施工方案
    E. 施工过程检查验收

34. 监理实施细则对专业工程特点的阐述应能体现出工程施工的( )。
    A. 特殊性、技术的复杂性   B. 与其他专业的交叉和衔接
    C. 影响因素的多样性   D. 各种环境约束条件
    E. 保证措施的有效性

35. 下列工作流程中,监理工作涉及的有( )。
    A. 分包单位招标选择流程   B. 质量三检制度落实流程
    C. 隐蔽工程验收流程   D. 质量问题处理审核流程
    E. 开工审核工作流程

36. 监理实施细则中的监理工作要点通过对相关监理控制点和判断点的全面描述,将监理工作目标和检查点的( )阐明清楚。
    A. 控制指标   B. 检测数据   C. 检测频率   D. 控制措施
    E. 检测方法

37. 监理实施细则中的监理工作方法是指( )。
    A. 旁站、巡视   B. 见证取样、平行检测
    C. 指令文件、监理通知   D. 支付控制手段
    E. 动态控制

38. 监理实施细则中的监理工作措施,根据措施实施内容不同可分为( )。
    A. 技术措施   B. 经济措施   C. 组织措施   D. 合同措施
    E. 信息措施

39.监理实施细则中的监理工作措施,根据措施实施时间不同可分为( )。
   A.事前控制措施   B.事中控制措施
   C.事后控制措施   D.前馈控制措施
   E.反馈控制措施

40.监理实施细则编制完成后,经总监理工程师审核批准后实施。监理实施细则审核的内容包括( )。
   A.编制依据、内容的审核   B.项目监理人员的审核
   C.监理工作流程、监理工作要点的审核 D.监理工作制度的审核
   E.监理工作计划的审核

习题答案及解析

一、单项选择题

1. C

【解析】(1)监理大纲属于工程监理合同的内容,当然是监理规划的编制依据。(2)工程施工合同是编制监理规划的依据,施工合同中关于建设单位和施工单位义务和责任的内容,以及建设单位对于工程监理单位的授权也当然是编制监理规划的依据。(3)工程监理单位应竭诚为客户服务,在不超出合同职责范围的前提下,工程监理单位应最大程度地满足建设单位的合理要求。请注意,这里指的是满足建设单位的合理要求而不是施工单位的合理要求。(4)工程实施过程中输出的有关工程信息也是编制监理规划的依据之一。

2. B

【解析】本题考核的是监理规范的编制依据。反映建设单位对项目监理要求的资料是监理合同(包括监理工作范围和内容、监理大纲、监理投标文件)。选项 A 是反映工程建设法律、法规及标准的资料。选项 C 是反映工程特征的资料。选项 D 是反映当地工程建设法规及政策方面的资料。

3. C

【解析】监理规划基本构成内容主要取决于工程监理制度对于工程监理单位的基本要求。根据建设工程监理的基本内涵,工程监理单位受建设单位委托,需要控制建设工程质量、造价、进度三大目标,需要进行合同管理和信息管理,协调有关单位间的关系,还需要履行安全生产管理的法定职责。工程监理单位的上述基本工作内容决定监理规划的基本构成内容。

4. A

【解析】本题考核的是监理规划编写要求。当然,真正要编制一份合格的监理规划,既要充分调动整个项目监理机构中专业监理工程师的积极性,广泛征求各专业监理工程师和其他监理人员的意见。同时,监理规划的编写还应听取建设单位的意见,以便能最大限度地满足其合理要求,使监理工作得到有关各方的理解和支持,为进一步做好监理服务奠定基础。

5. C

【解析】监理规划是针对具体工程项目编写的,而工程项目的动态性决定了监理规划

的具体可变性。监理规划要把握工程项目运行脉搏,是指其可能随着工程进展进行不断的补充、修改和完善。在工程项目运行过程中,内外因素和条件不可避免地要发生变化,造成工程实际情况偏离计划,往往需要调整计划乃至目标,这就可能造成监理规划在内容上也要进行相应调整。

6. C

【解析】监理规划的编制应充分考虑时效性。监理规划应在签订建设工程监理合同及收到工程设计文件后由总监理工程师组织编制,并应在召开第一次工地会议7天前报建设单位。监理规划报送前还应由监理单位技术负责人审核签字。因此,监理规划的编写还要留出必要的审查和修改时间。为此,应当对监理规划的编写时间事先做出明确规定,以免编写时间过长,从而耽误监理规划对监理工作的指导,使监理工作陷于被动和无序。

7. B

【解析】监理规划在编写完成后需进行审核并经批准。监理单位的技术管理部门是内部审核单位,技术负责人应当签认,同时,还应当按工程监理合同约定提交给建设单位,由建设单位确认。

8. C

【解析】本题考核的是监理规划编写的要求。监理规划在编写完成后需进行审核并经批准。监理单位的技术管理部门是内部审核单位,技术负责人应当签认。故选项A错误。监理规划应由总监理工程师组织主持编写。故选项B错误。建设工程监理合同的相关条款和内容是编写监理规划的重要依据,主要包括:监理工作范围和内容,监理与相关服务依据,工程监理单位的义务和责任,建设单位的义务和责任等。故选项C正确。监理方法措施是针对监理人员实施工程项目目标控制而言的,而施工方案是按照设计文件、根据场地、各种施工资源而言的,两者的目的、对象等都有所不同,故选项D错误。

9. C

【解析】本题考核的是监理大纲、监理规划和监理实施细则的内容。建设工程监理投标文件的核心是反映监理服务水平高低的监理大纲,先有监理大纲,后有监理合同。故选项A错误。监理规划由总监理工程师主持编制,监理实施细则由专业监理工程师编制。故选项B错误。选项D中施工组织设计是编制监理实施细则的依据而非编制监理规划的依据。故选项D错误。监理规划是项目监理机构开展工程监理工作的指导性文件,因此,委托监理的工程项目均应编制监理规划。故选项C正确。

10. B

【解析】监理工作制度包括:项目监理机构现场监理工作制度、项目监理机构内部工作制度及相关服务工作制度(必要时)。其中,项目监理机构内部工作制度主要包括:(1)工作会议制度;(2)人员岗位职责制度;(3)对外行文审批制度;(4)监理工作日志制度;(5)监理周报、月报制度;(6)技术、经济资料及档案管理制度;(7)监理人员教育培训制度;(8)监理人员考勤、业绩考核及奖惩制度。

11. B

【解析】本题考核的是相关服务工作制度。监理工作制度主要包括:项目监理机构现场监理工作制度、项目监理机构内部工作制度及相关服务工作制度。如果提供相关服务时,还需要建立以下制度:(1)项目立项阶段:包括可行性研究报告评审制度和工程估算审核制度等。(2)设计阶段:包括设计大纲、设计要求编写及审核制度,设计合同管理制度,设计方案评审办法,工程概算审核制度,施工图纸审核制度,设计费用支付签认制度,设计协调会制度等。(3)施工招标阶段:包括招标管理制度,标底或招标控制价编制及审核制度,合同条件拟定及审核制度,组织招标实务有关规定等。

12. A

【解析】本题考核的是工程造价控制的工作内容。工程造价控制工作内容包括:(1)熟悉施工合同及约定的计价规则,复核、审查施工图预算;(2)定期进行工程计量,复核工程进度款申请,签署进度款付款签证;(3)建立月完成工程量统计表,对实际完成量与计划完成量进行比较分析,发现偏差的,应提出调整建议,并报告建设单位;(4)按程序进行竣工结算款审核,签署竣工结算款支付证书。

13. C

【解析】监理工作目标是指工程监理单位预期达到的工作目标。通常以建设工程质量、造价、进度三大目标的控制值来表示。

14. B

【解析】工程质量控制的具体措施:(1)组织措施:建立健全项目监理机构,完善职责分工,制定有关质量监督制度,落实质量控制责任。(2)技术措施:协助完善质量保证体系;严格事前、事中和事后的质量检查监督。(3)经济措施及合同措施:严格质量检查和验收,不符合合同规定质量要求的,拒付工程款;达到建设单位特定质量目标要求的,按合同支付工程质量补偿金或奖金。

15. D

【解析】工程造价控制具体措施包括:(1)组织措施:包括建立健全项目监理机构,完善职责分工及有关制度,落实工程造价控制责任。(2)技术措施:对材料、设备采购,通过质量价格比选,合理确定生产供应单位;通过审核施工组织设计和施工方案,使施工组织合理化。(3)经济措施:包括及时进行计划费用与实际费用的分析比较;对原设计或施工方案提出合理化建议并被采用,由此产生的投资节约按合同规定予以奖励。(4)合同措施:按合同条款支付工程款,防止过早、过量的支付;减少施工单位的索赔,正确处理索赔事宜等。

16. B

【解析】工程进度控制具体措施包括:(1)组织措施:落实进度控制的责任,建立进度控制协调制度。(2)技术措施:建立多级网络计划体系,监控施工单位的实施作业计划。(3)经济措施:对工期提前者实行奖励;对应急工程实行较高的计件单价;确保资金的及时供应等。(4)合同措施:按合同要求及时协调有关各方的进度,以确保建设工程的形象进度。

17. D

【解析】安全生产管理的监理工作目标是:履行法律法规赋予工程监理单位的法定职责,尽可能防止和避免施工安全事故的发生。

18. D

【解析】实行施工总承包的,专项施工方案应当由施工总承包单位组织编制,其中,起重机械安装拆卸工程、深基坑工程、附着式升降脚手架等专业工程实行分包的,其专项施工方案可由专业分包单位组织编制。实行施工总承包的,专项施工方案应当由施工总承包单位技术负责人及相关专业分包单位技术负责人签字。对于超过一定规模的危险性较大的分部分项工程专项方案应当由施工单位组织召开专家论证会。

19. D

【解析】合同管理的主要工作内容包括:(1)处理工程暂停及复工、工程变更、索赔及施工合同争议、解除等事宜;(2)处理施工合同终止的有关事宜。

20. D

【解析】组织协调工作是指监理人员通过对项目监理机构内部人与人之间、机构与机构之间,以及监理组织与外部环境组织之间的工作进行调和与联结,从而使工程参建各方相互理解、步调一致。项目组织协调的范围包括建设单位、工程建设参与各方(政府管理部门)之间的关系。

21. D

【解析】依据《建设工程监理规范》(GB/T 50319—2013),监理规划应在签订建设工程监理合同及收到工程设计文件后编制,在召开第一次工地会议前报送建设单位。

22. B

【解析】监理规划在编写完成后需要进行审核并经批准。监理单位技术管理部门是内部审核单位,其技术负责人应当审批签认。

23. C

【解析】本题考核的是监理实施细则的编写依据。根据《建设工程监理规范》(GB/T 50319—2013)的规定,监理实施细则编写的依据包括:(1)已批准的建设工程监理规划;(2)与专业工程相关的标准、设计文件和技术资料;(3)施工组织设计、(专项)施工方案。除《建设工程监理规范》(GB/T 50319—2013)中规定的相关依据,监理实施细则在编制过程中,还可以融入工程监理单位的规章制度和经认证发布的质量体系,以达到监理内容的全面、完整,有效提高工程监理自身的工作质量

24. C

【解析】根据《建设工程监理规范》(GB/T 50319—2013)的规定,监理实施细则的主要内容包括:(1)专业工程特点;(2)监理工作流程;(3)监理工作控制要点;(4)监理工作方法及措施等。

25. D

【解析】《建设工程监理规范》(GB/T 50319—2013)规定,监理实施细则可随工程进展编制,但必须在相应工程施工前完成,并经总监理工程师审批后实施。

二、多项选择题

1. ABCE

【解析】编制监理规划的依据包括:(1)工程建设法律法规和标准。(2)建设工程外部环境调查研究资料。包括:①自然条件方面的资料;②社会和经济条件方面的资料。(3)政府批准的工程建设文件。包括:①政府发展改革部门批准的可行性研究报告、立项批文。②政府规划土地、环保等部门确定的规划条件、土地使用条件、环境保护要求、市政管理规定。(4)建

设工程监理合同文件。(5)建设工程合同。(6)建设单位要求。(7)工程实施过程中输出的有关工程信息。

2. ABCE

【解析】建设工程外部环境调查研究资料包括:(1)自然条件方面的资料。包括:建设工程所在地点的地质、水文、气象、地形以及自然灾害发生情况等方面的资料。(2)社会和经济条件方面的资料。包括:建设工程所在地人文环境、社会治安、建筑市场状况、相关单位(建设主管部门、勘察和设计单位、施工单位、材料设备供应单位、工程咨询和工程监理单位)、基础设施(交通设施、通信设施、公用设施、能源设施)、金融市场情况等方面的资料。

3. ABCE

【解析】政府批准的工程建设文件包括:(1)政府发展改革部门批准的可行性研究报告、立项批文。(2)政府规划土地、环保等部门确定的规划条件、土地使用条件、环境保护要求、市政管理规定。

4. ABCD

【解析】编制监理规划的依据包括:建设工程外部环境调查研究资料、政府批准的工程建设文件、工程监理合同(监理大纲属于监理合同内容)、工程实施过程中输出的有关工程信息等。本题中选项A属于建设工程外部环境调查研究资料;选项B属于政府批准的工程建设文件;选项C属于工程监理合同;选项D属于工程实施过程中输出的有关工程信息。

5. ABCE

【解析】监理规划编写要求包括:(1)监理规划的基本构成内容应当力求统一;(2)监理规划的内容应具有针对性、指导性和可操作性;(3)监理规划应由总监理工程师组织编制;(4)监理规划应把握工程项目运行脉搏;(5)监理规划应有利于工程监理合同的履行;(6)监理规划的表达方式应当标准化、格式化;(7)监理规划的编制应充分考虑时效性;(8)监理规划经审核批准后方可实施。

6. ABCD

【解析】监理规划的基本构成内容应包括:项目监理组织及人员岗位职责,监理工作制度,工程质量、造价、进度控制,安全生产管理的监理工作,合同与信息管理,组织协调等。就某一特定建设工程而言,监理规划应根据建设工程监理合同所确定的监理范围和深度编制,但其主要内容应力求体现上述内容。

7. BCD

【解析】本题考核的是监理规划主要的内容。《建设工程监理规范》(GB/T 50319—2013)明确规定,监理规划的内容包括:(1)工程概况;(2)监理工作的范围、内容、目标;(3)监理工作依据;(4)监理组织形式、人员配备及进退场计划、监理人员岗位职责;(5)监理工作制度;(6)工程质量控制;(7)工程造价控制;(8)工程进度控制;(9)安全生产管理的监理工作;(10)合同管理与信息管理;(11)组织协调;(12)监理工作设施。

8. DE

【解析】本题考核的是项目监理机构内部工作制度。项目监理机构内部工作制度包括:(1)项目监理机构工作会议制度,包括监理交底会议、监理例会、监理专题会、监理工作会议等;(2)项目监理机构人员岗位职责制度;(3)对外行文审批制度;(4)监理工作日志制度;

(5)监理周报、月报制度;(6)技术、经济资料及档案管理制度;(7)监理人员教育培训制度;(8)监理人员考勤、业绩考核及奖惩制度。选项中,施工备忘录签发制度、施工组织设计审核制度和工程变更处理制度属于项目监理机构现场监理工作制度,故选项A、B、C错误。

9. DE

【解析】本题考核的是专项施工方案编制要求。实行施工总承包的,专项施工方案应当由总承包施工单位组织编制,其中,起重机械安装拆卸工程、深基坑工程、附着式升降脚手架等专业工程实行分包的,其专项施工方案可由专业分包单位组织编制。选项中,高大模板工程和拆除、爆破工程,应当由总承包单位编制专项施工方案。

10. ABCE

【解析】建设工程监理基本工作内容包括:工程质量、造价、进度三大目标控制,合同管理和信息管理,组织协调,以及履行建设工程安全生产管理的法定职责。

11. ABD

【解析】为全面履行建设工程监理职责,确保建设工程监理服务质量,监理规划中应根据工程特点和工作重点明确相应的监理工作制度。主要包括:项目监理机构现场监理工作制度、项目监理机构内部工作制度及相关服务工作制度(必要时)。

12. ABCE

【解析】工程质量控制目标描述的内容包括:(1)施工质量控制目标;(2)材料质量控制目标;(3)设备质量控制目标;(4)设备安装质量控制目标;(5)质量目标实现的风险分析。

13. BCDE

【解析】项目监理机构工程质量控制主要任务:(1)审查施工单位现场的质量保证体系,包括:质量管理组织机构、管理制度及专职管理人员和特种作业人员的资格;(2)审查施工组织设计、(专项)施工方案;(3)审查工程使用的新材料、新工艺、新技术、新设备的质量认证材料和相关验收标准的适用性;(4)检查、复核施工控制测量成果及保护措施;(5)审核分包单位资格,检查施工单位为本工程提供服务的试验室;(6)审查施工单位用于工程的材料、构配件、设备的质量证明文件,并按要求对用于工程的材料进行见证取样、平行检验,对施工质量进行平行检验;(7)审查影响工程质量的计量设备的检查和检定报告;(8)采用旁站、巡视检查、平行检验等方式对施工过程进行检查监督;(9)对隐蔽工程、检验批、分项工程和分部工程进行验收;(10)对质量缺陷、质量问题、质量事故及时进行处置和检查验收;(11)对单位工程进行竣工验收,并组织工程竣工预验收。(12)参加工程竣工验收,签署工程监理意见。选项A编制工程质量保证措施文件属于施工单位的工作。

14. ABC

【解析】工程质量目标控制范围应包括影响工程质量的5个要素,即要对人、材料、机械、方法和环境进行全面控制。工程质量是建设工程监理工作的核心,项目监理机构应根据建设工程施工的不同阶段进行工程质量控制目标状况动态分析,发现问题并尽早采取措施予以解决,确保实现工程质量目标。

15. ABCD

【解析】项目监理机构工程造价控制工作内容包括:(1)熟悉施工合同及约定的计价规则,复核、审查施工图预算;(2)定期进行工程计量、复核工程进度款申请,签署进度款付签证;(3)建立月完成工程量统计表,对实际完成量与计划完成量进行比较分析,发现偏差的,应提出调整建议,并报告建设单位;(4)按程序进行竣工结算款审核,签署竣工结算款支付证书。

16. BD

【解析】工程造价动态比较的内容包括:(1)工程造价目标分解值与造价实际值的比较;(2)工程造价目标值的预测分析。

17. ABCE

【解析】监理机构工程进度控制工作内容包括:(1)审查施工总进度计划和阶段性施工进度计划;(2)检查、督促施工进度计划的实施;(3)进行进度目标实现的风险分析,制定进度控制的方法和措施;(4)预测实际进度对工程总工期的影响,分析工期延误原因,制订对策和措施,并报告工程实际进展情况。

18. ABCD

【解析】安全生产管理的监理工作内容包括:(1)编制工程监理实施细则,落实相关监理人员;(2)审查施工单位现场安全生产规章制度的建立和实施情况;(3)审查施工单位安全生产许可证及施工单位项目经理、专职安全生产管理人员和特种作业人员的资格,核查施工机械和设施的安全许可验收手续;(4)审查施工承包人提交的施工组织设计,重点审查其中的安全技术措施、专项施工方案与工程建设强制性标准的符合性;(5)审查包括施工起重机械和整体提升脚手架、模板等自升式架设设施等在内的施工机械和设施的安全许可验收手续情况;(6)巡视检查危险性较大的分部分项工程专项施工方案实施情况;(7)施工单位拒不整改或不停止施工时,应及时向有关主管部门报送监理报告。选项E是施工单位的安全责任和义务。

19. BD

【解析】专项施工方案监理审查要求:(1)对编审程序进行符合性审查;(2)对实质性内容进行符合性审查。

20. AB

【解析】组织协调的层次包括:(1)协调工程参与各方之间的关系;(2)工程技术协调。

21. ABCD

【解析】项目监理机构内部组织协调的主要工作内容包括:(1)总监理工程师牵头,做好项目监理机构内部人员之间的工作关系协调;(2)明确监理人员分工及各自的岗位职责;(3)建立信息沟通制度;(4)及时交流信息、处理矛盾,建立良好的人际关系。

22. ABCE

【解析】组织协调方法包括:(1)会议协调:监理例会、专题会议等方式;(2)交谈协调:面谈、电话、网络等方式;(3)书面协调:通知书、联系单、月报等方式;(4)访问协调:走访或约见等方式。

23. ABCD

【解析】监理规划审核的内容主要包括以下6方面:(1)监理范围、工作内容及监理目标的审核;(2)项目监理机构的审核;(3)工作计划的审核;(4)工程质量、造价、进度控制方法的审核;(5)对安全生产管理监理工作内容的审核;(6)监理工作制度的审核。

第七章 监理规划与监理实施细则

24. AD

【解析】项目监理机构的审核主要针对以下两个方面：(1)组织机构方面。组织形式、管理模式等是否合理，是否已结合工程实施特点，是否能够与建设单位的组织关系和施工单位的组织关系相协调等。(2)人员配备方面。人员配备方面应从以下几个方面审查：专业、数量，人员不足时补救措施、派驻人员计划。

25. ACDE

【解析】人员配备方面应从以下几个方面审查：(1)派驻监理人员的专业满足程度；(2)派驻监理人员数量的满足程度；(3)派驻监理专业人员不足时采取的措施是否恰当；(4)派驻现场监理人员计划表。

26. ABCD

【解析】对安全生产管理监理工作内容的审核主要包括：(1)安全生产管理的监理工作内容是否明确；(2)是否制定了相应的安全生产管理实施细则；(3)是否建立了对施工组织设计、专项施工方案的审查制度；(4)是否建立了对现场安全隐患的巡视检查制度；(5)是否建立了安全生产管理状况的监理报告制度；(6)是否制定了安全生产事故的应急预案等。

27. CE

【解析】安全生产管理监理工作内容的审核主要包括：安全生产管理的监理工作内容是否明确；是否制定了相应的安全生产管理实施细则；是否建立了对施工组织设计、专项施工方案的审查制度；是否建立了对现场安全隐患的巡视检查制度；是否建立了安全生产管理状况的监理报告制度；是否制定了安全生产事故的应急预案等。

28. BCD

【解析】监理实施细则编写的依据包括：(1)已批准的建设工程监理规划；(2)与专业工程相关的标准、设计文件和技术资料；(3)施工组织设计、(专项)施工方案。

29. ABCD

【解析】《建设工程监理规范》(GB/T 50319—2013)规定，采用新材料、新工艺、新技术、新设备的工程，以及专业性较强、危险性较大的分部分项工程，应编制监理实施细则。对于工程规模较小、技术较为简单且有成熟监理经验和施工技术措施落实的情况下，可不必编制监理实施细则。

30. BCD

【解析】(1)对于工程规模较小、技术较为简单且有成熟监理经验和施工技术措施落实的情况下，可不必编制监理实施细则。(2)监理实施细则应符合监理规划的要求，并应结合工程专业特点，做到详细具体、具有可操作性。(3)监理实施细则可随工程进展编制，但应在相应工程开始前由专业监理工程师编制完成，并经总监理工程师审批后实施。可根据建设工程实际情况及项目监理机构工作需要增加其他内容。当工程发生变化导致监理实施细则所确定的工作流程、方法和措施需要调整时，专业监理工程师应对监理实施细则进行补充、修改。选项E为监理规划编制的依据。

31. BCE

【解析】从监理实施细则目的角度，监理实施细则应满足以下三个方面要求：(1)内容全面。监理工作包括"三控两管一协调"与安全生产管理的监理工作，监理实施细则作为指导监理工作的操作性文件应涵盖这些内容。(2)针对性强。监理实施细则应在相关依据的基础上,结合工程项目实际建设条件、环境、技术、设计、功能等进行编制,确保监理实施细则的针对性。同时,在监理工作实施过程中,监理实施细则要根据实际情况进行补充、修改和完善。(3)可操作性。监理实施细则应有可行的操作方法、措施,详细、明确地控制目标值和全面的监理工作计划。

32. ABCE

【解析】根据《建设工程监理规范》(GB/T 50319—2013)的规定,监理实施细则的主要内容包括:(1)专业工程特点;(2)监理工作流程;(3)监理工作控制要点;(4)监理工作方法及措施等。

33. ABC

【解析】专业工程特点是指需要编制监理实施细则的工程专业特点,而不是简单的工程概述。专业工程特点应从专业工程施工的重点和难点、施工范围和施工顺序、施工工艺、施工工序等内容进行有针对性的阐述。

34. ABD

【解析】通过对专业工程施工的重点和难点、施工范围和施工顺序、施工工艺、施工工序等内容进行有针对性的阐述,体现为工程施工的特殊性、技术的复杂性,与其他专业的交叉和衔接以及各种环境约束条件。

35. CDE

【解析】本题考核的是监理工作涉及的流程。监理工作流程是结合工程相应专业制定的具有可操作性和可实施性的流程图,它不仅涉及最终产品的检查验收,更多地涉及施工中各个环节及中间产品的监督检查与验收。监理工作涉及的流程包括:开工审核工作流程、施工质量控制流程、进度控制流程、造价(工程量计量)控制流程、安全生产和文明施工监理流程、测量监理流程、施工组织设计审核工作流程、分包单位资格审核流程、建筑材料审核流程、技术审核流程、工程质量问题处理审核流程、旁站检查工作流程、隐蔽工程验收流程、工程变更处理流程、信息资料管理流程等。

36. ABC

【解析】监理工作控制要点及监理工作目标值是对监理工作流程中工作内容的增加和补充,应将流程图设置的相关监理控制点和判断点进行详细而全面的描述,将监理工作目标和检查点的控制指标、数据和频率等阐明清楚。

37. ABCD

【解析】监理规划中的监理工作方法是针对工程总体概括要求的方法,针对专业工程,更应具体、更具有可操作性和可实施性。具体地说,监理工作方法就是监理工程师通过旁站、巡视、见证取样、平行检测等监理方法,对专业工程进行全面监控。除上述四种常规方法外,监理工程师还可采用指令文件、监理通知、支付控制手段等方法实施监理。对每一个专业工程的监理实施细则而言,其工作方法必须以详尽阐明。

38. ABCD

【解析】根据措施实施内容不同,可将监理工作措施分为技术措施、经济措施、组织措施和合同措施。

39. ABC

【解析】根据措施实施时间不同,可将监理工作措施分为:(1)事前控制措施;(2)事中控制措施;(3)事后控制措施。简单地说,事前控制措施是指为预防发生差错或问题而提前采取的措施;事中控制措施是指监理工作过程中,及时获取工程实际状况信息,以供及时发现问题、解决问题而采取的措施;事后控制措施是指发现工程相关指标与控制目标或标准之间出现差异后而采取的纠偏措施。

40. ABCD

【解析】监理实施细则审核的内容主要包括以下几方面:(1)编制依据、内容的审核;(2)项目监理人员的审核;(3)监理工作流程、监理工作要点的审核;(4)监理工作方法和措施的审核;(5)监理工作制度的审核。

第八章 建设工程监理工作内容和主要方式

习 题 精 练

一、单项选择题

1. 下列关于建设工程质量、造价、进度三大目标关系的说法,不正确的是(　　)。
   A. 质量、造价、进度三大目标之间相互关联,共同形成一个整体
   B. 在工程实践中,几乎不可能同时实现质量好、投资省、工期短(进度快)
   C. 确定和控制建设工程三大目标,需要统筹兼顾三大目标之间的密切联系
   D. 在实施三大目标控制时,要针对每个目标单独施策,各个击破,从而实现每个目标

2. 下列关于建设工程质量、造价、进度三大目标的说法,正确的是(　　)。
   A. 工程项目质量、造价、进度目标应以定性分析为主,定量分析为辅
   B. 建设工程三大目标中,应确保工程质量目标符合工程建设强制性标准
   C. 分析论证建设工程三大目标的匹配性时应以同等权重对待
   D. 建设工程三大目标的实现是指实现工程项目"质量优、投资省、工期短"的目标

3. 控制建设工程三大目标,需要从不同角度将建设工程总目标分解成若干分目标、子目标及可执行目标,从而形成(　　)。
   A. 自下而上层层展开、自下而上层层保证
   B. 自上而下层层展开、自上而下层层保证
   C. 自上而下层层展开、自下而上层层保证
   D. 自下而上层层展开、自上而下层层保证

4. 关于建设工程总目标的分析论证,说法正确的是(　　)。
   A. 分析建设工程总目标应采用定性分析方法综合论证
   B. 工程复杂程度可决定三大目标的重要性顺序
   C. 采用"自上而下层层保证、自下而上层层展开"的形式分解建设工程目标进行分析
   D. 建设工程三大目标在"质量优、投资少、工期短"之间寻求最佳匹配

5. 在分析论证建设工程总目标,寻求建设工程质量、造价和进度三大目标间最佳匹配关系时,应确保(　　)。
   A. 进度目标符合建设工程合同工期　　B. 质量目标符合工程建设强制性标准
   C. 造价目标符合工程项目融资计划　　D. 进度、质量和造价目标均达到最优

6. 在对建设工程总目标进行分析论证时,质量目标通常采用(　　)方法。
   A. 动态分析　　B. 定量分析　　C. 网络分析　　D. 定性分析

7. 建设工程目标体系构建后,建设工程监理工作的关键在于( )。
   A. 制定控制计划　　B. 制定控制措施　　C. 实施动态控制　　D. 反馈控制
8. 下列动态控制任务中,属于事前计划控制的是( )。
   A. 建立目标体系　　　　　　　　B. 分析可能产生的偏差
   C. 收集项目实施绩效　　　　　　D. 采取预防偏差产生的措施
9. 项目监理机构在建设工程施工阶段质量控制的主要任务是通过对施工全过程及影响质量的主要因素实施全面控制,在满足工程造价和进度要求的前提下,实现( )。
   A. 工程质量无缺陷　　　　　　　B. 不发生质量事故
   C. 预定的施工质量目标　　　　　D. 高标准的工程质量目标
10. 建设工程施工阶段造价控制的主要任务就是通过采取有效措施,在满足工程质量和进度要求的前提下,力求使工程( )。
    A. 实际费用支出最省
    B. 实际费用支出不超过计划投资
    C. 实际费用支出等于计划投资
    D. 实际费用支出不超过计划投资的某一百分比
11. 项目监理机构在建设工程施工阶段进度控制的主要任务,就是通过采取有效措施,在满足工程质量和造价要求的前提下,力求使工程( )。
    A. 实际施工进度满足计划施工进度的要求
    B. 实际工期最短
    C. 计划工期大幅度缩短
    D. 计划工期不大幅度延长
12. 下列工程进度控制工作中,属于项目监理机构在施工阶段进度控制工作的是( )。
    A. 编制工程建设总进度计划　　　B. 依据进度控制纲要确定合同工期
    C. 进行工程项目建设目标论证　　D. 审查施工单位提交的进度计划
13. 根据《建设工程监理规范》,项目监理机构审查施工进度计划时,正确的要求是( )。
    A. 在施工进度计划中应考虑国家法定假日的安排
    B. 施工进度计划应符合建设单位的资金计划
    C. 施工人数的安排应最大限度地利用施工空间
    D. 施工进度计划中应预留工程计量的时间
14. 建设工程目标控制措施中的( )是实施其他各类措施的前提和保障。
    A. 合同措施　　B. 技术措施　　C. 组织措施　　D. 经济措施
15. 项目监理机构处理工程索赔事项是建设工程目标控制重要的( )措施。
    A. 技术　　　　B. 合同　　　　C. 经济　　　　D. 组织
16. 建设工程监理工作中,动态跟踪项目执行情况并处理好工程索赔等事宜,属于目标控制的( )措施。
    A. 组织　　　　B. 技术　　　　C. 经济　　　　D. 合同
17. 项目监理机构应签发工程暂停令的情形是( )。

A. 施工单位未按审查通过的工程设计文件施工

B. 施工单位未按审查通过的施工组织设计组织施工

C. 施工过程中存在工程质量事故隐患

D. 施工过程中出现不符合合同约定的行为

18. 当暂停施工原因消失,具备复工条件时,施工单位未提出复工申请的,总监理工程师应根据实际情况( )。

A. 指示施工单位递交工程复工报审表　　B. 请示建设单位如何处理

C. 指令施工单位恢复施工　　D. 指示施工单位整改

19. 项目监理机构处理施工单位提出的工程变更的程序是( )。

A. 施工单位提出变更申请→监理机构审查变更申请,并提出审查意见→监理机构对变更费用及工期影响作出评估→总监理工程师组织建设单位、施工单位等共同协商确定变更费用及工期变化,会签变更单→项目监理机构根据批准的变更文件监督施工单位实施工程变更

B. 施工单位提出变更申请→监理机构审查变更申请,并提出审查意见→总监理工程师组织建设单位、施工单位等共同协商确定变更费用及工期变化,会签变更单→项目监理机构根据批准的变更文件监督施工单位实施工程变更

C. 施工单位提出变更申请→监理机构审查变更申请,并提出审查意见→监理工程师发出变更指示→项目监理机构根据批准的变更文件监督施工单位实施工程变更

D. 施工单位提出变更申请→监理机构审查变更申请,并提出审查意见→监理工程师签发变更单,并发出变更指示→项目监理机构根据批准的变更文件监督施工单位实施工程变更

20. 对于施工单位提出的涉及工程设计文件修改的工程变更,必要时应召开工程设计文件修改方案的专题论证会议,该会议的正确组织方式是( )。

A. 由设计单位组织,建设、施工和监理单位参加

B. 由建设单位组织,设计、施工和监理单位参加

C. 由施工单位组织,建设、设计和监理单位参加

D. 由监理单位组织,建设、设计和施工单位参加

21. 项目监理机构可对建设单位要求的工程变更( ),并应督促施工单位按会签后的工程变更单组织施工。

A. 提出评估意见　　B. 进行专题论证

C. 召开专题会议　　D. 与施工单位协商

22. 根据《建设工程监理规范》(GB/T 50319—2013),因施工单位原因造成建设单位损失,建设单位提出( )时,项目监理机构应与建设单位和施工单位协商处理。

A. 工程延期　　B. 费用索赔　　C. 合同解除　　D. 工程变更

23. 对工程项目而言,工程实际造价超出工程预算的原因之一是( )。

A. 缺乏可靠的成本数据　　B. 项目功能要求高

C. 设计采用的标准高　　D. 设计选用新材料、新技术

24. 科学的信息加工和整理,需要基于( )。

A.横道图和垂直图 B.网络计划图
C.业务流程图和数据流程图 D.直方图和控制图

25.下列工作内容中,属于项目监理机构与施工单位的协调工作内容的是( )。
A.明确规定每个部门的目标、职责和权限
B.注意信息传递的及时性和程序性
C.及时消除工作中的矛盾或冲突
D.对分包单位的管理

26.对于工程施工合同发生矛盾或歧义时,监理工程师应首先采用( )方式协调建设单位与施工单位的关系。
A.申请调解 B.仲裁 C.协商处理 D.诉讼

27.下列关于项目监理机构和施工单位协调的说法,正确的是( )。
A.总监理工程师可以提出或接受任何变通办法以解决问题
B.总监理工程师应设计合理的奖罚机制协调进度和质量问题
C.施工单位采用不当方法施工时,监理工程师应立即签发停工令
D.分包合同履行中发生的索赔,应由分包单位根据总承包合同进行索赔

28.对于工程施工合同争议,项目监理机构应首先采用( )解决方式,协调建设单位与施工单位的关系。
A.协商 B.调解 C.仲裁 D.诉讼

29.根据《建设工程监理规范》,第一次工地会议应由( )主持,监理单位、总承包单位授权代表参加。
A.建设单位 B.监理机构 C.施工单位 D.质量监督机构

30.下列关于第一次工地会议的说法,正确的是( )。
A.第一次工地会议应由总监理工程师组织召开
B.第一次工地会议应在总监理工程师下达开工令后召开
C.第一次工地会议的会议纪要由建设单位负责整理
D.在第一次工地会议上总监理工程师应介绍监理规划等相关内容

31.下列关于监理例会的说法,正确的是( )。
A.监理例会可以由建设单位组织召开
B.监理例会的讨论内容是工程质量安全问题
C.监理例会的会议纪要由建设单位签发
D.监理例会的议定事项应有落实单位和时限要求

32.对于超过一定规模的危险性较大的分部分项工程的专项施工方案,应由( )组织专家进行论证、审查。
A.监理单位 B.建设单位 C.设计单位 D.施工单位

33.专项施工方案由施工单位施工项目经理组织编制,经( )签字后,才能报送项目监理机构审查。
A.施工单位负责人 B.施工单位技术负责人
C.施工项目技术负责人 D.施工单位合同管理部门负责人

34. 项目监理机构在实施监理过程中,发现工程存在安全事故隐患时,应( )。
    A. 签发监理通知单,要求施工单位整改   B. 签发工程暂停令,并应及时报告建设单位
    C. 向有关部门报送监理报告   D. 召开专题会议,讨论整改措施

35. ( )是指项目监理机构监理人员对施工现场进行定期或不定期的检查活动。
    A. 巡视   B. 旁站   C. 平行检验   D. 见证取样

36. 在监理过程中,监理人员应按照监理规划及监理实施细则的规定进行现场巡视。巡视检查内容以( )为主。
    A. 施工单位的施工准备情况
    B. 包括施工工序、工艺、人员、周边环境等在内的施工情况
    C. 现场施工质量、生产安全事故隐患
    D. 质量问题、质量缺陷处理措施及效果

37. 巡视监理人员认为发现的问题自己无法解决或无法判断是否能够解决时,应立即向( )汇报。
    A. 监理单位负责人   B. 建设单位
    C. 总监理工程师   D. 监理单位技术负责人

38. 下列关于项目监理机构巡视工作的说法,正确的是( )。
    A. 监理规划中应明确巡视要点和巡视措施
    B. 巡视检查内容以施工质量和进度检查为主
    C. 对巡视检查中发现的问题应报告总监理工程师解决
    D. 总监理工程师应检查监理人员巡视工作成果

39. 根据《建筑工程施工质量验收统一标准》(GB 50300—2013)规定,检验批、分项工程、分部(子分部)工程、单位(子单位)工程等的检查评定结果由( )填写。
    A. 建设单位   B. 监理单位   C. 施工单位   D. 质量监督机构

40. 关于平行检验的说法,正确的是( )。
    A. 单位工程的验收结论由建设单位填写
    B. 施工现场质量管理检查记录的检查评定结果由监理单位填写
    C. 负责平行检验的监理人员应对工程的关键部位和关键工序进行平行检验
    D. 平行检验方案应明确平行检验的方法、范围、内容、程序和人员职责

41. 下列关于平行检验工作内容和职责的说法,不正确的有( )。
    A. 项目监理机构应依据建设工程监理合同编制符合工程特点的平行检验方案
    B. 平行检验的方法包括量测、检测、试验等
    C. 对平行检验不符合规范、标准的项目,应在分析原因后按照相关规定进行处理
    D. 监理人员应根据平行检验方案,对工程实体、材料、设备、人员等进行平行检验

42. 下列关于平行检验的说法,不正确的有( )。
    A. 平行检验方案应明确平行检验的方法、内容、程序和人员职责
    B. 在平行检验的同时,记录相关数据,分析平行检验结果、检测报告结论等
    C. 平行检验方面的文件资料等应单独整理、归档
    D. 平行检验的资料是竣工验收资料的重要组成部分

43. 根据《建设工程监理规范》，旁站是指项目监理机构对工程的（　　）进行的监督活动。
    A. 危险性较大的分部工程的施工质量　　B. 危险性较大的分部工程的施工安全
    C. 关键部位或关键工序的施工质量　　　D. 关键部位或关键工序的施工安全

44. 下列关于旁站作用的说法，不正确的有（　　）。
    A. 旁站是监理工作中用以监督工程质量和安全的有效手段
    B. 旁站主要是对工程的各个部位和施工工序的施工质量进行监督
    C. 旁站可以及时发现问题、第一时间采取措施，防止偷工减料、确保施工工艺、工序按施工方案进行
    D. 旁站应与监理工作其他方法手段结合使用，使其成为质量控制工作中相当重要和必不可少的工作方式

45. 下列关于旁站工作内容的说法，不正确的有（　　）。
    A. 旁站应在总监理工程师的指导下，由现场监理人员负责具体实施
    B. 在旁站实施前，项目监理机构应根据旁站方案和相关的施工验收规范，对旁站人员进行技术交底
    C. 监理人员实施旁站时，发现施工单位有违反工程建设强制性标准行为的，有权责令施工单位立即停工整改
    D. 监理人员实施旁站时，发现其施工活动已经或者可能危及工程质量的，应当及时向监理工程师或者总监理工程师报告，由总监理工程师下达局部暂停施工指令或者采取其他应急措施

46. 见证取样应在建设单位人员见证下，由（　　）在现场取样，送至试验室进行检测。
    A. 见证人员　　　B. 施工单位人员　　C. 监理单位人员　　D. 监理工程师

47. 建设单位或工程监理单位应向施工单位、工程受监的质监站和工程检测单位递交"见证单位和见证人员授权书"。授权书应写明本工程见证人单位及见证人姓名、证号，见证人不得少于（　　）人。
    A. 2　　　　　　B. 3　　　　　　C. 4　　　　　　D. 5

48. （　　）取样人员在现场抽取和制作试样时，见证人必须在旁见证，且应对试样进行监护，并和委托送检的送检人员一起采取有效的封样措施或将试样送至检测单位。
    A. 施工单位　　　B. 第三方　　　C. 检测方　　　D. 监理方

49. 见证取样活动的送检单位是（　　）。
    A. 建设单位　　　B. 受委托的第三方　　C. 施工单位　　D. 监理单位

50. 受委托的检测单位在出具检验报告时，应在检验报告上加盖"见证取样送检"印章。发生试样不合格情况，应在（　　）小时内上报工程受监的质监站，并建立不合格项目台账。
    A. 6　　　　　　B. 12　　　　　C. 18　　　　　D. 24

51. 下列关于见证取样的说法，正确的是（　　）。
    A. 项目监理机构应制定见证取样送检工作制度
    B. 计量认证分为国家级、省级和市级，实施的效力均完全一致
    C. 见证取样涉及建设方、施工方、监理方和检测方四方行为主体
    D. 检测单位须见证施工单位和项目监理机构的现场试样抽取

二、多项选择题

1. 建设工程监理的主要工作内容是通过(　　)等手段,控制建设工程质量、造价和进度目标,并履行建设工程安全生产管理的法定职责。
   A. 合同管理　　　B. 经济管理　　　C. 信息管理　　　D. 技术管理
   E. 组织协调

2. 建设工程目标系统的构成主要有(　　)。
   A. 质量目标　　　B. 安全目标　　　C. 造价目标　　　D. 环保目标
   E. 进度目标

3. 建设单位对某工程质量提出了较高的要求,结果最终投入较多的资金和花费较长的建设时间。这表明建设工程三大目标之间(　　)。
   A. 质量、造价、进度三大目标之间相互关联,相互影响
   B. 需要统筹兼顾三大目标之间的密切联系
   C. 质量、造价、进度三大目标之间各自独立,无任何关联性
   D. 三大目标之间存在着矛盾和对立的一面
   E. 三大目标共同形成一个整体,不可分割

4. 分析论证建设工程总目标时,应遵循的基本原则有(　　)。
   A. 确保建设工程质量目标符合工程建设强制性标准
   B. 定性分析与定量分析相结合
   C. 充分考虑到三大目标之间的矛盾和对立的一面
   D. 不同建设工程三大目标可具有不同的优先等级
   E. 需要应用多目标决策、多级递阶、动态规划等理论统筹考虑、分析论证

5. 下列关于建设工程总目标分析论证原则的说法,正确的有(　　)。
   A. 质量目标通常采用定性分析方法,而造价、进度目标可采用定量分析方法
   B. 不同建设工程三大目标可具有不同的优先等级
   C. 建设工程质量、造价、进度三大目标的优先顺序并非固定不变
   D. 努力在"质量优、投资省、工期短"之间寻求最佳匹配。
   E. 努力实现"质量优、投资省、工期短"的目标

6. 决定建设工程质量、造价、进度三大目标重要性顺序的因素主要有(　　)。
   A. 工程建设背景　　　　　　　B. 工程复杂程度
   C. 工程投资方　　　　　　　　D. 工程本身结构特点
   E. 工程利益相关者需求

7. 为了有效地控制建设工程三大目标,需要逐级分解建设工程总目标。对建设工程总目标的分解可按(　　)进行,从而形成建设工程目标体系。
   A. 工程项目组成　　　　　　　B. 工程参建单位
   C. 各分目标重要程度　　　　　D. 时间进展
   E. 目标重要性顺序

8. 下列建设工程目标的动态控制工作,属于事中过程控制的有(　　)。

A.编制工程项目计划　　　　　　B.分析各种可能产生的偏差
C.采取预防偏差产生的措施　　　D.实施工程项目计划
E.比较实施绩效和预定目标

9.下列工程监理工作,属于施工质量控制的有(　　)。
A.审查确认施工总包单位及分包单位资格
B.检查工程材料、构配件、设备质量
C.审查施工组织设计和施工方案
D.审批施工进度计划
E.验收分部分项工程和隐蔽工程

10.下列监理工作,属于工程投资控制的有(　　)。
A.严格进行工程计量和付款控制
B.严格控制工程变更,力求减少工程变更费用
C.研究确定预防费用索赔的措施,以避免、减少施工索赔
D.研究制定预防工期索赔的措施,做好工程延期审批工作
E.审核施工单位提交的工程结算文件

11.下列监理工作属于施工阶段进度控制的有(　　)
A.审查施工单位提交的施工进度计划
B.协助建设单位编制和实施由建设单位负责供应的材料和设备供应进度计划
C.审批施工组织设计和施工方案
D.研究制定预防工期索赔的措施,做好工程延期审批工作
E.组织进度协调会议,协调有关各方关系

12.项目监理机构在施工阶段进度控制的任务有(　　)。
A.完善建设工程控制性进度计划　　B.审查施工单位专项施工方案
C.审查施工单位工程变更申请　　　D.制定预防工期索赔措施
E.组织召开进度协调会

13.建设工程三大目标控制的主要措施有(　　)。
A.技术措施　　B.经济措施　　C.合同措施　　D.措施组织
E.管理措施

14.下列目标控制措施中,属于组织措施的有(　　)。
A.明确各级目标控制人员的任务和职责分工
B.建立健全实施动态控制的组织机构、规章制度和人员
C.改善建设工程目标控制的工作流程,建立目标控制工作考评机制
D.审批施工组织设计、施工方案
E.加强动态控制过程中的激励措施,调动和发挥员工的积极性和创造性

15.下列目标控制措施中,属于技术措施的是(　　)。
A.确定目标控制工作流程　　　B.审查施工组织设计
C.采用网络计划进行工期优化　D.审核比较各种工程数据
E.确定合理的工程款计价方式

16. 下列目标控制措施中,属于经济措施的有(　　)。
    A.建立动态控制过程中的激励机制
    B.审核工程量及工程结算报告
    C.对工程变更方案进行技术经济分析
    D.选择合理的承包模式和合同计价方式
    E.进行投资偏差分析和未完工程投资预测

17. 完整的建设工程施工合同管理应包括(　　)。
    A.施工招标的策划与实施　　　　B.合同计价方式及合同文本的选择
    C.合同谈判及合同条件的确定　　D.合同进度计划实施的检查
    E.合同订立和履行的总结评价

18. 根据《建设工程监理规范》,项目监理机构签发工程暂停令的情形有(　　)。
    A.建设单位要求暂停施工且工程需要暂停施工的
    B.施工单位未经批准擅自施工或拒绝项目监理机构管理的
    C.施工单位未按审查通过的工程设计文件施工的
    D.施工单位违反工程建设强制性标准的
    E.施工存在质量、安全事故隐患的

19. 项目监理机构处理工程索赔的依据有(　　)。
    A.相关法律法规　　B.勘察设计文件　　C.施工合同文件　　D.发包人的指示
    E.索赔事件的证据

20. 根据《建设工程监理规范》,项目监理机构批准工程延期应满足的条件有(　　)。
    A.因建设单位原因造成施工人员工作时间延长
    B.因非施工单位原因造成施工进度滞后
    C.施工进度滞后影响施工合同约定的工期
    D.建设单位负责供应的工程材料未及时供应到货
    E.施工单位在施工合同约定的期限内提出工程延期申请

21. 根据《建设工程监理规范》,项目监理机构处理施工合同争议时应进行的工作有(　　)。
    A.了解合同争议情况
    B.暂停施工合同履行
    C.与合同争议双方进行磋商
    D.提出处理方案后,由总监理工程师进行协调
    E.双方未能达成一致时,总监理工程师应提出处理合同争议的意见

22. 项目监理机构内部协调的主要内容有(　　)。
    A.项目监理机构内部人际关系的协调　　B.项目监理机构内部组织关系的协调
    C.项目监理机构内部需求关系的协调　　D.项目监理机构内部经济利益关系的协调
    E.项目监理机构内部业务关系的协调

23. 项目监理机构内部人际关系协调的内容有(　　)。
    A.在人员安排上要量才录用　　　　B.在工作分配上要职责分明
    C.在绩效评价上要实事求是　　　　D.在矛盾调解上要恰到好处

E. 在经济利益上要适当平衡

24. 项目监理机构内部组织关系协调的主要内容有（　　）。
    A. 合理设置组织机构，设置管理部门　　B. 明确规定每个部门的目标、职责和权限
    C. 建立信息沟通制度　　D. 及时消除工作中的矛盾或冲突
    E. 建立职务晋升公开评议制度

25. 项目监理机构内部需求关系的协调主要包括（　　）。
    A. 对建设工程监理检测试验设备的平衡　　B. 对建设工程监理人员的平衡
    C. 对建设工程监理办公设备的平衡　　D. 对监理机构内部财务需求的平衡
    E. 对监理机构监理文件资料的平衡

26. 项目监理机构与施工单位协调的工作内容主要有（　　）。
    A. 与施工项目经理关系的协调　　B. 施工进度和质量问题的协调
    C. 对施工单位违约行为的处理　　D. 施工合同争议的协调
    E. 施工索赔与延期的处理

27. 项目监理机构组织协调的方法主要有（　　）。
    A. 会议协调法　　B. 交谈协调法　　C. 电话协调法　　D. 书面协调法
    E. 网络协调法

28. 会议协调法是建设工程监理中最常用的一种协调方法。会议协调法包括（　　）。
    A. 第一次工地会议　　B. 监理例会　　C. 专题会议　　D. 审查论证会议
    E. 参建各方联席会议

29. 下列关于第一次工地会议的说法，正确的有（　　）。
    A. 第一次工地会议是建设工程尚未全面展开、总监理工程师下达开工令前召开的
    B. 第一次工地会议是建设单位、工程监理单位和施工单位对各自人员及分工、开工准备、监理例会的要求等情况进行沟通和协调的会议
    C. 第一次工地会议也是检查开工前各项准备工作是否就绪并明确监理程序的会议
    D. 第一次工地会议应由监理机构主持，建设单位、监理单位、总承包单位授权代表参加，也可邀请分包单位代表参加，必要时可邀请有关设计单位人员参加
    E. 第一次工地会议上，总监理工程师应介绍监理工作的目标、范围和内容、项目监理机构及人员职责分工、监理工作程序、方法和措施等

30. 下列关于监理例会的说法，正确的有（　　）。
    A. 监理例会是项目监理机构定期组织有关单位研究解决与监理相关问题的会议
    B. 专题会议是由建设单位主持召开的，为解决工程监理过程中的工程专项问题而不定期召开的会议
    C. 监理例会应由总监理工程师或其授权的专业监理工程师主持召开，宜每周召开一次
    D. 项目总监理工程师或总监理工程师代表、其他有关监理人员、施工项目经理、施工单位其他有关人员应参加监理例会
    E. 检查工程量核定及工程款支付情况是监理例会的主要内容之一

31. 下列关于项目监理机构组织协调方法的说法，正确的有（　　）。
    A. 第一次工地会议是由监理机构组织召开的，对开工前各项准备工作情况进行沟通

和协调的会议

B. 监理例会是项目监理机构定期组织有关单位研究解决与监理相关问题的会议

C. 由于交谈本身没有合同效力,而且具有方便、及时等特性,因此,工程参建各方之间及项目监理机构内部都愿意采用这一方法进行协调

D. 书面协调法的特点是具有合同效力

E. 监理例会的讨论内容是工程质量安全问题

32. 项目监理机构应审查施工单位报审的专项施工方案。专项施工方案审查的基本内容包括(　　)。

A. 编审程序应符合相关规定

B. 编制人员是否具备相应的资格

C. 安全技术措施应符合工程建设强制性标准

D. 编制的时间是否符合要求

E. 内容是否完整全面

33. 建设工程监理的主要方式有(　　)。

A. 巡视　　　B. 协调　　　C. 旁站　　　D. 平行检验

E. 见证取样

34. 巡视是监理人员针对现场(　　)等情况进行的检查工作。

A. 施工质量　B. 施工进度　C. 安全生产管理　D. 合同管理

E. 工程造价

35. 巡视对于实现建设工程目标,加强安全生产管理等起着重要作用。巡视的作用有(　　)。

A. 观察、检查施工单位的施工准备情况

B. 观察、检查包括施工工序、施工工艺、施工人员、施工材料、施工机械、周边环境等在内的施工情况

C. 观察、检查施工过程中的质量问题、质量缺陷并及时采取相应措施

D. 观察、检查施工现场存在的各类生产安全事故隐患并及时采取相应措施

E. 观察、检查施工单位实施施工进度计划的情况

36. 监理人员在施工质量方面巡视检查的内容有(　　)。

A. 天气情况是否适宜施工作业,如不适宜施工作业,是否已采取相应措施

B. 施工人员作业情况,是否按照工程设计文件、工程建设标准和批准的施工组织设计、(专项)施工方案施工

C. 使用的工程材料、设备和构配件是否已检测合格

D. 施工单位主要管理人员到岗履职情况,特别是施工质量管理人员是否到位

E. 三大目标控制的具体措施实施情况

37. 监理人员在安全生产方面巡视检查的内容有(　　)。

A. 施工单位安全生产管理人员到岗履职情况、特种作业人员持证情况

B. 施工组织设计中的安全技术措施和专项施工方案落实情况

C. 使用的工程材料、设备和构配件是否已检测合格

D. 危险性较大分部分项工程施工情况,重点关注是否按方案施工
E. 大型起重机械和自升式架设设施运行情况

38. 下列关于监理巡视检查相关问题的说法,正确的有( )。
   A. 在巡视检查中发现问题,应及时采取相应处理措施
   B. 巡视监理人员认为发现的问题自己无法解决或无法判断是否能够解决时,应立即向建设单位汇报
   C. 在监理巡视检查记录表中及时、准确、真实地记录巡视检查情况
   D. 对已采取相应处理措施的质量问题、生产安全事故隐患,检查施工单位的整改落实情况,并反映在巡视检查记录表中
   E. 监理文件资料管理人员应及时将巡视检查记录表归档

39. 平行检验是项目监理机构控制建设工程质量的重要手段。平行检验的内容有( )。
   A. 施工工艺检验　　B. 工程实体量测　　C. 材料检验　　D. 施工设备检验
   E. 特种作业人员资质检验

40. 下列关于平行检验的说法,正确的是( )。
   A. 施工现场质量管理检查记录由监理单位填写
   B. 检验批、分项工程、分部(子分部)工程、单位(子单位)工程等的验收结论由施工单位填写
   C. 平行检验的内容包括工程实体量测(检查、试验、检测)和材料检验等
   D. 对于原材料、设备、构配件以及工程实体质量等,应在见证取样或施工单位委托检验的基础上进行"平行检验",以使检验、检测结论更加真实、可靠
   E. 平行检验是工程质量预验收和工程竣工验收的重要依据之一

41. 项目监理机构应依据建设工程监理合同编制符合工程特点的平行检验方案。平行检验方案的内容主要包括( )。
   A. 平行检验的方法　　　　　　B. 平行检验的范围
   C. 平行检验的内容　　　　　　D. 平行检验的频率
   E. 平行检验的程序

42. 项目监理机构在编制监理规划时,应制定旁站方案。旁站方案的内容包括( )。
   A. 旁站的范围　　B. 旁站的内容　　C. 旁站的程序　　D. 旁站的时间
   E. 旁站人员的职责

43. 下列关于旁站工作内容的说法,正确的有( )。
   A. 项目监理机构应按照规定的关键部位、关键工序实施旁站
   B. 旁站记录不能成为监理工程师或者总监理工程师依法行使有关签字权的重要依据
   C. 对于需要旁站的关键部位、关键工序施工,凡没有实施旁站或者没有旁站记录的,专业监理工程师或者总监理工程师不得在相应文件上签字
   D. 在工程竣工验收后,工程监理单位应当将旁站记录存档备查
   E. 建设单位要求监理机构超出规定的范围实施旁站的,应当另行支付监理费用

44. 下列关于旁站的说法,正确的有( )。
   A. 旁站是监理工作中用以监督工程质量和安全的有效手段

B. 旁站方案应在编制监理规划时,明确工作范围、内容、程序和人员职责

C. 监理人员所旁站部位的施工作业内容及质量情况需记录下来

D. 监理人员在旁站过程中发现工程质量问题时,可签发工程暂停令要求施工单位整改

E. 监理单位应在工程竣工验收前,将旁站资料记录存档

45. 下列关于旁站监理人员工作职责的说法,正确的有(　　)。

A. 检查施工单位现场质量管理人员到岗、特殊工种人员持证上岗情况

B. 在现场跟班监督工程部位、施工工序的施工方案及工程建设强制性标准执行情况

C. 核查进场建筑材料、建筑构配件、设备和商品混凝土的质量检验报告

D. 现场监督施工单位对建筑材料、建筑构配件等进行的检验或者委托具有资格的第三方进行的复验

E. 凡旁站监理人员未在旁站记录上签字的,不得进行下一道工序施工

46. 项目监理机构应根据工程的特点和具体情况,制定工程见证取样送检工作制度,将(　　)等内容纳入监理实施细则。

A. 材料进场报验　　　　　　　B. 见证取样送检的范围

C. 见证取样工作程序　　　　　D. 见证取样费用分担

E. 见证人员和取样人员的职责

47. 通常情况下,见证取样涉及三方,即(　　)。

A. 施工方　　B. 见证方　　C. 试验方　　D. 送检方

E. 认证方

48. 我国的计量认证分为两级实施,分别是(　　)。

A. 国家级　　B. 省级　　C. 地市级　　D. 县级

E. 企业级

49. 建设单位或工程监理单位应向(　　)递交见证单位和见证人员授权书。授权书应写明本工程见证人单位及见证人姓名、证号。

A. 施工单位　　　　　　　　B. 工程受监的质监站

C. 工程检测单位　　　　　　D. 政府建设主管部门

E. 工程监理单位

50. 对受委托的见证取样送检的检测单位出具的检验报告的要求有(　　)。

A. 试验报告应计算机打印　　B. 试验报告采用统一用表

C. 试验报告签名一定要手签　　D. 注明见证人的姓名

E. 注明送检单位及送检人的姓名

51. 专业监理工程师应负责制定见证取样实施细则。实施细则的内容应包括(　　)。

A. 材料进场报验　　　　　　B. 见证取样送检的范围

C. 见证取样送检的工作程序　　D. 见证取样的取样方法

E. 见证取样试验方法

52. 总监理工程师应检查监理人员见证取样工作的实施情况。检查的方式有(　　)。

A. 现场检查　　B. 定期检查　　C. 资料检查　　D. 随机检查

E. 临时检查

53. 下列关于见证取样监理人员工作内容和职责的说法,正确的有( )。
    A. 在现场进行见证,监督施工单位取样人员按随机取样方法和试件制作方法进行取样
    B. 监督送检人员对试样进行监护、封样加锁
    C. 在检验委托单上签字,并出示见证员证书
    D. 监理文件资料管理人员应全面、真实记录试块、试件及工程材料的见证取样台账
    E. 协助建立包括见证取样送检计划、台账等在内的见证取样档案

54. 见证取样的检验报告应满足的基本要求有( )。
    A. 试验报告应手工书写
    B. 试验报告应采用统一用表
    C. 试验报告签名一定要手签
    D. 注明取样人的姓名
    E. 试验报告应有见证检验专用章

55. 工程监理信息系统作为处理工程监理信息的人-机系统,其主要作用有( )。
    A. 存储和管理与工程监理有关的信息,并随时进行查询和更新
    B. 快速、准确地处理工程监理所需要的信息
    C. 快速提供高质量的决策支持信息和方案比选
    D. 实现工程参建各方、各部门之间的信息共享和协同工作
    E. 直观仿真展示工程项目施工现场场景

56. 工程监理信息系统的目标是( )。
    A. 实现工程监理信息的智能化管理
    B. 实现工程监理信息的系统管理
    C. 实现工程监理信息资源的共享
    D. 提供必要的监理决策支持
    E. 快速、准确地处理工程监理所需要的信息

57. 建设工程监理信息系统可以为项目监理机构提供的支持是( )。
    A. 标准化、结构化的数据
    B. 预测、决策所需的信息及分析模型
    C. 工程目标动态控制的分析报告
    D. 工程变更的优化设计方案
    E. 解决工程监理问题的备选方案

58. 工程监理信息系统应具有的基本功能包括( )。
    A. 信息管理 B. 动态控制 C. 决策支持 D. 场景呈现
    E. 协同工作

59. 建筑信息建模(BIM)技术的基本特点有( )。
    A. 协调性 B. 模拟性 C. 经济性 D. 优化性
    E. 可出图性

60. 目前,工程监理过程中应用BIM技术期望实现的目标有( )。
    A. 可视化展示
    B. 控制工程造价
    C. 提高工程设计和项目管理质量
    D. 控制工程质量
    E. 缩短工程施工周期

61. BIM技术在工程监理中应用范围主要有( )。
    A. 可视化模型建立 B. 管线综合 C. 4D虚拟施工 D. 成本核算
    E. 质量分析

习题答案及解析

一、单项选择题

1. D

【解析】建设工程质量、造价、进度三大目标之间相互关联,共同形成一个整体。从建设单位角度出发,往往希望建设工程的质量好、投资省、工期短(进度快),但在工程实践中,几乎不可能同时实现上述目标。确定和控制建设工程三大目标,需要统筹兼顾三大目标之间的密切联系,防止发生盲目追求单一目标而冲击或干扰其他目标,也不可分割三大目标。

2. B

【解析】本题考核的是建设工程质量、造价、进度三大目标的基本内容。三大目标应定性分析与定量分析相结合。在建设工程目标系统中,质量目标通常采用定性分析方法,而造价、进度目标可采用定量分析方法,故选项 A 错误。分析论证建设工程总目标,应遵循下列基本原则:(1)确保建设工程质量目标符合工程建设强制性标准。故选项 B 正确。(2)定性分析与定量分析相结合。(3)不同建设工程三大目标可具有不同的优先等级。建设工程质量、造价、进度三大目标的优先顺序并非固定不变。建设背景、复杂程度、投资方及利益相关者需求等的不同,决定了三大目标在不同建设工程中具有不同的优先等级。故选项 C 错误。建设工程三大目标之间密切联系、相互制约,需要应用多目标决策、多级梯阶、动态规划等理论统筹考虑、分析论证,努力在"质量优、投资省、工期短"之间寻求最佳匹配。故选项 D 错误。

3. C

【解析】控制建设工程三大目标,需要综合考虑建设工程项目三大目标之间相互关系,在分析论证基础上明确建设工程项目质量、造价、进度总目标;需要从不同角度将建设工程总目标分解成若干分目标、子目标及可执行目标,从而形成"自上而下层层展开、自下而上层层保证"的目标体系,为建设工程三大目标动态控制奠定基础。

4. B

【解析】(1)在建设工程目标系统中,质量目标通常采用定性分析方法,而造价、进度目标可采用定量分析方法。分析建设工程总目标需要采用定性分析与定量分析相结合的方法综合论证。故选项 A 错误。(2)建设工程的建设背景、复杂程度、工期、工程资金、投资方及利益相关者需求等不同,决定了三大目标的重要性顺序不同。故选项 B 正确。(3)需要从不同角度将建设工程总目标分解成若干分目标、子目标及可执行目标,从而形成"自上而下层层展开、自下而上层层保证"的目标体系。故选项 C 错误。(4)建设工程三大目标之间密切联系、相互制约,需要应用多目标决策、多级递阶、动态规划等理论统筹考虑、分析论证,努力在"质量优、投资省、工期短"之间寻求最佳匹配。故选项 D 错误。

5. B

【解析】本题考核的是分析论证建设工程总目标遵循的基本原则。分析论证建设工程总目标应遵循的基本原则包括:(1)确保建设工程质量目标符合工程建设强制性标准。(2)定性分析与定量分析相结合。(3)不同建设工程三大目标可具有不同的优先等级。工程建设强制性标准是有关人民生命财产安全、人体健康、环境保护和公众利益的技术要求,在追求建设工程质量、造价和进度三大目标间最佳匹配关系时,应确保建设工程质量目标符合工程建设强制性标准。

6. D

【解析】在建设工程目标系统中,质量目标通常采用定性分析方法,而造价、进度目标可采用定量分析方法。对于某一建设工程而言,采用不同的质量标准,会有不同的工程造价和工期,需要采用定性分析与定量分析相结合的方法综合论证建设工程三大目标。

7. C

【解析】建设工程目标体系构建后,建设工程监理工作的关键在于动态控制。为此,需要在建设工程实施过程中监测实施绩效,并将实施绩效与计划目标进行比较,采取有效措施纠正实施绩效与计划目标之间的偏差,力求使建设工程实现预定目标。建设工程目标体系的动态控制可表示为PDCA(Plan 计划;Do 执行;Check 检查;Action 纠偏)。

8. A

【解析】本题考核的是建设工程目标动态控制过程的内容。动态控制工程可分为事前计划控制、事中过程控制和事后纠偏控制。事前计划控制包括建立建设工程目标体系和编制工程项目计划。事中过程控制包括分析各种可能产生的偏差、采取预防偏差产生的措施、实施工程项目计划、收集工程项目实施绩效、比较实施绩效和预定目标和分析产生的原因等。事后纠偏控制包括采取纠偏措施。

9. C

【解析】项目监理机构在建设工程施工阶段质量控制的主要任务是通过对施工投入、施工和安装过程、施工产出品(分项工程、分部工程、单位工程、单项工程等)进行全过程控制以及对施工单位及其人员的资格、材料和设备、施工机械和机具、施工方案和方法、施工环境实施全面控制,以期按标准实现预定的施工质量目标。

10. B

【解析】项目监理机构在建设工程施工阶段造价控制的主要任务是,通过工程计量、工程付款控制、工程变更费用控制、预防并处理好费用索赔、挖掘降低工程造价潜力等方法使工程实际费用支出不超过计划投资。

11. A

【解析】项目监理机构在建设工程施工阶段进度控制的主要任务是,通过完善建设工程控制性进度计划、审查施工单位提交的进度计划、做好施工进度动态控制工作、协调各相关单位之间的关系、预防并处理好工期索赔,力求实际施工进度满足计划施工进度的要求(或力求使工程实际工期不超过计划工期目标)。

12. D

【解析】本题考核的是项目监理机构在施工阶段控制进度的任务。项目监理机构在建设工程施工阶段进度控制的主要任务是:通过完善建设工程控制性进度计划、审查施工单位提交的进度计划、做好施工进度动态控制工作、协调各相关单位之间的关系、预防并处理好工期索赔,力求实际施工进度满足计划施工进度的要求

13. B

【解析】根据《建设工程监理规范》(GB/T 50319—2013)的规定,施工进度计划审查

的基本内容:(1)施工进度计划应符合施工合同中工期的约定;(2)施工进度计划中主要工程项目无遗漏,应满足分批动用或配套动用的需要,阶段性施工进度计划应满足总进度控制目标的要求;(3)施工顺序的安排应符合施工工艺要求;(4)施工人员、工程材料、施工机械等资源供应计划应满足施工进度计划的需要;(5)施工进度计划应满足建设单位提供的施工条件(资金、施工图纸、施工场地、物资等)。

14. C

【解析】组织措施是实施其他各类措施的前提和保障。因为其他各类措施的实施都必须依赖于组织,通过组织活动来实现。

15. B

【解析】本题考核的是三大目标的合同措施。加强合同管理是控制建设工程目标的重要措施。建设工程总目标及分目标将反映在建设单位与工程参建主体所签订的合同之中,通过选择合理的承发包模式和合同计价方式,选定满意的施工单位及材料设备供应单位,拟定完善的合同条款,并动态跟踪合同执行情况及处理好工程索赔等,是控制建设工程目标的重要合同措施。

16. D

【解析】本题考核的是三大目标控制措施中合同措施。通过选择合理的承发包模式和合同计价方式,选定满意的施工单位及材料设备供应单位,拟定完善的合同条款,并动态跟踪合同执行情况及处理好工程索赔等,是控制建设工程目标的重要合同措施。

17. A

【解析】本题考核的是签发工程暂停令的情形。项目监理机构发现下列情况之一时,总监理工程师应及时签发工程暂停令:(1)建设单位要求暂停施工且工程需要暂停施工的;(2)施工单位未经批准擅自施工或拒绝项目监理机构管理的;(3)施工单位未按审查通过的工程设计文件施工的;(4)施工单位违反工程建设强制性标准的;(5)施工存在重大质量、安全事故隐患或发生质量、安全事故的。

18. C

【解析】当暂停施工原因消失,具备复工条件时,施工单位提出复工申请的,项目监理机构应审查施工单位报送的工程复工报审表及有关材料,符合要求后,总监理工程师应及时签署审查意见,并应报建设单位批准后签发工程复工令;施工单位未提出复工申请的,总监理工程师应根据工程实际情况指令施工单位恢复施工。

19. A

【解析】项目监理机构可按下列程序处理施工单位提出的工程变更:(1)总监理工程师组织专业监理工程师审查施工单位提出的工程变更申请,提出审查意见。对涉及工程设计文件修改的工程变更,应由建设单位转交原设计单位修改工程设计文件。必要时,项目监理机构应建议建设单位组织设计、施工等单位召开论证工程设计文件的修改方案的专题会议。(2)总监理工程师组织专业监理工程师对工程变更费用及工期影响作出评估。(3)总监理工程师组织建设单位、施工单位等共同协商确定工程变更费用及工期变化,会签工程变更单。(4)项目监理机构根据批准的工程变更文件监督施工单位实施工程变更。

20. B

【解析】对涉及工程设计文件修改的工程变更,应由建设单位转交原设计单位修改工程设计文件。必要时,项目监理机构应建议建设单位组织设计、施工等单位召开论证工程设计文件的修改方案的专题会议。

21. A

【解析】项目监理机构可对建设单位要求的工程变更提出评估意见,并应督促施工单位按会签后的工程变更单组织施工。

22. B

【解析】项目监理机构应按《建设工程监理规范》规定的索赔处理程序和施工合同约定的索赔时效期限,处理施工单位提出的费用索赔。因施工单位原因造成建设单位损失,建设单位提出索赔时,项目监理机构应与建设单位和施工单位协商处理。

23. A

【解析】本题考核的是成本核算。对于工程项目而言,预算超支现象是极其普遍的,而缺乏可靠的成本数据是造成工程造价超支的重要原因。

24. C

【解析】科学的信息加工和整理,需要基于业务流程图和数据流程图。结合建设工程监理与相关服务业务工作绘制业务流程图和数据流程图,不仅是建设工程信息加工和整理的重要基础,而且是优化建设工程监理与相关服务业务处理过程、规范建设工程监理与相关服务行为的重要手段。(1)业务流程图。业务流程图是以图示形式表示业务处理过程。通过绘制业务流程图,可以发现业务流程的问题或不完善之处,进而可以优化业务处理过程。(2)数据流程图。数据流程图是根据业务流程图,将数据流程以图示形式表示出来。数据流程图的绘制应自上而下地层层细化。

25. D

【解析】项目监理机构与施工单位的协调工作内容包括:(1)与施工项目经理关系的协调;(2)施工进度与质量问题的协调;(3)对施工单位违约行为的处理;(4)施工合同争议的协调;(5)对分包单位的管理。

26. C

【解析】应遵循"协商为主,调解优先"的原则,即合同争议发生后,要立足于通过友好协商解决,协商不能解决进而进行仲裁或诉讼时,无论是仲裁机构还是人民法院都应先进行调解,通过调解让双方自愿达成协议,只有在调解不能解决争议时,才作出裁决或判决。因此,工程施工合同发生矛盾或歧义时,监理工程师应首先采用协商解决方式协调建设单位与施工单位的关系。协商不成时,才由合同当事人寻求调解,甚至申请仲裁或诉讼。当然,对于非常棘手的合同争议,不妨暂时搁置,等待时机,另谋良策。

27. B

【解析】本题考核的是项目监理机构与施工单位的协调。监理工程师应强调各方面利益的一致性和建设工程总目标;应鼓励施工单位向其汇报建设工程实施状况、实施结果和遇到的困难和意见,以寻求针对建设工程目标控制的有效解决办法,故选项A错误。监理工程师应采用科学的进度和质量控制方法,设计合理的奖罚机制及组织现场协调会议等协调工施工进度和质量问题,故选项B正确。当发现施工单位采用不适当的方法进行施工,或采用不符合质量要求的材料时,监理工程师除立即制止外,还需要采取相应的处理措施。遇到这种情况,监理工程师需要在其权限范围内采用恰当的方式及时作出协调处理,故选项C错误。分包合同履行中发生的索赔问题,一般应由总承包单位负责,故选项D错误。

28. A

【解析】对于工程施工合同争议,项目监理机构应首先采用协商解决方式,协调建设单位与施工单位的关系。协商不成时,才由合同当事人申请调解,甚至申请仲裁成诉讼。遇到非常棘手的合同争议时,不妨暂时搁置,等待时机,另谋良策。

29. A

【解析】第一次工地会议是建设工程尚未全面展开、总监理工程师下达开工令前,建设单位、工程监理单位和施工单位对各自人员及分工、开工准备、监理例会的要求等情况进行沟通和协调的会议,也是检查开工前各项准备工作是否就绪并明确监理程序的会议。第一次工地会议应由建设单位主持,监理单位、总承包单位授权代表参加,也可邀请分包单位代表参加,必要时可邀请有关设计单位人员参加。

30. D

【解析】本题考核的是第一次工地会议的内容。第一次工地会议是建设工程尚未全面展开、总监理工程师下达开工令前(故选项B错误),建设单位、工程监理单位和施工单位对各自人员及分工、开工准备、监理例会的要求等情况进行沟通和协调的会议,也是检查开工前各项准备工作是否就绪并明确监理程序的会议。第一次工地会议应由建设单位主持(故选项A错误),监理单位、总承包单位授权代表参加,也可邀请分包单位代表参加,必要时可邀请有关设计单位人员参加。第一次工地会议上,总监理工程师应介绍监理工作的目标、范围和内容、项目监理机构及人员职责分工、监理工作程序、方法和措施等。故选项D正确。会议纪要由项目监理机构根据会议记录整理。故选项C错误。

31. D

【解析】本题考核的是监理例会的基本内容。监理例会的会议纪要由项目监理机构根据会议记录整理并由项目监理机构签发。故选项C错误。会议纪要的内容包括:(1)会议地点及时间;(2)会议主持人;(3)与会人员姓名、单位、职务;(4)会议主要内容、决议事项及其负责落实单位、负责人和时限要求;(5)其他事项。故选项D正确。项目监理机构应定期组织召开监理例会,并组织有关单位研究解决与监理相关的问题。故选项A、B错误。

32. D

【解析】项目监理机构应审查施工单位报审的专项施工方案,符合要求的,应由总监理工程师签认后报建设单位。超过一定规模的危险性较大的分部分项工程的专项施工方案,还应检查施工单位组织专家进行论证、审查的情况,以及方案是否附具安全验算结果。

33. B

【解析】专项施工方案由施工单位施工项目经理组织编制,经施工单位技术负责人签字后,才能报送项目监理机构审查。

34. A

【解析】项目监理机构在实施监理过程中,发现工程存在安全事故隐患时,应签发监理通知单,要求施工单位整改;情况严重时,应签发工程暂停令,并应及时报告建设单位。施工单位拒不整改或不停止施工时,项目监理机构应及时向有关主管部门报送监理报告。紧急情况下,项目监理机构可通过电话、传真或者电子邮件向有关主管部门报告,事后应形成监理报告。

35. A

【解析】 巡视是指项目监理机构监理人员对施工现场进行定期或不定期的检查活动。巡视检查是项目监理机构实施建设工程监理的重要方式之一,是监理人员针对施工现场进行的日常检查。

36. C

【解析】 在监理过程中,监理人员应按照监理规划及监理实施细则中规定的频次进行现场巡视(如上午、下午各一次)。巡视检查内容以现场施工质量、生产安全事故隐患为主,且不限于工程质量、安全生产方面的内容。监理人员在巡视检查中发现的施工质量、生产安全事故隐患等问题以及采取的相应处理措施、所取得的效果等,应及时、准确地记录在巡视检查记录表中。

37. C

【解析】 在巡视检查中发现问题,应及时采取相应处理措施(比如:巡视监理人员发现个别施工人员在砌筑作业中砂浆饱满度不够,可口头要求施工人员加以整改)。巡视监理人员认为发现的问题自己无法解决或无法判断是否能够解决时,应立即向总监理工程师汇报。

38. D

【解析】 本题考核的是巡视工作的内容和职责。(1)项目监理机构应在监理规划的相关章节中编制体现巡视工作的方案、计划、制度等相关内容,以及在监理实施细则中明确巡视要点、巡视频率和措施,并明确巡视检查记录表,故选项A错误。(2)巡视检查内容以现场施工质量、生产安全事故隐患为主,且不限于工程质量、安全生产方面的内容,故选项B错误。(3)在巡视检查中发现问题,应及时采取相应处理措施。巡视监理人员认为发现的问题自己无法解决或无法判断是否能够解决时,应立即向总监理工程师汇报,故选项C错误。(4)总监理工程师应检查监理人员巡视的工作成果,与监理人员就当日巡视检查工作进行沟通,对发现的问题及时采取相应处理措施,故选项D正确。

39. C

【解析】《建筑工程施工质量验收统一标准》(GB 50300—2013)规定,施工现场质量管理检查记录、检验批、分项工程、分部(子分部)工程、单位(子单位)工程等的验收记录(检查评定结果)由施工单位填写,验收结论由监理(建设)单位填写。

40. A

【解析】 (1)《建筑工程施工质量验收统一标准》规定,施工现场质量管理检查记录以及检验批、分项工程、分部工程、单位工程等的验收记录(检查评定结果)由施工单位填写,验收结论由监理单位(或建设单位)填写。故选项A正确,B错误。(2)平行检验的内容包括工程实体量测(检查、试验、检测)和材料检验等。因此,负责平行检验的监理人员应根据审批的平行检验方案,对工程实体、原材料等进行平行检验。故选项C错误。(3)项目监理机构应编制符合工程特点的平行检验方案,明确平行检验的方法、范围、内容、频率等,并设计各平行检验记录表式。故选项 D 错误。

41. D

【解析】（1）项目监理机构首先应依据建设工程监理合同编制符合工程特点的平行检验方案，明确平行检验的方法、范围、内容、频率等，并设计各平行检验记录表式。（2）建设工程监理实施过程中，应根据平行检验方案的规定和要求，开展平行检验工作。对平行检验不符合规范、标准的检验项目，应在分析原因后按照相关规定进行处理。（3）负责平行检验的监理人员应根据经审批的平行检验方案，对工程实体、原材料等进行平行检验。平行检验的方法包括量测、检测、试验等。

42. A

【解析】应注意以下几点：（1）平行检验方案的内容应明确平行检验的方法、范围、内容、频率等，并设计各平行检验记录表式。（2）在平行检验的同时，记录相关数据，分析平行检验结果、检测报告结论等，提出相应的建议和措施。（3）监理文件资料管理人员应将平行检验方面的文件资料等单独整理、归档。平行检验的资料是竣工验收资料的重要组成部分。

43. C

【解析】本题考核的是旁站的定义。旁站是指项目监理机构对工程的关键部位或关键工序的施工质量进行的监督活动。当然，旁站也是监理人员在现场实施安全生产管理的一种重要方式。

44. B

【解析】对结构安全、重要使用功能起着重要作用的关键部位和关键工序实施旁站，当然涉及质量和安全。旁站主要是对工程的关键部位或关键工序的施工质量进行的监督活动。只是单一的进行旁站还不能控制施工质量，只有将旁站与监理工作其他方法手段结合使用，才能成为工程质量控制工作中相当重要和必不可少的工作方式。

45. C

【解析】本题应注意以下几点：（1）旁站应在总监理工程师的指导下，由现场监理人员负责具体实施。在旁站实施前，项目监理机构应根据旁站方案和相关的施工验收规范，对旁站人员进行技术交底。（2）监理人员实施旁站时，发现施工单位有违反工程建设强制性标准行为的，有权责令施工单位立即整改；发现其施工活动已经或者可能危及工程质量的，应当及时向监理工程师或者总监理工程师报告，由总监理工程师下达局部暂停施工指令或者采取其他应急措施。

46. B

【解析】根据《关于印发〈房屋建筑工程和市政基础设施工程实行见证取样和送检制度的规定〉的通知》，在建设工程质量检测中实行见证取样和送检制度，即在建设单位或监理单位人员见证下，由施工人员在现场取样，送至试验室进行试验。施工单位取样人员在现场抽取和制作试样时，见证人必须在旁见证，且应对试样进行监护，并和委托送检的送检人员一起采取有效的封样措施或将试样送至检测单位。

47. A

【解析】建设单位或工程监理单位应向施工单位、工程受监的质监站和工程检测单位递交"见证单位和见证人员授权书"。授权书应写明本工程见证人单位及见证人姓名、证号，见证人不得少于2人。

48. A

【解析】施工单位取样人员在现场抽取和制作试样时,见证人必须在旁见证,且应对试样进行监护,并和委托送检的送检人员一起采取有效的封样措施或将试样送至检测单位。

49. C

【解析】见证取样是指项目监理机构对施工单位进行的涉及结构安全的试块、试件及工程材料现场取样、封样、送检工作的监督活动。从上述见证取样的定义中可以得知,见证取样活动中的取样、封样、送检都应是施工单位的工作。

50. D

【解析】检测单位应在检验报告上加盖"见证取样送检"印章。发生试样不合格情况,应在24h内上报工程受监的质监站,并建立不合格项目台账。

51. A

【解析】本题考核的是见证取样的一般规定。项目监理机构应根据工程的特点和具体情况,制定工程见证取样送检工作制度,故选项A正确。计量认证分为两级实施:一级为国家级,另一级为省级,实施的效力均完全一致。故选项B错误。见证取样涉及三方行为:施工方、见证方、试验方,故选项C错误。施工单位取样人员在现场抽取和制作试样时,见证人必须在旁见证,且应对试样进行监护,并和委托送检的送检人员一起采取有效的封样措施或将试样送至检测单位,故选项D错误。

二、多项选择题

1. ACE

【解析】建设工程监理的主要工作内容是通过合同管理、信息管理和组织协调等手段,控制建设工程质量、造价和进度目标,并履行建设工程安全生产管理的法定职责。巡视、平行检验、旁站、见证取样则是建设工程监理的主要方式。

2. ACE

【解析】任何建设工程都有质量、造价、进度三大目标,这三大目标构成了建设工程目标系统。工程监理单位受建设单位委托,需要协调处理三大目标之间的关系、确定与分解三大目标,并采取有效措施控制三大目标。

3. ABDE

【解析】在通常情况下,如果对工程质量有较高的要求,就需要投入较多的资金和花费较长的建设时间;如果要抢时间、争进度,以极短的时间完成建设工程,势必会增加投资或者使工程质量下降;如果要减少投资、节约费用,势必会考虑降低工程项目的功能要求和质量标准。这些表明,建设工程三大目标之间存在着矛盾和对立的一面。当然,建设工程三大目标之间存在着统一的一面,如果建设工程进度计划制定得既科学又合理,使工程进展具有连续性和均衡性,不但可以缩短建设工期,而且有可能获得较好的工程质量和降低工程造价。

4. ABD

【解析】分析论证建设工程总目标,应遵循下列基本原则:(1)确保建设工程质量目标符合工程建设强制性标准。在追求建设工程质量、造价和进度三大目标间最佳匹配关系时,应确保建设工程质量目标符合工程建设强制性标准。(2)定性分析与定量分析相结合。在建设工程目标系统中,质量目标通常采用定性分析方法,而造价、进度目标可采用定量分析方法。对于某一建设工程而言,采用不同的质量标准,会有不同的工程造价和工期,需要采用定性分析与定量分析相结合的方法综合论证建设工程三大目标。(3)不同建设工程三大目标可具有不同的优先等级。建设工程质量、造价、进度三大目标的优先顺序并非固定不变。由于每一建设工程的建设背景、复杂程度、投资方及利益相关者需求等不同,决定了三大目标的重要性顺序不同。有的建设工程工期要求紧迫,有的建设工程资金紧张等,从而决定了三大目标在不同建设工程中具有不同的优先等级。总之,建设工程三大目标之间密切联系、相互制约,需要应用多目标决策、多级递阶、动态规划等理论统筹考虑、分析论证,努力在"质量优、投资省、工期短"之间寻求最佳匹配。

5. ABCD

【解析】(1)在建设工程目标系统中,质量目标通常采用定性分析方法,而造价、进度目标可采用定量分析方法。对于某一建设工程而言,采用不同的质量标准,会有不同的工程造价和工期,需要采用定性分析与定量分析相结合的方法综合论证建设工程三大目标。(2)不同建设工程三大目标可具有不同的优先等级。建设工程质量、造价、进度三大目标的优先顺序并非固定不变。由于每一建设工程的建设背景、复杂程度、投资方及利益相关者需求等不同,决定了三大目标的重要性顺序不同,有的建设工程工期要求紧迫,有的建设工程资金紧张等,从而决定了三大目标在不同建设工程中具有不同的优先等级。需要应用多目标决策、多级递阶、动态规划等理论统筹考虑、分析论证,努力在"质量优、投资省、工期短"之间寻求最佳匹配。

6. ABCE

【解析】建设工程质量、造价、进度三大目标的优先顺序并非固定不变。由于每一建设工程的建设背景、复杂程度、投资方及利益相关者需求等不同,决定了三大目标的重要性顺序不同。有的建设工程工期要求紧迫,有的建设工程资金紧张等,从而决定了三大目标在不同建设工程中具有不同的优先等级。

7. ABD

【解析】为了有效地控制建设工程三大目标,需要逐级分解建设工程总目标,按工程参建单位、工程项目组成和时间进展等制定分目标、子目标及可执行目标,从而形成建设工程目标体系。在建设工程目标体系中,各级目标之间相互联系,上一级目标控制下级目标,下一级目标保证上一级目标的实现,最终保证建设工程总目标的实现。

8. BCDE

【解析】事前计划控制包括建立建设工程目标体系和编制工程项目计划。事中过程控制包括分析各种可能产生的偏差、采取预防偏差产生的措施、实施工程项目计划、收集工程项目实施绩效、比较实施绩效和预定目标和分析产生的原因等。事后纠偏控制包括采取纠偏措施。

9. ABCE

【解析】为完成施工阶段质量控制任务,项目监理机构需要做好以下工作:(1)协助建设单位做好施工现场准备工作,为施工单位提交合格的施工现场;(2)审查确认施工总包单位及分包单位资格;(3)检查工程材料、构配件、设备质量;(4)检查施工机械和机具质量;(5)审查施工组织设计和施工方案;(6)检查施工单位的现场质量管理体系和管理环境;(7)控制施工工艺过程质量;(8)验收分部分项工程和隐蔽工程;(9)处置工程质量问题、质量缺陷;(10)协助处理工程质量事故;(11)审核工程竣工图,组织工程预验收;(12)参加工程竣工验收等。

10. ABCE

【解析】 为完成施工阶段造价控制任务,项目监理机构需要做好以下工作:(1)协助建设单位制定施工阶段资金使用计划,严格进行工程计量和付款控制,做到不多付、不少付、不重复付;(2)严格控制工程变更,力求减少工程变更费用;(3)研究确定预防费用索赔的措施,以避免、减少施工索赔;(4)及时处理施工索赔,并协助建设单位进行反索赔;(5)协助建设单位按期提交合格施工现场,保质、保量、适时、适地提供由建设单位负责提供的工程材料和设备;(6)审核施工单位提交的工程结算文件等。

11. ABDE

【解析】 为完成施工阶段进度控制任务,项目监理机构需要做好以下工作:(1)完善建设工程控制性进度计划;(2)审查施工单位提交的施工进度计划;(3)协助建设单位编制和实施由建设单位负责供应的材料和设备供应进度计划;(4)组织进度协调会议,协调有关各方关系;(5)跟踪检查实际施工进度;(6)研究制定预防工期索赔的措施,做好工程延期审批工作等。

12. ADE

【解析】 本题考核的是项目监理机构在建设工程施工阶段进度控制的主要任务。项目监理机构在施工阶段进度控制的主要任务是:(1)完善建设工程控制性进度计划;(2)审查施工单位提交的进度计划;(3)做好施工进度动态控制工作;(4)组织进度协调会议,协调有关各方关系;(5)预防并处理好工期索赔;(6)力求实际施工进度满足计划施工进度的要求。故选项A、D、E正确。

13. ABCD

【解析】 为了有效地控制建设工程项目目标,应从组织、技术、经济、合同等多方面采取措施。

14. ABCE

【解析】 组织措施是其他各类措施的前提和保障。包括:建立健全实施动态控制的组织机构、规章制度和人员,明确各级目标控制人员的任务和职责分工,改善建设工程目标控制的工作流程;建立建设工程目标控制工作考评机制,加强各单位(部门)之间的沟通协作;加强动态控制过程中的激励措施,调动和发挥员工实现建设工程目标的积极性和创造性等。

15. BCD

【解析】 为了对建设工程目标实施有效控制,应采取必要的技术措施,包括:(1)需要对多个可能的建设方案、施工方案等进行技术可行性分析;(2)需要对各种技术数据进行审核、比较;(3)需要对施工组织设计、施工方案等进行审查、论证等;(4)需要采用工程网络计划技术、信息化技术等实施动态控制。选项A属于组织措施,选项E属于合同措施。

16. BCE

【解析】 本题考核的是目标控制措施中的经济措施。经济措施不仅仅是审核工程量、工程款支付申请及工程结算报告,还需要编制和实施资金使用计划,对工程变更方案进行技术经济分析等。而且通过投资偏差分析和未完工程投资预测,可发现一些可能引起未完工程投资增加的潜在问题,从而便于以主动控制为出发点,采取有效措施加以预防。

17. ABCE

【解析】完整的建设工程施工合同管理应包括施工招标的策划与实施;合同计价方式及合同文本的选择;合同谈判及合同条件的确定;合同协议书的签署;合同履行检查;合同变更、违约及纠纷的处理;合同订立和履行的总结评价等。

18. ABCD

【解析】根据《建设工程监理规范》,项目监理机构发现下列情况之一时,总监理工程师应及时签发工程暂停令:(1)建设单位要求暂停施工且工程需要暂停施工的;(2)施工单位未经批准擅自施工或拒绝项目监理机构管理的;(3)施工单位未按审查通过的工程设计文件施工的;(4)施工单位违反工程建设强制性标准的;(5)施工存在重大质量、安全事故隐患或发生质量、安全事故的。总监理工程师在签发工程暂停令时,可根据停工原因的影响范围和影响程度,确定停工范围。总监理工程师签发工程暂停令,应事先征得建设单位同意,在紧急情况下未能事先报告时,应在事后及时向建设单位作出书面报告。

19. ABCE

【解析】项目监理机构应以法律法规、勘察设计文件、施工合同文件、工程建设标准、索赔事件的证据等为依据处理工程索赔。

20. BCE

【解析】本题考核的是项目监理机构批准工程延期的条件。根据《建设工程监理规范》,项目监理机构批准工程延期应同时满足下列三个条件:(1)施工单位在施工合同约定的期限内提出工程延期申请;(2)因非施工单位原因造成施工进度滞后;(3)施工进度滞后影响到施工合同约定的工期。

21. ACDE

【解析】根据《建设工程监理规范》,项目监理机构接到处理施工合同争议要求后应进行以下工作:(1)了解合同争议情况;(2)与合同争议双方进行磋商;(3)提出处理方案后,由总监理工程师进行协调;(4)当双方未能达成一致时,总监理工程师应提出处理合同争议的意见。

22. ABC

【解析】项目监理机构内部的协调内容包括三个方面:(1)项目监理机构内部人际关系的协调;(2)项目监理机构内部组织关系的协调;(3)项目监理机构内部需求关系的协调。

23. ABCD

【解析】项目监理机构内部人际关系的协调主要涉及以下几方面:(1)在人员安排上要量才录用。要根据项目监理机构中每个人的专长进行安排,做到人尽其才。(2)在工作分配上要职责分明。应通过职位分析,使管理职能不重不漏,做到事事有人管,人人有专责,同时明确岗位职权。(3)在绩效评价上要实事求是。要发扬民主作风,实事求是地评价工程监理人员工作绩效。(4)在矛盾调解上要恰到好处。人员之间一旦出现矛盾,就要进行调解,要多听取项目监理机构成员的意见和建议,及时沟通,使工程监理人员始终处于团结、和谐、热情高涨的工作氛围之中。

第八章 建设工程监理工作内容和主要方式

24. ABCD

【解析】项目监理机构内部组织关系协调的主要内容包括:(1)在目标分解的基础上设置组织机构,根据工程特点及工程监理合同约定的工作内容,设置相应的管理部门;(2)明确规定每个部门的目标、职责和权限;(3)事先约定各个部门在工作中的相互关系;(4)建立信息沟通制度;(5)及时消除工作中的矛盾或冲突。

25. AB

【解析】建设工程监理实施中有人员需求、检测试验设备需求等,而资源是有限的,因此,内部需求平衡至关重要。协调平衡需求关系需要从以下环节考虑:(1)对建设工程监理检测试验设备的平衡。建设工程监理开始实施时,要做好监理规划和监理实施细则的编写工作,合理配置建设工程监理资源,要注意期限的及时性、规格的明确性、数量的准确性、质量的规定性。(2)对建设工程监理人员的平衡。要抓住调度环节,注意各专业监理工程师的配合。工程监理人员的安排必须考虑到工程进展情况,根据工程实际进展安排工程监理人员进退场计划,以保证建设工程监理目标的实现。

26. ABCD

【解析】项目监理机构与施工单位协调的工作内容主要有:(1)与施工项目经理关系的协调;(2)施工进度和质量问题的协调;(3)对施工单位违约行为的处理;(4)施工合同争议的协调;(5)对分包单位的管理。

27. ABD

【解析】项目监理机构组织协调的方法主要有:(1)会议协调法;(2)交谈协调法;(3)书面协调法。

28. ABC

【解析】会议协调法是建设工程监理中最常用的一种协调方法,包括第一次工地会议、监理例会、专题会议等。

29. ABCE

【解析】第一次工地会议是建设工程尚未全面展开、总监理工程师下达开工令前,建设单位、工程监理单位和施工单位对各自人员及分工、开工准备、监理例会的要求等情况进行沟通和协调的会议,也是检查开工前各项准备工作是否就绪并明确监理程序的会议。第一次工地会议应由建设单位主持,监理单位、总承包单位授权代表参加,也可邀请分包单位代表参加,必要时可邀请有关设计单位人员参加。第一次工地会议上,总监理工程师应介绍监理工作的目标、范围和内容、项目监理机构及人员职责分工、监理工作程序、方法和措施等。

30. ACDE

【解析】(1)监理例会是项目监理机构定期组织有关单位研究解决与监理相关问题的会议。监理例会应由总监理工程师或其授权的专业监理工程师主持召开,宜每周召开一次。参加人员包括:项目总监理工程师或总监理工程师代表、其他有关监理人员、施工项目经理、施工单位其他有关人员。需要时,也可邀请其他有关单位代表参加。检查分析工程进度计划完成情况,提出下一阶段进度目标及其落实措施,检查分析工程质量、施工安全管理状况,针对存在的问题提出改进措施,检查工程量核定及工程款支付情况是监理例会的主要内容。(2)专题会议是由总监理工程师或其授权的专业监理工程师主持或参加的,为解决工程监理过程中的工程专项问题而不定期召开的会议。

31. BCD

【解析】(1)第一次工地会议是建设工程尚未全面展开、总监理工程师下达开工令前，建设单位、工程监理单位和施工单位对各自人员及分工、开工准备、监理例会的要求等情况进行沟通和协调的会议，也是检查开工前各项准备工作是否就绪并明确监理程序的会议。第一次工地会议应由建设单位主持。故选项 A 错误。(2)监理例会是项目监理机构定期组织有关单位研究解决与监理相关问题的会议。监理例会应由总监理工程师或其授权的专业监理工程师主持召开。监理例会的主要内容是检查分析工程进度完成情况；检查分析工程质量、施工安全管理状况，针对问题提出改进措施；检查工程量核定及工程款支付情况等。故选项 E 错误。(3)由于交谈本身没有合同效力，而且具有方便、及时等特性，因此，工程参建各方之间及项目监理机构内部都愿意采用这一方法进行协调。(4)书面协调法的特点是具有合同效力。

32. AC

【解析】专项施工方案审查的基本内容包括：(1)编审程序应符合相关规定。专项施工方案由施工项目经理组织编制，经施工单位技术负责人签字后，才能报送项目监理机构审查。(2)安全技术措施应符合工程建设强制性标准。

33. ACDE

【解析】项目监理机构应根据建设工程监理合同约定，采用巡视、平行检验、旁站、见证取样等方式对建设工程实施监理。因此，巡视、平行检验、旁站、见证取样是建设工程监理的主要方式。

34. AC

【解析】巡视是监理人员针对现场施工质量和施工单位安全生产管理情况进行的检查工作。监理人员通过巡视检查，能够及时发现施工过程中出现的各类质量、安全问题，对不符合要求的情况及时要求施工单位进行纠正并督促整改，使问题消灭在萌芽状态。

35. ABCD

【解析】巡视对于实现建设工程目标，加强安全生产管理等起着重要作用。具体体现在以下几方面：(1)观察、检查施工单位的施工准备情况；(2)观察、检查包括施工工序、施工工艺、施工人员、施工材料、施工机械、周边环境等在内的施工情况；(3)观察、检查施工过程中的质量问题、质量缺陷并及时采取相应措施；(4)观察、检查施工现场存在的各类生产安全事故隐患并及时采取相应措施；(5)观察、检查并解决其他相关问题。

36. ABCD

【解析】监理人员在巡视检查时，应主要关注施工质量、安全生产两方面情况。施工质量方面巡视检查的主要内容包括：(1)天气情况是否适宜施工作业，如不适宜施工作业，是否已采取相应措施；(2)施工人员作业情况，是否按照工程设计文件、工程建设标准和批准的施工组织设计、(专项)施工方案施工；(3)使用的工程材料、设备和构配件是否已检测合格；(4)施工单位主要管理人员到岗履职情况，特别是施工质量管理人员是否到位；(5)施工机具、设备的工作状态；周边环境是否有异常情况等。

37. ABDE

【解析】监理人员在安全生产方面巡视检查的内容包括：(1)施工单位安全生产管理

人员到岗履职情况、特种作业人员持证情况;(2)施工组织设计中的安全技术措施和专项施工方案落实情况;(3)安全生产、文明施工制度、措施落实情况;(4)危险性较大分部分项工程施工情况,重点关注是否按方案施工;(5)大型起重机械和自升式架设设施运行情况;(6)施工临时用电情况;(7)其他安全防护措施是否到位;工人违章情况;(8)施工现场存在的事故隐患,以及按照项目监理机构的指令整改实施情况;(9)项目监理机构签发的工程暂停令执行情况等。

38. ACDE

【解析】(1)在巡视检查中发现问题,应及时采取相应处理措施(比如:巡视监理人员发现个别施工人员在砌筑作业中砂浆饱满度不够,可口头要求施工人员加以整改)。巡视监理人员认为发现的问题自己无法解决或无法判断是否能够解决时,应立即向总监理工程师汇报。(2)在监理巡视检查记录表中及时、准确、真实地记录巡视检查情况。(3)对已采取相应处理措施的质量问题、生产安全事故隐患,检查施工单位的整改落实情况,并反映在巡视检查记录表中。(4)监理文件资料管理人员应及时将巡视检查记录表归档,同时,注意巡视检查记录与监理日志、监理通知单等其他监理资料的呼应关系。

39. BC

【解析】平行检验是项目监理机构在施工单位自检的同时,按照有关规定、建设工程监理合同约定对同一检验项目进行的检测试验活动。平行检验的内容包括工程实体量测(检查、试验、检测)和材料检验等内容。平行检验是项目监理机构控制建设工程质量的重要手段。

40. CDE

【解析】(1)《建筑工程施工质量验收统一标准》规定,施工现场质量管理检查记录、检验批、分项工程、分部工程、单位工程等的验收记录(检查评定结果)由施工单位填写,验收结论由监理单位(或建设单位)填写。(2)监理人员不应只根据施工单位自己的检查、验收情况填写验收结论,而应该在施工单位检查、验收的基础之上进行"平行检验",这样的质量验收结论才更具有说服力。同样,对于原材料、设备、构配件以及工程实体质量等,也应在见证取样或施工单位委托检验的基础上进行"平行检验",以使检验、检测结论更加真实、可靠。(3)平行检验是项目监理机构在施工阶段质量控制的重要工作之一,也是工程质量预验收和工程竣工验收的重要依据之一。

41. ABCD

【解析】项目监理机构首先应依据建设工程监理合同编制符合工程特点的平行检验方案,明确平行检验的方法、范围、内容、频率等,并设计各平行检验记录表式。建设工程监理实施过程中,应根据平行检验方案的规定和要求,开展平行检验工作。对平行检验不符合规范、标准的检验项目,应在分析原因后按照相关规定进行处理。

42. ABCE

【解析】项目监理机构在编制监理规划时,应制定旁站方案,明确旁站的范围、内容、程序和旁站人员职责等。旁站方案是监理人员在充分了解工程特点及监控重点的基础上,确定必须加以重点控制的关键工序、特殊工序,并以此制定的旁站作业指导方案。现场监理人员必须按此执行,并根据方案的要求有针对性地进行检查,将可能发生的工程质量问题和隐患加以消除。

43. ACDE

【解析】(1)项目监理机构应按照规定的关键部位、关键工序实施旁站。建设单位要求项目监理机构超出规定的范围实施旁站的,应当另行支付监理费用。(2)旁站记录是监理工程师或者总监理工程师依法行使有关签字权的重要依据。对于需要旁站的关键部位、关键工序施工,凡没有实施旁站或者没有旁站记录的,专业监理工程师或者总监理工程师不得在相应文件上签字。在工程竣工验收后,工程监理单位应当将旁站记录存档备查。

44. ABC

【解析】本题考核的是旁站的工作要求。(1)监理人员实施旁站时,发现施工单位有违反工程建设强制性标准行为的,有权责令施工单位立即整改;发现其施工活动已经或者可能危及工程质量的,应当及时向监理工程师或者总监理工程师报告,由总监理工程师下达局部暂停施工指令或者采取其他应急措施,故选项 D 错误。(2)在工程竣工验收后,工程监理单位应当将旁站记录存档备查,故选项 E 错误。

45. ACDE

【解析】旁站人员的主要工作职责包括但不限于以下内容:(1)检查施工单位现场质量管理人员到岗、特殊工种人员持证上岗以及施工机械、建筑材料准备情况;(2)在现场跟班监督关键部位、关键工序的施工方案及工程建设强制性标准执行情况;(3)核查进场建筑材料、建筑构配件、设备和商品混凝土的质量检验报告等,并可在现场监督施工单位进行检验或者委托具有资格的第三方进行复验;(4)做好旁站记录和监理日志,保存旁站原始资料。另外,旁站人员应当认真履行职责,如实准确地做好旁站记录。凡旁站监理人员未在旁站记录上签字的,不得进行下一道工序施工。

46. ABCE

【解析】项目监理机构应根据工程的特点和具体情况,制定工程见证取样送检工作制度,将材料进场报验、见证取样送检的范围、工作程序、见证人员和取样人员的职责、取样方法等内容纳入监理实施细则。并可召开见证取样工作专题会议,要求工程参建各方在施工中必须严格按制定的工作程序执行。

47. ABC

【解析】见证取样涉及三方行为:施工方(取样方)、见证方、试验方。其中,见证人员必须取得见证员证书,且通过建设单位授权,并授权后只能承担所授权工程的见证工作。

48. AB

【解析】计量认证分为两级实施:一级为国家级,由国家认证认可监督管理委员会组织实施;另一级为省级,实施的效力均完全一致。

49. ABC

【解析】建设单位或工程监理单位应向施工单位、工程受监的质监站和工程检测单位递交见证单位和见证人员授权书。授权书应写明本工程见证人单位及见证人姓名、证号。

50. ABCD

【解析】对检验报告有5点要求:(1)试验报告应计算机打印;(2)试验报告采用统一用表;(3)试验报告签名一定要手签;(4)试验报告应有见证检验专用章统一格式;(5)注明见

证人的姓名。

51. ABCD

【解析】总监理工程师应督促专业监理工程师制定见证取样实施细则。实施细则中应包括材料进场报验、见证取样送检的范围、工作程序、见证人员和取样人员的职责、取样方法等内容。

52. AC

【解析】总监理工程师应检查监理人员见证取样工作的实施情况,包括现场检查和资料检查,同时积极听取监理人员的汇报,发现问题应立即要求施工单位采取相应措施。

53. ACDE

【解析】见证取样监理人员应根据见证取样实施细则要求,按程序实施见证取样工作,包括:在现场进行见证,监督施工单位取样人员按随机取样方法和试件制作方法进行取样;对试样进行监护、封样加锁;在检验委托单上签字,并出示见证员证书;协助建立包括见证取样送检计划、台账等在内的见证取样档案等。监理文件资料管理人员应全面、妥善、真实记录试块、试件及工程材料的见证取样台账等。选项B是见证取样监理人员的职责。

54. BCE

【解析】本题考核的是见证取样的检验报告的要求。对见证取样的检验报告有5点要求:(1)试验报告应计算机打印,故选项A错误;(2)试验报告采用统一用表;(3)试验报告签名一定要手签;(4)试验报告应有见证检验专用章统一格式;(5)注明见证人的姓名,故选项D错误。

55. ABCD

【解析】工程监理信息系统作为处理工程监理信息的人-机系统,其主要作用体现在以下几方面:(1)利用计算机数据存储技术,存储和管理与工程监理有关的信息,并随时进行查询和更新;(2)利用计算机数据处理功能,快速、准确地处理工程监理所需要的信息,如工程质量检测数据分析、工程投资动态比较分析和预测、工程进度计划编制和动态比较分析、施工安全数据分析等;(3)利用计算机分析运算功能,快速提供高质量的决策支持信息和方案比选;(4)利用计算机网络技术,实现工程参建各方、各部门之间的信息共享和协同工作;(5)利用计算机虚拟现实技术,直观展示工程项目大量数据和信息。

56. BD

【解析】工程监理信息系统的目标是实现工程监理信息的系统管理和提供必要的监理决策支持。

57. ABCE

【解析】本题考核的是工程监理信息系统的基本功能。建设工程监理信息系统的目标是实现工程监理信息的系统管理和提供必要的监理决策支持。建设工程监理信息系统可以为监理单位及项目监理机构提供标准化、结构化的数据;提供预测、决策所需要的信息及分析模型;提供建设工程目标动态控制的分析报告;提供解决建设工程监理问题的多个备选方案。

58. ABCE

【解析】概括而言,工程监理信息系统应具有以下基本功能:(1)信息管理。能够收集、加工、整理、存储、传递、应用工程监理信息,为工程监理单位及项目监理机构提供基本支撑。(2)动态控制。针对工程质量、造价、进度三大目标,不仅能辅助编制相关计划,而且能进行动态分析比较和预测,为项目监理机构实施工程质量、造价、进度动态控制提供支持。(3)决策支持。能够进行工程建设方案及监理方案比选,为项目监理机构科学决策提供支撑。(4)协同工作。随着互联网技术的快速发展及协同工作理念的逐步形成,由工程监理单位单独应用的信息系统逐步转变为工程参建各方共同应用的信息平台。越来越广泛应用的工程监理信息平台,可以实现工程参建各方信息共享和协同工作。

59. ABDE

【解析】BIM 具有的基本特点可概括为:(1)可视化;(2)协调性;(3)模拟性;(4)优化性;(5)可出图性。

60. ABCE

【解析】工程监理单位应用 BIM 的主要任务是,通过借助 BIM 理念及其相关技术搭建统一的数字化工程监理信息平台,实现工程建设过程中各阶段数据信息的整合及其应用,进而更好地为建设单位创造价值,提高工程建设效率和质量。目前,工程监理过程中应用 BIM 技术期望实现如下目标:(1)可视化展示;(2)控制工程造价;(3)提高工程设计和项目管理质量;(4)缩短工程施工周期。

61. ABCD

【解析】现阶段,工程监理单位运用 BIM 技术提升服务价值,仍处于初级阶段,其应用范围主要包括以下几方面:(1)可视化模型建立;(2)管线综合;(3)4D 虚拟施工;(4)成本核算。

第九章 建设工程监理文件资料管理

习 题 精 练

一、单项选择题

1. 下列行为中,项目监理机构应发出监理通知单的是( )。
   A. 使用检验不合格工程材料的　　　　B. 违反工程建设强制性标准的
   C. 未经批准擅自施工的　　　　　　　　D. 未按审查通过的工程设计文件施工的

2. 旁站记录中,"关键部位、关键工序的施工情况"应记录( )。
   A. 所旁站部位(工序)的施工作业过程是否出现异常情况以及所采取的处置措施
   B. 所旁站部位(工序)的施工作业内容、主要施工机械、材料、人员和完成的工程数量等内容及监理人员检查旁站部位施工质量的情况
   C. 所旁站部位(工序)的施工方案和程序执行情况
   D. 所旁站部位(工序)的施工所出现的质量、安全问题,现场监理人员所采取的措施

3. 工程开工应在总监理工程师审查( )及相关材料,报建设单位审批盖章后进行。
   A. 工程开工报审表　　　　　　　　　　B. 施工组织设计
   C. 工程开工令　　　　　　　　　　　　D. 施工方案报审表

4. 总监理工程师组织专业监理工程师审查施工单位报送的工程开工报审表及相关资料时,不属于审查内容的是( )。
   A. 设计交底和图纸会审是否已完成
   B. 施工许可证是否已办理
   C. 施工单位质量管理体系是否已建立
   D. 施工组织设计是否已经过总监理工程师审查签认

5. 工程监理基本表式中的工作联系单用于项目监理机构与工程建设有关方之间的日常工作联系。有权签发工作联系单的人员不包括( )。
   A. 建设单位现场代表　　　　　　　　　B. 施工单位项目经理
   C. 项目总监理工程师　　　　　　　　　D. 专业监理工程师

6. 施工过程中,相关单位(包括建设单位、施工单位、工程监理单位)提出工程变更时应填写工程变更单。工程变更单最终应由( )签认。
   A. 建设单位
   B. 监理单位
   C. 设计单位

D. 建设单位、设计单位、监理单位和施工单位共同

7. 根据《建设工程监理规范》,下列表式中,不需要总监理工程师加盖执业印章,但需要建设单位盖章的是( )。

    A. 施工组织设计报审表   B. 专项施工方案报审表

    C. 工程开工报审表   D. 工程复工报审表

8. 根据《建设工程监理规范》,下列表式中,需要总监理工程师加盖执业印章,但不需要建设单位盖章的是( )。

    A. 施工组织设计或(专项)施工方案报审表

    B.《工程开工报审表》

    C. 单位工程竣工验收报审表

    D. 工程款支付报审表

9. 下列报审、报验表中,最终可由专业监理工程师签认的表式是( )。

    A. 施工控制测量成果报验表   B. 进度计划报审表

    C. 分包单位资格报审表   D. 分部工程报验表

10. 下列建设工程监理基本表式中,需加盖施工单位公章的是( )。

    A. 工程款支付报审表   B. 工作联系单

    C. 工程开工报审表   D. 工程复工报审表

11. 监理日志是项目监理机构在实施工程监理过程中,每日对工程监理工作及施工进展情况所做的记录。监理日志的主要内容不包括( )。

    A. 天气和施工环境情况   B. 当日施工进展情况

    C. 当日存在的问题及处理情况   D. 总监理工程师的审查意见

12. 根据有关规定,工程质量评估报告应在( )提交给建设单位。

    A. 竣工验收前   B. 竣工验收后   C. 竣工预验收前   D. 竣工验收备案后

13. 根据《建设工程监理规范》,工程质量评估报告编制完成后应由( )审核签字,并加盖监理单位公章后报建设单位。

    A. 建设单位技术负责人

    B. 项目总监理工程师

    C. 监理单位技术负责人

    D. 项目总监理工程师及监理单位技术负责人

14. 关于建设工程监理文件资料管理的说法,正确的是( )。

    A. 监理文件资料有追溯性要求时,收文登记应注意核查所填内容是否可追溯

    B. 监理文件资料的收文登记人员应确定该文件资料是否要传阅及传阅范围

    C. 监理文件资料完成传阅程序后应按监理单位对项目检查的需要进行分类存放

    D. 监理文件资料应按施工总承包单位、分包单位和材料供应单位进行分类

15. 下列关于工程监理文件资料编制要求的说法,不正确的是( )。

    A. 文件资料内容及其深度须符合国家有关规定,内容必须真实、准确,与工程实际相符

    B. 文件资料中文字材料幅面尺寸规格宜为 A4 幅面,纸张应采用能够长时间保存的韧

力大、耐久性强的纸张
C. 文件资料应采用书写形式并使用档案规定用笔,手工签字,在不能使用原件时,应在复印件或抄件上加盖公章并注明原件保存处
D. 文件资料应字迹清楚,图样清晰,图表整洁,签字盖章手续完备

16. 下列关于工程监理文件资料归档范围和保管期限的说法,不正确的有( )。
   A. 监理文件资料归档范围,分为必须归档保存和选择性归档保存两类
   B. 工程档案保管期限分为永久保管、长期保管和短期保管
   C. 当同一案卷内有不同保管期限的文件时,该案卷保管期限应从长
   D. 长期保管是指工程档案保存10年以上,短期保管是指工程档案保存10年以下

17. 关于建设工程监理文件资料组卷方法及要求的说法,正确的是( )。
   A. 图纸按专业排列,同专业图纸按图号顺序排列
   B. 监理文件资料可按建设单位、设计单位、施工单位分类组卷
   C. 既有文字材料又有图纸的案卷,应该图纸排前,文字材料排后
   D. 一个建设工程由多个单位工程组成时,应按施工进度节点分项组卷

18. 建设工程监理文件资料的组卷顺序是( )。
   A. 分项工程、分部工程、单位工程
   B. 单位工程、分部工程、专业、阶段
   C. 单位工程、分部工程、检验批
   D. 检验批、分项工程、分部工程

19. 对于列入城建档案管理部门接收档案的工程,负责移交工程档案资料的责任单位是( )。
   A. 施工单位
   B. 监理单位
   C. 建设单位
   D. 设计施工总承包单位

20. 列入城建档案管理部门接收范围的工程,建设单位在工程竣工验收后( )个月内必须向城建档案管理部门移交一套符合规定的工程档案(监理文件资料)
   A. 1   B. 2   C. 3   D. 5

21. 根据有关规定,停建、缓建工程的监理文件资料暂由( )保管
   A. 工程监理单位
   B. 建设单位
   C. 工程建设主管部门
   D. 城建档案管理部门

22. 工程监理单位应在( )将监理文件资料按合同约定的时间、套数移交给建设单位,办理移交手续。
   A. 工程竣工预验收前
   B. 工程竣工预验收后
   C. 工程竣工验收前
   D. 工程竣工验收后

二、多项选择题

1. 根据《建设工程监理规范》,工程监理基本表式可分为( )。
   A. A类表——工程监理单位用表
   B. B类表——施工单位报审、报验用表
   C. C类表——通用表
   D. D类表——建设单位用表
   E. E类表——设计单位用表

2. 根据《建设工程监理规范》,工程监理基本表式中工程监理单位用表有( )。

A. 总监理工程师任命书 B. 工程开工令
C. 监理通知单 D. 工程变更单
E. 监理报告

3. 根据《建设工程监理规范》,下列工程监理单位用表中,需要由总监理工程师签字并加盖执业印章的有(　　)。

   A. 工程开工令 B. 监理通知单
   C. 工程暂停令 D. 工程复工令
   E. 工程款支付证书

4. 下列关于工程监理单位用表的说法,正确的有(　　)。

   A. 工程开工令中应明确具体开工日期,并作为施工单位计算工期的起始日期
   B. 监理通知单是项目监理机构在日常监理工作中常用的指令性文件
   C. 监理通知单应由专业监理工程师签发
   D. 监理报告是项目监理机构向有关主管部门报送的文件
   E. 当暂停施工的原因消失、工程具备复工条件而施工单位未提出复工申请的,总监理工程师应根据工程实际情况直接签发《工程复工令》指令施工单位复工

5. 项目监理机构应发出监理通知单的情形不包括(　　)。

   A. 施工单位违反工程建设强制性标准的
   B. 施工单位未经批准擅自施工或拒绝项目监理机构管理的
   C. 施工单位在施工过程中出现不符合工程建设标准性或合同约定的
   D. 施工单位的施工存在重大质量、安全事故隐患的
   E. 施工单位未按审查通过的工程设计文件施工的

6. 根据《建设工程监理规范》,下列工程监理基本表式中,属于施工单位报审、报验用表(B类表)的有(　　)。

   A. 工程开工报审表 B. 分包单位资格报审表
   C. 单位工程竣工验收报审表 D. 费用索赔报审表
   E. 索赔意向通知单

7. 下列施工单位报审、报验用表,需要由总监理工程师签字,并加盖执业印章的有(　　)。

   A. 施工组织设计或(专项)施工方案报审表
   B. 工程开工报审表
   C. 分包单位资格报审表
   D. 单位工程竣工验收报审表
   E. 费用索赔报审表

8. 下列施工单位报审、报验用表,可由专业监理工程师审核签认的有(　　)。

   A. 施工控制测量成果报验表 B. 工程材料、构配件、设备报审表
   C. ＿＿＿＿报验、报审表 D. 施工进度计划报审表
   E. 分部工程报验表

9. 根据《建设工程监理规范》,总监理工程师签认工程开工报审表应满足的条件有

( )。
    A. 设计交底和图纸会审已完成
    B. 施工组织设计已经编制完成
    C. 施工现场管理及施工人员已到位
    D. 进场道路及水、电、通信已满足开工要求
    E. 施工许可证已经办理

10. 下列建设工程监理基本表式中,属于各方通用表式的有( )。
    A. 工程开工报审表   B. 工程变更单
    C. 索赔意向通知单   D. 费用索赔报审表
    E. 单位工程竣工验收报审表

11. 下列工程监理基本表式,需要建设单位审批同意的有( )。
    A. 工程开工报审表   B. 工程复工报审表
    C. 工程款支付报审表   D. 单位工程竣工验收报审表
    E. 费用索赔报审表

12. 下列工程监理基本表式,需要由施工项目经理签字并加盖施工单位公章的有( )。
    A. 工程开工报审表   B. 施工组织设计或(专项)施工方案报审表
    C. 费用索赔报审表   D. 单位工程竣工验收报审表
    E. 工程款支付报审表

13. 下列文件资料,属于建设工程监理主要文件资料的有( )。
    A. 设计交底和图纸会审会议纪要   B. 监理通知单、工作联系单与监理报告
    C. 见证取样和平行检验文件资料   D. 施工安全教育培训证书
    E. 施工控制测量成果报验文件资料

14. 根据《建设工程监理规范》,下列文件资料,不属于工程监理主要文件资料的有( )。
    A. 监理规划、监理实施细则   B. 施工控制测量成果报验文件资料
    C. 施工安全教育培训证书   D. 施工设备租赁合同
    E. 见证取样文件资料

15. 监理例会是履约各方沟通情况,交流信息、研究解决合同履行中存在的各方面问题的主要协调方式。监理例会会议纪要的主要内容有( )
    A. 会议地点及时间
    B. 会议主持人
    C. 与会人员姓名、单位、职务
    D. 近期监理工作要点
    E. 会议主要内容、决议事项及其负责落实单位、负责人和时限要求

16. 根据《建设工程监理规范》,监理日志应包括的内容有( )。
    A. 旁站情况   B. 工地会议记录   C. 巡视情况   D. 存在问题及处理
    E. 平行检验情况

17. 监理月报是项目监理机构每月向建设单位和本监理单位提交的建设工程监理工作及

建设工程实施情况等分析总结报告。监理月报的内容有( )。
  A. 本月工程实施情况
  B. 本月监理工作情况
  C. 本月建设单位对工程的评价
  D. 下月监理工作重点
  E. 本月工程实施的主要问题分析及处理情况

18. 根据《建设工程监理规范》,工程质量评估报告包括的内容有( )。
  A. 工程参建单位情况　　　　　　B. 工程质量验收情况
  C. 专项施工方案评审情况　　　　D. 竣工资料审查情况
  E. 工程质量安全事故处理情况

19. 根据《建设工程监理规范》,监理工作总结应包括的内容有( )。
  A. 项目监理目标　　　　　　　　B. 项目监理工作内容
  C. 项目监理机构　　　　　　　　D. 监理工作成效
  E. 监理工作程序

20. 建设工程监理文件资料的管理工作包括( )。
  A. 监理文件资料收发文与登记　　B. 监理文件资料传阅与登记
  C. 监理文件资料分类存放　　　　D. 监理文件资料组卷归档
  E. 监理文件资料归档管理

21. 下列关于工程监理文件资料管理要求的说法,正确的有( )。
  A. 当不同类型的监理文件资料之间存在相互对照或追溯关系时,在分类存放的情况下,应在文件和记录上注明相关文件资料的编号和存放处
  B. 工程监理文件资料需要由总监理工程师或其授权的监理工程师确定是否需要传阅。对于需要传阅的,应确定传阅人员名单和范围,并在文件传阅纸上注明
  C. 监理文件资料发文应由总监理工程师或其授权的监理工程师签名,并加盖项目监理机构图章。重要文件的发文内容应记录在监理日志中
  D. 监理文件资料的分类应根据工程项目的施工顺序、施工承包体系、单位工程的划分以及工程质量验收程序等,并结合项目监理机构自身的业务工作开展情况进行,原则上可按分项工程、分部工程、单位工程等进行分类
  E. 归档的文件资料一般应为原件。文件资料内容必须真实、准确,与工程实际相符

22. 下列关于工程监理文件资料组卷方法及要求的说法,正确的有( )。
  A. 监理文件资料可按单位工程、分部工程、专业、阶段等组卷
  B. 案卷内不应有重份文件,印刷成册的工程文件应保持原状
  C. 文字材料按事项、专业顺序排列。同一事项的请示与批复、同一文件的印本与定稿、主件与附件不能分开,并按批复在前、请示在后、印本在前、定稿在后,主件在前、附件在后的顺序排列
  D. 图纸按专业排列,同专业图纸按图号顺序排列
  E. 既有文字材料又有图纸的案卷,图纸排前,文字材料排后

23. 根据《建设工程文件归档规范》规定,同时由建设单位和监理单位归档保存的监理文

件资料有( )。

　　A. 监理规划　　　　　　　　　　B. 监理会议纪要
　　C. 工程开工报审表　　　　　　　D. 监理工作总结
　　E. 监理工作日志

24. 根据《建设工程文件归档规范》规定,由建设单位选择性归档保存的监理文件资料有( )。

　　A. 监理月报　　　　　　　　　　B. 工程复工报审表
　　C. 旁站监理记录　　　　　　　　D. 见证记录
　　E. 工程延期审批表

25. 根据《建设工程文件归档规范》规定,建设单位、监理单位和城建档案馆都必须归档保存的监理文件资料有( )。

　　A. 监理合同　　　　　　　　　　B. 监理会议纪要
　　C. 监理实施细则　　　　　　　　D. 竣工移交证书
　　E. 见证取样和送检人员备案表

26. 下列工程中,监理文件资料暂由建设单位保管的有( )。

　　A. 维修工程　　B. 停建工程　　C. 缓建工程　　D. 改建工程
　　E. 扩建工程

习题答案及解析

一、单项选择题

1. A

【解析】施工单位有下列行为时,项目监理机构应签发监理通知单:(1)施工不符合设计要求、工程建设标准、合同约定;(2)使用不合格的工程材料、构配件和设备;(3)施工存在质量问题或采用不适当的施工工艺,或施工不当造成工程质量不合格;(4)实际进度严重滞后于计划进度且影响合同工期;(5)未按专项施工方案施工;(6)存在安全事故隐患;(7)工程质量、造价、进度等方面的其他违法违规行为。

2. B

【解析】"关键部位、关键工序"是指影响工程主体结构安全、完工后无法检测其质量的或返工会造成较大损失的部位及其施工过程。旁站记录中,"关键部位、关键工序的施工情况"应记录所旁站部位(工序)的施工作业内容、主要施工机械、材料、人员和完成的工程数量等内容及监理人员检查旁站部位施工质量的情况。

3. A

【解析】《建设工程监理规范》规定,总监理工程师审查施工单位报送的工程开工报审表及相关材料,报建设单位审批签署同意开工意见后,总监理工程师应签发工程开工令。

4. B

【解析】单位工程具备开工条件时,施工单位需要向项目监理机构报送工程开工报审表。同时具备下列条件时,由总监理工程师签署审查意见,并报建设单位批准后,总监理工程师方可签发工程开工令:(1)设计交底和图纸会审已完成;(2)施工组织设计已由总监理工程师签认;(3)施工单位现场质量、安全生产管理体系已建立,管理及施工人员已到位,施工机械具备使用条件,主要工程材料已落实;(4)进场道路及水、电、通信等已满足开工要求。

5. D

【解析】 工作联系单用于项目监理机构与工程建设有关方(包括建设、施工、监理、勘察、设计等单位和上级主管部门)之间的日常工作联系。有权签发工作联系单的负责人有:建设单位现场代表、施工单位项目经理、工程监理单位项目总监理工程师、设计单位本工程设计负责人及工程项目其他参建单位的相关负责人等。

6. D

【解析】 施工单位、建设单位、工程监理单位提出工程变更时应填写工程变更单,由建设单位、设计单位、监理单位和施工单位共同签认。

7. D

【解析】 需要建设单位审批同意的表式有:(1)施工组织设计或(专项)施工方案报审表(仅对超过一定规模的危险性较大的分部分项工程专项施工方案);(2)工程开工报审表;(3)工程复工报审表;(4)工程款支付报审表;(5)费用索赔报审表;(6)工程临时或最终延期报审表。在上述表式中,只有工程复工报审表不需要总监理工程师加盖执业印章。

8. C

【解析】 需要由总监理工程师签字,并加盖执业印章的有:(1)施工组织设计或(专项)施工方案报审表;(2)工程开工报审表;(3)单位工程竣工验收报审表;(4)工程款支付报审表;(5)费用索赔报审表;(6)工程临时或最终延期报审表。上述表式中,只有单位工程竣工验收报审表不需要建设单位审批同意(盖章)。

9. A

【解析】 本题考核的是施工单位报审、报验用表(B类表)的内容。(1)施工控制测量成果报验表:施工单位完成施工控制测量并自检合格后,需要向项目监理机构报送施工控制测量成果报验表及施工控制测量依据和成果表。专业监理工程师审查合格后予以签认,故选项A正确。(2)施工进度计划报审表:该表适用于施工总进度计划、阶段性施工进度计划的报审。施工进度计划在专业监理工程师审查的基础上,由总监理工程师审核签认,故选项B错误。(3)分包单位资格报审表:由专业监理工程师提出审查意见后,由总监理工程师审核签认,故选项C错误。(4)分部工程报验表:在专业监理工程师验收的基础上,由总监理工程师签署验收意见,故选项D错误。

10. C

【解析】 本题考核的是基本表式应用说明。在施工单位报审、报验用表中,工程开工报审表与单位工程竣工验收报审表必须由项目经理签字并加盖施工单位公章。

11. D

【解析】 监理日志是项目监理机构在实施建设工程监理过程中,每日对建设工程监理工作及施工进展情况所做的记录,由总监理工程师根据工程实际情况指定专业监理工程师负责记录。监理日志的主要内容包括:(1)天气和施工环境情况;(2)当日施工进展情况;(3)当日监理工作情况;(4)当日存在的问题及处理情况;(5)其他有关事项。

12. A

【解析】 本题考核的是工程质量评估报告的内容。工程竣工预验收合格后,由总监理工程师组织专业监理工程师编制工程质量评估报告,编制完成后由项目总监理工程师及监理单位技术负责人审核签认并加盖监理单位公章后,在正式竣工验收前提交给建设单位。

13. D

【解析】 工程竣工预验收合格后,由总监理工程师组织专业监理工程师编制工程质量评估报告,编制完成后,由项目总监理工程师及监理单位技术负责人审核签认,并加盖监理单位公章后报建设单位。工程质量评估报告应在正式竣工验收前提交给建设单位。

14. A

【解析】 本题考核的是建设工程监理文件资料收文与登记。(1)在监理文件资料有追溯性要求的情况下,应注意核查所填内容是否可追溯。故选项A正确。(2)项目监理机构文件资料管理人员应检查监理文件资料的各项内容填写和记录是否真实完整,签字认可人员应为符合相关规定的责任人员,并且不得以盖章和打印代替手写签认。故选项B错误。实际上,监理文件资料需要由总监理工程师或其授权的监理工程师确定是否需要传阅及传阅范围。建设工程监理文件资料经收/发文、登记和传阅工作程序后,必须进行科学的分类后进行存放,但并没有规定需要按监理单位对项目检查的需要和按施工总承包单位,分包单位和材料供应单位进行分类。故选项C、D错误。实际上建设工程监理文件资料原则上可按施工单位、专业施工部位、单位工程等进行分类。

15. C

【解析】 建设工程监理文件资料编制要求如下:(1)归档的文件资料一般应为原件。(2)文件资料内容及其深度须符合国家有关要求。(3)文件资料内容必须真实、准确,与工程实际相符。(4)文件资料应采用耐久性强的书写材料,不得使用易褪色的书写材料。(5)文件资料应字迹清楚,图样清晰,图表整洁,签字盖章手续完备。(6)文件资料中文字材料幅面尺寸规格宜为A4幅面(297mm×210mm)。纸张应采用能够长时间保存的韧力大、耐久性强的纸张。(7)文件资料的缩微制品,必须按国家缩微标准进行制作,主要技术指标(解像力、密度、海波残留量等)要符合国家标准,保证质量,以适应长期安全保管。(8)文件资料中的照片及声像档案,要求图像清晰,声音清楚,文字说明或内容准确。(9)文件资料应采用打印形式并使用档案规定用笔,手工签字,在不能使用原件时,应在复印件或抄件上加盖公章并注明原件保存处。

16. D

【解析】 建设工程监理文件资料归档范围和保管期限:(1)归档范围。监理文件资料归档范围,分为必须归档保存和选择性归档保存两类。(2)保管期限。工程档案保管期限分为永久保管、长期保管和短期保管。永久保管是指工程档案无限期地、尽可能长远地保存下去;长期保管是指工程档案保存到该工程被彻底拆除;短期保管是指工程档案保存10年以下。当同一案卷内有不同保管期限的文件时,该案卷保管期限应从长。

17. A

【解析】 (1)组卷原则及方法:①一个建设工程由多个单位工程组成时,应按单位工组卷;②监理文件资料可按单位工程、分部工程、专业、阶段等组卷。(2)卷内文件排列要求:①文字材料按事项、专业顺序排列;②图纸按专业排列,同专业图纸按图号顺序排列;③既有文字材料又有图纸的案卷,文字材料排前,图纸排后。

18. B

【解析】组卷原则及方法:(1)一个建设工程由多个单位工程组成时,应按单位工程组卷;(2)监理文件资料可按单位工程、分部工程、专业、阶段等组卷。

19. C

【解析】列入城建档案管理部门接收档案的工程,建设单位在工程竣工后3个月内必须向城建档案管理部门移交一套符合规定的工程档案(监理文件资料)。建设单位向城建档案管理部门移交工程档案(监理文件资料),应提交移交案卷目录,办理移交手续,双方签字、盖章后方可交接。

20. C

【解析】列入城建档案管理部门接收范围的工程,建设单位在工程竣工验收后3个月内必须向城建档案管理部门移交一套符合规定的工程档案(监理文件资料)。

21. B

【解析】停建、缓建工程的监理文件资料暂由建设单位保管。对改建、扩建和维修工程,建设单位应组织工程监理单位据实修改、补充和完善监理文件资料,对改变的部位,应当重新编写,并在工程竣工验收后3个月内向城建档案管理部门移交。

22. C

【解析】工程监理单位应在工程竣工验收前将监理文件资料按合同约定的时间、套数移交给建设单位,办理移交手续。

二、多项选择题

1. ABC

【解析】根据《建设工程监理规范》,工程监理基本表式分为三大类:(1)A类表——工程监理单位用表(共8个);(2)B类表——施工单位报审、报验用表(共14个);(3)C类表——通用表(共3个)。

2. ABCE

【解析】工程监理单位用表(A类表,共8个)包括:(1)总监理工程师任命书(表A.0.1);(2)工程开工令(表A.0.2);(3)监理通知单(表A.0.3);(4)监理报告(表A.0.4);(5)工程暂停令(表A.0.5);(6)旁站记录(表A.0.6);(7)工程复工令(表A.0.7);(8)工程款支付证书(表A.0.8)。

3. ACDE

【解析】工程监理单位用表(A类表,共8个)中,应由总监理工程师签字并加盖执业印章的有:(1)工程开工令;(2)工程暂停令;(3)工程复工令;(4)工程款支付证书。

4. ABDE

【解析】(1)建设单位对施工单位报送的工程开工报审表签署同意开工意见后,总监理工程师应签发工程开工令。工程开工令需要由总监理工程师签字,并加盖执业印章。工程开工令中应明确具体开工日期,并作为施工单位计算工期的起始日期。(2)监理通知单是项目监理机构在日常监理工作中常用的指令性文件。监理通知单应由总监理工程师或专业监理工程师签发。其中,对于一般问题可由专业监理工程师签发,对于重大问题应由总监理工程师或经其同意后签发。故选项C错误。(3)当暂停施工的原因消失、具备复工条件时,施工单位提出复工申请的,建设单位对施工单位报送的工程复工报审表(表B.0.3)上签署同意复工意见后,总监理工程师应签发工程复工令;或者工程具备复工条件而施工单位未提出复工申请的,总监理工程师应根据工程实际情况直接签发工程复工令指令施工单位复工。

5. ABDE

【解析】施工单位发生下列情况时,项目监理机构签发监理通知单:(1)施工不符合设计要求、工程建设标准、合同约定;(2)使用不合格的工程材料、构配件和设备;(3)施工存在质量问题或采用不适当的施工工艺,或施工不当造成工程质量不合格;(4)实际进度严重滞后于计划进度且影响合同工期;(5)未按专项施工方案施工;(6)存在安全事故隐患;(7)工程质量、造价、进度等方面的其他违法违规行为。选项A、B、D、E均是监理机构签发工程暂停令的情形。

6. ABCD

【解析】工程监理基本表式中,属于施工单位报审、报验用表(B类表)的表式有以下14种:(1)施工组织设计或(专项)施工方案报审表(表B.0.1);(2)工程开工报审表(表B.0.2);(3)工程复工报审表(表B.0.3);(4)分包单位资格报审表(表B.0.4);(5)施工控制测量成果报验表(表B.0.5);(6)工程材料、构配件、设备报审表(表B.0.6);(7)_____报验、报审表(表B.0.7);(8)分部工程报验表(表B.0.8);(9)监理通知回复单(表B.0.9);(10)单位工程竣工验收报审表(表B.0.10);(11)工程款支付报审表(表B.0.11);(12)施工进度计划报审表(表B.0.12);(13)费用索赔报审表(表B.0.13);(14)工程临时或最终延期报审表(表B.0.14)。选项E属于各方通用表式。

7. ABDE

【解析】施工单位报审、报验用表,需要由总监理工程师签字,并加盖执业印章的有:(1)施工组织设计或(专项)施工方案报审表;(2)工程开工报审表;(3)单位工程竣工验收报审表;(4)工程款支付报审表;(5)费用索赔报审表;(6)工程临时或最终延期报审表。

8. ABC

【解析】施工单位报审、报验用表中,可由专业监理工程师审核签认的有:施工控制测量成果报验表,工程材料、构配件、设备报审表,_____报验、报审表等。另外,监理通知回复单一般可由原发出监理通知单的专业监理工程师进行核查,认可整改结果后予以签认。重大问题可由总监理工程师进行核查签认。

9. ACD

【解析】总监理工程师签认工程开工报审表的条件包括:(1)设计交底和图纸会审已完成;(2)施工组织设计已由总监理工程师签认;(3)施工单位现场质量、安全生产管理体系已建立,管理及施工人员已到位,施工机械具备使用条件,主要工程材料已落实;(4)进场道路及水、电、通信等已满足开工要求。

10. BC

【解析】通用表（C类表）包括：(1)工作联系单；(2)工程变更单；(3)索赔意向通知书。选项A、D、E属于施工单位报审、报验用表（B类表）。

11. ABCE

【解析】需要建设单位审批同意的表式有：(1)施工组织设计或（专项）施工方案报审表（仅对超过一定规模的危险性较大的分部分项工程专项施工方案）；(2)工程开工报审表；(3)工程复工报审表；(4)工程款支付报审表；(5)费用索赔报审表；(6)工程临时或最终延期报审表。

12. AD

【解析】需要由施工项目经理签字并加盖施工单位公章的表式有：(1)工程开工报审表；(2)单位工程竣工验收报审表。

13. ABCE

【解析】建设工程监理主要文件资料包括：(1)勘察设计文件、建设工程监理合同及其他合同文件；(2)监理规划、监理实施细则；(3)设计交底和图纸会审会议纪要；(4)施工组织设计、（专项）施工方案、施工进度计划报审文件资料；(5)分包单位资格报审会议纪要；(6)施工控制测量成果报验文件资料；(7)总监理工程师任命书，工程开工令、暂停令、复工令，开工或复工报审文件资料；(8)工程材料、构配件、设备报验文件资料；(9)见证取样和平行检验文件资料；(10)工程质量检验报验资料及工程有关验收资料；(11)工程变更、费用索赔及工程延期文件资料；(12)工程计量、工程款支付文件资料；(13)监理通知单、工作联系单与监理报告；(14)第一次工地会议、监理例会、专题会议等会议纪要；(15)监理月报、监理日志、旁站记录；(16)工程质量或安全生产事故处理文件资料；(17)工程质量评估报告及竣工验收文件资料；(18)监理工作总结。

14. CD

【解析】本题考核的是建设工程监理主要文件资料。建设工程监理主要文件资料共有18种，其中包括：(1)勘察设计文件、建设工程监理合同及其他合同文件；(2)监理规划、监理实施细则；(3)设计交底和图纸会审会议纪要；(4)施工控制测量成果报验文件资料；(5)见证取样和平行检验文件资料；(6)监理工作总结等。选项C、D属于施工文件资料。

15. ABCE

【解析】监理例会是履约各方沟通情况、交流信息、研究解决合同履行中存在的各方面问题的主要协调方式。会议纪要由项目监理机构根据会议记录整理，主要内容包括：(1)会议地点及时间；(2)会议主持人；(3)与会人员姓名、单位、职务；(4)会议主要内容、决议事项及其负责落实单位、负责人和时限要求；(5)其他事项。对于监理例会上意见不一致的重大问题，应将各方的主要观点，特别是相互对立的意见记入"其他事项"中。会议纪要的内容应真实准确，简明扼要，经总监理工程师审阅，与会各方代表会签，发至有关各方并应有签收手续。

16. ACDE

【解析】本题考核的是监理日志的内容。监理日志的主要内容包括：(1)天气和施工环境情况；(2)当日施工进展情况，包括当日施工部位、施工内容、施工班组及作业人数；当日工程材料、构配件和设备进场情况、所用部位以及产品出场合格证、材质检验等情况；当日施工现场安全生产状况、安全防护及措施等情况;(3)当日监理工作情况,包括旁站、巡视、见证取样、平行检验等情况;(4)当日存在的问题及处理情况;(5)其他有关事项。

17. ABDE

【解析】监理月报是项目监理机构每月向建设单位和本监理单位提交的建设工程监理工作及建设工程实施情况等分析总结报告。监理月报由总监理工程师组织编写、签认后报送建设单位和本监理单位。监理月报应包括以下主要内容:(1)本月工程实施情况;(2)本月监理工作情况;(3)本月工程实施的主要问题分析及处理情况;(4)下月监理工作重点。

18. ABD

【解析】工程质量评估报告的主要内容包括:(1)工程概况;(2)工程参建单位;(3)工程质量验收情况;(4)工程质量事故及其处理情况;(5)竣工资料审查情况;(6)工程质量评估结论。

19. CD

【解析】本题考核的是监理工作总结的内容。监理工作总结应包括以下内容:(1)工程概况。(2)项目监理机构。监理过程中如有变动情况,应予以说明。(3)建设工程监理合同履行情况。包括:监理合同目标控制情况,监理合同履行情况,监理合同纠纷的处理情况等。(4)监理工作成效。监理机构提出的合理化建议并被建设、设计、施工等单位采纳;发现施工中的差错,通过监理工作避免了工程质量事故、生产安全事故、累计核减工程款及为建设单位节约工程建设投资等事项的数据(可举典型事例和相关资料)。(5)监理工作中发现的问题及其处理情况。监理过程中产生的监理通知单、监理报告、工作联系单及会议纪要等所提出问题的简要统计;由工程质量、安全生产等问题所引起的今后工程合理、有效使用的建议等。(6)说明与建议。

20. ABCD

【解析】建设工程监理文件资料的管理工作包括:(1)监理文件资料收文与登记;(2)监理文件资料传阅与登记;(3)监理文件资料发文与登记;(4)监理文件资料分类存放;(5)监理文件资料组卷归档;(6)监理文件资料验收与移交。

21. ABCE

【解析】(1)收文与登记:项目监理机构所有收文应在收文登记表上按监理信息分类分别进行登记,最后由项目监理机构负责收文人员签字。在监理文件资料有追溯性要求的情况下,应注意核查所填内容是否可追溯。当不同类型的监理文件资料之间存在相互对照或追溯关系(如监理通知与监理通知回复单)时,在分类存放的情况下,应在文件和记录上注明相关文件资料的编号和存放处。收文登记后应交给项目总监理工程师或由其授权的监理工程师进行处理,重要文件内容应记录在监理日志中。(2)传阅与登记:监理文件资料需要由总监理工程师或其授权的监理工程师确定是否需要传阅。对于需要传阅的,应确定传阅人员名单和范围,并在文件传阅纸上注明。(3)发文与登记:监理文件资料发文应由总监理工程师或其授权的监理工程师签名,并加盖项目监理机构图章。若为紧急处理的文件,应在文件资料首页标注"急件"字样。所有监理文件资料要求进行分类编码,并在发文登记表上进行登记。重要文件的发文内容应记录在监理日志中。(4)分类存放:监理文件资料经收文、发文、登记和传阅工作程序后,必须进行科学的分类后进行存放。工程监理文件资料的分类原则应根据工程特点及监理与相关服务内容确定。原则上可按施工单位、专业施工部位、单位工程等进行分类,以保证建设工程监理文件资料检索和归档工作的顺利进行。(5)组卷归档:归档的文件资料一般应为原件。文件资料内容必须真实、准确,与工程实际相符。

22. ABCD

【解析】(1)一个建设工程由多个单位工程组成时,应按单位工程组卷;监理文件资料可按单位工程、分部工程、专业、阶段等组卷。(2)案卷内不应有重份文件,印刷成册的工程文件应保持原状。(3)卷内文件排列:①文字材料按事项、专业顺序排列。同一事项的请示与批复、同一文件的印本与定稿、主件与附件不能分开,并按批复在前、请示在后,印本在前、定稿在后,主件在前、附件在后的顺序排列。②图纸按专业排列,同专业图纸按图号顺序排列。③既有文字材料又有图纸的案卷,文字材料排前,图纸排后。

23. ABC

【解析】本题考核的是建设工程监理文件资料归档范围。建设工程监理文件资料中监理工作日志和监理工作总结,监理单位必须归档保存,建设单位则可不归档保存。

24. AC

【解析】本题考核的是建设工程监理文件资料归档范围。建设工程监理文件资料中"监理月报"和"旁站监理记录"等由建设单位选择性归档保存。

25. ACD

【解析】本题考核的是建设工程监理文件资料归档范围。建设工程监理文件资料中,监理月报、监理会议纪要、监理工作日志、旁站监理记录、见证取样和送检人员备案表、见证记录、监理资料移交书等,城建档案馆不必归档保存。

26. BC

【解析】本题考核的是建设工程监理文件资料的移交。停建、缓建工程的监理文件资料暂由建设单位保管。

第十章 建设工程项目管理服务

习 题 精 练

一、单项选择题

1. 项目管理知识体系(PMBOK)是项目管理者应掌握的基本知识体系。项目管理知识体系的基本内容构成包括(　　)。
   A. 项目管理程序和管理方法　　　　B. 项目技术管理和项目组织管理
   C. 五个基本过程组和十大知识领域　　D. 通用管理方法和专用管理方法

2. 项目管理不仅是指单一项目管理,还包括多项目管理。其中,多项目管理包括(　　)。
   A. 单一行业多项目管理和多行业多项目管理
   B. 项目群管理和项目组合管理
   C. 单一领域多项目管理和多领域多项目管理
   D. 双目标项目管理和多部门项目管理

3. 按照风险来源进行划分,建设工程风险可分为(　　)。
   A. 建设单位风险和施工单位风险　　B. 可管理风险和不可管理风险
   C. 局部风险和总体风险　　　　　　D. 自然风险、社会风险和经济风险

4. 按风险影响范围分类,建设工程风险可划分为(　　)。
   A. 社会风险和政治风险　　　　　　B. 监理单位风险和施工单位风险
   C. 局部风险和总体风险　　　　　　D. 可管理风险和不可管理风险

5. 下列关于风险识别方法的说法,正确的是(　　)。
   A. 流程图法不仅分析流程本身,也可显示发生问题的损失值或损失发生的概率
   B. 风险初始清单是项目风险管理的经验总结,可以作为项目风险识别的最终结论
   C. 经验数据法是根据已建各类工程与风险有关的统计资料来识别拟建工程风险
   D. 专家调查法是从分析具体工程特点入手,对已经识别出的风险进行鉴别和确认

6. 风险识别的最主要成果是(　　)。
   A. 风险潜在损失表　　　　　　　　B. 风险清单
   C. 风险因素发生概率　　　　　　　D. 风险度量值

7. 下列关于风险分析与评价任务的说法,不正确的是(　　)。
   A. 确定单一风险因素发生的概率
   B. 分析单一风险因素的影响范围大小
   C. 分析各个风险因素的发生时间

D. 规划各个风险因素控制对策

8. 下列关于风险评定的说法,正确的是( )。
   A. 风险等级为小的风险因素是可忽略的风险
   B. 风险等级为中等的风险因素可按接受的风险
   C. 风险等级为大的风险因素是不可接受的风险
   D. 风险等级为很大的风险因素是不希望有的风险

9. 损失控制是一种主动、积极的风险对策。损失控制可分为( )。
   A. 预防损失和减少损失   B. 技术控制和经济控制
   C. 一般控制和重点控制   D. 组织控制和合同控制

10. 下列损失控制的工作内容中,不属于灾难计划编制内容的是( )。
    A. 安全撤离现场人员   B. 救援及处理伤亡人员
    C. 起草保险索赔报告   D. 控制事故的进一步发展

11. 关于风险非保险转移对策的说法,错误的是( )。
    A. 建设单位可通过合同责任条款将风险转移给对方当事人
    B. 施工单位可通过工程分包将专业技术风险转移给分包人
    C. 非保险转移风险的代价会小于实际发生的损失,对转移者有利
    D. 当事人一方可向对方提供第三方担保,担保方承担的风险仅限于合同责任

12. 风险管理计划实施后,对风险的发展必然会产生相应效果的是( )。
    A. 风险评估方法   B. 风险控制措施
    C. 风险数据采集   D. 风险跟踪检查

13. 关于工程勘察成果审查的说法,正确的是( )。
    A. 岩土工程勘察应正确反映场地工程地质条件
    B. 详勘阶段的勘察成果应满足初步设计的深度要求
    C. 工程勘察成果评估报告由工程勘察单位组织专业人员编制
    D. 测试、试验项目委托其他单位完成时,受托单位提交的成果应有试验人、检查人或审核人签字

14. 根据《建设工程监理规范》,工程监理单位应审查设计单位提出的新材料、新工艺、新技术、新设备在相关部门的备案情况,必要时应协助( )。
    A. 设计单位组织专家复审   B. 相关部门组织专项论证
    C. 建设单位组织专家评审   D. 使用单位申报备案资料

15. 评审工程设计成果需进行的工作有:①邀请专家参与评审;②确定专家人选;③建立评审制度和程序;④收集专家评审意见;⑤分析专家评审意见。其正确的工作步骤是( )。
    A. ①②③④⑤   B. ①③②④⑤   C. ③②①④⑤   D. ②①④③⑤

16. 下列关于建设工程监理与项目管理服务区别的说法,不正确的是( )。
    A. 建设工程监理是一种强制实施的制度,而工程项目管理服务属于委托性质
    B. 目前,建设工程监理定位于工程施工阶段;而工程项目管理服务可以覆盖项目策划决策、建设实施(设计、施工)全过程
    C. 工程监理单位的中心任务是施工阶段项目目标控制,而工程项目管理单位能够在

项目策划决策阶段为建设单位提供专业化项目管理服务
D.工程监理强调的是技术服务,而工程项目管理强调的是管理服务

二、多项选择题

1. 根据项目管理知识体系(PMBOK),项目管理活动的基本过程组有( )。
   A.启动过程组　　　B.计划过程组　　　C.执行过程组　　　D.纠偏过程组
   E.监控过程组

2. 根据项目管理知识体系(PMBOK),项目管理知识领域有( )。
   A.项目集成管理　　　　　　　　B.项目范围管理
   C.项目资源管理　　　　　　　　D.项目合同管理
   E.项目利益相关者管理

3. 风险管理是对建设工程风险进行管理的一个系统、循环过程。风险管理过程包括( )。
   A.风险识别　　　　　　　　　　B.风险分析与评价
   C.风险对策的决策　　　　　　　D.风险控制的评估
   E.风险对策实施的监控

4. 风险识别是风险管理的首要步骤。风险识别的主要内容有( )。
   A.识别引起风险的主要因素　　　B.识别风险的性质
   C.识别风险的影响范围　　　　　D.识别风险可能引起的后果
   E.识别风险管理成本

5. 下列方法,可用来识别建设工程风险的有( )。
   A.专家调查法　　B.财务报表法　　C.流程图法　　D.初始清单法
   E.敏感性分析法

6. 下列风险识别方法中,属于专家调查法的有( )。
   A.访谈法　　　　B.德尔菲法　　　C.流程图法　　D.经验数据法
   E.头脑风暴法

7. 建设工程风险初始清单中,属于非技术风险的有( )。
   A.设计风险　　　B.施工风险　　　C.经济风险　　D.合同风险
   E.材料设备风险

8. 下列风险管理工作中,属于风险分析与评价工作内容的有( )。
   A.确定单一风险因素发生的概率
   B.分析单一风险因素的影响范围大小
   C.分析各个风险因素之间相关性的大小
   D.分析各个风险因素最适宜的管理措施
   E.分析各个风险因素的结果

9. 常用的风险分析与评价方法有( )。
   A.调查打分法　　　　　　　　　B.财务报表法
   C.蒙特卡洛模拟法　　　　　　　D.计划评审技术法

E. 敏感性分析法

10. 下列对策,属于建设工程风险对策的有(　　)。
   A. 风险回避　　B. 损失控制　　C. 风险转移　　D. 风险消除
   E. 风险自留

11. 建设工程项目适宜采用风险回避策略控制工程风险的情形有(　　)。
   A. 风险事件发生概率很大且后果损失也很大的工程项目
   B. 风险损失不大,但风险事件发生概率很大的工程项目
   C. 发生损失的概率并不大,但当风险事件发生后产生的损失是灾难性的、无法弥补的
   D. 该工程项目属于国家重大工程

12. 在采用风险控制对策时,所制定的风险控制措施应当形成一个周密完整的损失控制计划系统。该计划系统一般应由(　　)组成。
   A. 预防计划　　B. 组织计划　　C. 灾难计划　　D. 应急计划
   E. 救援计划

13. 灾难计划是一组事先编制好的、目的明确的工作程序和具体措施。编制的灾难计划的内容应满足的要求包括(　　)。
   A. 安全撤离现场人员
   B. 援救及处理伤亡人员
   C. 控制事故的进一步发展,最大限度地减少资产和环境损害
   D. 保证受影响区域的安全尽快恢复正常
   E. 制定整改措施,调整风险对策,避免类似风险发生

14. 应急计划是建设工程风险损失控制计划系统中不可缺少的部分。应急计划应包括的内容有(　　)。
   A. 调整整个建设工程实施进度计划、材料与设备的采购计划、供应计划
   B. 全面审查可使用的资金情况
   C. 调整人员安排,重新制定施工程序和工艺
   D. 准备保险索赔依据;确定保险索赔的额度
   E. 起草保险索赔报告

15. 下列关于风险转移的说法,正确的有(　　)。
   A. 非保险转移一般是通过签订合同的方式将工程风险转移给非保险人的对方当事人
   B. 对于非保险转移而言,有时转移风险的代价可能超过实际发生的损失,从而对转移者不利
   C. 非保险转移的媒介是合同,这就可能因为双方当事人对合同条款的理解发生分歧而导致转移失效
   D. 在决定采用保险转移这一风险对策后,就需要考虑与保险有关的具体问题
   E. 保险可以转移建设工程所有风险,因此,对于建设工程风险,保险转移常常单独运用

16. 下列事项,属于建设工程风险非保险转移对策的有(　　)。
   A. 施工单位进行工程分包

B. 调整施工进度计划
C. 第三方担保
D. 提交费用索赔申请报告
E. 建设单位将合同责任和风险转移给对方当事人

17. 与其他的风险对策相比,非保险转移的优点主要体现在( )。
   A. 可以转移某些不可保的潜在损失   B. 被转移者往往能较好地进行损失控制
   C. 转移者往往不需要付出代价   D. 被转移者能取得较高利润收益
   E. 风险转移不容易失败

18. 采用工程保险方式转移工程风险时,需要考虑的内容有( )。
   A. 保险的安排方式   B. 保险类型选择
   C. 保险人选择   D. 保险合同谈判
   E. 保险索赔报告

19. 下列关于风险自留的说法,正确的有( )。
   A. 计划性风险自留是有计划的选择
   B. 风险自留区别于其他风险对策,应单独运用
   C. 风险自留主要通过采取内部控制措施来化解风险
   D. 非计划性风险自留是由于没有识别到某些风险以至于风险发生后而被迫自留
   E. 风险自留往往可以化解较大的建设工程风险

20. 关于计划性风险自留的说法,正确的有( )。
   A. 计划性风险自留是有计划的选择
   B. 风险自留一般单独运用效果较好
   C. 应保证重大风险已有对策后才使用
   D. 在风险管理人员正确识别和评价风险后使用
   E. 通常采用外部控制措施来化解风险

21. 监控风险管理计划实施过程的主要内容有( )。
   A. 评估风险控制措施产生的效果
   B. 及时发现和度量新的风险因素
   C. 跟踪、评估风险的变化程度
   D. 监控潜在风险的发展、监测工程风险发生的征兆
   E. 总结、评估风险管理的效果

22. 工程监理单位可以受建设单位的委托,协助建设单位编制工程勘察设计任务书。工程勘察设计任务书应包括的主要内容有( )。
   A. 工程勘察设计范围   B. 建设工程目标和建设标准
   C. 对工程勘察设计成果的要求   D. 与施工配合的条件
   E. 勘察设计费用的计费方法

23. 工程监理单位可以受建设单位的委托,协助建设单位选择工程勘察设计单位。工程勘察设计单位的选择主要涉及( )。
   A. 选择方式   B. 单位业务水平

C.可能提供的服务内容　　　　　　D.单位资质、人员资格
E.单位业绩及质量保证体系

24.工程监理单位可以受建设单位委托,审查工程勘察方案。工程监理单位审查工程勘察方案时,应重点审查的内容有(　　)。
A.勘察技术方案中工作内容与勘察合同及设计要求是否相符,是否有漏项或冗余
B.各类相应的工程地质勘察手段、方法和程序是否合理,是否符合有关规范的要求
C.勘察方案中配备的勘察设备是否满足本工程勘察技术要求
D.勘察单位现场勘察组织及人员安排是否合理,是否与勘察进度计划相匹配
E.勘察成果是否具备施工适应性,如何与施工相衔接

25.工程监理单位对工程勘察过程的控制工作主要包括(　　)。
A.检查工程勘察进度计划执行情况　　B.检查勘察费用支付、使用情况
C.检查勘察单位执行勘察方案的情况　　D.检查勘察质量保证体系运行情况
E.检查勘察单位安全责任落实的情况

26.下列关于工程勘察成果报告的说法,正确的有(　　)。
A.工程勘察报告的深度应满足工程施工和勘察合同相关约定的要求
B.工程勘察报告应有明确的针对性,详勘阶段报告应满足施工图设计的要求
C.勘察文件的文字、标点、术语、代号、符号、数字均应符合有关标准要求
D.勘察报告所有图表均应有完成人、检查人或审核人签字。各种室内试验和原位测试,其成果应有试验人、检查人或审核人签字
E.测试、试验项目委托其他单位完成时,受托单位提交的成果还应有该单位公章、单位负责人签章

27.工程监理单位可以受建设单位委托,编制工程勘察成果评估报告。工程勘察成果评估报告的内容有(　　)。
A.勘察工作概况
B.勘察报告编制深度、与勘察标准的符合情况
C.勘察任务书的完成情况
D.勘察费用支付情况
E.评估结论

28.工程监理单位可以受建设单位的委托审查工程设计进度计划。工程设计进度计划审查的内容有(　　)。
A.计划中各个节点是否存在漏项
B.出图节点是否符合建设工程总体计划进度节点要求
C.分析各阶段、各专业工种设计工作量和工作难度,并审查相应设计人员的配置安排是否合理
D.审查设计进度与施工的衔接是否合理
E.各专业计划的衔接是否合理,是否满足工程需要

29.工程监理单位受建设单位委托审查设计单位提交的设计成果,并提出评估报告。工程设计成果评估报告应包括的主要内容有(　　)。

A. 设计工作概况　　　　　　　　B. 设计深度、与设计标准的符合情况
C. 设计任务书的完成情况　　　　D. 配合施工设计交底内容
E. 存在的问题及建议

30. 工程监理单位可以受建设单位委托审查工程设计概算、施工图预算。设计概算和施工图预算审查的内容有（　　）。

A. 编制依据是否准确
B. 内容是否充分反映自然条件、技术条件、经济条件，是否合理运用各种原始资料提供的数据，编制说明是否齐全等
C. 各类取费项目是否符合规定，是否符合工程实际，有无遗漏或在规定之外的取费；
D. 工程量计算是否正确，有无漏算、重算和计算错误，对计算工程量中各种系数的选用是否有合理的依据
E. 总费用是否符合项目建议书估算，能否满足实际工程施工的需求

31. 工程设计阶段，工程监理单位协助建设单位报审工程设计文件时，需要开展的工作内容有（　　）。

A. 了解政府对设计文件的审批程序、报审条件等信息
B. 向相关部门咨询，获得相关部门的咨询意见
C. 事前检查设计文件及附件的完整性、合规性
D. 联系相关政府部门，及时向建设单位反馈审批意见
E. 协助设计单位落实政府有关部门的审批意见

32. 建设工程监理与项目管理服务的主要区别有（　　）。

A. 服务性质不同　　　　　　　　B. 服务范围不同
C. 服务侧重点不同　　　　　　　D. 服务依据不同
E. 服务标准不同

33. 工程监理与项目管理一体化实施的条件有（　　）。

A. 工程承包单位的接受配合是条件　　B. 建设单位的信任和支持是前提
C. 工程监理与项目管理队伍素质是基础　D. 建立健全相关制度和标准是保证
E. 相关服务费取费合理是保障

34. 实施工程监理与项目管理一体化的工程监理单位，其驻地机构通常应设置的管理职能部门有（　　）。

A. 工程监理部　　B. 规划设计部　　C. 合同信息部　　D. 组织协调部
E. 工程管理部

35. 实施建设工程项目全过程集成化管理的工程监理单位，其服务内容可包括（　　）。

A. 项目策划　　　　　　　　　　B. 勘察设计管理、招标代理
C. 造价咨询　　　　　　　　　　D. 施工过程管理
E. 项目运营期管理

36. 按照工程项目管理单位与建设单位的结合方式不同，全过程集成化项目管理服务模式可归纳为（　　）。

A. 独立式　　　B. 融合式　　　C. 半融合式　　　D. 植入式

E. 代理式

37. 建设工程项目全过程集成化管理服务的重点和难点主要有（　　）。
   A. 准确掌握建设市场需求　　　　B. 准确把握建设单位需求
   C. 不断加强项目团队建设　　　　D. 充分发挥沟通协调作用
   E. 高度重视技术支持

38. 建设工程项目全过程集成化管理服务更加强调（　　），更加需要组织协调、信息沟通，并能切实解决工程技术问题。
   A. 项目策划　　B. 范围管理　　C. 综合管理　　D. 职能管理
   E. 合同管理

◀ 习题答案及解析 ▶

一、单项选择题

1. C

【解析】美国项目管理学会（PMI）提出的项目管理知识体系（PMBOK）是项目管理者应掌握的基本知识体系。PMBOK包括五个基本过程组（Process Group）和十大知识领域（Knowledge Areas），在每一个知识领域都需要掌握许多工具和技术。

2. B

【解析】项目管理不仅是指单一项目管理，还包括多项目管理，即：项目群管理和项目组合管理。

3. D

【解析】按照风险来源进行划分。风险因素包括自然风险、社会风险、经济风险、法律风险和政治风险。

4. C

【解析】建设工程的风险因素有很多，可从不同的角度进行分类：(1)按照风险来源进行划分，风险因素包括自然风险、社会风险、经济风险、法律风险和政治风险。(2)按照风险涉及的当事人划分，风险因素包括建设单位的风险、设计单位的风险、施工单位的风险、工程监理单位的风险等。(3)按风险可否管理划分，可分为可管理风险和不可管理风险。(4)按风险影响范围划分，可分为局部风险和总体风险。

5. C

【解析】本题考核的是风险识别的方法。(1)运用流程图分析，工程项目管理人员可以明确地发现建设工程所面临的风险。但流程图分析仅着重于流程本身，而无法显示发生问题的损失值或损失发生的概率。故选项A错误。(2)初始清单只是为了便于人们较全面地认识风险的存在，而不至于遗漏重要的建设工程风险，但并不是风险识别的最终结论。故选项B错误。(3)经验数据法也称统计资料法，即根据已建各类建设工程与风险有关的统计资料来识别拟建工程风险。故选项C正确。(4)专家调查法是以专家作为索取信息的对象，依靠专家的知识和经验，由专家通过调查研究对问题作出判断、评估和预测的一种方法。故选项D

错误。专家调查法又可分为头脑风暴法、德尔菲法和访谈法。

6. B

【解析】本题考核的是建设工程风险识别与评价中的风险识别成果。风险识别成果是进行风险分析与评价的重要基础。风险识别的最主要成果是风险清单。风险清单最简单的作用是描述存在的风险并记录可能减轻风险的行为。

7. D

【解析】风险分析与评价的任务包括：(1)确定单一风险因素发生的概率；(2)分析单一风险因素的影响范围大小；(3)分析各个风险因素的发生时间；(4)分析各个风险因素的结果，探讨这些风险因素对建设工程目标的影响程度；(5)在单一风险因素量化分析的基础上，考虑多种风险因素对建设工程目标的综合影响、评估风险的程度并提出可能的措施作为管理决策的依据。

8. C

【解析】(1)风险重要性评定：通常可将风险量的大小分为5个等级：很大、大、中等、小、很小。(2)风险可接受性评定：①风险等级为大、很大的风险因素表示风险重要性较高，是不可接受的风险，需要给予重点关注；②风险等级为中等的风险因素是不希望有的风险；③风险等级为小的风险因素是可接受的风险；④风险等级为很小的风险因素是可忽略的风险。

9. A

【解析】损失控制是一种主动、积极的风险对策。损失控制可分为预防损失和减少损失两个方面。预防损失措施的主要作用在于降低或消除(通常只能做到降低)损失发生的概率，而减少损失措施的作用在于降低损失的严重性或遏制损失的进一步发展，使损失最小化。一般来说，损失控制方案都应当是预防损失措施和减少损失措施的有机结合。

10. C

【解析】风险的损失控制对策应当是一个周密完整的计划系统，该计划系统一般应由预防计划、灾难计划和应急计划三部分组成。其中，灾难计划的内容应满足以下要求：(1)安全撤离现场人员；(2)援救及处理伤亡人员；(3)控制事故的进一步发展，最大限度地减少资产和环境损害；(4)保证受影响区域的安全尽快恢复正常。选项C属于应急计划的内容。

11. C

【解析】风险转移是建设工程风险管理中十分重要且广泛应用的一种对策。当有些风险无法回避、必须直接面对，而以自身的承受能力又无法有效地承担时，风险转移就是一种有效的选择。风险转移可分为保险转移和非保险转移两大类。非保险转移又称为合同转移，因为这种风险转移一般是通过签订合同的方式将风险转移给对方当事人。建设工程风险最常见的非保险转移有以下三种情况：(1)建设单位将合同责任和风险转移给对方当事人；(2)施工单位进行工程分包，将专业技术风险转移给分包人；(3)第三方担保，担保方承担的风险仅限于合同责任。另外，非保险转移一般都要付出一定的代价，有时转移风险的代价可能会超过实际发生的损失，从而对转移者不利。

12. B

【解析】本题考核的是建设工程风险对策及监控中的风险监控。风险管理计划实施后，风险控制措施必然会对风险的发展产生相应的效果。

13. A

【解析】(1)详勘阶段报告应满足施工图设计的要求,故选项B错误。(2)勘察成果评估报告由总监理工程师组织各专业监理工程师编制,必要时可邀请相关专家参加,故选项C错误。(3)各种室内试验和原位测试,其成果应有试验人、检查人或审核人签字。测试、试验项目委托其他单位完成时,受托单位提交的成果还应有该单位公章、单位负责人签章,故选项D错误。

14. C

【解析】本题考核的是工程设计"四新"的审查。《建设工程监理规范》规定,工程监理单位应审查设计单位提出的新材料、新工艺、新技术、新设备在相关部门的备案情况,必要时应协助建设单位组织专家评审。

15. C

【解析】工程监理单位应协助建设单位组织专家对工程设计成果进行评审。工程设计成果评审程序如下:(1)事先建立评审制度和程序,并编制设计成果评审计划,列出预评审的设计成果清单;(2)根据设计成果特点,确定相应的专家人选;(3)邀请专家参与评审,并提供专家所需评审的设计成果资料、建设单位的需求及相关部门的规定等;(4)组织相关专家对设计成果评审会议,收集各专家的评审意见;(5)整理、分析专家评审意见,提出相关建议或解决方案形成会议纪要或报告,作为设计优化或下一阶段设计的依据,并报建设单位或相关部门。

16. D

【解析】(1)国家法律明确规定了必须实施工程监理的工程范围,在此范围内的工程必须实行工程监理,而工程项目管理服务则根据建设单位的需要可委托或不必委托。(2)工程项目管理服务基于建设单位的实际需要,可以实施建设工程全过程管理服务。(3)施工阶段工程监理的中心任务就是目标控制,不涉及策划决策阶段的服务。(4)技术服务本质上就是管理服务,而项目管理服务中也一定包含技术服务。

二、多项选择题

1. ABCE

【解析】PMBOK将项目管理活动归结为五个基本过程组,包括:(1)启动过程组;(2)计划过程组;(3)执行过程组;(4)监控过程组;(5)收尾过程组。

2. ABCE

【解析】PMBOK中项目管理涉及十大知识领域,包括:(1)项目集成管理;(2)项目范围管理;(3)项目进度管理;(4)项目费用管理;(5)项目质量管理;(6)项目资源管理;(7)项目沟通管理;(8)项目风险管理;(9)项目采购管理;(10)项目利益相关者管理。

3. ABCE

【解析】建设工程风险管理是一个识别风险、确定和度量风险,并制定、选择和实施风险应对方案的过程。风险管理是对建设工程风险进行管理的一个系统、循环过程。风险管理包括风险识别、风险分析与评价、风险对策的决策、风险对策的实施和风险对策实施的监控5个主要环节。

4. ABD

【解析】风险识别的主要内容包括：识别引起风险的主要因素，识别风险的性质，识别风险可能引起的后果。

5. ABCD

【解析】识别建设工程风险的方法有专家调查法、财务报表法、流程图法、初始清单法、经验数据法、风险调查法等。选项 E 是风险分析与评价常用的方法。

6. ABE

【解析】识别建设工程风险的方法包括：(1)专家调查法；(2)财务报表法；(3)流程图法；(4)初始清单法；(5)经验数据法；(6)风险调查法等。其中，专家调查法主要包括头脑风暴法、德尔菲法和访谈法。

7. CDE

【解析】本题考核的是建设工程风险初始清单。建设工程风险初始清单中技术风险包括：(1)设计风险；(2)施工风险；(3)其他风险。风险初始清单中非技术风险包括：(1)自然与环境风险；(2)政治法律风险；(3)经济风险；(4)组织协调风险；(5)合同风险；(6)人员风险；(7)材料设备风险。建设工程风险初始清单参见下表。

建设工程风险初始清单

风险因素		典型风险事件
技术风险	设计	设计内容不全、设计缺陷、错误和遗漏，应用规范不恰当，未考虑地质条件，未考虑施工可能性等
	施工	施工工艺落后，施工技术和方案不合理，施工安全措施不当，应用新技术新方案失败，未考虑场地情况等
	其他	工艺设计未达到先进性指标，工艺流程不合理，未考虑操作安全性等
非技术风险	自然与环境	洪水、地震、火灾、台风、雷电等不可抗拒自然力，不明的水文气象条件，复杂的工程地质条件，恶劣的气候，施工对环境的影响等
	政治法律	法律法规的变化，战争、骚乱、罢工、经济制裁或禁运等
	经济	通货膨胀或紧缩，汇率变化，市场动荡，社会各种摊派和征费的变化，资金不到位，资金短缺等
	组织协调	建设单位、项目管理咨询方、设计方、施工方、监理方之间的不协调及各方主体内部的不协调等
	合同	合同条款遗漏、表达有误，合同类型选择不当，承发包模式选择不当，索赔管理不力，合同纠纷等
	人员	建设单位人员、项目管理咨询人员、设计人员、监理人员、施工人员的素质不高、业务能力不强等
	材料设备	原材料、半成品、成品或设备供货不足或拖延，数量差错或质量规格问题，特殊材料和新材料的使用问题，过度损耗和浪费，施工设备供应不足、类型不配套、故障、安装失误、选型不当等

8. ABE

【解析】本题考核的是风险分析与评价工作的内容。风险分析与评价的任务包括：

(1)确定单一风险因素发生的概率;(2)分析单一风险因素的影响范围大小;(3)分析各个风险因素的发生时间;(4)分析各个风险因素的结果,探讨这些风险因素对建设工程目标的影响程度;(5)在单一风险因素量化分析的基础上,考虑多种风险因素对建设工程目标的组合影响、评估风险的程度并提出可能的措施作为管理决策的依据。

9. ACDE

【解析】风险的分析与评价往往采用定性与定量相结合的方法来进行,这二者之间并不是相互排斥的,而是相互补充的。目前,常用的风险分析与评价方法包括:(1)调查打分法;(2)蒙特卡洛模拟法;(3)计划评审技术法;(4)敏感性分析法。其中,调查打分法又称综合评估法或主观评分法。

10. ABCE

【解析】建设工程风险对策包括风险回避、损失控制、风险转移和风险自留。

11. AC

【解析】风险回避是指在完成建设工程风险分析与评价后,如果发现风险发生的概率很高,而且可能的损失也很大,又没有其他有效的对策来降低风险时,应采取放弃项目、放弃原有计划或改变目标等方法,使其不发生或不再发展,从而避免可能产生的潜在损失。通常,当遇到下列情形时,应考虑风险回避的策略:(1)风险事件发生概率很大且后果损失也很大的工程项目;(2)发生损失的概率并不大,但当风险事件发生后产生的损失是灾难性的、无法弥补的。

12. ACD

【解析】在采用风险控制对策时,所制定的风险控制措施应当形成一个周密完整的损失控制计划系统。该计划系统一般应由预防计划、灾难计划和应急计划三部分组成。

13. ABCD

【解析】灾难计划的内容应满足以下要求:(1)安全撤离现场人员;(2)援救及处理伤亡人员;(3)控制事故的进一步发展,最大限度地减少资产和环境损害;(4)保证受影响区域的安全尽快恢复正常。

14. ABDE

【解析】应急计划应包括的内容有:(1)调整整个建设工程实施进度计划、材料与设备的采购计划、供应计划;(2)全面审查可使用的资金情况;(3)准备保险索赔依据;(4)确定保险索赔的额度;(5)起草保险索赔报告;(6)必要时需调整筹资计划。

15. ABCD

【解析】风险转移可分为非保险转移和保险转移两大类。(1)非保险转移又称为合同转移,因为这种风险转移一般是通过签订合同的方式将建设工程风险转移给非保险人的对方当事人。(2)非保险转移的媒介是合同,这就可能因为双方当事人对合同条款的理解发生分歧而导致转移失效。另外,在某些情况下,可能因被转移者无力承担实际发生的重大损失而导致仍然由转移者来承担损失。此外,非保险转移一般都要付出一定的代价,有时转移风险的代价可能超过实际发生的损失,从而对转移者不利。(3)保险转移是通过购买保险,将本应由自己承担的工程风险(包括第三方责任)转移给保险公司,从而使自己免受风险损失。在决定采用保险转移这一风险对策后,就需要考虑与保险有关的具体问题。(4)保险并不能转移建设工程所有风险,一方面是因为存在不可保风险,另一方面则是因为有些风险不宜保险。因此,对于建设工程风险,应将保险转移与风险回避、损失控制和风险自留结合起来运用。

16. ACE

【解析】建设工程风险最常见的非保险转移有以下三种情况:(1)建设单位将合同责任和风险转移给对方当事人。建设单位管理风险必须要从合同管理入手,分析合同管理中的风险分担。在这种情况下,被转移者多数是施工单位,例如,在合同条款中规定,建设单位对场地条件不承担责任;又如,采用固定总价合同将涨价风险转移给施工单位等。(2)施工单位进行工程分包。施工单位中标承接某工程后,将该工程中专业技术要求很强而自己缺乏相应技术的内容分包给专业分包单位,从而更好地保证工程质量。(3)第三方担保。合同当事人一方要求另一方为其履约行为提供第三方担保。担保方所承担的风险仅限于合同责任。第三方担保主要有建设单位付款担保、施工单位履约担保、预付款担保、分包单位付款担保、工资支付担保等。

17. AB

【解析】与其他的风险对策相比,非保险转移的优点主要体现在:(1)可以转移某些不可保的潜在损失,如物价上涨、法规变化、设计变更等引起的投资增加;(2)被转移者往往能较好地进行损失控制,如施工单位相对于建设单位能更好地把握施工技术风险,专业分包单位相对于总承包单位能更好地完成专业性强的工程内容。但是,非保险转移的媒介是合同,这就可能因为双方当事人对合同条款的理解发生分歧而导致转移失效。另外,在某些情况下,可能因被转移者无力承担实际发生的重大损失而导致仍然由转移者来承担损失。此外,非保险转移一般都要付出一定的代价,有时转移风险的代价可能超过实际发生的损失,从而对转移者不利。

18. ABCD

【解析】本题考核的是保险转移。在决定采用保险转移这一风险对策后,需要考虑与保险有关的几个具体问题:(1)保险的安排方式;(2)选择保险类别和保险人,一般是通过多家比选后确定,也可委托保险经纪人或保险咨询公司代为选择;(3)可能要进行保险合同谈判,这项工作最好委托保险经纪人或保险咨询公司完成,但免赔额的数额或比例要由投保人自己确定。

19. ACD

【解析】本题考核的是风险自留的内容。风险自留是将风险保留在风险管理主体内部,通过采取内部控制措施来化解风险。风险自留绝不可能单独运用,而应与其他风险对策结合使用,故选项 B 错误。在实行风险自留时,应保证重大和较大的建设工程风险已经进行了工程保险或实施了损失控制计划,故选项 E 错误。

20. ACD

【解析】本题考核的是建设工程风险对策中计划性风险自留。关于计划性风险自留应注意以下几点:(1)计划性风险自留是主动的、有意识的、有计划的选择。(2)是风险管理人员在经过正确的风险识别和风险评价后制定的风险对策。(3)风险自留绝不可能单独运用,而应与其他风险对策结合使用。(4)在实行风险自留时,应保证重大和较大的建设工程风险已经进行了工程保险或实施了损失控制计划。风险自留是指将建设工程风险保留在风险管理主体内部,通过采取内部控制措施等来化解风险。

21. ABCD

【解析】 监控风险管理计划实施过程的主要内容包括:(1)评估风险控制措施产生的效果;(2)及时发现和度量新的风险因素;(3)跟踪、评估风险的变化程度;(4)监控潜在风险的发展、监测工程风险发生的征兆;(5)提供启动风险应急计划的时机和依据。

22. ABC

【解析】 工程勘察设计任务书应包括以下主要内容:(1)工程勘察设计范围,包括工程名称、工程性质、拟建地点、相关政府部门对工程的限制条件等。(2)建设工程目标和建设标准。(3)对工程勘察设计成果的要求,包括提交内容、提交质量和深度要求、提交时间、提交方式等。

23. ADE

【解析】 选择勘察设计单位主要涉及两方面:(1)选择方式。根据相关法律法规要求,采用招标或直接委托方式。如果是采用招标方式,需要选择公开招标或邀请招标方式。有的工程可能需要采用设计方案竞赛方式选定工程勘察设计单位。(2)工程勘察设计单位的审查。应审查工程勘察设计单位的资质等级、勘察设计人员资格、勘察设计业绩以及工程勘察设计质量保证体系等。

24. ABCD

【解析】 审查工程勘察方案时,工程监理单位应重点审查以下内容:(1)勘察技术方案中工作内容与勘察合同及设计要求是否相符,是否有漏项或冗余(2)勘察点的布置是否合理,其数量、深度是否满足规范和设计要求。(3)各类相应的工程地质勘察手段、方法和程序是否合理,是否符合有关规范的要求。(4)勘察重点是否符合勘察项目特点,技术与质量保证措施是否还需要细化,以确保勘察成果的有效性。(5)勘察方案中配备的勘察设备是否满足本工程勘察技术要求。(6)勘察单位现场勘察组织及人员安排是否合理,是否与勘察进度计划相匹配。(7)勘察进度计划是否满足工程总进度计划。

25. AC

【解析】 工程监理单位对工程勘察过程控制主要包括两项工作:(1)工程监理单位应检查工程勘察进度计划执行情况。(2)工程监理单位应检查工程勘察单位执行勘察方案的情况。

26. BCDE

【解析】 (1)工程勘察报告的深度应符合国家、地方及有关部门的相关文件要求,同时需满足工程设计和勘察合同相关约定的要求。(2)工程勘察报告应有明确的针对性。详勘阶段报告应满足施工图设计的要求。(3)勘察文件的文字、标点、术语、代号、符号、数字均应符合有关标准要求。(4)勘察报告应有完成单位的公章(法人公章或资料专用章),应有法人代表(或其委托代理人)和项目主要负责人签章。图表均应有完成人、检查人或审核人签字。各种室内试验和原位测试,其成果应有试验人、检查人或审核人签字。测试、试验项目委托其他单位完成时,受托单位提交的成果还应有该单位公章、单位负责人签章。

27. ABCE

【解析】 勘察评估报告由总监理工程师组织各专业监理工程师编制,必要时可邀请相关专家参加。工程勘察成果评估报告应包括下列内容:(1)勘察工作概况;(2)勘察报告编制深度、与勘察标准的符合情况;(3)勘察任务书的完成情况;(4)存在问题及建议;(5)评估结论。

28. ABCE

【解析】工程监理单位应依据设计合同及项目总体计划要求审查设计进度计划,审查内容包括:(1)计划中各个节点是否存在漏项;(2)出图节点是否符合建设工程总体计划进度节点要求;(3)分析各阶段、各专业工种设计工作量和工作难度,并审查相应设计人员的配置安排是否合理;(4)各专业计划的衔接是否合理,是否满足工程需要。

29. ABCE

【解析】工程设计成果评估报告应包括下列主要内容:(1)设计工作概况;(2)设计深度、与设计标准的符合情况;(3)设计任务书的完成情况;(4)有关部门审查意见的落实情况;(5)存在的问题及建议。

30. ABCD

【解析】设计概算和施工图预算的审查内容包括:(1)编制依据是否准确;(2)编制内容是否充分反映自然条件、技术条件、经济条件,是否合理运用各种原始资料提供的数据,编制说明是否齐全等;(3)各类取费项目是否符合规定,是否符合工程实际,有无遗漏或在规定之外的取费;(4)工程量计算是否正确,有无漏算、重算和计算错误,对计算工程量中各种系数的选用是否有合理的依据;(5)各分部分项套用定额单价是否正确,定额中参考价是否恰当,编制的补充定额取值是否合理;(6)若建设单位有限额设计要求,则审查设计概算和施工图预算是否控制在规定的范围内。

31. ABCD

【解析】工程监理单位协助建设单位报审工程设计文件时:(1)需要了解政府设计文件审批程序、报审条件及所需提供的资料等信息,以做好充分准备;故选项A正确。(2)提前向相关部门进行咨询,获得相关部门咨询意见,以提高设计文件质量;故选项B正确。(3)应事先检查设计文件及附件的完整性、合规性;故选项C正确。(4)及时与相关政府部门联系,根据审批意见进行反馈和督促设计单位予以完善;故选项D正确,选项E错误。

32. ABC

【解析】尽管工程监理与项目管理服务均是由社会化的专业单位为建设单位(业主)提供服务,但在服务的性质、范围及侧重点等方面有着本质区别。(1)服务性质不同:建设工程监理是一种强制实施的制度。属于国家规定强制实施监理的工程,建设单位必须委托建设工程监理。工程项目管理服务属于委托性质,建设单位的人力资源有限、专业性不能满足工程建设管理需求时,才会委托工程项目管理单位协助其实施项目管理。(2)服务范围不同:目前建设工程监理定位于工程施工阶段;而工程项目管理服务可以覆盖项目策划决策、建设实施(设计、施工)全过程。(3)服务侧重点不同:工程监理单位尽管也要采用规划、控制、协调等方法为建设单位提供专业化服务,但其中心任务是目标控制。工程项目管理单位能够在项目策划决策阶段为建设单位提供专业化项目管理服务,更能体现项目策划的重要性,更有利于实现工程项目的全寿命期、全过程管理。

33. BCD

【解析】工程监理与项目管理一体化是指工程监理单位在实施建设工程监理的同时,

为建设单位提供项目管理服务。实施工程监理与项目管理一体化,须具备以下条件:(1)建设单位的信任和支持是前提;(2)工程监理与项目管理队伍素质是基础;(3)建立健全相关制度和标准是保证。

34. ABCE

【解析】实施工程监理与项目管理一体化,仍应实行总监理工程师负责制。在总监理工程师全面管理下,工程监理单位派驻工程现场的机构可下设工程监理部、规划设计部、合同信息部、工程管理部等。

35. ABCD

【解析】建设工程项目全过程集成化管理是指工程监理单位受建设单位委托,为其提供覆盖工程项目策划决策、建设实施阶段全过程的集成化管理。工程监理单位的服务内容可包括项目策划、勘察设计管理、招标代理、造价咨询、施工过程管理等。

36. ABD

【解析】目前在我国工程建设实践中,按照工程项目管理单位与建设单位的结合方式不同,全过程集成化项目管理服务可归纳为独立式、融合式和植入式三种模式。(1)独立式服务模式:工程项目管理单位派出的项目管理团队置身于建设单位外部,为其提供项目管理咨询服务。(2)融合式服务模式:工程项目管理单位不设立专门的项目管理团队或设立的项目管理团队中留有少量管理人员,而将大部分项目管理人员分别派到建设单位各职能部门中,与建设单位项目管理人员融合在一起。(3)植入式服务模式:在建设单位充分信任的前提下,工程项目管理单位设立的项目管理团队直接作为建设单位的职能部门。此时,项目管理团队具有项目管理和职能管理的双重功能。

37. BCDE

【解析】建设工程项目全过程集成化管理的重点和难点主要有:(1)准确把握建设单位需求;(2)不断加强项目团队建设;(3)充分发挥沟通协调作用;(4)高度重视技术支持。

38. ABC

【解析】建设工程项目全过程集成化管理是指运用集成化思想,对工程建设全过程进行综合管理。这种"集成"不是有关知识、各管理部门、不同进展阶段的简单叠加和简单联系,而是以系统工程为基础,实现知识门类的有机融合、各管理部门的协调整合、不同进展阶段的无缝衔接。因此,建设工程项目全过程集成化管理服务更加强调项目策划、范围管理、综合管理,更加需要组织协调、信息沟通,并能切实解决工程技术问题。

第十一章 国际工程咨询与组织实施模式

习 题 精 练

一、单项选择题

1. 下列关于非代理型 CM 模式的说法,不正确的是(　　)。
   A. 业主一般不与施工单位签订工程施工合同
   B. 业主与 CM 单位所签订的合同既包括 CM 服务内容,也包括工程施工承包内容,CM 单位与施工单位和材料、设备供应单位签订合同
   C. CM 单位对各分包商的资格预审、招标、议标和签约对业主不公开,无须经过业主的确认
   D. 常常在 CM 合同中预先确定一个具体数额的保证最大价格(GMP),GMP 包括总的工程费用和 CM 费

2. 采用风险型 CM 模式时,如果实际工程费用加 CM 费超过保证最大价格(GMP),超出部分应由(　　)承担。
   A. 业主　　　　B. CM 单位　　　　C. 分包商　　　　D. CM 单位和分包商共同

3. 从 CM 模式特点来看,下列建设工程,不适宜采用 CM 模式的情形是(　　)。
   A. 设计变更可能性较大的建设工程
   B. 时间因素最为重要的建设工程
   C. 规模大、技术比较复杂的大型建设工程
   D. 因总的范围和规模不确定而无法准确确定造价的建设工程

4. 在 Partnering 模式中,Partnering 协议需要(　　)签署。
   A. 建设单位和承包单位
   B. 总承包单位和分包单位
   C. 建设单位、设计单位和工程咨询单位共同
   D. 工程项目参建各方共同

5. 在 Partnering 模式中,Partnering 协议主要用来确定(　　)。
   A. 参建各方的权利和义务
   B. 参建各方在工程建设过程中所承担的风险
   C. 参建各方如何分享收益
   D. 参建各方在工程建设过程中的共同目标、任务分工和行为规范

6. 成功运作 Partnering 模式的基础和关键是(　　)。

    A. 长期协议   B. 共享共担   C. 相互信任   D. 共同目标
7. 根据建设工程的特点和业主方组织结构的具体情况，Project Controlling 模式可分为( )。
    A. 平面 Project Controlling 和立体 Project Controlling 两种类型
    B. 单平面 Project Controlling 和多平面 Project Controlling 两种类型
    C. 代理型 Project Controlling 和非代理型 Project Controlling 两种类型
    D. 独立型 Project Controlling 和融合型 Project Controlling 两种类型
8. Project Controlling 咨询单位的核心工作是( )。
    A. 目标控制   B. 信息处理   C. 组织协调   D. 合同管理
9. Project Controlling 咨询单位工作的对象和基础是( )。
    A. 合同   B. 技术   C. 信息   D. 协调

二、多项选择题

1. 在国际上，咨询工程师应具备的素质包括( )。
    A. 知识面宽，精通业务   B. 协调管理能力强
    C. 责任心强   D. 诚实信用
    E. 不断进取，勇于开拓
2. 精通业务是咨询工程师的基本素质之一。对精通业务的要求主要表现在( )。
    A. 要具有较强的实际动手能力
    B. 要具有丰富的工程实践经验
    C. 要熟悉有关经济、管理、金融和法律等方面的知识
    D. 要掌握计算机应用和外语等工作技能
    E. 要掌握建设工程的专业应用技术
3. FIDIC 规定的咨询工程师道德准则主要体现在( )等方面。
    A. 对社会和咨询业的责任   B. 廉洁和正直
    C. 对他人公正   D. 合法收取报酬
    E. 反腐败
4. 下列关于 FIDIC 规定的咨询工程师道德准则的说法，正确的有( )。
    A. 寻求符合可持续发展原则的解决方案
    B. 只承担能够胜任的任务
    C. 为客户服务过程中可能产生的一切潜在的利益冲突，都不应告知客户
    D. 推动"基于质量选择咨询服务"的理念
    E. 不得直接或间接取代某一特定工作中已经任命的其他咨询工程师的位置
5. 在国际上，工程咨询公司的业务范围很广泛，其服务对象有( )。
    A. 业主   B. 承包商
    C. 国际金融机构和贷款银行   D. 政府行业管理机关
    E. 联合承包工程
6. 下列关于工程咨询公司的服务对象和内容的说法，正确的有( )。

A. 在全过程服务的条件下,咨询工程师不仅是作为业主的受雇人开展工作,而且也代行业主的部分职责

B. 可为承包商提供工程设计服务,在这种情况下,工程咨询公司实质上是承包商的设计分包商

C. 为贷款方服务的常见形式有两种:一是对申请贷款的项目进行评估;二是对已接受贷款的项目的执行情况进行检查和监督

D. 一些大型工程咨询公司往往与设备制造商和土木工程承包商组成联合体,参与工程总承包或交钥匙工程的投标,中标后共同完成工程建设的全部任务

E. 工程咨询公司不能参与PPP/BOT项目,不能作为这类项目的发起人和策划公司

7. 工程咨询公司为承包商服务的情形主要有( )。
   A. 为承包商提供合同咨询和索赔服务　　B. 为承包商提供技术咨询服务
   C. 为承包商提供工程设计服务　　　　　D. 为承包商提供施工管理服务
   E. 为承包商提供控制成本服务

8. 下列关于代理型CM模式的说法,正确的有( )。
   A. CM单位是业主的咨询单位,业主与CM单位签订咨询服务合同
   B. CM合同价就是CM费,其表现形式可以是百分率(以今后陆续确定的工程费用总额为基数)或固定数额的费用
   C. 业主分别与多个施工单位签订所有的工程施工合同
   D. CM单位对设计单位有指令权,只能向设计单位提出一些合理化建议
   E. CM单位通常是具有较丰富施工经验的专业CM单位或咨询单位

9. Partnering模式的主要特征有( )。
   A. 出于自愿
   B. 高层管理者参与
   C. Partnering协议不是法律意义上的合同
   D. 信息开放性
   E. 资源共享、风险自担

10. 下列关于Partnering模式特征的说法,正确的有( )。
    A. Partnering协议并不仅仅是建设单位与承包单位双方之间的协议,而需要工程项目参建各方共同签署
    B. 在工程合同签订后,工程参建各方经过讨论协商后才会签署Partnering协议,该协议是法律意义上的合同,它改变了参与各方在有关合同中规定的权利和义务
    C. Partnering模式强调资源共享,信息作为一种重要的资源,对于参与各方必须公开
    D. Partnering模式需要参与各方共同组成工作小组,要分担风险、共享资源
    E. 参与Partnering模式的有关各方必须是完全自愿,而非出于任何原因的强迫

11. 成功运作Partnering模式所不可缺少的组成要素有( )。
    A. 长期协议　　B. 共享　　C. 信任　　D. 共同目标
    E. 自愿

12. 下列建设工程,适用于采用Partnering模式的建设工程有( )。

A. 业主长期有投资活动的建设工程

B. 不宜采用公开招标或邀请招标的建设工程

C. 复杂的不确定因素较多的建设工程

D. 建设规模小,技术简单的建设工程

E. 国际金融组织贷款的建设工程

13. Project Controlling 模式与工程项目管理服务具有的相同点,主要表现在(　　)。

　　A. 工作属性相同　　　　　　　　B. 控制目标相同

　　C. 控制原理相同　　　　　　　　D. 工作时间相同

　　E. 工作内容相同

14. Project Controlling 模式与工程项目管理服务的不同之处主要表现在(　　)。

　　A. 两者地位不同　　　　　　　　B. 两者服务时间不尽相同

　　C. 两者服务依据不同　　　　　　D. 两者工作内容不同

　　E. 两者权力不同

15. 下列关于 Project Controlling 模式特征的说法,正确的有(　　)。

　　A. Project Controlling 咨询单位直接向业主的决策层负责,相当于业主决策层的智囊,为其提供决策支持,业主不向 Project Controlling 咨询单位在该项目上具体工作人员下达指令

　　B. Project Controlling 咨询单位一般不为业主仅仅提供施工阶段的服务,而是为业主提供实施阶段全过程和工程建设全过程的服务,甚至还可能提供项目策划阶段的服务

　　C. Project Controlling 咨询单位不参与建设工程具体的实施过程和管理工作,其核心工作是信息处理,即收集信息、分析信息、出具有关的书面报告。可以说,Project Controlling 咨询单位只负责组织和管理建设工程信息流的活动

　　D. Project Controlling 咨询单位直接面设计单位、施工单位、材料设备供应单位,对这些单位有指令权和其他管理方面的权力

　　E. Project Controlling 模式不能作为一种独立存在的模式,可以与建设工程组织管理模式中的多种模式同时并存,且对其他模式没有任何"选择性"和"排他性"

16. 建设工程应用 Project Controlling 模式时需注意的问题有(　　)。

　　A. Project Controlling 模式一般适用于大型和特大型建设工程

　　B. Project Controlling 模式不能作为一种独立存在的模式

　　C. Project Controlling 模式不能取代工程项目管理服务

　　D. Project Controlling 模式的核心工作是目标控制

　　E. Project Controlling 咨询单位需要工程参建各方的配合

◀ 习题答案及解析 ▶

一、单项选择题

1. C

【解析】非代理型 CM 模式又称为风险型 CM 模式。采用非代理型 CM 模式时，业主一般不与施工单位签订工程施工合同。业主与 CM 单位所签订的合同既包括 CM 服务内容，也包括工程施工承包内容；而 CM 单位与施工单位和材料、设备供应单位签订合同。虽然 CM 单位与各个分包商直接签订合同，但 CM 单位对各分包商的资格预审、招标、议标和签约都对业主公开且必须经过业主的确认才有效。业主往往要求在 CM 合同中预先确定一个具体数额的保证最大价格(Guaranteed Maximum Price,GMP)，GMP 包括总的工程费用和 CM 费。

2. B

【解析】采用非代理型 CM 模式时，业主对工程费用不能直接控制，因而在这方面存在很大风险。为了促使 CM 单位加强费用控制，业主往往要求在 CM 合同中预先确定一个具体数额的保证最大价格(GMP)，GMP 包括总的工程费用和 CM 费。而且在合同条款中通常规定，如果实际工程费用加 CM 费超过 GMP，超出部分应由 CM 单位承担；反之，节余部分归业主所有。为提高 CM 单位控制工程费用的积极性，也可在合同中约定，节余部分由业主与 CM 单位按一定比例分成。

3. C

【解析】从 CM 模式特点来看，在以下几种情况下尤其能体现其优点：(1)设计变更可能性较大的建设工程。(2)时间因素最为重要的建设工程。(3)因总的范围和规模不确定而无法准确确定造价的建设工程。值得注意的是，不论哪一种情形，应用 CM 模式都需要有具备丰富施工经验的高水平 CM 单位，这是应用 CM 模式的关键和前提条件。

4. D

【解析】Partnering 协议并不仅仅是建设单位与承包单位双方之间的协议，而需要工程项目参建各方共同签署，包括建设单位、总承包单位、主要的分包单位、设计单位、咨询单位、主要的材料设备供应单位等。参与 Partnering 模式的有关各方必须是完全自愿，而非出于任何原因的强迫。Partnering 模式的参与各方要充分认识到，这种模式的出发点是实现建设工程的共同目标以使参与各方都能获益。只有在认识上达到统一，才能在行动上采取合作和信任的态度，才能愿意共同承担风险和有关费用，共同解决问题和争议。

5. D

【解析】Partnering 协议不是法律意义上的合同，它与工程合同是两个完全不同的文件。在工程合同签订后，工程参建各方经过讨论协商后才会签署 Partnering 协议，该协议并不改变参与各方在有关合同中规定的权利和义务。Partnering 协议主要用来确定参建各方在工程建设过程中的共同目标、任务分工和行为规范，是工作小组的纲领性文件。当然，该协议的内容也不是一成不变的，当有新的参与者加入时，或某些参与者对协议的某些内容有意见时，都可以召开会议经过讨论对协议内容进行修改。

6. C

【解析】相互信任是确定工程项目参建各方共同目标和建立良好合作关系的前提，是 Partnering 模式的基础和关键。只有对工程参建各方的目标和风险进行分析和沟通，并建立良好的关系，彼此间才能更好地理解；只有相互理解，才能产生信任。而只有相互信任，才能产生整体性效果。Partnering 模式所达成的长期协议本身就是相互信任的结果，其中每一方的承诺都是基于对其他参建方的信任。只有相互信任，才能将建设工程其他承包模式中常见的参建各方之间相互对立的关系转化为相互合作关系,才能够实现参建各方的资源和效益共享。

7. B

【解析】根据建设工程的特点和业主方组织结构的具体情况,Project Controlling 模式可分为单平面 Project Controlling 和多平面 Project Controlling 两种类型。(1)单平面 Project Controlling 模式:当业主只有一个管理平面(指独立的功能齐全的管理机构),一般只设置一个 Protect Controlling 机构,称为单平面 Project Controlling 模式。(2)多平面 Project Controlling 模式:当项目规模大到业主必须设置多个管理平面时,Project Controlling 方可以设置多个平面与之对应,这就是多平面 Project Controlling 模式。

8. B

【解析】Project Controlling 咨询单位相当于业主决策层的智囊,为其提供决策支持,直接向业主的决策层负责。因此,Project Controlling 咨询单位不参与建设工程具体的实施过程和管理工作,其核心工作是信息处理,即收集信息、分析信息、出具有关的书面报告。可以说,Project Controlling 咨询单位只负责组织和管理建设工程信息流的活动。

9. C

【解析】Project Controlling 咨询单位不参与建设工程具体的实施过程和管理工作,其核心工作是信息处理,即收集信息、分析信息、出具有关的书面报告。可以说,Project Controlling 咨询单位只负责组织和管理建设工程信息流的活动。因此,信息是 Project Controlling 咨询单位的工作对象和基础。

二、多项选择题

1. ABCE

【解析】工程咨询是科学性、综合性、系统性、实践性均很强的职业。作为从事这一职业的主体,咨询工程师应具备以下素质才能胜任这一职业:(1)知识面宽;(2)精通业务;(3)协调管理能力强;(4)责任心强;(5)不断进取,勇于开拓。

2. ABD

【解析】每个咨询工程师都应有自己比较擅长的一个或多个业务领域,成为该领域的专家。对精通业务的要求,首先意味着要具有实际动手能力。工程咨询业务的许多工作都需要实际操作。其次,要具有丰富的工程实践经验。只有通过不断的实践经验积累,才能提高业务水平和熟练程度,才能总结经验,找出规律,指导今后的工程咨询工作。此外,在当今社会,计算机应用和外语已成为必要的工作技能,作为咨询工程师也应在这两方面具备一定的水平和能力。

3. ABCE

【解析】FIDIC 规定的咨询工程师道德准则主要体现在以下六个方面:(1)对社会和咨询业的责任;(2)能力;(3)廉洁和正直;(4)公平;(5)对他人公正;(6)反腐败。

4. ABCE

【解析】FIDIC 道德准则要求:(1)对社会和咨询业的责任方面:①承担咨询业对社会所负有的责任;②寻求符合可持续发展原则的解决方案;③在任何情况下,始终维护咨询业的尊严、地位和荣誉。(2)能力方面:①保持其知识和技能水平与技术、法律和管理的发展相一致的水平,在为客户提供服务时运用应有的技能、谨慎和勤勉;②只承担能够胜任的任务。(3)廉洁和正直方面:在任何时候均为委托人的合法权益行使其职责,始终维护客户的合法利益,并廉洁、正直和忠实地进行职业服务。(4)公平方面:①在提供职业咨询、评审或决策时公平地提供专业建议、判断或决定;②为客户服务过程中可能产生的一切潜在的利益冲突,都应告知客户;③不接受任何可能影响其独立判断的报酬。(5)对他人公正方面:①推动"基于质量选择咨询服务"的理念,即加强按照能力进行选择的观念;②不得故意或无意地做出损害他人名誉或事务的事情;③不得直接或间接取代某一特定工作中已经任命的其他咨询工程师的位置;④在通知该咨询工程师之前,并在未接到客户终止其工作的书面指令之前,不得接管该咨询工程师的工作;⑤如被邀请评审其他咨询工程师的工作,应以恰当的行为和善意的态度进行。(6)反腐败方面:①既不提供也不收受任何形式的酬劳,这种酬劳意在试图或实际:a.设法影响对咨询工程师选聘过程或对其的补偿,和(或)影响其客户;b.设法影响咨询工程师的公正判断。②当任何合法组成的机构对服务或建筑合同管理进行调查时,咨询工程师应充分予以合作。

5. ABCE

【解析】工程咨询公司的业务范围很广泛,其服务对象可以是业主、承包商、国际金融机构和贷款银行,工程咨询公司也可以与承包商联合投标承包工程。工程咨询公司的服务对象不同,相应的服务内容也有所不同。

6. ABCD

【解析】在国际上,一些大型工程咨询公司往往与设备制造商和土木工程承包商组成联合体,参与工程总承包或交钥匙工程的投标,中标后共同完成工程建设的全部任务。在少数情况下,工程咨询公司甚至可以作为总承包商,承担建设工程的主要责任和风险,而承包商则成为分包商。工程咨询公司还可能参与PPP/BOT项目,甚至作为这类项目的发起人和策划公司。

7. ABC

【解析】工程咨询公司为承包商服务主要有以下几种情况:(1)为承包商提供合同咨询和索赔服务;(2)为承包商提供技术咨询服务;(3)为承包商提供工程设计服务。

8. ABCE

【解析】代理型CM模式又称为纯粹CM模式。采用代理型CM模式时,CM单位是业主的咨询单位,业主与CM单位签订咨询服务合同,CM合同价就是CM费,其表现形式可以是百分率(以今后陆续确定的工程费用总额为基数)或固定数额的费用;业主分别与多个施工单位签订所有的工程施工合同。需要说明的是,CM单位对设计单位没有指令权,只能向设计单位提出一些合理化建议。这一点同样适用于非代理型CM模式。这也是CM模式与全过程工程项目管理的重要区别。代理型CM模式中,CM单位通常是具有较丰富施工经验的专业CM单位或咨询单位。

9. ABCD

【解析】Partnering模式的主要特征表现在以下几方面:(1)出于自愿。参与Partnering模式的有关各方必须是完全自愿,而非出于任何原因的强迫。Partnering模式的参与各方要充分认识到,这种模式的出发点是实现建设工程的共同目标以使参与各方都能获益。(2)高层管理者参与。由于Partnering模式需要参与各方共同组成工作小组,要分担风险、共享资源,因此,高层管理者的认同、支持和决策是关键因素。(3)Partnering协议不是法律意义上的合同。Partnering协议与工程合同是两个完全不同的文件。在工程合同签订后,工程参建各方经过讨论协商后才会签署Partnering协议,该协议并不改变参与各方在有关合同中规定的权利和义务。Partnering协议主要用来确定参建各方在工程建设过程中的共同目标、任务分工和行为规范,是工作小组的纲领性文件。(4)信息开放性。Partnering模式强调资源共享,信息作为一种重要的资源,对于参与各方必须公开。同时,参与各方要保持及时、经常和开诚布公的沟通,在相互信任的基础上,要保证工程质量、造价、进度等方面的信息能为参与各方及时、便利地获取。

10. ACDE

【解析】(1)由于Partnering模式需要参与各方共同组成工作小组,要分担风险、共享资源,有关各方必须是完全自愿。因此,Partnering协议需要工程项目参建各方共同签署。(2)协议与工程合同是两个完全不同的文件。在工程合同签订后,工程参建各方经过讨论协商后才会签署Partnering协议,该协议并不改变参与各方在有关合同中规定的权利和义务。Partnering协议主要用来确定参建各方在工程建设过程中的共同目标、任务分工和行为规范,是工作小组的纲领性文件。(3)Partnering模式强调资源共享,信息作为一种重要的资源,对于参与各方必须公开。同时,参与各方要保持及时、经常和开诚布公的沟通,在相互信任的基础上,要保证工程各方面的信息能为参与各方及时、便利地获取。

11. ABCD

【解析】Partnering模式组成要素包括:(1)长期协议;(2)共享;(3)信任;(4)共同目标;(5)合作。

12. ABCE

【解析】Partnering模式并不能作为一种独立存在的模式,总是与建设工程组织管理模式中的某一种模式结合使用的,较为常见的情况是与总分包模式、工程总承包模式、CM模式结合使用。从Partnering模式的实践情况看,并不存在什么适用范围的限制。但是,Partnering模式的特点决定了其特别适用于以下几类建设工程:(1)业主长期有投资活动的建设工程;(2)不宜采用公开招标或邀请招标的建设工程;(3)复杂的不确定因素较多的建设工程;(4)国际金融组织贷款的建设工程。

13. ABC

【解析】Project Controlling模式与工程项目管理服务具有一些相同点,主要表现在:(1)工作属性相同,即都属于工程咨询服务;(2)控制目标相同,即都是控制建设工程质量、造价、进度三大目标;(3)控制原理相同,即都是采用动态控制、主动控制与被动控制相结合并尽可能采用主动控制。

14. ABDE

【解析】Project Controlling模式与工程项目管理服务的不同之处主要表现在以下几方面:(1)两者地位不同;(2)两者服务时间不尽相同;(3)两者工作内容不同;(4)两者权力不同。

15. ABCE

【解析】（1）Project Controlling 咨询单位相当于业主决策层的智囊，为其提供决策支持，直接向业主的决策层负责。因此，业主不向 Project Controlling 咨询单位在该项目上的具体工作人员下达指令。（2）Project Controlling 咨询单位常常为业主提供实施阶段全过程和工程建设全过程的服务，甚至还可能提供项目策划阶段的服务。（3）Project Controlling 咨询单位不参与建设工程具体的实施过程和管理工作，其核心工作是信息处理，即收集信息、分析信息、出具有关的书面报告。可以说，Project Controlling 咨询单位只负责组织和管理建设工程信息流的活动。（4）Project Controlling 咨询单位不直接面对这些单位，对这些单位没有任何指令权和其他管理方面的权力。（5）Project Controlling 模式不能作为一种独立存在的模式，往往是与建设工程组织管理模式中的多种模式同时并存，且对其他模式没有任何"选择性"和"排他性"。

16. ABCE

【解析】应用 Project Controlling 模式时需注意以下问题：（1）Project Controlling 模式一般适用于大型和特大型建设工程。因为在这些工程中，往往涉及重大问题的决策，因而业主迫切需要高水平的 Project Controlling 咨询单位为其提供决策支持服务。（2）Project Controlling 模式不能作为一种独立存在的模式。由于 Project Controlling 模式一般适用于大型和特大型建设工程，而在这些建设工程中往往同时采用多种不同的组织管理模式，这表明，Project Controlling 模式往往是与建设工程组织管理模式中的多种模式同时并存，且对其他模式没有任何"选择性"和"排他性"。另外，采用 Project Controlling 模式时，仅在业主与 Project Controlling 咨询单位之间签订有关协议，该协议不涉及建设工程其他参与方。（3）Project Controlling 模式不能取代工程项目管理服务。Project Controlling 与工程项目管理服务都是业主所需要的，在同一个建设工程中，两者是同时并存的，不存在相互替代、孰优孰劣的问题，也不存在领导与被领导的关系。实际上，应用 Project Controlling 模式能否取得预期效果，在很大程度上取决于业主是否得到高水平的工程项目管理服务。（4）Project Controlling 咨询单位不参与建设工程具体的实施过程和管理工作，其核心工作是信息处理，即收集信息、分析信息、出具有关的书面报告。可以说，Project Controlling 咨询单位只负责组织和管理建设工程信息流的活动。（5）Project Controlling 咨询单位需要工程参建各方的配合。Project Controlling 咨询单位的工作与工程参建各方有非常密切的联系。信息是 Project Controlling 咨询单位的工作对象和基础，而建设工程的各种有关信息都来源于工程参建各方；另一方面，为了能向业主决策层提供有效的、高水平的决策支持，必须保证信息的及时性、准确性和全面性。

模拟试卷及参考答案

模拟试卷一

一、**单项选择题**(共50题,每题1分。每题的备选项中,只有1个最符合题意)

1. 工程监理单位组建项目监理机构,按照工作计划和程序,根据自己的判断,采用科学的方法和手段开展工程监理工作,这是建设工程监理(　　)的具体表现。
 A. 服务性　　B. 科学性　　C. 独立性　　D. 公平性

2. 根据《国务院关于投资体制改革的决定》,对于企业投资《政府核准的投资项目目录》以外的项目,投资决策实行的制度是(　　)。
 A. 审批制　　B. 核准制　　C. 备案制　　D. 公示制

3. 根据《建筑法》,关于施工许可的说法,正确的是(　　)。
 A. 建设单位应当自领取施工许可证之日起1个月内开工
 B. 建设单位申领施工许可证时,应有保证工程质量和安全的具体措施
 C. 因故不能按施工许可如期开工的,可申请延期2次,每次不超过6个月
 D. 建筑工程因故中止施工的,建设单位应在3个月内向发证机关报告

4. 根据《建筑法》,关于建筑安全生产管理的说法,正确的是(　　)。
 A. 施工单位应安排有经验的人员作为爆破作业人员
 B. 企业必须为从事危险作业的职工办理意外伤害保险
 C. 施工作业人员有权获得安全生产所必需的防护用品
 D. 施工现场安全由现场项目经理负责

5. 根据《招标投标法》,关于招标要求的说法,正确的是(　　)。
 A. 招标人采用邀请招标方式的,应向5个以上特定法人发出投标邀请书
 B. 招标文件中可以要求或标明特定的生产供应者
 C. 招标人对已发出的招标文件进行必要澄清的,应在提交投标文件截止时间7日之前
 D. 招标人不得强制投标人组成联合体共同投标

6. 根据《生产安全事故报告和调查处理条例》,某单位发生安全事故,造成45人受伤,5000万元直接经济损失,按规定该单位应处以(　　)的罚款。
 A. 一年收入60%　　　　　　　　B. 一年收入40%
 C. 50万元以上200元以下　　　　D. 200万元以上500万元以下

7. 建设工程监理目标是项目监理机构建立的前提,应根据(　　)确定的监理目标建立项目监理机构。

A. 监理实施细则　　B. 监理规划　　C. 监理大纲　　D. 建设工程监理合同

8. 某工程施工中发生模板垮塌事故，造成2人死亡，3人受伤，直接经济损失达500万元，根据《生产安全事故报告和调查处理条例》，该事故属于(　　)生产安全事故。

  A. 特别重大　　B. 重大　　C. 较大　　D. 一般

9. 根据《建设工程质量管理条例》，建设工程的保修期，应自(　　)之日起计算。

  A. 工程竣工移交　　　　　　B. 竣工验收合格

  C. 竣工验收报告提交　　　　D. 竣工结算完成

10. 根据《建设工程监理规范》，总监理工程师应组织专业监理工程师审查施工单位报送的(　　)及相关资料，报建设单位批准后签发工程开工令。

  A. 施工组织设计报审表　　　B. 分包单位资格报审表

  C. 施工控制测量成果表　　　D. 开工报审表

11. 关于直线-职能制项目监理机构组织形式的说法，正确的是(　　)。

  A. 组织机构简单，权力集中，命令统一，职责分明

  B. 加强了项目监理目标控制的职能化分工，减轻总监理工程师的负担

  C. 信息传递路线长，利于互通信息

  D. 保持职能制组织目标管理专业化

12. 根据《建设工程安全生产管理条例》，属于建设单位安全责任的是(　　)。

  A. 定期进行专项安全检查

  B. 现场监督施工机械安装过程

  C. 配备专职安全生产管理人员

  D. 编制工程概算时确定安全施工措施所需费用

13. 根据《建设工程监理规范》(GB/T 50319—2013)，关于监理员职责的说法，正确的是(　　)。

  A. 检查施工单位投入工程的人力、主要设备的使用及运行状况

  B. 检查进场的工程材料、构配件、设备的质量

  C. 指导、检查监理员工作，定期向总监理工程师报告本专业监理工作实施情况

  D. 审查施工单位提交的涉及本专业的报审文件，并向总监理工程师报告

14. 建设单位委托工程监理单位的工作内容中，不属于"相关服务"内容的是(　　)阶段的服务活动。

  A. 决策　　B. 施工　　C. 勘察　　D. 保修

15. 在建设工程监理招标中，选择工程监理单位应遵循的最重要原则是(　　)。

  A. 报价优先　　　　　　B. 基于制度的要求

  C. 技术优先　　　　　　D. 基于能力的选择

16. 下列工作中，属于工程监理基本职责的是(　　)。

  A. 审查建设工程施工安全措施费用的合理性

  B. 办理建设工程施工许可手续

  C. 组织论证建设工程设计质量标准

  D. 履行建设工程安全生产管理的法定职责

17. 在建设工程平行承发包模式下,需委托多家工程监理单位实施监理时,各工程监理单位之间的关系需要由( )进行协调。
   A. 设计单位　　　B. 建设单位　　　C. 质量监督机构　　D. 施工总承包单位

18. 为了有效地控制建设工程项目目标,应从组织、技术、经济、合同多方面采取措施,其中( )是其他各类措施的前提和保障。
   A. 合同措施　　　B. 组织措施　　　C. 经济措施　　　D. 技术措施

19. 在信息管理系统的基本功能中,建设工程信息管理系统可以为监理工程师提供( )的数据。
   A. 可视化、信息化　　　　　　　B. 标准化、结构化
   C. 数字化、制度化　　　　　　　D. 规范化、标准化

20. 建设工程监理投标文件的核心是监理大纲,监理大纲内容不包括( )。
   A. 工程概述　　　　　　　　　　B. 监理依据
   C. 建设工程监理重点、难点　　　D. 监理服务报价

21. 与其他组织方式相比,工程总承包方式具有的优点是( )。
   A. 有利于质量控制　　　　　　　B. 合同管理难度小
   C. 合同关系较简单　　　　　　　D. 合同条款可准确确定

22. 组建项目监理机构的步骤中,需最后完成的工作是( )。
   A. 确定管理层次和管理跨度　　　B. 确定组织结构和工作内容
   C. 制定工作流程和信息流程　　　D. 制定岗位职责和考核标准

23. 在分析论证建设工程总目标,寻求建设工程质量、造价和进度三大目标间最佳匹配关系时,应确保( )。
   A. 进度目标符合建设工程合同工期　　B. 质量目标符合工程建设强制性标准
   C. 造价目标符合工程项目融资计划　　D. 进度、质量和造价目标均达到最优

24. 下列选项中,不属于建设工程监理主要文件资料的是( )。
   A. 第一次工地会议、监理例会、专题会议会议纪要
   B. 工程变更、费用索赔及工程延期文件资料
   C. 中标通知书
   D. 施工组织设计、(专项)施工方案、施工进度计划报审文件资料

25. 建设工程监理工作中,动态跟踪项目执行情况并处理好工程索赔等事宜,属于目标控制的( )措施。
   A. 组织　　　　B. 技术　　　　C. 经济　　　　D. 合同

26. 项目监理机构应签发工程暂停令的情形是( )。
   A. 施工单位未按审查通过的工程设计文件施工
   B. 施工单位未按审查通过的施工组织设计组织施工
   C. 施工过程中存在工程质量事故隐患
   D. 施工过程中出现不符合合同约定的行为

27. 国际工程实施组织模式中的( ),实质上是建设工程业主的决策支持机构,其日常工作就是及时、准确地收集建设工程实施过程中产生的与建设工程目标有关的各种信息,并科

学地对其进行分析和处理,最后将处理结果以多种不同的书面报告形式提供给业主管理人员,以使业主能够及时地作出正确决策。

  A. EPC 模式 B. CM 模式
  C. Project Controlling 模式 D. Partnering 模式

28. 对于超过一定规模的危险性较大的分部分项工程专项施工方案,需要由( )组织召开专家论证会。

  A. 建设单位 B. 设计单位 C. 施工单位 D. 监理单位

29. 关于项目监理机构巡视工作的说法,正确的是( )。

  A. 监理规划中应明确巡视要点和巡视措施
  B. 巡视检查内容以施工质量和进度检查为主
  C. 对巡视检查中发现的问题应报告总监理工程师解决
  D. 总监理工程师应检查监理人员巡视工作成果

30. 关于风险等级可接受性评定的说法,正确的是( )。

  A. 风险等级为大的风险因素是不希望有的风险
  B. 风险等级为中的风险因素是不可接受的风险
  C. 风险等级为小的风险因素是不可接受的风险
  D. 风险等级为很小的风险因素是可忽略的风险

31. 下列工程目标控制任务中,不属于工程质量控制任务的是( )。

  A. 审查施工组织设计及专项施工方案
  B. 审查工程中使用的新技术、新工艺
  C. 分析比较实际完成工程量与计划工程量
  D. 复核施工控制测量成果与保护措施

32. 关于建设工程风险的损失控制对策的说法,正确的是( )。

  A. 预防损失措施的主要作用在于遏制损失的发展
  B. 减少损失措施的主要作用在于降低损失发生的概率
  C. 制定损失控制措施必须考虑其付出的费用和时间方面的代价
  D. 损失控制的计划系统应由质量计划、进度计划和投资计划构成

33. 建立工程目标控制工作考评机制,加强各部门之间的沟通协作,属于目标控制的( )措施。

  A. 组织 B. 技术 C. 合同 D. 经济

34. 关于监理工程师的法律责任,说法正确的是( )。

  A. 监理工程师因过错造成质量事故的,情节特别恶劣的,终身不予注册
  B. 注册监理工程师未执行法律、法规和工程建设强制性标准的,责令停止执业3年
  C. 造成重大质量事故的,吊销执业资格证书,3年以内不予注册
  D. 监理工程师因过错造成质量事故的,责令停止执业3年

35. 根据《建筑法》,关于施工许可证有效期的说法,正确的是( )。

  A. 在建的建筑工程因故中止施工的,建设单位应当自中止施工之日起1个月内,向发证机关报告,并按照规定做好建筑工程的维护管理工作

B. 建设单位应当自领取施工许可证之日起6个月内开工
C. 不能按期开工的,应当向发证机关申请延期,延期以两次为限,每次不超过1个月
D. 中止施工满24个月的工程恢复施工前,建设单位应当报发证机关核验施工许可证

36. 根据《工程建设项目招标范围和规模标准规定》,国有资金投资项目中的重要设备采购,单项合同估算在( )万元以上的,必须进行招标。
    A. 50   B. 100   C. 150   D. 200

37. 根据《建设工程质量管理条例》,关于建设工程监理业务承揽的说法,错误的是( )。
    A. 工程监理单位可以转让建设工程监理业务
    B. 禁止工程监理单位允许其他单位或者个人以本单位的名义承担建设工程监理业务
    C. 工程监理单位应当依法取得相应等级的资质证书,并在其资质等级许可的范围内承担工程监理业务
    D. 禁止工程监理单位超越本单位资质等级许可的范围或者以其他工程监理单位的名义承担建设工程监理业务

38. 根据《招标投标法》,招标人对已发出的招标文件进行必要修改的,应当在招标文件要求提交投标文件截止时间至少( )日前,以书面形式通知所有招标文件收受人。
    A. 5   B. 10   C. 15   D. 20

39. 根据《建设工程质量管理条例》,工程监理单位与建筑材料供应单位有隶属关系的,按规定责令改正,并对监理单位处以( )的罚款。
    A. 50万元以上100万元以下   B. 10万元以上20万元以下
    C. 30万元以上50万元以下   D. 5万元以上10万元以下

40. 根据《民法典》第三编合同,导致合同免责条款无效的情形是( )。
    A. 以合法形式掩盖非法目的   B. 造成对方人身伤害的
    C. 恶意串通,损害第三人利益的   D. 损害社会公共利益的

41. 根据《招标投标法实施条例》,招标文件要求中标人提交履约保证金的,履约保证金不得超过中标合同金额的( )。
    A. 10%   B. 8%   C. 5%   D. 3%

42. 根据《建设工程质量管理条例》,建设工程发生质量事故,有关单位应在( )小时内向当地建设行政主管部门和其他有关部门报告。
    A. 4   B. 8   C. 12   D. 24

43. 根据《建设工程安全生产管理条例》,对于依法批准开工报告的建设工程,建设单位应自开工报告批准之日起( )日内,将保证安全施工的措施报送当地建设行政主管部门或其他有关部门备案。
    A. 10   B. 15   C. 20   D. 30

44. 根据《建设工程监理规范》(GB/T 50319—2013)规定,监理实施细则由( )编制完成,需要报总监理工程师批准后方能实施。
    A. 监理工程师   B. 专业监理工程师
    C. 总监理工程师代表   D. 监理员

45. 组成《建设工程监理合同(示范文本)》的合同文件有:①投标函及投标函附录;②中标通知书;③协议书;④通用条件;⑤专用条件;⑥委托人要求。当上述文件内容出现歧义时,其解释顺序是( )。
   A. ①②③④⑤⑥　　B. ③②①⑤④⑥　　C. ②①③⑤⑥④　　D. ③④⑤⑥①②

46. 在实行项目法人责任制的项目中,属于项目总经理职权的是( )。
   A. 组织编制项目初步设计文件　　B. 提出项目开工报告
   C. 提出项目竣工验收申请报告　　D. 审定债务偿还计划

47. 根据《建设工程监理规范》,不属于专业监理工程师职责的是( )。
   A. 组织审核分包单位资格　　B. 负责编制监理实施细则
   C. 检查进场的工程材料、构配件的质量　　D. 处置发现的质量问题和安全事故隐患

48. 采用工程总承包模式的优点是( )。
   A. 建设单位选择承包单位的范围大　　B. 工程招标发包工作难度小
   C. 总承包单位承担的风险小　　D. 发包人组织协调工作量小

49. 监理工程师"应运用合理的技能,谨慎而勤奋地工作",属于工程监理实施的( )原则。
   A. 权责一致　　B. 实事求是　　C. 热情服务　　D. 综合效益

50. 下列报审、报验表中,应由总监理工程师签字并加盖执业印章的是( )。
   A. 分部工程报验表　　B. 分包单位资格报审表
   C. 费用索赔报审表　　D. 施工进度计划报审表

二、多项选择题(共30题,每题2分。每题的备选项中,有2个或2个以上符合题意,至少有1个错项。错选,本题不得分;少选,所选的每个选项得0.5分)

51. 根据《建设工程安全生产管理条例》,属于施工单位安全责任的有( )。
   A. 不得压缩合同约定的工期
   B. 由具有相应资质的单位安装、拆卸施工起重机械
   C. 对所承担的建设工程进行定期和专项安全检查
   D. 应当在施工组织设计中编制安全技术措施
   E. 对因施工可能造成毗邻构筑物、地下管线变形的,应采取专项防护措施

52. 对于实施项目法人责任制的项目,项目董事会的职权有( )。
   A. 负责筹措建设资金　　B. 组织编制项目初步设计文件
   C. 审核项目概算文件　　D. 拟定生产经营计划
   E. 提出项目后评价报告

53. 根据《建设工程质量管理条例》,关于建设工程最低保修期限的说法,正确的有( )。
   A. 房屋主体结构工程为设计文件规定的合理使用年限
   B. 屋面防水工程为3年
   C. 供热系统为2个供暖期
   D. 电气管道工程为3年
   E. 给水排水管道工程为3年

54. 项目建议书的内容包括( )。
   A. 项目提出的必要性和依据
   B. 投资估算、资金筹措及还贷方案设想
   C. 产品方案、拟建规模和建设地点的初步设想
   D. 项目建设重点、难点的初步分析
   E. 环境影响的初步评价

55. 根据《建设工程监理规范》,专业监理工程师应履行的职责有( )。
   A. 审批监理实施细则
   B. 组织审核分包单位资格
   C. 检查进场的工程材料、构配件、设备的质量
   D. 处置发现的质量问题和安全事故隐患
   E. 参与工程变更的审查和处理

56. 根据《房屋建筑和市政基础设施工程施工图设计文件审查管理办法》,施工图审查机构应对施工图涉及( )的内容进行审查。
   A. 公共利益   B. 工程条件   C. 公众安全   D. 工程建设强制性标准
   E. 施工图预算

57. 监理单位向建设单位提交的监理工作总结报告内容包括( )。
   A. 监理大纲的主要内容及编制情况   B. 监理合同履行情况
   C. 监理工作的难点和特点   D. 监理工作成效
   E. 监理工作中发现的问题及其处理情况

58. 项目监理机构开展监理工作的主要依据有( )。
   A. 与工程有关的标准
   B. 监理合同
   C. 施工总承包单位与分包单位签订的分包合同
   D. 工程设计文件
   E. 施工分包单位编制的施工组织设计

59. 根据《招标投标法》,招标投标活动中,投标人不得采取的行为包括( )。
   A. 相互串通投标报价   B. 以低于成本的报价竞标
   C. 要求进行现场踏勘   D. 以他人名义投标
   E. 以联合体方式投标

60. 根据《民法典》第三编合同,合同无效的情形包括( )。
   A. 损害社会公共利益   B. 超越代理权签订又经被代理人追认
   C. 违反行政法规的强制性规定   D. 以合法形式掩盖非法目的
   E. 恶意串通,损害第三人利益

61. 建设工程监理大纲是反映投标人技术、管理和服务综合水平的文件,评标时应重点评审监理大纲的( )。
   A. 全面性   B. 程序性   C. 针对性   D. 科学性
   E. 创新性

62. 下列制度中,属于项目监理机构内部工作制度的有( )。
   A.施工备忘录签发制度　　　　　　B.施工组织设计审核制度
   C.工程变更处理制度　　　　　　　D.监理工作日志制度
   E.监理业绩考核制度

63. 建设工程采用施工总承包模式的主要缺点有( )。
   A.建设周期较长　　　　　　　　　B.协调工作量大
   C.质量控制较难　　　　　　　　　D.合同管理较准
   E.投标报价较高

64. 见证取样的检验报告应满足的基本要求有( )。
   A.试验报告应手工书写　　　　　　B.试验报告应采用统一用表
   C.试验报告签名一定要手签　　　　D.注明取样人的姓名
   E.试验报告应有见证检验专用章

65. 项目监理机构控制工程进度的主要工作包括( )。
   A.审查施工方案
   B.审查施工总进度计划和阶段性施工进度计划
   C.检查施工总进度计划的实施情况
   D.对实际进度过快的工序下达停工令
   E.比较分析工程施工实际进度与计划进度

66. 项目监理机构实施组织协调的常用方法有( )。
   A.会议协调　　　B.行政协调　　　C.交谈协调　　　D.指令协调
   E.书面协调

67. 项目监理机构应签发监理通知单的情形有( )。
   A.未按审查通过的工程设计文件施工的　B.未经批准擅自组织施工的
   C.在工程质量方面存在违规行为的　　　D.在工程进度方面存在违规行为的
   E.使用不合格工程材料的

68. 根据《建设工程监理规范》,工程质量评估报告包括的内容有( )。
   A.工程参建单位情况　　　　　　　B.工程质量验收情况
   C.专项施工方案评审情况　　　　　D.竣工资料审查情况
   E.工程质量安全事故处理情况

69. 实行工程总承包的工程,专项施工方案可由专业分包单位组织编制的有( )。
   A.起重机械安装　　　　　　　　　B.起重机械拆卸
   C.附着式升降脚手架　　　　　　　D.主体结构工程施工
   E.深基坑开挖

70. 采用工程保险方式转移工程风险时,需要考虑的内容有( )。
   A.保险安排方式　B.保险类型选择　C.保险人选择　D.保险合同谈判
   E.保险索赔报告

71. 下列工作内容中,属于建设工程目标动态控制过程的有( )。
   A.组织　　　　　B.计划　　　　　C.执行　　　　　D.检查

249

E. 协调

72. 下列报审表中,需要建设单位签署审批意见的有(　　)。
    A. 工程开工报审表　　　　　　　B. 工程复工报审表
    C. 费用索赔报审表　　　　　　　D. 工程临时或最终延期报审表
    E. 单位工程竣工验收报审表

73. 下列工程造价控制内容中,属于工程造价动态比较内容的有(　　)。
    A. 工程造价控制计划的编制　　　B. 工程造价控制计划的审核
    C. 工程造价偏差的纠正　　　　　D. 工程造价目标值的预测分析
    E. 工程造价目标分解值与实际值的比较

74. 下列工作内容中,属于项目监理组织结构设计的有(　　)。
    A. 确定项目监理机构目标　　　　B. 选择组织结构形式
    C. 确定管理层次与跨度　　　　　D. 划分项目监理机构部门
    E. 制定监理工作和信息流程

75. 建筑信息建模(BIM)技术的基本特点有(　　)。
    A. 协调性　　B. 模拟性　　C. 经济性　　D. 优化性
    E. 可出图性

76. 项目监理机构在施工阶段进度控制的任务有(　　)。
    A. 完善建设工程控制性进度计划　　B. 审查施工单位专项施工方案
    C. 审查施工单位工程变更申请　　　D. 制定预防工期索赔措施
    E. 组织召开进度协调会

77. 下列总监理工作师职责中,可以委托给总监理工程师代表的有(　　)。
    A. 组织审查专项施工方案　　　　B. 组织审核分包单位资格
    C. 组织工程竣工预验收　　　　　D. 组织审查和处理工程变更
    E. 组织整理监理文件资料

78. 关于施工许可证有效期的说法,正确的有(　　)。
    A. 自领取施工许可证之日起 3 个月内不能按期开工的,应当申请延期
    B. 施工许可证延期以 1 次为限,且不超过 6 个月
    C. 施工许可证延期以 2 次为限,每次不超过 3 个月
    D. 因故中止施工的,应当自中止施工之日起 1 个月内向施工许可证发证机关报告
    E. 中止施工满 6 个月以上的工程恢复施工前,应当报施工许可证发证机关核验

79. 根据《建设工程监理范围和规模标准规定》,项目总投资额在 3000 万元以上的(　　)工程项目,称为大中型公用事业工程。
    A. 卫生、社会福利项目　　　　　B. 生态环境保护项目
    C. 邮政、电信枢纽、通信、信息网络项目　　D. 科技、教育、文化项目
    E. 体育、旅游、商业项目

80. 下列工作内容中,属于建设工程监理文件资料管理的有(　　)。
    A. 收发文与登记　　B. 文件起草与修改　　C. 文件传阅　　D. 文件分类存放
    E. 文件组卷归档

模拟试卷一参考答案

一、单项选择题

1. C

【解析】本题考核的是建设工程监理的独立性。在建设工程监理工作过程中,必须建立项目监理机构,按照自己的工作计划和程序,根据自己的判断,采用科学的方法和手段独立地开展工作。

2. C

【解析】本题考核的是非政府投资工程实行的制度。对于《政府核准的投资项目目录》以外的企业投资项目,实行备案制。

3. B

【解析】本题考核的是建筑工程施工许可。建筑工程开工前,建设单位应当按照国家有关规定向工程所在地县级以上人民政府建设主管部门申请领取施工许可证。建设单位申请领取施工许可证时,应有保证工程质量和安全的具体措施。建设单位应当自领取施工许可证之日起3个月内开工。因故不能按施工许可按期开工的,应当向发证机关可申请延期,延期以两次为限,每次不超过3个月。在建的工程因故中止施工的,建设单位应当自中止施工之日起1个月内,向发证机关报告。

4. C

【解析】本题考核的是《建筑法》有关建筑安全生产管理。鼓励企业为从事危险作业的职工办理意外伤害保险,支付保险费,故选项 B 错误。未经安全生产教育培训的特种作业人员,不得上岗作业,故选项 A 错误。施工现场安全由施工企业负责,故选项 D 错误。

5. D

【解析】本题考核的是招标要求。招标分为公开招标和邀请招标两种方式。招标人采用邀请招标方式的,应向3个以上特定法人发出投标邀请书,故选项 A 错误。招标文件中不得要求或标明特定的生产供应者以及含有倾向或者排斥潜在投标人的其他内容,故选项 B 错误。招标人对已发出的招标文件进行必要澄清的,应在提交投标文件截止时间至少15日之前,以书面形式通知所有招标文件收受人,故选项 C 错误。

6. C

【解析】本题考核的是事故发生单位的处罚规定。首先判定事故等级,属于重大事故。按规定,发生重大事故的单位,处50万元以上200万元以下的罚款。

7. D

【解析】本题考核的是确定项目监理机构目标。建设工程监理目标是项目监理机构建立的前提,项目监理机构的建立应根据建设工程监理合同中确定的目标,制定总目标并明确划分项目监理机构的分解目标。

8. D

【解析】 本题考核的是生产安全事故等级。根据生产安全事故造成的人员伤亡或者直接经济损失,生产安全事故分为以下等级:(1)特别重大生产安全事故,是指造成30人及以上死亡,或者100人及以上重伤(包括急性工业中毒,下同),或者1亿元及以上直接经济损失的事故。(2)重大生产安全事故,是指造成10人及以上30人以下死亡,或者50人及以上100人以下重伤,或者5000万元及以上1亿元以下直接经济损失的事故。(3)较大生产安全事故,是指造成3人及以上10人以下死亡,或者10人及以上50人以下重伤,或者1000万元及以上5000万元以下直接经济损失的事故。(4)一般生产安全事故,是指造成3人以下死亡,或者10人以下重伤,或者1000万元以下直接经济损失的事故。

9. B

【解析】 本题考核的是工程质量保修。根据《建设工程质量管理条例》的规定,建设工程的保修期,自竣工验收合格之日起计算。

10. D

【解析】 本题考核的是《建设工程监理规范》(GB/T 50319—2013)的一般规定。总监理工程师应组织专业监理工程师审查施工单位报送的开工报审表及相关资料,报建设单位批准后,总监理工程师签发工程开工令。

11. D

【解析】 本题考核的是直线-职能制组织形式的特点。选项C的正确说法是信息传递路线长,不利于互通信息。选项A属于直线制组织形式,选项B属于职能制组织形式。

12. D

【解析】 本题考核的是建设单位的安全责任。建设单位的安全责任主要包括4个方面:(1)提供资料;(2)禁止行为;(3)安全施工措施及其费用(建设单位在编制工程概算时,应当确定建设工程安全作业环境及安全施工措施所需费用);(4)拆除工程发包与备案。施工机械设施安装单位应当编制安装、拆卸方案、制定安全施工措施,并由专业技术人员现场监督,故选项B属于施工机械设施安装单位的安全责任。施工单位应当建立健全安全生产责任制度,对所承担的建设工程进行定期和专项安全检查,并做好安全检查记录。施工单位应当设立安全生产管理机构,配备专职安全生产管理人员。故选项A、C属于施工单位的安全责任。

13. A

【解析】 本题考核的是监理员职责。监理员职责包括:(1)检查施工单位投入工程的人力、主要设备的使用及运行状况;(2)进行见证取样;(3)复核工程计量有关数据;(4)检查工序施工结果;(5)发现施工作业中问题,及时指出并向专业监理工程师报告。

14. A

【解析】 本题考核的是建设工程监理实施范围。建设工程监理定位于工程施工阶段,工程监理单位受建设单位委托,按照建设工程监理合同约定,在工程勘察、设计、保修等阶段提供的服务活动均为相关服务。

15. D

【解析】 本题考核的是建设单位在选择工程监理单位的原则。建设单位选择工程监理单位最重要的原则是"基于能力的选择",而不应将服务报价作为主要考虑因素。

16. D

【解析】 本题考核的是建设工程监理的基本职责。建设工程监理是一项具有中国特色的工程建设管理制度。工程监理单位的基本职责是在建设单位委托授权范围内,通过合同管理和信息管理,以及协调工程建设相关方的关系,控制建设工程质量、造价和进度三大目标,即"三控两管一协调"。此外,还需履行建设工程安全生产管理的法定职责,这是《建设工程安全生产管理条例》赋予工程监理单位的社会责任。

17. B

【解析】 本题考核的是建设单位委托多家工程监理单位实施监理。建设单位委托多家工程监理单位针对不同施工单位实施监理,需要分别与多家工程监理单位签订工程监理合同,这样,各工程监理单位之间的相互协作与配合需要由建设单位进行协调。

18. B

【解析】 本题考核的是组织措施的作用。为了有效地控制建设工程项目目标,应从组织、技术、经济、合同等多方面采取措施,其中,组织措施是其他各类措施的前提和保障。

19. B

【解析】 本题考核的是信息管理系统的基本功能。建设工程信息管理系统可以为监理工程师提供标准化、结构化的数据。

20. D

【解析】 本题考核的是建设工程监理大纲的内容。监理大纲一般应包括以下主要内容:工程概述;建设工程监理实施方案;监理依据和监理工作内容;建设工程监理难点、重点。

21. C

【解析】 本题考核的是工程总承包方式的优点。采用建设工程总承包模式的优点是:建设单位的合同关系简单,组织协调工作量小。由于工程设计与施工由一个承包单位统筹安排,一般能做到工程设计与施工的相互搭接,有利于控制工程进度,可缩短建设周期。通过统筹考虑工程设计与施工,可以从价值工程或全寿命期费用角度取得明显的经济效果,有利于工程造价控制。该模式的缺点是:合同条款不易准确确定,容易造成合同争议。合同数量虽少,但合同管理难度大,造成招标发包工作难度大;由于承包范围大,介入工程时间早,工程信息未知数多,总承包单位要承担较大风险;由于有工程总承包能力的单位数量相对较少,建设单位选择总承包单位的余地也相应减少;工程质量标准和功能要求不易做到全面、具体、准确,"他人控制"机制薄弱,使工程质量控制难度加大。

22. C

【解析】 本题考核的是工程监理单位在组建项目监理机构的步骤。工程监理单位在组建项目监理机构时,一般按以下步骤进行:(1)确定项目监理机构目标;(2)确定监理工作内容;(3)项目监理机构组织结构设计;(4)制定工作流程和信息流程。

23. B

【解析】 本题考核的是分析论证建设工程总目标遵循的基本原则。工程建设强制性标准是有关人民生命财产安全、人体健康、环境保护和公众利益的技术要求,在追求建设工程质量、造价和进度三大目标间最佳匹配关系时,应确保建设工程质量目标符合工程建设强制性标准。

24. C

【解析】本题考核的是建设工程监理主要文件资料。建设工程监理主要文件资料包括:(1)施工组织设计、(专项)施工方案、施工进度计划报审文件资料;(2)工程变更、费用索赔及工程延期文件资料;(3)第一次工地会议、监理例会、专题会议等会议纪要。

25. D

【解析】本题考核的是三大目标控制措施中的合同措施。通过选择合理的承发包模式和合同计价方式,选定满意的施工单位及材料设备供应单位,拟定完善的合同条款,并动态跟踪合同执行情况及处理好工程索赔等,是控制建设工程目标的重要合同措施。

26. A

【解析】本题考核的是签发工程暂停令的情形。监理机构发现下列情况之一时,总监理工程师应及时签发工程暂停令:(1)建设单位要求暂停施工且工程需要暂停施工的;(2)施工单位未经批准擅自施工或拒绝项目监理机构管理的;(3)施工单位未按审查通过的工程设计文件施工的;(4)施工单位违反工程建设强制性标准的;(5)施工存在重大质量、安全事故隐患或发生质量、安全事故的。

27. C

【解析】本题考核的是 Project Controlling 模式。Project Controlling 方实质上是建设工程业主的决策支持机构,其日常工作就是及时、准确地收集建设工程实施过程中产生的与建设工程目标有关的各种信息,并科学地对其进行分析和处理,最后将处理结果以多种不同的书面报告形式提供给业主管理人员,以使业主能够及时地作出正确决策。

28. C

【解析】本题考核的是专项施工方案的编制要求。对于超过一定规模的危险性较大的分部分项工程专项方案,应当由施工单位组织召开专家论证会。

29. D

【解析】本题考核的是巡视工作的内容和职责。项目监理机构应在监理规划的相关章节中,编制体现巡视工作的方案、计划、制度等相关内容,以及在监理实施细则中明确巡视要点、巡视频率和措施,并明确巡视检查记录表,故选项 A 错误。巡视检查内容以现场施工质量、生产安全事故隐患为主,且不限于工程质量、安全生产方面的内容,故选项 B 错误。在巡视检查中发现问题,应及时采取相应处理措施,巡视监理人员认为发现的问题自己无法解决或无法判断是否能够解决时,应立即向总监理工程师汇报,故选项 C 错误。总理工程师应检查监理人员巡视的工作成果,与监理人员就当日巡视检查工作进行沟通,对发现的问题及时采取相应处理措施,故选项 D 正确。

30. D

【解析】本题考核的是风险可接受性评定。风险等级为大、很大的风险因素表示风险重要性较高,是不可接受的风险,需要给予重点关注;风险等级为中等的风险因素是不希望有的风险;风险等级为小的风险因素是可接受的风险;风险等级为很小的风险因素是可忽略的风险。

31. C

【解析】本题考核的是工程质量控制主要任务。工程质量控制主要任务:(1)审查施工单位现场的质量保证体系;(2)审查施工组织设计、(专项)施工方案;(3)审查工程使用的新材料、新工艺、新技术、新设备的质量认证材料和相关验收标准的适用性;(4)检查、复核施工控制测量成果及保护措施;(5)审核分包单位资格,检查施工单位为本工程提供服务的试验室;(6)审查施工单位用于工程的材料、构配件、设备的质量证明文件,并按要求对用于工程的材料进行见证取样、平行检验,对施工质量进行平行检验;(7)审查影响工程质量的计量设备的检查和检定报告;(8)采用旁站、巡视检查、平行检验等方式对施工过程进行检查监督;(9)对隐蔽工程、检验批、分项工程和分部工程进行验收;(10)对质量缺陷、质量问题、质量事故及时进行处置和检查验收;(11)对单位工程进行竣工验收,并组织工程竣工预验收;(12)参加工程竣工验收,签署建设工程监理意见。

32. C

【解析】本题考核的是建设工程风险对策。损失控制可分为预防损失和减少损失两个方面。预防损失措施的主要作用在于降低或消除(通常只能做到降低)损失发生的概率,而减少损失措施的作用在于降低损失的严重性或遏制损失的进一步发展,使损失最小化。制定损失控制措施必须考虑其付出的代价,包括费用和时间两个方面的代价,而时间方面的代价往往又会引起费用方面的代价。损失控制计划系统一般应由预防计划、灾难计划和应急计划三部分组成。

33. A

【解析】本题考核的是三大目标控制措施。组织措施是其他各类措施的前提和保障,包括:建立建设工程目标控制工作考评机制等。

34. A

【解析】本题考核的是监理工程师的法律责任。监理工程师因过错造成质量事故的,责令停止执业1年,故选项D错误。造成重大质量事故的,吊销执业资格证书,5年以内不予注册,故选项C错误。注册监理工程师未执行法律、法规和工程建设强制性标准的,责令停止执业3个月以上1年以下,故选项B错误。

35. A

【解析】本题考核的是施工许可证的有效期。建设单位应当自领取施工许可证之日起3个月内开工,故选项B错误。因故不能按期开工的,应当向发证机关申请延期;延期以两次为限,每次不超过3个月,故选项C错误。既不开工又不申请延期或者超过延期时限的,施工许可证自行废止。在建的建筑工程因故中止施工的,建设单位应当自中止施工之日起1个月内,向发证机关报告,并按照规定做好建筑工程的维护管理工作。建筑工程恢复施工时,应当向发证机关报告。中止施工满1年的工程恢复施工前,建设单位应当报发证机关核验施工许可证,故选项D错误。

36. D

【解析】本题考核的是工程招标的具体范围和规模标准。建设工程项目的勘察、设计、施工、监理以及与工程建设有关的重要设备、材料等的采购,达到下列标准之一的,必须进行招标:(1)施工单项合同估算价在400万元人民币以上;(2)重要设备、材料等货物的采购,单项合同估算价在200万元人民币以上;(3)勘察、设计、监理等服务的采购,单项合同估算价在100万元人民币以上。同一项目中可以合并进行的勘察、设计、施工、监理以及与工程建设有关的重要设备、材料等的采购,合同估算价合计达到上述规定标准的,必须招标。

37. A

【解析】本题考核的是建设工程监理业务的承揽。工程监理单位应当依法取得相应等级的资质证书,并在其资质等级许可的范围内承担工程监理业务。禁止工程监理单位超越本单位资质等级许可的范围或者以其他工程监理单位的名义承担建设工程监理业务;禁止工程监理单位允许其他单位或者个人以本单位的名义承担建设工程监理业务。工程监理单位不得转让建设工程监理业务。

38. C

【解析】根据《招标投标法》的规定,招标人对已发出的招标文件进行必要的澄清或者修改的,应当在招标文件要求提交投标文件截止时间至少 15 日前,以书面形式通知所有招标文件收受人。

39. D

【解析】本题考核的是工程监理单位的法律责任。根据《建设工程质量管理条例》第十八条规定,违反本条例规定,工程监理单位与被监理工程的施工承包单位以及建筑材料、建筑构配件和设备供应单位有隶属关系或者其他利害关系承担该项建设工程的监理业务的,责令改正,处 5 万元以上 10 万元以下的罚款,降低资质等级或者吊销资质证书;有违法所得的,予以没收。

40. B

【解析】本题考核的是合同部分条款无效的情形。合同中的下列免责条款无效:(1)造成对方人身伤害的;(2)因故意或者重大过失造成对方财产损失的。选项 A、C、D 均为无效合同的情形。

41. A

【解析】本题考核的是履约保证金的提交。招标文件要求中标人提交履约保证金的,中标人应当按照招标文件的要求提交。履约保证金不得超过中标合同金额的 10%。

42. D

【解析】本题考核的是工程质量事故报告。建设工程发生质量事故,有关单位应当在 24 小时内向当地建设行政主管部门和其他有关部门报告。

43. B

【解析】本题考核的是安全施工措施。依法批准开工报告的建设工程,建设单位应当自开工报告批准之日起 15 日内,将保证安全施工的措施报送建设工程所在地的县级以上地方人民政府建设行政主管部门或者其他有关部门备案。

44. B

【解析】本题考核的是监理实施细则的审核内容。监理实施细则由专业监理工程师编制完成,需要报总监理工程师批准后方能实施。

45. B

【解析】本题考核的是合同文件解释顺序。合同文件的解释顺序如下:(1)协议书;(2)中标通知书;(3)投标函及投标函附录;(4)专用合同条款;(5)通用合同条款;(6)委托人要求;(7)监理报酬清单;(8)监理大纲;(9)其他合同文件。

46. A

【解析】 本题考核的是项目总经理的职权。项目总经理的职权有:(1)组织编制项目初步设计文件,对项目工艺流程、设备选型、建设标准、总图布置提出意见,提交董事会审查;(2)组织工程设计、施工监理、施工队伍和设备材料采购的招标工作,编制和确定招标方案、标底和评标标准,评选和确定投标、中标单位;(3)编制并组织实施项目年度投资计划、用款计划、建设进度计划;(4)编制项目财务预算、决算;(5)编制并组织实施归还贷款和其他债务计划;(6)组织工程建设实施,负责控制工程投资、工期和质量;(7)在项目建设过程中,在批准的概算范围内对单项工程的设计进行局部调整(凡引起生产性质、能力、产品品种和标准变化的设计调整以及概算调整,需经董事会决定并报原审批单位批准);(8)根据董事会授权处理项目实施中的重大紧急事件,并及时向董事会报告;(9)负责生产准备工作和培训有关人员;(10)负责组织项目试生产和单项工程预验收;(11)拟定生产经营计划、企业内部机构设置、劳动定员定额方案及工资福利方案;(11)组织项目后评价,提出项目后评价报告;(12)按时向有关部门报送项目建设、生产信息和统计资料;提请董事会聘任或解聘项目高级管理人员。

47. A

【解析】 本题考核的是专业监理工程师职责。专业监理工程师职责包括:(1)参与编制监理规划,负责编制监理实施细则;(2)审查施工单位提交的涉及本专业的报审文件,并向总监理工程师报告;(3)参与审核分包单位资格;(4)指导、检查监理员工作,定期向总监理工程师报告本专业监理工作实施情况;(5)检查进场的工程材料、构配件、设备的质量;(6)验收检验批、隐蔽工程、分项工程,参与验收分部工程;(7)处置发现的质量问题和安全事故隐患;(8)进行工程计量;(9)参与工程变更的审查和处理;(10)组织编写监理日志,参与编写监理月报;(11)收集、汇总、参与整理监理文件资料;(12)参与工程竣工预验收和竣工验收。

48. D

【解析】 本题考核的是工程总承包模式的优点。采用建设工程总承包模式,建设单位的合同关系简单,组织协调工作量小。由于工程设计与施工由一个承包单位统筹安排,一般能做到工程设计与施工的相互搭接,有利于控制工程进度,可缩短建设周期。通过统筹考虑工程设计与施工,可以从价值工程或全寿命期费用角度取得明显的经济效果,有利于工程造价控制。

49. C

【解析】 本题考核的是建设工程监理实施原则。监理工程师应为建设单位提供热情服务,"应运用合理的技能,谨慎而勤奋地工作"。

50. C

【解析】 本题考核的是费用索赔报审表的签字盖章。费用索赔报审表需要由总监理工程师签字,并加盖执业印章。

二、多项选择题

51. CDE

【解析】 本题考核的是《建设工程安全生产管理条例》中施工单位的安全责任。不得压缩合同约定的工期,属于建设单位的禁止行为,故选项A错误。由具有相应资质的单位安装、拆卸施工起重机械,属于施工机械设施安装单位的安全责任,故选项 B 错误。施工单位的安全责任包括:(1)工程承揽;(2)安全生产责任制度:对所承担的建设工程进行定期和专项安全检查;(3)安全生产管理费用;(4)施工现场安全生产管理;(5)安全生产教育培训;(6)安全技术措施和专项施工方案:施工单位应当在施工组织设计中编制安全技术措施和施工现场临时用电方案;(7)施工现场安全防护;(8)施工现场卫生、环境与消防安全管理:施工单位对因建设工程施工可能造成损害的毗邻建筑物、构筑物和地下管线等,应当采取专项防护措施;(9)施工机具设备安全管理;(10)意外伤害保险。故选项 C、D、E 正确。

52. AC

【解析】 本题考核的是建设工程监理相关制度中项目董事会的职权的内容。建设项目董事会的职权有:(1)负责筹措建设资金;(2)审核、上报项目初步设计和概算文件;(3)审核、上报年度投资计划并落实年度资金;(4)提出项目开工报告;(5)研究解决建设过程中出现的重大问题;(6)负责提出项目竣工验收申请报告;(7)审定偿还债务计划和生产经营方针,并负责按时偿还债务;(8)聘任或解聘项目总经理,并根据总经理的提名,聘任或解聘其他高级管理人员。选项中,组织编制项目初步设计文件、拟定生产经营计划和提出项目后评价报告则是项目总经理的职权。故选项 B、D、E 错误。

53. AC

【解析】 本题考核的是《建设工程质量管理条例》中最低保修期限的内容。在正常使用条件下,建设工程最低保修期限为:(1)基础设施工程、房屋建筑的地基基础工程和主体结构工程,为设计文件规定的该工程合理使用年限,故选项 A 正确。(2)屋面防水工程、有防水要求的卫生间、房间和外墙面的防渗漏,为 5 年,故选项 B 错误。(3)供热与供冷系统,为 2 个采暖期、供冷期,故选项 C 正确。(4)电气管道、给水排水管道、设备安装和装修工程,为 2 年,故选项 D、E 错误。

54. ABCE

【解析】 本题考核的是项目建议书的内容。项目建议书的内容视工程项目不同而有繁有简,但一般应包括以下几方面内容:(1)项目提出的必要性和依据;(2)产品方案、拟建规模和建设地点的初步设想;(3)资源情况、建设条件、协作关系和设备技术引进国别、厂商的初步分析;(4)投资估算、资金筹措及还贷方案设想;(5)项目进度安排;(6)经济效益和社会效益的初步估计;(7)环境影响的初步评价。

55. CDE

【解析】 本题考核的是项目监理机构人员配备及职责分工。专业监理工程师职责:(1)检查进场的工程材料、构配件、设备的质量;(2)处置发现的质量问题和安全事故隐患;(3)参与工程变更的审查和处理等。审批监理实施细则、组织审核分包单位资质属于总监理工程师的职责,故选项 A、B 错误。

56. ACD

【解析】 本题考核的是施工图设计文件的审查。施工图审查机构按照有关法律、法规,对施工图涉及公共利益、公众安全和工程建设强制性标准的内容进行审查。

57. BCDE

【解析】 本题考核的是监理单位向建设单位提交的监理工作总结的内容。监理工作总结应包括内容以下:(1)工程概况。包括:①工程名称、等级、建设地址、建设规模、结构形式以及主要设计参数;②工程建设单位、设计单位、勘察单位、施工单位、检测单位等;③工程项目主要的分项、分部工程施工进度和质量情况;④监理工作的难点和特点。(2)项目监理机构。(3)建设工程监理合同履行情况。包括:监理合同目标控制情况,监理合同履行情况,监理合同纠纷的处理情况等。(4)监理工作成效。包括:项目监理机构提出的合理化建议并被建设、设计、施工等单位采纳;发现施工中的差错,通过监理工作避免了工程质量事故、生产安全事故、累计核减工程款及为建设单位节约工程建设投资等事项的数据(可举典型事例和相关资料)。(5)监理工作中发现的问题及其处理情况。包括:监理过程中产生的监理通知单、监理报告、工作联系单及会议纪要等所提出问题的简要统计;由工程质量、安全生产等问题所引起的今后工程合理、有效使用的建议等。(6)说明与建议。

58. ABD

【解析】本题考核的是项目监理机构开展监理工作的主要依据。监理依据包括:(1)适用的法律、行政法规及部门规章;(2)与工程有关的标准、规范、规程;(3)工程设计及有关文件;(4)工程监理合同及委托人与第三方签订的与实施工程有关的其他合同。

59. ABD

【解析】本题考核的是投标人不得采取的行为。投标人不得相互串通投标报价,不得排挤其他投标人的公平竞争,损害招标人或其他投标人的合法权益。投标人不得与招标人串通投标,损害国家利益、社会公共利益或者他人的合法权益。投标人不得以低于成本的报价竞标,也不得以他人名义投标或者以其他方式弄虚作假,骗取中标。

60. ACDE

【解析】本题考核的是无效合同的情形。有下列情形之一的,合同无效:(1)一方以欺诈、胁迫的手段订立合同,损害国家利益;(2)恶意串通,损害国家、集体或第三人利益;(3)以合法形式掩盖非法目的;(4)损害社会公共利益;(5)违反法律、行政法规的强制性规定。

61. ACD

【解析】本题考核的是建设工程监理评标内容。评标时应重点评审建设工程监理大纲的全面性、针对性和科学性。

62. DE

【解析】本题考核的是项目监理机构内部工作制度。项目监理机构内部工作制度包括:(1)项目监理机构工作会议制度,包括监理交底会议、监理例会、监理专题会、监理工作会议等;(2)项目监理机构人员岗位职责制度;(3)对外行文审批制度;(4)监理工作日志制度;(5)监理周报、月报制度;(6)技术、经济资料及档案管理制度;(7)监理人员教育培训制度;(8)监理人员考勤、业绩考核及奖惩制度。选项中,施工备忘录签发制度、施工组织设计审核制度和工程变更处理制度属于项目监理机构现场监理工作制度,故选项A、B、C错误。

63. AE

【解析】本题考核的是施工总承包模式的缺点。施工总承包模式的缺点是:建设周期较长;施工总承包单位的报价可能较高。

64. BCE

【解析】本题考核的是见证取样的检验报告的要求。检验报告的要求:(1)试验报告应计算机打印;(2)试验报告采用统一用表;(3)试验报告签名一定要手签;(4)试验报告应有见证检验专用章统一格式;(5)注明见证人的姓名。

65. BCE

【解析】 本题考核的是项目监理机构控制工程进度的主要工作。工程进度控制包括:审查施工单位报审的施工总进度计划和阶段性施工进度计划;检查施工进度计划的实施情况;比较分析工程施工实际进度与计划进度,预测实际进度对工程总工期的影响等。

66. ACE

【解析】 本题考核的是项目监理机构实施组织协调的常用方法。项目监理机构组织协调方法包括:会议协调法;交谈协调法;书面协调法。

67. CDE

【解析】 本题考核的是建设工程监理基本表式及其应用说明。施工单位发生下列情况时,项目监理机构应发出监理通知:(1)在施工过程中出现不符合设计要求、工程建设标准、合同约定;(2)使用不合格的工程材料、构配件和设备;(3)在工程质量、造价、进度等方面存在违规等行为。

68. ABD

【解析】 本题考核的是工程质量评估报告的主要内容。工程质量评估报告内容包括:(1)工程概况;(2)工程参建单位;(3)工程质量验收情况;(4)工程质量事故及其处理情况;(5)竣工资料审查情况;(6)工程质量评估结论。

69. ABCE

【解析】 本题考核的是专项施工方案编制要求。实行施工总承包的,专项施工方案应当由总承包施工单位组织编制,其中,起重机械安装拆卸工程、深基坑工程、附着式升降脚手架等专业工程实行分包的,其专项施工方案可由专业分包单位组织编制。

70. ABCD

【解析】 本题考核的是保险转移。在决定采用保险转移这一风险对策后,需要考虑与保险有关的几个具体问题:一是保险的安排方式;二是选择保险类别和保险人,一般是通过多家比选后确定,也可委托保险经纪人或保险咨询公司代为选择;三是可能要进行保险合同谈判,这项工作最好委托保险经纪人或保险咨询公司完成,但免赔额的数额或比例要由投保人自己确定。

71. BCD

【解析】 本题考核的是建设工程目标动态控制过程。建设工程目标体系的 PDCA 动态控制过程包括:Plan 计划;Do 执行;Check 检查;Action 纠偏。

72. ABCD

【解析】 本题考核的是需要建设单位签署审批意见的报审表。下列表式需要建设单位审批同意:(1)施工组织设计或(专项)施工方案报审表;(2)工程开工报审表;(3)工程复工报审表;(4)施工款支付报审表;(5)费用索赔报审表;(6)工程临时或最终延期报审表。

73. DE

【解析】 本题考核的是工程造价动态比较的内容。工程造价动态比较的内容包括:(1)工程造价目标分解值与造价实际值的比较;(2)工程造价目标值的预测分析。

74. BCD

【解析】本题考核的是项目监理机构组织结构设计。项目监理机构组织结构设计包括:选择组织结构形式;合理确定管理层次与管理跨度;划分项目监理机构部门;制定岗位职责及考核标准;选派监理人员。

75. ABDE

【解析】本题考核的是建筑信息建模(BIM)技术的特点。BIM具有可视化、协调性、模拟性、优化性、可出图性等特点。

76. ADE

【解析】本题考核的是项目监理机构在建设工程施工阶段进度控制的主要任务。项目监理机构在施工阶段进度控制的主要任务是,通过完善建设工程控制性进度计划、审查施工单位提交的进度计划、做好施工进度动态控制工作、组织进度协调会议,协调有关各方关系、预防并处理好工期索赔,力求实际施工进度满足计划施工进度的要求。故选项A、D、E正确。

77. BDE

【解析】本题考核的是总监理工程师代表职责。总监理工程师不得将下列工作委托给总监理工程师代表:(1)组织编制监理规划,审批监理实施细则;(2)根据工程进展及监理工作情况调配监理人员;(3)组织审查施工组织设计、(专项)施工方案,故选项A错误。(4)签发工程开工令、暂停令和复工令;(5)签发工程款支付证书,组织审核竣工结算;(6)调解建设单位与施工单位的合同争议,处理工程索赔;(7)审查施工单位的竣工申请,组织工程竣工预验收,组织编写工程质量评估报告,参与工程竣工验收,故选项C错误。(8)参与或配合工程质量安全事故的调查和处理。

78. ACD

【解析】本题考核的是施工许可证的有效期。建设单位应当自领取施工许可证之日起3个月内开工。因故不能按期开工的,应当向发证机关申请延期;延期以两次为限,每次不超过3个月。在建的建筑工程因故中止施工的,建设单位应当自中止施工之日起1个月内,向发证机关报告,并按照规定做好建筑工程的维护管理工作。中止施工满1年的工程恢复施工前,建设单位应当报发证机关核验施工许可证。

79. ADE

【解析】本题考核的是大中型公用事业工程。大中型公用事业工程,是指项目总投资额在3000万元以上的下列工程项目:(1)供水、供电、供气、供热等市政工程项目;(2)科技、教育、文化等项目;(3)体育、旅游、商业等项目;(4)卫生、社会福利等项目;(5)其他公用事业项目。

80. ACDE

【解析】本题考核的是建设工程监理文件资料的管理要求。建设工程监理文件资料的管理要求体现在建设工程监理文件资料管理全过程,包括:监理文件资料收发文与登记、传阅、分类存放、组卷归档、验收与移交等。

模拟试卷二

一、**单项选择题**(共50题,每题1分。每题的备选项中,只有1个最符合题意)

1. 根据《建设工程监理范围和规模标准规定》的规定,总投资为2500万元的(　　)项目必须实行监理。

    A. 供水工程　　　B. 邮政通信　　　C. 生态环境保护　D. 体育场馆

2. 根据《建设工程监理规范》(GB/T 50319—2013),施工单位未经批准擅自施工的,总监理工程师应(　　)。

    A. 及时签发监理通知单　　　　　B. 立即报告建设单位
    C. 及时签发工程暂停令　　　　　D. 立即报告政府主管部门

3. 根据《建设工程安全生产管理条例》,施工单位编制的(　　)专项施工方案,应当组织专家进行论证、审查。

    A. 拆除工程　　　　　　　　　　B. 深基坑支护工程
    C. 起重吊装工程　　　　　　　　D. 爆破工程

4. 采用邀请招标方式选择工程监理单位时,建设单位的正确做法是(　　)。

    A. 只需发布招标公告,不需要进行资格预审
    B. 不仅需要发布招标公告,而且需要进行资格预审
    C. 既不需要发布招标公告,也不进行资格预审
    D. 不需要发布招标公告,但需要进行资格预审

5. 下列表式中,属于通用表(C类表)的是(　　)。

    A. 监理通知回复单　　　　　　　B. 分部工程报验表
    C. 工程变更单　　　　　　　　　D. 施工控制测量成果报验表

6. 根据《国务院关于投资体制改革的决定》,采用直接投资的政府投资项目,除特殊情况外,不再审批(　　)。

    A. 项目建议书　　　　　　　　　B. 可行性研究报告
    C. 初步设计和概算　　　　　　　D. 开工报告

7. 根据《建设工程监理范围和规模标准规定》,可不实行监理的工程是总投资额为3000万元以下的(　　)。

    A. 供热工程　　　B. 学校工程　　　C. 影剧院工程　　　D. 体育场馆工程

8. 组建项目监理机构时,总监理工程师应依据的监理文件是(　　)。

    A. 监理大纲和监理细则　　　　　B. 监理规划和监理细则
    C. 监理规划和监理合同　　　　　D. 监理大纲和监理合同

9. 下列监理组织形式中,具有信息传递路线长、不利于信息互通的组织形式是( )。
   A. 矩阵制   B. 直线制   C. 职能制   D. 直线职能制

10. 列入城建档案管理部门接收范围的工程,建设单位在( )内向城建档案管理部门移交一套符合规定的工程档案。
    A. 工程竣工验收后 3 个月   B. 工程竣工验收后 1 个月
    C. 工程竣工后 3 个月   D. 工程竣工后 1 个月

11. 下列关于旁站的说法中,错误的是( )。
    A. 旁站记录是监理工程师依法行使有关签字权的重要依据
    B. 旁站是建设工程监理工作中用以监督工程目标实现的重要手段
    C. 旁站应在总监理工程师的指导下由现场监理人员负责具体实施
    D. 工程竣工验收后,工程监理单位应当将旁站记录存档备查

12. 下列组织形式特点中,属于矩阵制监理组织形式特点的是( )。
    A. 具有较大的机动性和适应性,但纵横协调工作量大
    B. 直线领导,但组织部门与指挥部门易产生矛盾
    C. 权力集中,组织机构简单,隶属关系明确
    D. 信息传递线路长,不利于信息相互沟通

13. 关于工程质量评估报告的说法,正确的是( )。
    A. 工程质量评估报告应在正式竣工验收前提交建设单位
    B. 工程质量评估报告应由施工单位组织编制并经总监理工程师签认
    C. 工程质量评估报告是工程竣工验收后形成的主要验收文件之一
    D. 工程质量评估报告由专业监理工程师组织编制并经总监理工程师签认

14. 关于见证取样的说法,正确的是( )。
    A. 项目监理机构应制定见证取样送检工作制度
    B. 计量认证分为国家级、省级和市级,实施的效力均完全一致
    C. 见证取样涉及建设方、施工方、监理方和检测方四方行为主体
    D. 检测单位须见证施工单位和项目监理机构的现场试样抽取

15. 下列监理人员基本职责中,属于监理员职责的是( )。
    A. 进行见证取样   B. 处理工程质量缺陷
    C. 检查现场安全生产管理体系   D. 编写监理日志

16. 根据《建设工程监理规范》,下列内容中,不属于监理实施细则的是( )。
    A. 监理工作控制要点   B. 建立工作组织制度
    C. 监理工作流程   D. 监理工作方法

17. 下列报审、报验表中,最终可由专业监理工程师签认的表式是( )。
    A. 施工控制测量成果报验表   B. 进度计划报审表
    C. 分包单位资格报审表   D. 分部工程报验表

18. 工程暂停施工原因消失,具备复工条件时,关于复工审批或指令的说法,正确的是( )。
    A. 施工单位提出复工申请的,专业监理工程师应签发工程复工令

B. 施工单位提出复工申请的,建设单位应及时签发工程复工令

C. 施工单位未提出复工申请的,总监理工程师可指令施工单位恢复施工

D. 施工单位未提出复工申请的,建设单位应及时指令施工单位恢复施工

19. 工程质量评估报告应在(　　)提交给建设单位。

　　A. 竣工验收前　　　　　　　　B. 竣工验收后

　　C. 竣工预验收前　　　　　　　D. 竣工验收备案后

20. 关于建设工程监理文件资料卷内排列要求的说法,正确的是(　　)。

　　A. 请示在前,批复在后　　　　B. 主件在前,附件在后

　　C. 定稿在前,印本在后　　　　D. 图纸在前,文字在后

21. 工程监理单位在建设单位授权范围内,采用规划、控制、协调等方法,控制工程质量、造价和进度,并履行建设工程师安全生产管理的监理职责,协助建设单位在计划目标内完成工程建设任务,体现了建设工程监理的(　　)。

　　A. 服务性　　　B. 阶段性　　　C. 必要性　　　D. 强制性

22. 根据《建设工程质量管理条例》,工程监理单位与建设单位串通,弄虚作假、降低工程质量的,责令改正,并对单位处(　　)罚款。

　　A. 5 万元以上 20 万元以下　　　B. 10 万元以上 30 万元以下

　　C. 30 万元以上 50 万元以下　　D. 50 万元以上 100 万元以下

23. 建设工程开工时间是指工程设计文件中规定的任何一项永久性工程的(　　)开始日期。

　　A. 地质勘察　　　　　　　　　B. 场地旧建筑物拆除

　　C. 施工用临时道路施工　　　　D. 正式破土开槽

24. 对于实行项目法人责任制的项目,属于项目总经理职权的工作是(　　)。

　　A. 提出项目开工报告　　　　　B. 提出项目竣工验收申请报告

　　C. 编制归还贷款和其他债务计划　　D. 聘任或解聘项目高级管理人员

25. 根据《国务院关于投资体制改革的决定》,对于企业不使用政府资金投资建设的工程,将区别不同情况实行(　　)。

　　A. 核准制或登记备案制　　　　B. 公示制或登记备案制

　　C. 听证制或公示制　　　　　　D. 听证制或核准制

26. 根据《国务院关于投资体制改革的决定》,采用投资补助、转贷和贷款贴息的政府投资工程,政府需要审批(　　)。

　　A. 项目建议书　　　　　　　　B. 可行性研究报告

　　C. 初步设计和概算　　　　　　D. 资金申请报告

27. 办理工程质量监督注册手续时需提供的文件是(　　)。

　　A. 施工图设计文件　　　　　　B. 施工组织设计文件

　　C. 监理单位质量管理体系文件　　D. 建筑工程用地审批文件

28. 关于工程监理制和合同管理制两者关系的说法,正确的是(　　)。

　　A. 合同管理制是实行工程监理制的重要保证

　　B. 合同管理制是实行工程监理制的必要条件

C. 合同管理制是实行工程监理制的充分条件

D. 合同管理制是实行工程监理制的充分必要条件

29. 根据《建筑法》,在建的建筑工程因故中止施工的,建设单位应当自中止施工之日起( )内向施工许可证发证机关报告。

　　A. 1周　　　　B. 2周　　　　C. 1个月　　　D. 3个月

30. 根据《建设工程质量管理条例》的规定,关于工程监理单位质量责任和义务的说法,正确的是( )。

　　A. 监理单位代表建设单位对施工质量实施监理

　　B. 监理单位发现施工图有差错应要求设计单位修改

　　C. 监理单位将施工单位现场取样的试块送检测单位

　　D. 监理单位组织设计、施工单位进行竣工验收

31. 根据《建设工程安全生产管理条例》,关于施工单位安全责任的说法,正确的是( )。

　　A. 不得压缩合同约定的工期

　　B. 应当为施工现场人员办理意外伤害保险

　　C. 将安全生产保护措施报有关部门备案

　　D. 保证本单位安全生产条件所需资金的投入

32. 根据《生产安全事故报告和调查处理条例》,某生产安全事故造成5人死亡,1亿元直接经济损失,该生产安全事故属( )。

　　A. 特别重大事故　　B. 重大事故　　C. 严重事故　　D. 较大事故

33. 下列损失控制的工作内容中,不属于灾难计划编制内容的是( )。

　　A. 安全撤离现场人员　　　　　　B. 救援及处理伤亡人员

　　C. 起草保险索赔报告　　　　　　D. 控制事故的进一步发展

34. 下列关于风险非保险转移对策的说法,错误的是( )。

　　A. 建设单位可通过合同责任条款将风险转移给对方当事人

　　B. 施工单位可通过工程分包将专业技术风险转移给分包人

　　C. 非保险转移风险的代价会小于实际发生的损失,对转移者有利

　　D. 当事人一方可向对方提供第三方担保,担保方承担的风险仅限于合同责任

35. 下列关于建设工程监理文件资料组卷方法及要求的说法,正确的是( )。

　　A. 图纸按专业排列,同专业图纸按图号顺序排列

　　B. 监理文件资料可按建设单位、设计单位、施工单位分类组卷

　　C. 既有文字材料又有图纸的案卷,应该图纸排前,文字材料排后

　　D. 一个建设工程由多个单位工程组成时,应按施工进度节点分卷组卷

36. 下列行为中,项目监理机构应发出监理通知的有( )。

　　A. 使用检验不合格工程材料的

　　B. 违反工程建设强制性标准的

　　C. 未经批准擅自施工的

　　D. 未按审查通过的工程设计文件施工的

37. 关于平行检验的说法,正确的是( )。
   A. 单位工程的验收结论由建设单位填写
   B. 施工现场质量管理检查记录的检查评定结果由监理单位填写
   C. 负责平行检验的监理人员应对工程的关键部位和关键工序进行平行检验
   D. 平行检验方应明确平行检验的方法、范围、内容、程序和人员职责论证

38. 对于工程施工合同发生争议时,监理工程师应首先采用( )方式协调建设单位与施工单位的关系。
   A. 申请调解   B. 仲裁   C. 协商处理   D. 诉讼

39. 见证取样在建设单位人员见证下,由( )在现场取样,送至试验室进行检测。
   A. 见证人员   B. 施工单位人员
   C. 监理单位人员   D. 监理工程师

40. 下列动态控制任务中,属于事前计划控制的有( )。
   A. 建立目标体系   B. 分析可能产生的偏差
   C. 收集项目实施绩效   D. 采取预防偏差产生的措施

41. 对于政府投资项目,不属于可行性研究应完成的工作是( )。
   A. 进行市场研究   B. 进行工艺技术方案研究
   C. 进行环境影响和初步评价 D. 进行财务和经济分析

42. 关于第一次工地会议的说法,正确的是( )。
   A. 第一次工地会议应由总监理工程师组织召开
   B. 第一次工地会议应在总监理工程师下达开工令后召开
   C. 第一次工地会议的会议纪要由建设单位负责整理
   D. 第一次工地会议总监理工程师应介绍监理规划等相关内容

43. 根据《招标投标法》,依法必须进行招标的项目,自招标文件开始发出之日起至投标人提供投标文件截止之日止,最短不得少于( )日。
   A. 10   B. 15   C. 20   D. 30

44. 根据《建设工程质量管理条例》,属于施工单位质量责任和义务的是( )。
   A. 申领施工许可证   B. 办理工程质量监督手续
   C. 建立健全教育培训制度 D. 向有关主管部门移交建设项目档案

45. 根据《建设工程安全生产管理条例》,属于建设单位安全责任的是( )。
   A. 确定安全施工措施所需费用 B. 确定施工现场安全生产
   C. 确定安全技术措施   D. 确定安全生产责任制度

46. 根据《民法典》第三编合同,关于委托合同的说法,错误的是( )。
   A. 受托人应当亲自处理委托事务
   B. 受托人处理委托事务取得的财产应转交给委托人
   C. 对无偿的委托合同,因受托人过失给委托人造成损失的,委托人不应要求赔偿
   D. 受托人为处理委托事务结付的必要费用,委托人应偿还该费用及利息

47. 施工总承包模式下,建设工程监理委托方式的特点是( )。
   A. 合同条款不易准确确定   B. 施工总承包单位的报价较低

C.招标发包工作难度大　　　　　　D.建设周期较长

48.直线-职能制组织形式的缺点有( )。
　A.下级人员受多头指挥　　　　　B.实行没有职能部门的"个人管理"
　C.纵横向协调工作量大　　　　　D.信息传递路线长

49.根据《建设工程监理规范》(GB/T 50319—2013),下列监理职责中,属于专业监理工程师职责的是( )。
　A.组织编写监理月报　　　　　　B.组织验收分部工程
　C.组织编写监理日志　　　　　　D.组织审核竣工结算

50.总监理工程师组织专业监理工程师审查施工单位报送的工程开工报审表及相关资料时,不属于审查内容的是( )。
　A.设计交底和图纸会审是否已完成
　B.施工许可证是否已办理
　C.施工单位质量管理体系是否已建立
　D.施工组织设计是否已经过总监理工程审查签认

二、多项选择题(共30题,每题2分。每题的备选项中,有2个或2个以上符合题意,至少有1个错项。错选,本题不得分;少选,所选的每个选项得0.5分)

51.下列原则中,属于实施建设工程监理应遵循的原则有( )。
　A.权责一致　　　B.综合效益　　　C.严格把关　　　D.利益最大
　E.热情服务

52.下列工程中,监理文件资料暂由建设单位保管的有( )。
　A.维修工程　　　B.停建工程　　　C.缓建工程　　　D.改建工程
　E.扩建工程

53.关于见证取样的说法,正确的有( )。
　A.国家级和省级量认证机构认证的实施效力相同
　B.见证人员必须取得《见证员证书》,且有建设单位授权
　C.检测单位接收委托检验任务时,须有送检单位填写的委托单
　D.见证人员应协助取样人员按随机取样方法和试件制作方法取样
　E.见证取样涉及的行为主体有材料供货方、施工方和见证方

54.项目建议书是拟建项目单位向政府投资主管部门提出的要求建设某一工程项目的建议文件,应包括的内容有( )。
　A.项目提出的必要性和依据　　　B.项目社会稳定风险评估
　C.项目建设地点的初步设想　　　D.项目的进度安排
　E.项目融资风险分析

55.根据《建筑法》,建设单位申请领取施工许可证应当具备的条件有( )。
　A.已办理该建筑工程用地批准手续　　B.已取得规划许可证
　C.有满足施工需要的资金安排　　　　D.已确定建筑施工企业
　E.已确定工程监理企业

56. 根据《民法典》第三编合同,合同权利义务的终止,不影响执行合同中约定的条款有( )。
   A. 预付款支付义务　　　　　　B. 结算和清理条款
   C. 通知义务　　　　　　　　　D. 缺陷责任条款
   E. 保密义务

57. 根据《建设工程质量管理条例》,建设单位的质量责任和义务有( )。
   A. 不使用未经审查批准的施工图设计文件
   B. 责令改正工程质量问题
   C. 不得任意压缩合理工期
   D. 签署工程质量保修书
   E. 向有关部门移交建设项目档案

58. 根据《建设工程质量管理条例》,关于违反条例规定进行罚款的说法,正确的有( )。
   A. 必须实行工程监理而未实行的,对建设单位处20万元以上50万元以下罚款
   B. 未按规定办理工程质量监督手续的,对施工单位处20万元以上50万元以下罚款
   C. 超越本单位资质等级承揽工程监理业务的,对监理单位处监理酬金1倍以上2倍以下罚款
   D. 工程监理单位转让工程监理业务的,对监理单位处监理酬金1倍以上2倍以下罚款
   E. 未按照工程建设强制性标准进行设计的,对设计单位处10万元以上30万元以下罚款

59. 根据《建设工程安全生产管理条例》,属于施工单位安全责任的有( )。
   A. 拆除工程施工前,向有关部门报送拆除施工组织方案
   B. 列入工程概算的安全作业环境所需费用不得挪作他用
   C. 对所承担的建设工程进行定期和专项安全检查并做好安全检查记录
   D. 为施工现场从事危险作业的人员办理意外伤害保险
   E. 向作业人员提供安全防护用具和安全防护服装

60. 根据《建设工程安全生产管理条例》,达到一定规模的危险性较大的分部分项工程中,施工单位还应当组织专家对专项施工方案进行论证、审查的分部分项工程有( )。
   A. 深基坑工程　　B. 脚手架工程　　C. 地下暗挖工程　D. 起重吊装工程
   E. 拆除爆破工程

61. 根据项目法人责任制的有关要求,项目董事会的职权包括( )。
   A. 审核项目的初步设计和概算文件　　B. 编制项目财务预算、决算
   C. 研究解决建设过程中出现的重要问题　D. 确定招标方案、标底
   E. 组织项目后评价

62. 根据《民法典》第三编合同,关于合同效力的说法,正确的有( )。
   A. 依法成立的合同,自成立即生效
   B. 当事人对合同的效力可以约定附条件
   C. 当事人对合同的效力可以约定附期限
   D. 限制民事行为能力人订立的合同,经法定代理人追认后仍然无效
   E. 法定代表人或负责人超越权限订立的合同无效

63.根据《建设工程质量管理条例》,关于质量保修期限的说法,正确的有(　　)。
    A.地基基础工程最低保修期限为设计文件规定的该工程合理使用年限
    B.屋面防水工程最低保修期限为3年
    C.给排水管道工程最低保修期限为2年
    D.供热工程最低保修期限为2个采暖期
    E.建设工程的保修期自交付使用之日起计算

64.下列工作内容中,属于项目监理机构组织结构设计内容的有(　　)。
    A.确定管理层次与管理跨度　　　　B.确定项目监理机构目标
    C.确定监理工作内容　　　　　　　D.确定工作流程和信息流程
    E.确定项目监理机构部分划分

65.下列监理规划的审核内容中,属于履行安全生产管理的监理法定职责内容的有(　　)。
    A.是否建立了对施工组织设计、专项施工方案的审查制度
    B.是否建立了对现场安全隐患的巡视检查制度
    C.是否结合工程特点建立了与建设单位的沟通协调机制
    D.是否建立了安全生产管理状况的监理报告制度
    E.是否确定了质量、造价、进度三大目标控制的相应措施

66.根据《建设工程监理规范》,监理实施细则编写的依据有(　　)。
    A.建设工程施工合同文件
    B.已批准的监理规划
    C.与专业工程相关的标准
    D.已批准的施工组织设计、(专项)施工方案
    E.施工单位的特定要求

67.下列目标控制措施中,属于技术措施的是(　　)。
    A.确定目标控制工作流程　　　　B.审查施工组织设计
    C.采用网络计划进行工期优化　　D.审核比较各种工程数据
    E.确定合理的工程款计价方式

68.根据《建设工程监理规范》,项目监理机构批准工程延期应满足的条件有(　　)。
    A.因建设单位原因造成施工人员工作时间延长
    B.因非施工单位原因造成施工进度滞后
    C.施工进度滞后影响施工合同约定的工期
    D.建设单位负责供应的工程材料未及时供应到货
    E.施工单位在施工合同约定的期限内提出工程延期申请

69.根据《建设工程监理规范》,监理文件资料应包括的主要内容有(　　)。
    A.监理规划、监理实施细则　　　B.施工控制测量成果报检文件资料
    C.施工安全教育培训证书　　　　D.施工设备租赁合同
    E.见证取样文件资料

70.项目监理机构编制的见证取样实施细则,应包括的内容有(　　)。
    A.见证取样方法　　　　　　　　B.见证取样范围

C. 见证人员职责 D. 见证工作程序
E. 见证试验方法

71. 建设工程信息管理系统可以为项目监理机构提供的支持是( )。
   A. 标准化、结构化的数据 B. 预测、决策所需的信息及分析模型
   C. 工程目标动态控制的分析报告 D. 工程变更的优化设计方案
   E. 解决工程监理问题的备选方案

72. 下列工作流程中,监理工作涉及的有( )。
   A. 分包单位招标选择流程 B. 质量三检制度落实流程
   C. 隐蔽工程验收流程 D. 质量问题处理审核流程
   E. 开工审核工作流程

73. 根据《建设工程监理规范》,属于监理规划主要内容的有( )。
   A. 安全生产管理制度 B. 监理工作制度
   C. 监理工作设施 D. 工程造价控制
   E. 工程进度计划

74. 根据《建设工程监理合同(示范文本)》,监理人需完成的基本工作有( )。
   A. 主持图纸会审和设计交底会议
   B. 检查施工承包人的试验室
   C. 查验施工承包人的施工测量放线成果
   D. 审核施工承包人提交的工程款支付申请
   E. 编写工程质量评估报告

75. 注册监理工程师在执业活动中,应严格遵守的职业道德守则有( )。
   A. 履行工程监理合同规定的义务 B. 根据本人能力从事相应的执业活动
   C. 不以个人名义承揽监理业务 D. 接受继续教育
   E. 坚持独立自主地开展工作

76. 根据《建设工程安全生产管理条例》,属于施工单位安全责任的有( )。
   A. 拆除工程施工前,向有关部门报送拆除施工组织方案
   B. 列入工程概算的安全作业环境所需费用不得挪作他用
   C. 对所承担的建设工程进行定期和专项安全检查并做好安全检查记录
   D. 为施工现场从事危险作业的人员办理意外伤害保险
   E. 向作业人员提供安全防护用具和安全防护服装

77. 根据《国务院关于投资体制改革的决定》,采用资本金注入方式的政府投资工程,政府需要从投资决策的角度审批的事项有( )。
   A. 项目建议书 B. 可行性研究报告 C. 初步设计 D. 工程预算
   E. 开工报告

78. 下列目标控制措施中,属于技术措施的是( )。
   A. 确定目标控制工作流程 B. 审查施工组织设计
   C. 采用网络计划进行工期优化 D. 审核比较各种工程数据
   E. 确定合理的工程款计价方式

79. 根据《建设工程监理规范》,总监理工程师签认工程开工报审表应满足的条件有( )。
  A. 设计交底和图纸会审已完成   B. 施工组织设计已经编制完成
  C. 管理及施工人员已到位   D. 进场道路及水、电、通信已满足开工要求
  E. 施工许可证已经办理

80. 根据《生产安全事故报告和调查处理条例》,事故报告的内容包括( )。
  A. 事故发生单位概况   B. 事故发生时间、地点
  C. 事故发生的原因   D. 已经采取的措施
  E. 事故的简要经过

模拟试卷二参考答案

一、单项选择题

1. D

【解析】本题考核的是必须实行监理的工程范围和规模标准。《建设工程监理范围和规模标准规定》又进一步细化了必须实行监理的工程范围和规模标准：(1)国家重点建设工程；(2)大中型公用事业工程(项目总投资额在 3000 万元以上的供水、体育等工程项目)；(3)成片开发建设的住宅小区工程；(4)利用外国政府或者国际组织贷款、援助资金的工程；(5)国家规定必须实行监理的其他工程(项目总投资额在 3000 万元以上关系社会公共利益、公众安全的邮政、电信枢纽、通信、生态环境保护项目等基础设施项目，以及学校、影剧院、体育场馆项目)。

2. C

【解析】本题考核的是签发工程暂停令的情形。项目监理机构发现下列情况之一时，总监理工程师应及时签发工程暂停令：(1)建设单位要求暂停施工且工程需要暂停施工的；(2)施工单位未经批准擅自施工或拒绝项目监理机构管理的；(3)施工单位未按审查通过的工程设计文件施工的；(4)施工单位违反工程建设强制性标准的；(5)施工存在重大质量、安全事故隐患或发生质量、安全事故的。

3. B

【解析】本题考核的是施工单位的安全责任。分部分项工程中涉及深基坑、地下暗挖工程、高大模板工程的专项施工方案，施工单位还应当组织专家进行论证、审查。

4. C

【解析】本题考核的是采用邀请招标方式选择工程监理单位时建设单位的注意事项。邀请招标属于有限竞争性招标，也称为"选择性招标"。采用邀请招标方式，建设单位不需要发布招标公告，也不进行资格预审(但可组织必要的资格审查)，使招标程序得到简化。

5. C

【解析】本题考核的是通用表(C 类表)的组成。通用表(C 类表)包括：(1)工作联系单；(2)工程变更单；(3)索赔意向通知书。

6. D

【解析】本题考核的是政府投资工程。对于采用直接投资和资本金注入方式的政府投资工程，政府需要从投资决策的角度审批项目建议书和可行性研究报告，除特殊情况外，不再审批开工报告，同时还要严格审批其初步设计和概算。

7. A

【解析】本题考核的是国家规定必须实行监理的工程。国家规定必须实行监理的其他工程是指:(1)项目总投资额在3000万元以上关系社会公共利益、公众安全的下列基础设施项目:①煤炭、石油、化工、天然气、电力、新能源等项目;②铁路、公路、管道水运、民航以及其他交通运输业等项目;③邮政、电信枢纽、通信、信息网络等项目;④防洪、灌溉、排涝、发电、引(供)水、滩涂治理、水资源保护、水土保持等水利建设项目;⑤道路、桥梁、地铁和轻轨交通、污水排放及处理、垃圾处理、地下管道、公共停车场等城市基础设施项目;⑥生态环境保护项目;⑦其他基础设施项目。(2)学校、影剧院、体育场馆项目。

8. D

【解析】 本题考核的是组建项目监理机构。总监理工程师应根据监理大纲和签订的建设工程监理合同组建项目监理机构,并在监理规划和具体实施计划执行中进行及时调整。

9. D

【解析】 本题考核的是直线职能制的特点。直线职能制组织形式既保持了直线制组织实行直线领导、统一指挥、职责分明的优点,又保持了职能制组织目标管理专业化的优点。缺点是职能部门与指挥部门易产生矛盾,信息传递路线长,不利于互通信息。

10. A

【解析】 本题考核的是建设工程监理文件资料的移交。列入城建档案管理部门接收范围的工程,建设单位在工程竣工验收后3个月内向城建档案管理部门移交一套符合规定的工程档案(监理文件资料)。

11. B

【解析】 本题考核的是旁站的作用。旁站是建设工程监理工作中用以监督工程质量的一种手段,可以起到及时发现问题、第一时间采取措施、防止偷工减料、确保施工工艺工序按施工方案进行、避免其他干扰正常施工的因素发生等作用。所以选项B错误。

12. A

【解析】 本题考核的是矩阵制监理组织形式特点。矩阵制组织形式的优点是加强了各职能部门的横向联系,具有较大的机动性和适应性,将上下左右集权与分权实行最优结合,有利于解决复杂问题,有利于监理人员业务能力的培养。缺点是纵横向协调工作量大,处理不当会造成扯皮现象,产生矛盾。

13. A

【解析】 本题考核的是工程质量评估报告编制的基本要求。工程质量评估报告编制的基本要求:(1)工程质量评估报告的编制应文字简练、准确、重点突出、内容完整。(2)工程竣工预验收合格后,由总监理工程师组织专业监理工程师编制工程质量评估报告,编制完成后,由项目总监理工程师及监理单位技术负责人审核签认并加盖监理单位公章后报建设单位。工程质量评估报告应在正式竣工验收前提交给建设单位。

14. A

【解析】 本题考核的是见证取样的一般规定。项目监理机构应根据工程的特点和具体情况,制定工程见证取样送检工作制度,故选项A正确。计量证证分为两级实施:一级为国家级,一级为省级,故选项B错误。见证取样涉及三方行为:施工方、见证方、试验方,故选项C错误。施工单位取样人员在现场抽取和制作试样时,见证人必须在旁见证,且应对试样进行监护,并和委托送检的送检人员一起采取有效的封样措施或将试样送至检测单位,故选项D

错误。

15. A

【解析】 本题考核的是监理员职责。监理员职责包括:(1)检查施工单位投入工程的人力主要设备的使用及运行状况;(2)进行见证取样;(3)复核工程计量有关数据;(4)检查工序施工结果;(5)发现施工作业中的问题,及时指出并向专业监理工程师报告。

16. B

【解析】 本题考核的是监理实施细则主要内容。《建设工程监理规范》(GB/T 50319—2013)明确规定了监理实施细则应包含的内容,即:专业工程特点、监理工作流程、监理工作控制要点,以及监理工作方法及措施。

17. A

【解析】 本题考核的是施工单位报审、报验用表(B类表)的内容。(1)施工控制测量成果报验表:施工单位完成施工控制测量并自检合格后,需要向项目监理机构报送施工控制测量成果报验表及施工控制测量依据和成果表。专业监理工程师审查合格后予以签认,故选项A正确。(2)施工进度计划报审表:该表适用于施工总进度计划、阶段性施工进度计划的报审。施工进度计划在专业监理工程师审查的基础上,由总监理工程师审核签认,故选项B错误。(3)分包单位资格报审表:该表由专业监理工程师提出审查意见后,由总监理工程师审核签认,故选项C错误。(4)分部工程报验表:在专业监理工程师验收的基础上,由总监理工程师签署验收意见,故选项D错误。

18. C

【解析】 本题考核的是复工审批或指令。施工单位未提出复工申请的,总监理工程师应根据工程实际情况指令施工单位恢复施工。

19. A

【解析】 本题考核的是工程质量评估报告的内容。工程质量评估报告应在正式竣工验收前提交给建设单位。

20. B

【解析】 本题考核的是卷内文件排列。卷内文件排列的基本要求是:(1)文字材料按事项、专业顺序排列。同一事项的请示与批复、同一文件的印本与定稿、主件与附件不能分开,并按批复在前、请示在后,印本在前、定稿在后,主件在前、附件在后的顺序排列。(2)图纸按专业排列,同专业图纸按图号顺序排列。(3)既有文字材料又有图纸的案卷,文字材料排前,图纸排后。

21. A

【解析】 本题考核的是建设工程监理的性质。工程监理单位的服务对象是建设单位,在建设单位授权范围内采用规划、控制、协调等方法,控制建设工程质量、造价和进度,并履行建设工程安全生产管理的监理职责,协助建设单位在计划目标内完成工程建设任务。

22. D

【解析】 本题考核的是工程监理单位的法律责任。根据《建设工程质量管理条例》第六十七条规定,工程监理单位有下列行为之一的,责令改正,处50万元以上100万元以下的罚款,降低资质等级或者吊销资质证书;有违法所得的,予以没收;造成损失的,承担连带赔偿责任:(1)与建设单位或者施工单位串通,弄虚作假、降低工程质量的;(2)将不合格的建设工程、建筑材料、建筑构配件和设备按照合格签字的。

23. D

【解析】 本题考核的是建设工程的开工时间。工程地质勘察、平整场地、旧建筑物拆除、临时建筑、施工用临时道路和水、电等工程开始施工的日期不能算作正式开工日期。

24. C

【解析】 本题考核的是项目总经理的职权。项目总经理的职权有:组织编制项目初步设计文件,对项目工艺流程、设备选型、建设标准、总图布置提出意见,提交董事会审查;编制并组织实施归还贷款和其他债务计划;组织工程建设实施,负责控制工程投资、工期和质量;负责组织项目试生产和单项工程预验收;提请董事会聘任或解聘项目高级管理人员等。选项A、B、D属于项目董事会的职权。

25. A

【解析】 本题考核的是非政府投资工程的内容。非政府投资工程是对于企业不使用政府资金投资建设的工程,政府不再进行投资决策性质的审批,区别不同情况实行核准制或登记备案制。

26. D

【解析】 本题考核的是政府投资工程的内容。政府投资工程是对于采用直接投资和资本金注入方式的政府投资工程,政府需要从投资决策的角度审批项目建议书和可行性研究报告,除特殊情况外,不再审批开工报告,同时还要严格审批其初步设计和概算;对于采用投资补助、转贷和贷款贴息方式的政府投资工程,则只审批资金申请报告。

27. B

【解析】 本题考核的是办理质量监督注册手续需提供的资料。办理质量监督注册手续时需提供下列资料:(1)施工图设计文件审查报告和批准书;(2)中标通知书和施工、监理合同;(3)建设单位、施工单位和监理单位工程项目的负责人和机构组成;(4)施工组织设计和监理规划(监理实施细则);(5)其他需要的文件资料。

28. A

【解析】 本题考核的是工程监理制和合同管理制两者的关系。合同管理制与工程监理制的关系:(1)合同管理制是实行工程监理制的重要保证。建设单位委托监理时,需要与工程监理单位建立合同关系,明确双方的义务和责任。工程监理单位实施监理时,需要通过合同管理控制工程质量、造价和进度目标。合同管理制的实施,为工程监理单位开展合同管理工作提供了法律和制度支持。(2)工程监理制是落实合同管理制的重要保障。实行工程监理制,建设单位可以通过委托工程监理单位做好合同管理工作,更好地实现建设工程项目目标。

29. C

【解析】 本题考核的是施工许可的有效期。在建的建筑工程因故中止施工的,建设单位应当自中止施工之日起1个月内,向发证机关报告,并按照规定做好建筑工程的维护管理工作。

30. A

【解析】 本题考核的是建设工程监理实施。《建设工程质量管理条例》规定,工程监理

275

单位应当依照法律、法规以及有关技术标准、设计文件和建设工程承包合同,代表建设单位对施工质量实施监理,并对施工质量承担监理责任。监理工程师应当按照建设工程监理规范的要求,采取旁站、巡视和平行检验等形式,对建设工程实施监理。

31. D

【解析】 本题考核的是安全生产责任制度的内容。施工单位主要负责人依法对本单位的安全生产工作全面负责。施工单位应当建立健全安全生产责任制度,制定安全生产规章制度和操作规程,保证本单位安全生产条件所需资金的投入,对所承担的建设工程进行定期和专项安全检查,并做好安全检查记录。故选项 D 正确。

32. A

【解析】 本题考核的是生产安全事故的分类。根据生产安全事故造成的人员伤亡或者直接经济损失,生产安全事故分为以下等级:(1)特别重大生产安全事故,是指造成 30 人及以上死亡,或者 100 人及以上重伤(包括急性工业中毒,下同),或者 1 亿元及以上直接经济损失的事故。(2)重大生产安全事故,是指造成 10 人及以上 30 人以下死亡,或者 50 人及以上 100 人以下重伤,或者 5000 万元及以上 1 亿元以下直接经济损失的事故。(3)较大生产安全事故,是指造成 3 人及以上 10 人以下死亡,或者 10 人及以上 50 人以下重伤,或者 1000 万元及以上 5000 万元以下直接经济损失的事故。(4)一般生产安全事故,是指造成 3 人以下死亡,或者 10 人以下重伤,或者 1000 万元以下直接经济损失的事故。

33. C

【解析】 本题考核的是灾难计划的内容。灾难计划的内容应满足以下要求:(1)安全撤离现场人员;(2)援救及处理伤亡人员;(3)控制事故的进一步发展,最大限度地减少资产和环境损害;(4)保证受影响区域的安全尽快恢复正常。选项 C 属于应急计划的内容。

34. C

【解析】 本题考核的是非保险转移。非保险转移一般都要付出一定的代价,有时转移风险的代价可能会超过实际发生的损失,从而对转移者不利。

35. A

【解析】 本题考核的是卷内文件排列的要求。卷内文件排列要求:(1)文字材料按事项、专业顺序排列;(2)图纸按专业排列,同专业图纸按图号顺序排列;(3)既有文字材料又有图纸的案卷,文字材料排前,图纸排后。

36. A

【解析】 本题考核的是监理通知单的应用说明。施工单位发生下列情况时,项目监理机构应发出监理通知:(1)在施工过程中出现不符合设计要求、工程建设标准、合同约定;(2)使用不合格的工程材料、构配件和设备;(3)在工程质量、造价、进度等方面存在违规等行为。

37. A

【解析】 本题考核的是平行检验的作用。施工现场质量管理检查记录、检验批、分项工程、分部工程、单位工程等的验收记录(检查评定结果)由施工单位填写,验收结论由监理(建设)单位填写,故选项 A 正确,选项 B 错误。负责平行检验的监理人员应根据经审批的平行检验方案,对工程实体、原材料等进行平行检验,故选项 C 错误。项目监理机构首先应依据建设工程监理合同编制符合工程特点的平行检验方案,明确平行检验的方法、范围、内容、频率等,并设计各平行检验记录表式,故选项 D 错误。

38. C

【解析】 本题考核的是施工合同争议的处理方式。协商不成时,才由合同当事人申请调解,甚至申请仲裁或诉讼,故选项 A、B、D 错误。

39. B

【解析】 本题考核的是见证取样的要求。施工单位取样人员在现场抽取和制作试样时,见证人必须在旁见证,且应对试样进行监护,并和委托送检的送检人员一起采取有效的封样措施或将试样送至检测单位。

40. A

【解析】 本题考核的是建设工程目标动态控制过程的内容。事前计划控制包括建立工程目标体系和编制工程项目计划。事中过程控制包括分析各种可能产生的偏差、采取预防偏差产生的措施、实施工程项目计划、收集工程项目实施绩效、比较实施绩效和预定目标和分析产生的原因等。事后纠偏控制包括采取纠偏措施。

41. C

【解析】 本题考核的是可行性研究的工作内容。选项 A、B、D 是可行性研究应完成的工作内容,而选项 C 属于项目建议书应包括的内容。

42. C

【解析】 本题考核的是第一次工地会议的内容。第一次工地会议是建设工程尚未全面展开、总监理工程师下达开工令前(故选项 B 错误),建设单位、工程监理单位和施工单位对各自人员及分工、开工准备、监理例会的要求等情况进行沟通和协调的会议,也是检查开工前各项准备工作是否就绪并明确监理程序的会议。第一次工地会议应由建设单位主持(故选项 A 错误),监理单位、总承包单位授权代表参加,也可邀请分包单位代表参加,必要时可邀请有关设计单位人员参加。第一次工地会议上,总监理工程师应介绍监理工作的目标、范围和内容、项目监理机构及人员职责分工、监理工作程序、方法和措施等,故选项 D 正确。会议纪要由项目监理机构根据会议记录整理,故选项 C 错误。

43. C

【解析】 本题考核的是招投标文件投递的相关规定。依法必须进行招标的项目,自招标件开始发出之日起至投标人提交投标文件截止之日止,最短不得少于 20 日。

44. C

【解析】 本题考核的是工程施工质量责任和义务。施工单位对建设工程的施工质量负责,应当建立质量责任制,确定工程项目的项目经理、技术负责人和施工管理负责人。还应当建立、健全教育培训制度,加强对职工的教育培训;未经教育培训或者考核不合格的人员,不得上岗作业。

45. A

【解析】 本题考核的是建设单位的安全责任。选项 B、D 属于施工单位的安全责任。选项 C 属于设计单位的安全责任。

46. C

【解析】 本题考核的是委托人的主要权利和义务。有偿的委托合同,因受托人的过错给委托人造成损失的,委托人可以要求赔偿损失。无偿的委托合同,因受托人的故意或者重大过失给委托人造成损失的,委托人可以要求赔偿损失。受托人超越权限给委托人造成损失的,应当赔偿损失。

47. D

【解析】 本题考核的是施工总承包模式的特点。施工总承包模式的缺点是建设周期较长;施工总承包单位的报价可能较高。故选项 D 正确,选项 B 错误。选项 A、C 属于工程总承包模式的缺点。

48. D

【解析】 本题考核的是直线-职能制组织形式的特点。直线-职能制组织形式的缺点是职能部门与指挥部门易产生矛盾,信息传递路线长,不利于互通信息。选项 A 属于职能制组织形式;选项 B 属于直线制组织形式;选项 C 属于矩阵制组织形式。

49. C

【解析】 本题考核的是专业监理工程师的职责。选项 A、B 属于总监理工程师职责,且专业监理工程师的职责是参与编写监理月报,参与验收分部工程。选项 D 属于总监理工程师或总监理工程师代表的职责。

50. B

【解析】 本题考核的是工程开工报审表(表 B.0.2)。单位工程具备开工条件时,施工单位需要向项目监理机构报送工程开工报审表。同时具备下列条件时,由总监理工程师签署审查意见,并报建设单位批准后,总监理工程师方可签发工程开工令:(1)设计交底和图纸会审已完成;(2)施工组织设计已由总监理工程师签认;(3)施工单位现场质量、安全生产管理体系已建立,管理及施工人员已到位,施工机械具备使用条件,主要工程材料已落实;(4)进场道路及水、电、通信等已满足开工要求。

二、多项选择题

51. ABE

【解析】 本题考核的是建设工程监理实施程序和原则。建设工程监理单位受建设单位委托实施建设工程监理时,应遵循以下基本原则:(1)公平、独立、诚信、科学的原则;(2)权责一致的原则;(3)总监理工程师负责制的原则;(4)严格监理,热情服务的原则;(5)综合效益的原则;(6)预防为主的原则;(7)实事求是的原则。

52. BC

【解析】 本题考核的是建设工程监理文件资料的移交。停建、缓建工程的监理文件资料暂由建设单位保管。

53. ABC

【解析】 本题考核的是见证取样的一般规定。计量认证分为两级实施:一级为国家级,由国家认证认可监督管理委员会组织实施;一级为省级,实施的效力均完全一致。见证人员必须取得《见证员证书》,且通过建设单位授权。检测单位在接受委托检验任务时,须有送检单位填写委托单。见证取样监理人员应监督施工单位取样人员按随机取样方法和试件制作方法进行取样,所以选项 D 错误。见证取样涉及三方行为:施工方、见证方、试验方,所以选项

E 错误。

54. ACD

【解析】 本题考核的是项目建议书的内容。项目建议书的内容视工程项目不同而有繁有简,但一般应包括以下几方面内容:(1)项目提出的必要性和依据;(2)产品方案、拟建规模和建设地点的初步设想;(3)资源情况、建设条件、协作关系和设备技术引进国别、厂商的初步分析;(4)投资估算、资金筹措及还贷方案设想;(5)项目进度安排;(6)经济效益和社会效益的初步估计;(7)环境影响的初步评价。

55. ACD

【解析】 本题考核的是建设单位申请领取施工许可证具备的条件。建设单位申请领取施工许可证,应当具备下列条件:(1)已经办理该建筑工程用地批准手续;(2)依法应当办理建设工程规划许可证的,已经取得规划许可证;(3)需要拆迁的,其拆迁进度符合施工要求;(4)已经确定建筑施工企业;(5)有满足施工需要的资金安排、施工图纸及技术资料;(6)有保证工程质量和安全的具体措施。

56. BCE

【解析】 本题考核的是合同权利义务的终止。合同权利义务的终止,不影响合同中结算和清理条款的效力和解决争议条款的效力以及通知、协助、保密等义务的履行。

57. ACE

【解析】 本题考核的是建设单位的质量责任和义务。建设单位的质量责任和义务包括:(1)工程发包:建设单位应当将工程发包给具有相应资质等级的单位。建设单位不得将建设工程肢解发包。建设单位应当依法对工程建设项目的勘察、设计、施工、监理以及与工程建设有关的重要设备、材料等的采购进行招标。不得迫使承包方以低于成本的价格竞标,不得任意压缩合理工期;不得明示或者暗示设计单位或者施工单位违反工程建设强制性标准,降低建设工程质量。建设单位必须向有关的勘察、设计、施工、工程监理等单位提供与建设工程有关的原始资料。原始资料必须真实、准确、齐全。故选项 C 正确、故选项 B 错误。(2)报审施工图设计文件:建设单位应当将施工图设计文件报县级以上人民政府建设主管部门或者其他有关部门审查。施工图设计文件未经审查批准的,不得使用。故选项 A 正确。(3)委托建设工程监理:实行监理的建设工程,建设单位应当委托监理。(4)工程施工阶段责任和义务:①建设单位在领取施工许可证或者开工报告前,应当按照国家有关规定办理工程质量监督手续。②按照合同约定,由建设单位采购建筑材料、建筑构配件和设备的,建设单位应当保证建筑材料、建筑构配件和设备符合设计文件和合同要求。建设单位不得明示或者暗示施工单位使用不合格的建筑材料、建筑构配件和设备。③涉及建筑主体和承重结构变动的装修工程,建设单位应当在施工前委托原设计单位或者具有相应资质等级的设计单位提出设计方案;没有设计方案的,不得施工。房屋建筑使用者在装修过程中,不得擅自变动房屋建筑主体和承重结构。(5)组织工程竣工验收:建设单位收到建设工程竣工报告后,应当组织设计、施工、工程监理等有关单位进行竣工验收。建设工程经验收合格的,方可交付使用。建设工程竣工验收应当具备下列条件:①完成建设工程设计和合同约定的各项内容;②有完整的技术档案和施工管理资料;③有工程使用的主要建筑材料、建筑构配件和设备的进场试验报告;④有勘察、设计、施工、工程监理单位分别签署的质量合格文件,故选项 D 错误;⑤有施工单位签署的工程保修书。

建设单位应当严格按照国家有关档案管理的规定,及时收集、整理建设项目各环节的文件资料,建立、健全建设项目档案,并在建设工程竣工验收后,及时向建设行政主管部门或者其他有关部门移交建设项目档案,故选项 E 正确。

58. ABCE

【解析】本题考核的是工程监理单位的法律责任。(1)根据《建设工程质量管理条例》第五十六条规定:未按照国家规定办理工程质量监督手续的;建设单位对建设项目必须实行工程监理而未实行工程监理的;责令改正,处 20 万元以上 50 万元以下的罚款;故选项 A、B 正确。(2)根据《建设工程质量管理条例》第六十条和第六十一条规定:工程监理单位有下列行为的,责令停止违法行为或改正,处合同约定的监理酬金 1 倍以上 2 倍以下的罚款;可以责令停业整顿,降低资质等级;情节严重的,吊销资质证书:①超越本单位资质等级承揽工程的;②允许其他单位或者个人以本单位名义承揽工程的。故选项 C 正确。(3)根据《建设工程质量管理条例》第六十二条规定,工程监理单位转让工程监理业务的,责令改正,没收违法所得,处合同约定的监理酬金 25% 以上 50% 以下的罚款;可以责令停业整顿,降低资质等级;情节严重的,吊销资质证书。故选项 D 错误。(4)根据《建设工程质量管理条例》第六十三条规定,违反本条例规定,有下列行为之一的,责令改正,处 10 万元以上 30 万元以下的罚款:①勘察单位未按照工程建设强制性标准进行勘察的;②设计单位未根据勘察成果文件进行工程设计的;③设计单位指定建筑材料、建筑构配件的生产厂、供应商的;④设计单位未按照工程建设强制性标准进行设计的。故选项 E 正确。

59. BCDE

【解析】本题考核的是施工单位的安全责任。拆除工程施工前,向有关部门送达拆除施工组织方案,属于建设单位的安全责任。故选项 A 错误。

60. AC

【解析】本题考核的是安全技术措施和专项施工方案。施工单位应当在施工组织设计中编制安全技术措施和施工现场临时用电方案,对下列达到一定规模的危险性较大的分部分项工程编制专项施工方案,并附具安全验算结果,经施工单位技术负责人、总监理工程师签字后实施,由专职安全生产管理人员进行现场监督:(1)基坑支护与降水工程;(2)土方开挖工程;(3)模板工程;(4)起重吊装工程;(5)脚手架工程;(6)拆除、爆破工程;(7)国务院建设行政主管部门或者其他部门规定的其他危险性较大的工程。上述工程中涉及深基坑、地下暗挖工程、高大模板工程的专项施工方案,施工单位还应当组织专家进行论证、审查。

61. AC

【解析】本题考核的是项目董事会的职权。建设项目董事会的职权有:负责筹措建设资金;审核、上报项目初步设计和概算文件;审核、上报年度投资计划并落实年度资金提出项目开工报告;研究解决建设过程中出现的重大问题等。选项 B、D、E 属于项目总经理的职权。

62. ABC

【解析】本题考核的是合同效力。限制民事行为能力人订立的合同,经法定代理人追认后,该合同有效,故选项 D 错误。法人或者其他组织的法定代表人、负责人超越权限订立的合同,除相对人知道或者应当知道其超越权限的以外,该代表行为有效,故选项 E 错误。

63. ACD

【解析】 本题考核的是建设工程最低保修期限。在正常使用条件下,建设工程最低保修期限为:(1)基础设施工程、房屋建筑的地基基础工程和主体结构工程,为设计文件规定的该工程合理使用年限。(2)屋面防水工程、有防水要求的卫生间、房间和外墙面的防渗漏,为5年,故选项B错误。(3)供热与供冷系统,为2个供暖期、供冷期。(4)电气管道、给水排水管道、设备安装和装修工程,为2年。建设工程的保修期,自竣工验收合格之日起计算,故选项E错误。

64. AE

【解析】 本题考核的是项目监理机构组织结构设计的内容,包括:(1)选择组织结构形式;(2)合理确定管理层次与管理跨度;(3)设置项目监理机构部门;(4)制定岗位职责及考核标准;(5)选派监理人员。选项B、C、D属于项目监理机构设立的步骤。

65. ABD

【解析】 本题考核的是安全生产管理监理工作内容的审核要求。主要是审核:(1)安全生产管理的监理工作内容是否明确;(2)是否制定了相应的安全生产管理实施细则;(3)是否建立了对施工组织设计、专项施工方案的审查制度;(4)是否建立了对现场安全隐患的巡视检查制度;(5)是否建立了安全生产管理状况的监理报告制度;(6)是否制定了安全生产事故的应急预案。

66. BCD

【解析】 本题考核的是监理实施细则编写依据,包括:(1)已批准的建设工程监理规划;(2)与专业工程相关的标准、设计文件和技术资料;(3)施工组织设计、(专项)施工。

67. BCD

【解析】 本题考核的是三大目标控制措施中的技术措施。为了对建设工程目标实施有效控制,需要对多个可能的建设方案、施工方案等进行技术可行性分析;需要对各种技术数据进行审核、比较;需要对施工组织设计、施工方案等进行审查、论证等;需要采用工程网络计划技术、信息化技术等实施动态控制。选项A属于组织措施,选项E属于合同措施。

68. BCE

【解析】 本题考核的是项目监理机构批准工程延期的条件。根据《建设工程监理规范》(GB/T 50319—2013),项目监理机构批准工程延期应同时满足下列三个条件:(1)施工单位在施工合同约定的期限内提出工程延期申请;(2)因非施工单位原因造成施工进度滞后;(3)施工进度滞后影响到施工合同约定的工期。

69. ABE

【解析】 本题考核的是建设工程监理主要文件资料。建设工程监理主要文件资料包括:勘察设计文件、建设工程监理合同及其他合同文件;监理规划、监理实施细则;设计交底和图纸会审纪要;施工控制测量成果报验文件资料;见证取样和平行检验文件资料;监理工作总结等。

70. ABCD

【解析】 本题考核的是见证监理人员的工作内容和职责。总监理工程师应督促专业(材料)监理工程师制定见证取样实施细则,细则中应包括材料进场报验、见证取样送检的范围、工作程序、见证人员和取样人员的职责、取样方法等内容。

71. ABCE

【解析】本题考核的是信息管理系统的基本功能。建设工程信息管理系统的目标是实现信息的系统管理和提供必要的决策支持。建设工程信息管理系统可以为监理工程师提供标准化、结构化的数据;提供预测、决策所需要的信息及分析模型;提供建设工程目标动态控制的分析报告;提供解决建设工程监理问题的多个备选方案。

72. CDE

【解析】本题考核的是监理工作涉及的流程。监理工作涉及的流程包括:开工审核工作流程、施工质量控制流程、进度控制流程、造价(工程量计量)控制流程、安全生产和文明施工监理流程、测量监理流程、施工组织设计审核工作流程、分包单位资格审核流程、建筑材料审核流程、技术审核流程、工程质量问题处理审核流程、旁站检查工作流程、隐蔽工程验收流程、工程变更处理流程、信息资料管理流程等。

73. BCD

【解析】本题考核的是监理规划主要的内容。《建设工程监理规范》(GB/T 50319—2013)明确规定,监理规划的内容包括:(1)工程概况;(2)监理工作的范围、内容、目标;(3)监理工作依据;(4)监理组织形式、人员配备及进退场计划、监理人员岗位职责;(5)监理工作制度;(6)工程质量控制;(7)工程造价控制;(8)工程进度控制;(9)安全生产管理的监理工作;(10)合同与信息管理;(11)组织协调;(12)监理工作设施。

74. BCDE

【解析】本题考核的是监理人需要完成的基本工作。监理人需要完成的基本工作如下:(1)收到工程设计文件后编制监理规划,并在第一次工地会议7天前报委托人。根据有关规定和监理工作需要,编制监理实施细则。(2)熟悉工程设计文件,并参加由委托人主持的图纸会审和设计交底会议。(3)参加由委托人主持的第一次工地会议;主持监理例会并根据工程需要主持或参加专题会议。(4)审查施工承包人提交的施工组织设计,重点审查其中的质量安全技术措施、专项施工方案与工程建设强制性标准的符合性。(5)检查施工承包人工程质量、安全生产管理制度及组织机构和人员资格。(6)检查施工承包人专职安全生产管理人员的配备情况。(7)审查施工承包人提交的施工进度计划,核查施工承包人对施工进度计划的调整。(8)检查施工承包人的试验室。(9)审核施工分包人资质条件。(10)查验施工承包人的施工测量放线成果。(11)审查工程开工条件,对条件具备的签发开工令。(12)审查施工承包人报送的工程材料、构配件、设备的质量证明资料,抽检进场的工程材料、构配件的质量。(13)审核施工承包人提交的工程款支付申请,签发或出具工程款支付证书,并报委托人审核、批准。(14)在巡视、旁站和检验过程中,发现工程质量、施工安全存在事故隐患的,要求施工承包人整改并报委托人。(15)经委托人同意,签发工程暂停令和复工令。(16)审查施工承包人提交的采用新材料、新工艺、新技术、新设备的论证材料及相关验收标准。(17)验收隐蔽工程、分部分项工程。(18)审查施工承包人提交的工程变更申请,协调处理施工进度调整、费用索赔、合同争议等事项。(19)审查施工承包人提交的竣工验收申请,编写工程质量评估报告。(20)参加工程竣工验收,签署竣工验收意见。(21)审查施工承包人提交的竣工结算申请并报委托人。(22)编制、整理建设工程监理归档文件并报委托人。

75. ACE

【解析】 本题考核的是注册监理工程师遵守的职业道德守则。注册监理工程师在执业过程中也要公平,不能损害工程建设任何一方的利益,为此,注册监理工程师应严格遵守如下职业道德守则:(1)遵法守规,诚实守信。维护国家的荣誉和利益,遵守法规和行业自律公约,讲信誉、守承诺,坚持实事求是,"公平、独立、诚信、科学"地开展工作。(2)严格监理,优质服务。执行有关工程建设法律、法规、标准和制度,履行建设工程监理合同规定的义务,提供专业化服务,保障工程质量和投资效益,改进服务措施,维护业主权益和公共利益。(3)恪尽职守,爱岗敬业。遵守建设工程监理人员职业道德行为准则,履行岗位职责,做好本职工作,热爱监理事业,维护行业信誉。(4)团结协作,尊重他人。树立团队意识,加强沟通交流,团结互助,不损害各方的名誉。(5)加强学习,提升能力。积极参加专业培训,努力学习专业技术和工程监理知识,不断提高业务能力和监理水平。(6)维护形象,保守秘密。抵制不正之风,廉洁从业,不谋取不正当利益。不为所监理工程指定承包商、建筑构配件、设备、材料生产厂家;不收受施工单位的任何礼金、有价证券等;不转借、出租、伪造、涂改监理证书及其他相关资信证明,不以个人名义承揽监理业务;不同时在两个或两个以上工程监理单位注册和从事监理活动;不在政府部门和施工、材料设备的生产供应等单位兼职;树立良好的职业形象。保守商业秘密,不泄露所监理工程各方认为需要保密的事项。

76. BCDE

【解析】 本题考核的是施工单位的安全责任。拆除工程施工前,向有关部门送达拆除施工组织方案,属于建设单位的安全责任。故选项 A 错误。

77. ABC

【解析】 本题考核的是政府投资工程。根据《国务院关于投资体制改革的决定》的规定,对于采用直接投资和资本金注入方式的政府投资工程,政府需要从投资决策的角度审批项目建议书和可行性研究报告,除特殊情况外,不再审批开工报告,同时还要严格审批其初步设计和概算;对于采用投资补助、转贷和贷款贴息方式的政府投资工程,则只审批资金申请报告。

78. BCD

【解析】 本题考核的是三大目标控制措施中的技术措施。为了对建设工程目标实施有效控制,需要对多个可能的建设方案、施工方案等进行技术可行性分析;需要对各种技术数据进行审核、比较;需要对施工组织设计、施工方案等进行审查、论证等;需要采用工程网络计划技术、信息化技术等实施动态控制。选项 A 属于组织措施,选项 E 属于合同措施。

79. ACD

【解析】 本题考核的是工程开工报审表的签发条件,包括:(1)设计交底和图纸会审已完成;(2)施工组织设计已由总监理工程师签认;(3)施工单位现场质量、安全生产管理体系已建立,管理及施工人员已到位,施工机械具备使用条件,主要工程材料已落实;(4)进场道路及水、电、通信等已满足开工要求。

80. ABDE

【解析】 本题考核的是事故报告的内容。事故报告应当包括下列内容:(1)事故发生单位概况;(2)事故发生的时间、地点以及事故现场情况;(3)事故的简要经过;(4)事故已经造成或者可能造成的伤亡人数(包括下落不明的人数)和初步估计的直接经济损失;(5)已经采取的措施;(6)其他应当报告的情况。选项 C 属于事故调查报告的内容。

模拟试卷三

一、单项选择题(共50题,每题1分。每题的备选项中,只有1个最符合题意)

1. 根据《建设工程监理范围和规模标准规定》,下列工程必须实行监理的是( )。
   A. 总投资额1500万元的电影院项目
   B. 总投资额2500万元的供水项目
   C. 总投资额2800万元的通信项目
   D. 总投资额1800万元的地下管道项目

2. 根据《国务院关于投资体制改革的决定》,对于《政府核准的投资项目目录》以外的企业投资项目,实行( )。
   A. 备案制　　　B. 审批制　　　C. 实名制　　　D. 核准制

3. 根据《招标投标法》,招标人和中标人应当自中标通知书发出之日起( )日内按照招标文件和中标人的投标文件订立书面合同。
   A. 10　　　　　B. 15　　　　　C. 20　　　　　D. 30

4. 根据《招标投标法》,关于联合投标的说法,正确的是( )。
   A. 两个以上法人可以组成一个联合体,但必须以多个投标人的身份共同投标
   B. 国家有关规定或者招标文件对投标人资格条件有规定的,联合体各方均应当具备定的相应资格条件
   C. 两个资质不同的联合体单位,按照资质等级较低的单位确定资质等级
   D. 三个以上法人或者其他组织可以组成一个联合体,以一个投标人的身份共同投标

5. 根据《建设工程质量管理条例》,工程监理单位发现安全事故隐患未及时要求施工单位整改的,逾期未改正的,责令停业整顿,并对监理单位处以( )的罚款。
   A. 100万元以上200万元以下　　　B. 30万元以上50万元以下
   C. 50万元以上100万元以下　　　D. 10万元以上30万元以下

6. 根据《建设工程质量管理条例》,下列在建设工程的最低保修期限,保修期限为2年的工程是( )。
   A. 电气管道、设备安装和装修工程
   B. 供热与供冷系统
   C. 有防水要求的卫生间、房间和外墙面的防渗漏工程
   D. 房屋建筑的地基基础工程

7. 根据《建设工程质量管理条例》,在正常使用条件下,设备安装和装修工程的最低保修期限为( )年。

A. 1   B. 2   C. 3   D. 5

8. 根据《生产安全事故报告和调查处理条例》，某工程发生生产安全事故造成2人伤亡、20人重伤，800万元直接经济损失。该生产安全事故属于( )。

   A. 特别重大事故   B. 重大事故   C. 一般事故   D. 较大事故

9. 关于监理人需要完成的基本工作的说法，正确的是( )。

   A. 收到工程设计文件后编制监理规划，并在第一次工地会议7天前报委托人

   B. 可以参加工程竣工验收，但是不能签署竣工验收意见

   C. 审核施工承包人资质条件

   D. 审查施工分包人提交的施工组织设计

10. 根据《建设工程安全生产管理条例》，建设单位的安全责任是( )。

   A. 编制工程概算时，应确定建设工程安全作业环境及安全施工措施所需费用

   B. 采用新工艺时，应提出保障施工作业人员安全的措施

   C. 采用新技术、新工艺时，应对作业人员进行相关的安全生产教育培训

   D. 工程施工前，应审查施工单位的安全技术措施

11. 关于监理工程师的法律责任，说法正确的是( )。

   A. 监理工程师因过错造成质量事故的，情节特别恶劣的，终身不予注册

   B. 注册监理工程师未执行法律、法规和工程建设强制性标准的，责令停止执业3年

   C. 造成重大质量事故的，吊销执业资格证书，3年以内不予注册

   D. 监理工程师因过错造成质量事故的，责令停止执业3年

12. 根据《建设工程质量管理条例》，关于建设工程监理业务承揽的说法，错误的是( )。

   A. 工程监理单位可以转让建设工程监理业务

   B. 禁止工程监理单位允许其他单位或者个人以本单位的名义承担建设工程监理业务

   C. 工程监理单位应当依法取得相应等级的资质证书，并在其资质等级许可的范围内承担工程监理业务

   D. 禁止工程监理单位超越本单位资质等级许可的范围或者以其他工程监理单位的名义承担建设工程监理业务

13. 根据《建设工程监理规范》（GB/T 50319—2013），一名注册监理工程师当需要同时担任多项建设工程监理合同的总监理工程师时，应经建设单位书面同意，且最多不得超过( )项。

   A. 2   B. 3   C. 1   D. 4

14. 不需要开槽的建设工程，开工时间以( )的日期作为开工日期。

   A. 开始进行土石方工程施工   B. 场地旧建筑物拆除

   C. 施工用临时道路施工   D. 正式开始打桩

15. 关于施工总承包模式下建设工程监理委托方式特点的说法，正确的是( )。

   A. 施工总承包单位的报价较低

   B. 施工总承包单位具有控制的积极性，施工分包单位之间也有相互制约的作用，有利于总体进度的协调控制

   C. 有利于建设单位的合同管理，协调工作量大，可发挥工程监理单位与施工总承包单位多层次协调的积极性

D. 建设周期较短

16. 根据《建设工程监理规范》(GB/T 50319—2013),下列符合总监理工程师职责的是(　　)。

　　A. 验收检验批、隐蔽工程、分项工程,参与验收分部工程

　　B. 组织审查和处理工程变更

　　C. 进行见证取样

　　D. 检查工序施工结果

17. 关于直线-职能制项目监理机构组织形式的说法,正确的是(　　)。

　　A. 组织机构简单,权力集中,命令统一,职责分明

　　B. 加强了项目监理目标控制的职能化分工,减轻总监理工程师的负担

　　C. 信息传递路线长,利于互通信息

　　D. 保持职能制组织目标管理专业化

18. 下列内容中,属于监理规划编写要求的是(　　)。

　　A. 工程监理单位受施工单位委托,控制建设工程质量、造价、进度三大目标

　　B. 明确规定项目监理机构在工程关键工作的具体方式方法

　　C. 工程项目的动态性决定了监理规划的具体可变性

　　D. 听取施工单位的意见,以便能最大限度满足其合理要求

19. 在建设工程目标系统中,(　　)通常采用定性分析方法。

　　A. 进度目标　　B. 质量目标　　C. 计划目标　　D. 造价目标

20. 下列动态控制任务中,属于事后计划控制的有(　　)。

　　A. 比较实施绩效和预定目标　　B. 分析可能产生的偏差

　　C. 收集项目实施绩效　　D. 采取纠偏措施

21. 根据《建设工程监理规范》(GB/T 50319—2013),下列选项中,不包括安全生产管理的监理工作内容的是(　　)。

　　A. 审查监理单位现场安全生产规章制度的建立和实施情况

　　B. 对施工单位拒不整改或不停止施工时,应及时向有关主管部门报送监理报告

　　C. 巡视检查危险性较大的分部分项工程专项施工方案实施情况

　　D. 编制建设工程监理实施细则,落实相关监理人员

22. 监理例会应由总监理工程师或其授权的专业监理工程师主持召开,宜(　　)召开一次。

　　A. 每天　　B. 每周　　C. 每月　　D. 每季度

23. 关于风险非保险转移的说法,正确的是(　　)。

　　A. 建设单位可通过监理工程师指令将风险转移给对方当事人

　　B. 施工单位可通过工程分包将专业技术风险转移给分包人

　　C. 非保险转移风险的代价会小于实际发生的损失,对转移者有利

　　D. 第三方担保有建设单位履约担保、施工单位付款担保、分包单位工资支付担保

24. 在项目监理机构内设立一些职能部门,将相应的监理职责和权力交给职能部门,各职能部门在其职能范围内有权直接发布指令指挥下级的项目监理机构组织形式的是(　　)。

　　A. 矩阵制组织形式　　　　　B. 直线制组织形式

C. 职能制组织形式　　　　　　　　D. 直线职能制组织形式

25. 根据《生产安全事故报告和调查处理条例》，单位负责人接到事故报告后，应当于（　　）小时内向事故发生地县级以上人民政府安全生产监督管理部门和负有安全生产监督管理职责的有关部门报告。

　　A. 1　　　　B. 2　　　　C. 8　　　　D. 24

26. 根据《建设工程监理规范》（GB/T 50319—2013），总监理工程师代表可由具有中级以上专业技术职称、（　　）年及以上工程实践经验并经监理业务培训的人员担任。

　　A. 1　　　　B. 2　　　　C. 3　　　　D. 5

27. 根据《建设工程质量管理条例》，工程监理单位与施工单位串通，弄虚作假，降低工程质量的，按规定对监理单位的处理是（　　）。

A. 责令改正，处合同约定的监理酬金25%以上50%以下的罚款

B. 责令停业整顿，吊销资质证书

C. 责令改正，处30万元以上50万元以下的罚款

D. 责令改正，没收违法所得，降低资质等级

28. 根据《建设工程安全生产管理条例》，关于建筑施工企业安全生产管理的说法，正确的是（　　）。

A. 建筑施工企业应当依法为职工参加工伤保险缴纳工伤保险费，要求企业为从事危险作业的职工办理意外伤害保险，支付保险费

B. 实行施工总承包的，施工现场安全由分包单位负责

C. 房屋拆除由具备保证安全条件的建筑施工单位承担，监理单位负责人对安全负责

D. 建筑施工企业应当建立健全劳动安全生产教育培训制度，加强对职工安全生产的教育培训；未经安全生产教育培训的人员，不得上岗作业

29. 根据《民法典》第三编合同，关于无效合同或者被撤销合同的法律后果的说法，正确的是（　　）。

A. 合同被确认无效或者被撤销后，有过错的一方应当赔偿对方因此所受到的损失

B. 合同部分无效，即使不影响其他部分效力的，其他部分仍然无效

C. 合同无效或被撤销后，履行中的合同在不受影响的情况下，应当继续履行

D. 当事人因无效合同或者被撤销的合同所取得的财产，应当予以折价返还

30. 根据《建设工程监理规范》（GB/T 50319—2013），关于项目监理机构人员的说法，错误的是（　　）。

A. 总监理工程师应由注册监理工程师担任

B. 经建设单位书面同意后，一名注册监理工程师最多可同时担任4项建设工程监理合同的总监理工程师

C. 总监理工程师代表可以由具有工程类执业资格的人员担任

D. 专业监理工程师可以由具有中级及以上专业技术职称、2年及以上工程实践经验并经监理业务培训的人员担任

31. 在建设工程目标体系构建后，建设工程监理工作的关键在于（　　）。

　　A. 进度控制　　B. 质量控制　　C. 造价控制　　D. 动态控制

32. 根据《建设工程监理规范》(GB/T 50319—2013),在项目监理机构组织协调方法中,关于会议协调法的说法,正确的是( )。

　　A.第一次工地会议应由监理单位主持,建设单位、总承包单位授权代表参加

　　B.监理例会由总监理工程师主持召开,宜每月召开一次

　　C.会议协调法是建设工程监理中使用最频繁的一种协调方法

　　D.专题会议是为解决建设工程监理过程中的工程专项问题而不定期召开的会议

33. 根据《建设工程监理规范》,监理规划应( )。

　　A.在签订工程监理合同后开始编制,并应在召开第一次工地会议前报送建设单位

　　B.在签订工程监理合同后开始编制,并应在工程开工前报送建设单位

　　C.在签订工程监理合同及收到设计文件后开始编制,并应在召开第一次工地会议前报送建设单位

　　D.在签订委托监理合同及收到设计文件后开始编制,并应在工程开工前报送建设

34. 根据《建设工程监理规范》(GB/T 50319—2013),总监理工程师不得将下列工作委托给总监理工程师代表的是( )。

　　A.签发工程开工令、暂停令和复工令

　　B.组织验收分部工程,组织审查单位工程质量检验资料

　　C.确定项目监理机构人员及其岗位职责

　　D.组织编写监理月报、监理工作总结,组织质量监理文件资料

35. 下列属于建设工程目标控制的基本前提,同时也是建设工程监理成功与否重要判据的是( )。

　　A.建设工程三大目标控制任务　　B.施工合同争议与解除的处理

　　C.建设工程总目标　　D.建设工程三大目标控制措施

36. 通过采取有效措施,在满足工程质量和进度要求的前提下,力求使工程实际造价不超过预定造价目标的是( )。

　　A.动态控制　　B.进度控制　　C.质量控制　　D.造价控制

37. 关于见证取样的说法,正确的是( )。

　　A.计量认证分为国家级、省级、市级三级实施

　　B.建筑企业试验室应逐步转为企业内控机构,4年审查1次

　　C.见证取样涉及施工方、见证方、监理方三方行为

　　D.计量认证的实施效力不同,实施效力按逐级递减的顺序实施

38. 关于建设工程监理主要文件资料,不包括的是( )。

　　A.工程建设标准

　　B.监理规划、监理实施细则

　　C.设计交底和图纸会审会议纪要

　　D.勘察设计文件、建设工程监理合同及其他合同文件

39. 根据《建筑法》,按国务院有关规定批准开工报告的建筑工程,因故不能按期开工超过( )个月的,应当重新办理开工报告的批准手续。

　　A.1　　　　B.3　　　　C.6　　　　D.12

40. 下列方法中,可用于分析与评价建设工程风险的是( )。
    A. 经验数据法　　B. 流程图法　　C. 财务报表法　　D. 计划评审技术法
41. 根据《建设工程质量管理条例》,工程监理单位将不合格的建筑工程按合格签字的,按规定责令改正,并对监理单位处以( )的罚款。
    A. 100 万元以上 200 万元以下　　B. 30 万元以上 50 万元以下
    C. 50 万元以上 100 万元以下　　D. 20 万元以上 30 万元以下
42. 下列监理工程师对质量控制的措施中,( )是属于技术措施的。
    A. 落实质量控制责任　　B. 严格质量控制工作流程
    C. 制定质量控制协调程序　　D. 协助完善质量保证体系
43. 关于项目监理机构和施工单位协调的说法,正确的是( )。
    A. 监理工程师应善于理解工地工程师的意见
    B. 施工单位使用不合格材料,监理工程师应立即签发停工令
    C. 分包合同履行中发生的索赔,由监理工程师根据总承包合同进行索赔
    D. 工程施工合同争议应首先采用协商处理方式解决
44. 根据《建设工程监理规范》(GB/T 50319—2013),下列属于总监理工程师职责的是( )。
    A. 参与审核分包单位资格
    B. 根据工程进展及监理工作情况调配监理人员,检查监理人员工作
    C. 根据施工情况,调整施工人员岗位
    D. 根据施工现场情况,微调施工设计图纸
45. 建设工程监理招标的标的是( )。
    A. 监理酬金　　B. 监理设备　　C. 监理人员　　D. 监理服务
46. 关于监理人员在巡视检查时,在安全生产方面应关注情况的说法,正确的是( )。
    A. 天气情况是否适合施工作业
    B. 使用的工程材料、设备和构配件是否已检测合格
    C. 施工机具、设备的工作状态,周边环境是否有异常情况
    D. 安全生产、文明施工制度、措施落实情况
47. 下列选项中,不属于项目管理知识体系中项目集成管理内容的是( )。
    A. 监测项目工作　　B. 项目或阶段收尾
    C. 建立工作分解结构(WBS)　　D. 整体变更控制
48. 根据《建设工程监理规范》(GB/T 50319—2013),下列不属于项目监理机构现场监理工作制度的是( )。
    A. 工程材料、半成品质量检验制度　　B. 施工备忘录签发制度
    C. 项目监理机构人员岗位职责制度　　D. 现场协调会及会议纪要签发制度
49. 确定工程项目参建各方共同目标和建立良好合作关系的前提,而且是 Partnering 模式的基础和关键的 Partnering 模式组成要素的是( )。
    A. 共同的目标　　B. 长期协议　　C. 相互信任　　D. 共享
50. Project Controlling 咨询单位直接向( )的决策层负责,相当于业主决策层的智囊,

为其提供决策支持,业主不向 Project Controlling 咨询单位在该项目上的具体工作人员下达指令。

A.设计单位　　　B.业主　　　C.分包单位　　　D.监理单位

二、多项选择题(共30题,每题2分。每题的备选项中,有2个或2个以上符合题意,至少有1个错项。错选,本题不得分;少选,所选的每个选项得0.5分)

51.建设工程监理的性质,可概括为( )等方面。
A.公正性　　　B.公平性　　　C.独立性　　　D.服务性
E.科学性

52.自建设工程监理制度实施以来,通过颁布有关法律、行政法规、部门规章进一步明确了( ),逐步确立了建设工程监理的法律地位。
A.工程监理单位的职责　　　B.建设单位委托工程监理单位的职责
C.建设单位授权工程监理单位的范围　　　D.工程监理人员的职责
E.强制实施监理的工程范围

53.根据《建设工程监理规范》(GB/T 50319—2013),项目监理机构的监理人员应由( )组成。
A.造价工程师　　B.专业监理工程师　　C.注册建筑师　　D.总监理工程师
E.监理员

54.根据《民法典》第三编合同,( )的合同属于无效合同。
A.损害社会公共利益　　　B.订立合同时显失公平
C.以合法形式掩盖非法目的　　　D.恶意串通,损害第三人利益
E.因重大误解而订立

55.工程监理企业在监理活动中既要维护建设单位利益,又不能损害施工单位合法权益,因此,工程监理企业要做到公平,就需要做到( )。
A.建立健全合同管理制度　　　B.要坚持实事求是
C.要熟悉建设工程合同有关条款　　　D.要提高专业技术能力
E.要具有良好的职业道德

56.根据《关于实行建设项目法人责任制的暂行规定》,在项目法人责任制中,项目董事会的职权包括( )。
A.提出项目开工报告
B.负责生产准备工作和培训有关人员
C.审核、上报年度投资计划并落实年度资金
D.根据董事会授权处理项目实施中的重大紧急事件,并及时向董事会报告
E.审核、上报项目初步设计和概算文件

57.根据《民法典》第三编合同中的合同分类,委托合同包括的有( )。
A.行纪合同　　B.工程设计合同　　C.承揽合同　　D.建设工程监理合同
E.项目管理服务合同

58.根据《招标投标法》规定,关于评标的要求的说法,正确的是( )。

A.招标人应当根据项目规模和技术复杂程度因素合理确定评标时间,超过1/2的评标委员会成员认为评标时间不够的,招标人应当适当延长

B.招标文件没有规定的评标标准和方法不得作为评标的依据

C.招标项目设有标底的,招标人应当在开标时公布

D.招标人应当向评标委员会提供评标所必需的信息,但不得明示或暗示其倾向或者排斥特定投标人

E.评标委员会成员应当按照招标文件规定的评标标准和方法,客观、公正地对投标文件提出评审意见

59.根据《建筑法》,下列情形属于建设单位应按规定办理申请批准手续的是( )。

  A.需要临时占用规划批准范围以外场地的

  B.可能损坏邮电通信公共设施的场地

  C.需要临时停水、停电的场地

  D.需要进行爆破作业的场地

  E.需要进行焊接作业的场地

60.关于采用建设工程施工总承包模式特点的说法,正确的是( )。

  A.由于既有施工分包单位的自控,又有施工总承包单位监督,还有工程监理单位的检查认可,有利于工程质量控制

  B.有利于决策指挥

  C.施工总承包单位具有控制的积极性,施工分包单位之间也有相互制约的作用,有利于总体进度的协调控制

  D.总包合同价可较早确定,有利于控制工程造价

  E.由于施工合同数量比平行承发包模式更少,有利于建设单位的合同管理

61.根据《建设工程安全生产管理条例》,工程监理单位的安全责任有( )。

  A.审查施工组织设计中的安全技术措施和专项施工方案

  B.针对采用新工艺的建设工程提出预防生产安全事故的措施建议

  C.发现存在安全事故隐患时要求施工单位整改

  D.监督施工单位执行安全教育培训制度

  E.将保证安全施工的措施报有关部门备案

62.根据《建设工程监理规范》(GB/T 50319—2013),总监理工程师应及时签发工程暂停令的有( )。

  A.施工单位违反工程建设强制性标准的

  B.建设单位要求暂停施工且工程需要暂停施工的

  C.施工存在重大质量、安全事故隐患的

  D.施工单位未按审查通过的工程设计文件施工的

  E.施工单位未按审查通过的施工方案施工的

63.根据《建设工程监理规范》(GB/T 50319—2013),项目监理机构签发监理通知单的情形有( )。

  A.施工单位未按审查通过的工程设计文件施工

B. 施工单位违反工程建设强制性标准

C. 工程存在安全事故隐患

D. 施工单位未按审查通过的专项施工方案施工

E. 因施工不当造成工程质量不合格

64. 为了有效地控制建设工程三大目标,需要逐级分解建设工程总目标,按(   )等制定分目标、子目标及可执行目标,形成建设工程目标体系。

　　A. 工程项目时间进展　　　　　B. 工程质量控制

　　C. 工程造价控制　　　　　　　D. 工程参建单位

　　E. 工程项目组成

65. 总监理工程师是建设工程监理的权力主体,根据总监理工程师承担责任的要求,总监理工程师负责制主要包括的有(   )。

　　A. 对监理工作进行总结、监督、评价　　B. 组织实施监理活动

　　C. 组织结构模式和规模　　　　　　　　D. 组织编制监理规划

　　E. 组建项目监理机构

66. 根据《建设工程监理规范》(GB/T 50319—2013)规定,审查施工单位现场的质量保证体系包括的有(   )。

　　A. 专职管理人员和特种作业人员的资格

　　B. 质量管理组织机构

　　C. 职责分工及有关制度

　　D. 管理制度

　　E. 质量监督制度

67. 项目监理机构控制建设工程施工质量的任务有(   )。

　　A. 检查施工单位现场质量管理体系　　B. 处理工程质量事故

　　C. 控制施工工艺过程质量　　　　　　D. 处置工程质量问题和质量缺陷

　　E. 组织单位工程质量验收

68. 监理规划中,应明确的工程进度控制措施有(   )。

　　A. 建立多级网络计划体系　　　　　B. 严格审核施工组织设计

　　C. 建立进度控制协调制度　　　　　D. 按施工合同及时支付工程款

　　E. 监控施工单位实施作业计划

69. 根据《建设工程监理规范》(GB/T 50319—2013)规定,下列属于工程造价控制具体措施的有(   )。

　　A. 通过审核施工组织设计和施工方案,使施工组织合理化

　　B. 达到建设单位特定质量目标要求的,按合同支付工程质量补偿金或奖金

　　C. 减少施工单位的索赔,正确处理索赔事宜

　　D. 按合同条款支付工程款,防止过早、过量支付

　　E. 及时进行计划费用与实际费用的分析比较

70. 关于为完成施工阶段质量控制任务,下列属于项目监理机构需要做好的工作的是(   )。

　　A. 组织进度协调会议,协调有关各方关系

B.审核工程竣工图

C.参加工程竣工验收

D.组织工程预验收

E.协助处理工程质量事故

71.根据《建设工程监理规范》(GB/T 50319—2013)规定,为完成施工阶段进度控制任务,项目监理机构需要做好的工作包括(   )。

  A.研究确定预防费用索赔的措施,以避免、减少施工索赔

  B.研究制定预防工期索赔的措施,做好工程延期审批工作

  C.及时处理施工索赔,并协助建设单位进行反索赔

  D.跟踪检查实际施工进度

  E.协助建设单位做好施工现场准备工作,为施工单位提交合格的施工现场

72.关于旁站工作内容的说法,正确的有(   )。

  A.发现施工活动已经危及工程质量的,监理人员有权责令施工单位立即整改

  B.发现施工单位有违反工程建设强制性标准行为的,由总监理工程师下达局部暂停施工指令

  C.旁站记录是监理工程师依法行使有关签字权的重要依据

  D.对于重点控制的关键工序,项目监理机构应制定旁站方案

  E.监理单位应在工程竣工验收后,将旁站资料记录存档

73.施工单位使用承租的机械设备和施工机具及配件的,由(   )共同进行验收,验收合格的方可使用。

  A.安装单位 B.分包单位 C.材料供应单位 D.施工总承包单位

  E.出租单位

74.根据《建设工程监理规范》(GB/T 50319—2013),监理日志的主要内容包括(   )。

  A.工程质量情况 B.施工环境情况 C.安全生产情况 D.天气情况

  E.工程进度情况

75.根据《民法典》第三编合同,关于合同效力的说法,正确的有(   )。

  A.依法成立的合同,自成立即生效

  B.当事人对合同的效力可以约定附条件

  C.当事人对合同的效力可以约定附期限

  D.限制民事行为能力人订立的合同,经法定代理人追认后仍然无效

  E.法定代表人或负责人超越权限订立的合同无效

76.下列工作内容中,属于项目监理机构组织结构设计内容的有(   )。

  A.确定管理层次与管理跨度 B.确定项目监理机构目标

  C.确定监理工作内容 D.确定工作流程和信息流程

  E.确定项目监理机构部分划分

77.下列关于风险自留的说法中,正确的有(   )。

  A.计划性风险自留是有计划的选择

  B.风险自留区别于其他风险对策,应单独运用

C. 风险自留主要通过采取内部控制措施来化解风险

D. 非计划性风险自留是由于没有识别到某些风险以至于风险发生后而被迫自留

E. 风险自留往往可以化解较大的建设工程风险

78. 根据《建设工程监理规范》,专业监理工程师应履行的职责有(　　)。

A. 审批监理实施细则

B. 组织审核分包单位资格

C. 检查进场的工程材料、构配件、设备的质量

D. 处置发现的质量问题和安全事故隐患

E. 参与工程变更的审查和处理

79. 根据《建设工程监理规范》,属于监理规划主要内容的有(　　)。

A. 安全生产管理制度　　　　B. 监理工作制度

C. 监理工作设施　　　　　　D. 工程造价控制

E. 工程进度计划

80. Partnering 协议并不仅仅是建设单位与承包单位双方之间的协议,而需要工程项目参建各方共同签署,包括(　　)。

A. 主要的材料设备供应单位　　B. 主要的分包单位

C. 监理单位　　　　　　　　　D. 建设单位

E. 总承包单位

模拟试卷三参考答案

一、单项选择题

1. A

【解析】 本题考核的是实施监理的工程范围。根据《建设工程监理范围和规模标准规定》(建设部令第86号)第七条,国家规定必须实行监理的其他工程是指:(1)项目总投资额在3000万元以上关系社会公共利益、公众安全的基础设施项目;(2)学校、影剧院、体育场馆项目。

2. A

【解析】 本题考核的是投资项目决策管理制度中非政府投资工程备案制的内容。对于《政府核准的投资项目目录》以外的企业投资项目,实行备案制。

3. D

【解析】 本题考核的是《招标投标法》的主要内容。招标人和中标人应当自中标通知书发出之日起30日内,按照招标文件和中标人的投标文件订立书面合同。

4. B

【解析】 本题考核的是联合投标的内容。两个以上法人或者其他组织可以组成一个联合体,以一个投标人的身份共同投标。联合体各方均应具备承担招标项目的相应能力。国家有关规定或者招标文件对投标人资格条件有规定的,联合体各方均应当具备规定的相应资格条件。由同一专业的单位组成的联合体,按照资质等级较低的单位确定资质等级。

5. D

【解析】 本题考核的是工程监理单位的法律责任。根据《建设工程质量管理条例》第五十七条规定,工程监理单位有下列行为之一的,责令限期改正;逾期未改正的,责令停业整顿,并处10万元以上30万元以下的罚款:(1)未对施工组织设计中的安全技术措施或者专项施工方案进行审查的;(2)发现安全事故隐患未及时要求施工单位整改或者暂时停止施工的;(3)施工单位拒不整改或者不停止施工,未及时向有关主管部门报告的;(4)未依照法律、法规和工程建设强制性标准实施监理。

6. A

【解析】 本题考核的是建设工程最低保修期限。电气管道、给水排水管道、设备安装和装修工程的最低保修期限为2年。

7. B

【解析】 本题考核的是建设工程最低保修期限。在正常使用条件下,建设工程最低保修期限为:(1)基础设施工程、房屋建筑的地基基础工程和主体结构工程,为设计文件规定的该工程合理使用年限;(2)屋面防水工程、有防水要求的卫生间、房间和外墙面的防渗漏,为5年;(3)供热与供冷系统,为2个采暖期、供冷期;(4)电气管道、给水排水管道、设备安装和装修工程,为2年。

8. D

【解析】 本题考核的是生产安全事故等级。较大生产安全事故是指造成3人及以上10人以下死亡,或者10人及以上50人以下重伤,或者1000万元及以上5000万元以下直接经济损失的事故。

9. A

【解析】 本题考核的是监理人需要完成的基本工作。收到工程设计文件后编制监理规划,并在第一次工地会议7天前报委托人。根据有关规定和监理工作需要,编制监理实施细则,故选项A正确。参加工程竣工验收,签署竣工验收意见,故选项B错误。审核施工分包人资质条件,故选项C错误。审查施工承包人提交的施工组织设计,重点审查其中的质量安全技术措施、专项施工方案与工程建设强制性标准的符合性,故选项D错误

10. A

【解析】 本题考核的是建设单位的安全责任,包括:(1)提供资料;(2)禁止行为;(3)安全施工措施及其费用;(4)拆除工程发包与备案。建设单位在编制工程概算时,应当确定建设工程安全作业环境及安全施工措施所需费用。

11. A

【解析】 本题考核的是监理工程师的法律责任。监理工程师因过错造成质量事故的,责令停止执业1年,故选项D错误。造成重大质量事故的,吊销执业资格证书,5年以内不予注册,故选项C错误。注册监理工程师未执行法律、法规和工程建设强制性标准的,责令停止执业3个月以上1年以下,故选项B错误。

12. A

【解析】 本题考核的是建设工程监理业务的承揽。工程监理单位应当依法取得相应等级的资质证书,并在其资质等级许可的范围内承担工程监理业务。禁止工程监理单位超越本单位资质等级许可的范围或者以其他工程监理单位的名义承担建设工程监理业务;禁止工程监理单位允许其他单位或者个人以本单位的名义承担建设工程监理业务。工程监理单位不得转让建设工程监理业务。

13. B

【解析】 本题考核的是总监理工程师的要求。一名注册监理工程师可担任一项建设工程监理合同的总监理工程师。当需要同时担任多项建设工程监理合同的总监理工程师时,应经建设单位书面同意,且最多不得超过3项。

14. D

【解析】 本题考核的是建设工程的开工时间。工程地质勘察、平整场地、旧建筑物拆除、临时建筑、施工用临时道路和水、电等工程开始施工的日期不能算作正式开工日期,故选项B、C错误。铁路、公路、水库等需要进行大量土石方工程的,以开始进行土石方工程施工的日期作为正式开工日期,故选项A错误。

15. B

【解析】 本题考核的是建设工程施工总承包模式的特点。采用建设工程施工总承包模式的优点:(1)有利于建设工程的组织管理;(2)由于施工合同数量比平行承发包模式更少,有利于建设单位的合同管理,减少协调工作量,可发挥工程监理单位与施工总承包单位多层次协调的积极性;(3)总包合同价可较早确定,有利于控制工程造价;(4)由于既有施工分包单位的自控,又有施工总承包单位监督,还有工程监理单位的检查认可,有利于工程质量控制;(5)施工总承包单位具有控制的积极性,施工分包单位之间也有相互制约的作用,有利于总体进度的协调控制。但该模式的缺点是:(1)建设周期较长;(2)施工总承包单位的报价可能较高。

16. B

【解析】 本题考核的是总监理工程师的职责。总监理工程师职责包括:(1)确定项目监理机构人员及其岗位职责;(2)组织编制监理规划,审批监理实施细则;(3)根据工程进展及监理工作情况调配监理人员,检查监理人员工作;(4)组织召开监理例会;(5)组织审核分包单位资格;(6)组织审查施工组织设计、(专项)施工方案;(7)审查开复工报审表,签发工程开工令、暂停令和复工令;(8)组织检查施工单位现场质量、安全生产管理体系的建立及运行情况;(9)组织审核施工单位的付款申请,签发工程款支付证书组织审核竣工结算;(10)组织审查和处理工程变更;(11)调解建设单位与施工单位的合同争议,处理工程索赔;(12)组织验收分部工程,组织审查单位工程质量检验资料;(13)审查施工单位的竣工申请,组织工程竣工预验收,组织编写工程质量评估报告,参与工程竣工验收;(14)参与或配合工程质量安全事故的调查和处理;(15)组织编写监理月报、监理工作总结,组织整理监理文件资料。而进行见证取样属于监理员的职责。故选项 B 错误

17. D

【解析】 本题考核的是直线-职能制组织形式的特点。选项 C 的正确说法是信息传递路线长,不利于互通信息。选项 A 属于直线制组织形式,选项 B 属于职能制组织形式。

18. C

【解析】 本题考核的是监理规划的编写要求。根据建设工程监理的基本内涵,工程监理单位受建设单位委托,需要控制建设工程质量、造价、进度三大目标,故选项 A 错误。在监理规划中,应明确规定项目监理机构在工程实施过程中各个阶段的工作内容、工作人员、工作时间和地点、工作的具体方式方法等,故选项 B 错误。监理规划的编写还应听取建设单位的意见,以便能最大限度满足其合理要求,使监理工作得到有关各方的理解和支持,为进一步做好监理服务奠定基础,故选项 D 错误。

19. B

【解析】 本题考核的是定性分析与定量分析相结合。在建设工程目标系统中,质量目标通常采用定性分析方法,而造价、进度目标可采用定量分析方法。

20. D

【解析】 本题考核的是建设工程目标动态控制过程的内容。(1)事前计划控制:包括建设工程目标体系和编制工程项目计划。(2)事中过程控制:包括分析各种可能产生的偏差、采取预防偏差产生的措施、实施工程项目计划、收集工程项目实施绩效、比较实施绩效和预定目标及分析产生的原因等。(3)事后纠偏控制包括:采取纠偏措施。

21. A

【解析】 本题考核的是安全生产管理的监理工作内容。安全生产管理的监理工作内容包括:(1)编制建设工程监理实施细则,落实相关监理人员;(2)审查施工单位现场安全生产规章制度的建立和实施情况;(3)巡视检查危险性较大的分部分项工程专项施工方案实施情况;(4)对施工单位拒不整改或不停止施工时,应及时向有关主管部门报送监理报告等。

22. B

【解析】 本题考核的是监理例会。监理例会应由总监理工程师或其授权的专业监理工程师主持召开,宜每周召开一次。

23. B

【解析】 本题考核的是非保险转移。非保险转移又称为合同转移,一般是通过签订合同的方式将建设工程风险转移给非保险人的对方当事人,故选项 A 错误。非保险转移一般都要付出一定的代价,有时转移风险的代价可能会超过实际发生的损失,从而对转移者不利,故选项 C 错误。第三方担保主要有建设单位付款担保、施工单位履约担保、预付款担保、分包单位付款担保、工资支付担保等,故选项 D 错误。

24. C

【解析】 本题考核的是职能制组织形式定义。职能制组织形式是在项目监理机构内设立一些职能部门,将相应的监理职责和权力交给职能部门,各职能部门在其职能范围内有权直接发布指令指挥下级。

25. A

【解析】 本题考核的是事故报告程序。事故发生后,事故现场有关人员应当立即向本单位负责人报告;单位负责人接到报告后,应当 1 小时内向事故发生地县级以上人民政府安全生产监督管理部门和负有安全生产监督管理职责的有关部门报告。

26. C

【解析】 本题考核的是总监理工程师代表。代表总监理工程师行使其部分职责和权力,应为具有工程类注册执业资格或具有中级及以上专业技术职称、3 年及以上工程实践经验并经监理业务培训的人员。

27. D

【解析】 本题考核的是工程监理单位的法律责任。根据《建设工程质量管理条例》第六十七条规定,工程监理单位有下列行为之一的,责令改正,处 50 万元以上 100 万元以下的罚款,降低资质等级或者吊销资质证书;有违法所得的,予以没收;造成损失的,承担连带赔偿责任:(1)与建设单位或者施工单位串通,弄虚作假、降低工程质量的;(2)将不合格的建设工程、建筑材料、建筑构配件和设备按照合格签字的。

28. D

【解析】 本题考核的是建筑施工企业的安全生产管理。建筑施工企业应当依法为职工参加工伤保险缴工伤保险费。鼓励企业为从事危险作业的职工办理意外伤害保险,支付保险费,故选项 A 错误。施工现场安全由建筑施工企业负责实行施工总承包的,由总承包单位负责。分包单位向总承包单位负责,服从总承包单位对施工现场的安全生产管理,故选项 B 错误。房屋拆除应当由具备保证安全条件的建筑施工单位承担,由建筑施工单位负责人对安全负责,故选项 C 错误。

29. A

【解析】本题考核的是无效合同或者被撤销合同的法律后果。合同部分无效,不影响其他部分效力的,其他部分仍然有效,故选项 B 错误。合同无效或被撤销后,履行中的合同应当终止履行,故选项 C 错误。当事人因无效合同或者被撤销的合同所取得的财产,应当予以返还,不能返还或者没有必要返还的,应当折价补偿,故选项 D 错误。

30. B

【解析】本题考核的是项目监理机构人员。一名注册监理工程师可担任一项建设工程监理合同的总监理工程师。当需要同时担任多项建设工程监理合同的总监理工程师时,应经建设单位书面同意,且最多不得超过3项。故选项 B 错误。

31. D

【解析】本题考核的是建设工程监理工作的关键。建设工程目标体系构建后,建设工程监理工作的关键在于动态控制。

32. D

【解析】本题考核的是会议协调法。第一次工地会议应由建设单位主持,监理单位、总承包单位授权代表参加,故选项 A 错误。监理例会应由总监理工程师或其授权的专业监理工程师主持召开,宜每周召开一次,故选项 B 错误。会议协调法是建设工程监理中最常用的一种协调方法,故选项 C 错误。专题会议是由总监理工程师或其授权的专业监理工程师主持或参加的,为解决建设工程监理过程中的工程专项问题而不定期召开的会议,故选项 D 正确。

33. C

【解析】本题考核的是监理规划编制的时效性。监理规划应在签订建设工程监理合同及收到工程设计文件后,由总监理工程师组织编制,并应在召开第一次工地会议7天前报建设单位。

34. A

【解析】本题考核的是总监理工程师不能委托给总监理工程师代表的内容。总监理工程师不得将下列工作委托给总监理工程师代表:(1)组织编制监理规划,审批监理实施细则;(2)根据工程进展及监理工作情况调配监理人员;(3)组织审查施工组织设计、(专项)施工方案;(4)签发工程开工令、暂停令和复工令;(5)签发工程款支付证书,组织审核竣工结算;(6)调解建设单位与施工单位的合同争议,处理工程索赔;(7)审查施工单位的竣工申请,组织工程竣工预验收,组织编写工程质量评估报告,参与工程竣工验收;(8)参与或配合工程质量安全事故的调查和处理。

35. C

【解析】本题考核的是建设工程总目标的分析论证的内容。建设工程总目标是建设工程目标控制的基本前提,也是建设工程监理成功与否的重要判据。

36. D

【解析】本题考核的是建设工程造价控制任务。建设工程造价控制,就是通过采取有效措施,在满足工程质量和进度要求的前提下,力求使工程实际造价不超过预定造价目标。

37. B

【解析】 本题考核的是见证取样的一般规定。(1)计量认证分为两级实施:一级为国家级,由国家认证认可监督管理委员会组织实施;一级为省级,实施的效力均完全一致。(2)见证取样涉及三方行为:施工方、见证方、试验方。(3)试验室的资质资格管理:①各级工程质量督检测机构(有CMA章,即计量认证,1年审查一次);②建筑企业试验室应逐步转为企业内控机构,4年审查1次。

38. A

【解析】 本题考核的是建设工程监理主要文件资料。建设工程监理主要文件资料包括:(1)勘察设计文件、建设工程监理合同及其他合同文件;(2)监理规划、监理实施细则;(3)设计交底和图纸会审会议纪要等。

39. B

【解析】 本题考核的是施工许可证的有效期。建设单位应当自领取施工许可证之日起3个月内开工。因故不能按期开工的,应当向发证机关申请延期;延期以两次为限,每次不超过3个月。既不开工又不申请延期或者超过延期时限的,施工许可证自行废止。

40. D

【解析】 本题考核的是建设工程风险分析与评价的方法。常用的风险分析与评价方法有:(1)调查打分法;(2)蒙特卡洛模拟法;(3)计划评审技术法;(4)敏感性分析法等。

41. C

【解析】 本题考核的是工程监理单位的法律责任。根据《建设工程质量管理条例》第六十七条规定,工程监理单位有下列行为之一的,责令改正,处50万元以上100万元以下的罚款,降低资质等级或者吊销资质证书;有违法所得的,予以没收;造成损失的,承担连带赔偿责任:(1)与建设单位或者施工单位串通,弄虚作假、降低工程质量的;(2)将不合格的建设工程、建筑材料、建筑构配件和设备按照合格签字的。

42. D

【解析】 本题考核的是工程质量控制的技术措施。工程质量控制的技术措施包括:(1)协助完善质量保证体系;(2)严格事前、事中和事后的质量检查监督。

43. D

【解析】 本题考核的是项目监理机构与施工单位的协调工作。监理工程师既要懂得坚持原则,又善于理解施工项目经理的意见,工作方法灵活,能够随时提出或愿意接受变通办法解决问题,故选项A错误。当发现施工单位采用不适当的方法进行施工或采用不符合质量要求的材料时,监理工程师除立即制止外,还需要采取相应的处理措施,故选项B错误。分包合同履行中发生的索赔问题,一般应由总承包单位负责,故选项C错误。

44. B

【解析】 本题考核的是总监理工程师的职责。总监理工程师职责包括:(1)确定项目监理机构人员及其岗位职责;(2)组织编制监理规划,审批监理实施细则;(3)根据工程进展及监理工作情况调配监理人员,检查监理人员工作;(4)组织召开监理例会;(5)组织审核分包单位资格;(6)组织审查施工组织设计、(专项)施工方案;(7)审查开复工报审表,签发工程开工令、暂停令和复工令;(8)组织检查施工单位现场质量、安全生产管理体系的建立及运行情况;(9)组织审核施工单位的付款申请,签发工程款支付证书,组织审核竣工结算;(10)组织审查和处理工程变更;(11)调解建设单位与施工单位的合同争议,处理工程索赔;(12)组织验收分部工程,组织审查单位工程质量检验资料;(13)审查施工单位的竣工申请,组织工程竣工预验收,组织编写工程质量评估报告,参与工程竣工验收;(14)参与或配合工程质量安全事故的调查和处理;(15)组织编写监理月报、监理工作总结,组织质量监理文件资料。

45. D

【解析】本题考核的是建设工程监理招标的标的。工程监理单位不承担建筑产品生产任务,只是受建设单位委托提供技术和管理咨询服务。建设工程监理招标属于服务类招标,其标的是无形的"监理服务"。

46. D

【解析】本题考核的是巡视工作内容和职责。安全生产方面包括的内容:(1)施工单位安全生产管理人员到岗履职情况、特种作业人员持证情况;(2)施工组织设计中的安全技术措施和专项施工方案落实情况;(3)安全生产、文明施工制度、措施落实情况;(4)危险性较大分部分项工程施工情况,重点关注是否按方案施工;(5)大型起重机械和自升式架设设施运行情况;(6)施工临时用电情况;(7)其他安全防护措施是否到位,工人违章情况;(8)施工现场存在的事故隐患,以及按照项目监理机构的指令整改实施情况;(9)项目监理机构签发的工程暂停令执行情况等。施工机具、设备的工作状态,周边环境是否有异常情况属于施工质量方面的内容。

47. C

【解析】本题考核的是项目管理知识体系中的项目集成管理内容。项目管理知识体系中的项目集成管理内容包括:项目章节编制、项目管理计划、项目工作指挥与管理、项目知识管理、项目工作监控、整体变更控制、项目或阶段收尾。

48. C

【解析】本题考核的是项目监理机构现场监理工作制度。项目监理机构现场监理工作制度包括:(1)工程材料、半成品质量检验制度;(2)现场协调会及会议纪要签发制度;(3)施工备忘录签发制度等。

49. C

【解析】本题考核的是 Partnering 模式的组成要素。相互信任是确定工程项目参建各方共同目标和建立良好合作关系的前提,是 Partnering 模式的基础和关键。

50. B

【解析】本题考核的是 Project Controlling 的地位。Project Controlling 咨询单位直接向业主的决策层负责,相当于业主决策层的智囊,为其提供决策支持,业主不向 Project Controlling 咨询单位在该项目上的具体工作人员下达指令。

二、多项选择题

51. BCDE

【解析】本题考核的是建设工程监理的性质。建设工程监理的性质可概括为:服务性、科学性、独立性和公平性四个方面。

52. ABDE

【解析】 本题考核的是建设工程监理的法律地位。自建设工程监理制度实施以来,有关法律、行政法规、部门规章等逐步明确了建设工程监理的法律地位:(1)明确了强制实施监理的工程范围;(2)明确了建设单位委托工程监理单位的职责;(3)明确了工程监理单位的职责;(4)明确了工程监理人员的职责。

53. BDE

【解析】 本题考核的是项目监理机构监理人员的组成。项目监理机构的监理人员应由总监理工程师、专业监理工程师和监理员组成。

54. ACD

【解析】 本题考核的是无效合同的情形。有下列情形之一的为合同无效:(1)一方以欺诈、胁迫的手段订立合同,损害国家利益;(2)恶意串通,损害国家、集体或第三人利益;(3)以合法形式掩盖非法目的;(4)损害社会公共利益;(5)违反法律、行政法规的强制性规定。

55. BCDE

【解析】 本题考核的是工程监理企业在监理活动中做到公平的内容。公平,是指程监理企业在监理活动中既要维护建设单位利益,又不能损害施工单位合法权益,并依据合同公平合理地处理建设单位与施工单位之间的争议。工程监理企业要做到公平,必须做到以下几点:(1)要具有良好的职业道德;(2)要坚持实事求是;(3)要熟悉建设工程同有关条款;(4)要提高专业技术能力;(5)要提高综合分析判断问题的能力。建立健全合同管理制度是工程监理企业经营活动中诚信的准则。故选项 A 错误。

56. ACE

【解析】 本题考核的是项目董事会的职权。建设项目董事会的职权有:负责筹措建设资金;审核、上报项目初步设计和概算文件;审核、上报年度投资计划并落实年度资金;提出项目开工报告;研究解决建设过程中出现的重大问题;负责提出项目竣工验收申请报告;审定偿还债务计划和生产经营方针,并负责按时偿还债务;聘任或解聘项目总经理,并根据总经理的提名,聘任或解聘其他高级管理人员。

57. DE

【解析】 本题考核的是委托合同的种类。委托合同包括:建设工程监理合同、项目管理服务合同。

58. BCDE

【解析】 本题考核的是评标的要求。招标人应当根据项目规模和技术复杂程度等因素合理确定评标时间。超过 1/3 的评标委员会成员认为评标时间不够的,招标人应当适当延长,故选项 A 错误。评标委员会成员不得私下接触投标人,不得收受投标人给予的财物或者其他好处,不得向招标人征询确定中标人的意向,不得接受任何单位或者个人明示或者暗示提出的倾向或者排斥特定投标人的要求。评标委员会成员应当按照招标文件规定的评标标准和方法,客观、公正地对投标文件提出评审意见。招标文件没有规定的评标标准和方法不得作为评标的依据。招标项目设有标底的,招标人应当在开标时公布。

59. ABCD

【解析】 本题考核的是应办理申请批准手续的施工现场。有下列情形之一的,建设单位应当按照国有关规定办理申请批准手续:(1)需要临时占用规划批准范围以外场地的;

(2)可能损坏道路、管线、电力、邮电通信等公共设施的;(3)需要临时停水、停电、中断道路交通的;(4)需要进行爆破作业的;(5)法律、法规规定需要办理报批手续的其他情形。

60. ACDE

【解析】 本题考核的是采用建设工程施工总承包模式的特点。采用建设工程施工总承包模式的特点包括:(1)有利于建设工程的组织管理。(2)由于施工合同数量比平行承发包模式更少,有利于建设单位的合同管理,减少协调工作量可发挥工程监理单位与施工总承包单位多层次协调的积极性;(3)总包合同价可较早确定,有利于控制工程造价;(4)由于既有施工分包单位的自控,又有施工总承包单位监督,还有工程监理单位的检查认可,有利于工程质量控制;(5)施工总承包单位具有控制的积极性,施工分包单位之间也有相互制约的作用,有利于总体进度的协调控制。

61. AC

【解析】 本题考核的是工程监理单位的安全责任。工程监理单位的安全责任包括:(1)工程监理单位应当审查施工组织设计中的安全技术措施或者专项施工方案是否符合工程建设强制性标准;(2)在实施监理过程中,发现存在安全事故隐患的,应当要求施工单位整改。选项B属于设计单位的安全责任;选项D属于施工单位的安全责任;选项E属于建设单位的安全责任。

62. ABCD

【解析】 本题考核的是总监理工程师及时签发工程暂停令的情形。项目监理机构发现下列情况之一时,总监理工程师应及时签发工程暂停令:(1)建设单位要求暂停施工工程需要暂停施工的;(2)施工单位未经批准擅自施工或拒绝项目监理机构管理的;(3)施工单位未按审查通过的工程设计文件施工的;(4)施工单位违反工程建设强制性标准的;(5)施工存在重大质量、安全事故隐患或发生质量、安全事故的。

63. CD

【解析】 本题考核的是项目监理机构签发监理通知单的情形。发现未按专项施工方案实施时,应签发监理通知单,要求施工单位按专项施工方案实施。项目监理机构在实施监理过程中,发现工程存在安全事故隐患时,应签发监理通知单,要求施工单位整改;情况严重时,应签发工程暂停令,并应及时报告建设单位。

64. ADE

【解析】 本题考核的是建设工程总目标的逐级分解。为了有效地控制建设工程三大目标,需要逐级分解建设工程总目标,按工程参建单位、工程项目组成和时间进展等制定分目标、子目标及可执行目标,形成建设工程目标体系。

65. ABDE

【解析】 本题考核的是总监理工程师是建设工程监理的权力主体。根据总监理工程师承担责任的要求,总监理工程师负责制体现了总监理工程师全面领导工程项目监理工作,包括组建项目监理机构,组织编制监理规划,组织实施监理活动,对监理工作进行总结、监督、评价等。

66. ABD

【解析】 本题考核的是审查施工单位现场的质量保证体系的内容。审查施工单位现场的质量保证体系,包括:质量管理组织机构、管理制度及专职管理人员和特种作业人员的资格等。

67. ACD

【解析】 本题考核的是项目监理机构在建设工程施工阶段质量控制的主要任务。为成施工阶段质量控制任务,项目监理机构需要做好以下工作:(1)检查施工单位的现场质量管理体系和管理环境;(2)控制施工工艺过程质量;(3)验收分部分项工程和隐蔽工程;(4)处置工程质量问题、质量缺陷;(5)协助处理工程质量事故;(6)审核工程竣工图,组织工程预验收;(7)参加工程竣工验收等。

68. ACE

【解析】 本题考核的是工程进度控制的具体措施。工程进度控制的具体措施包括:(1)组织措施:落实进度控制的责任,建立进度控制协调制度。(2)技术措施:建立多级网络计划体系,监控施工单位的实施作业计划。(3)经济措施:对工期提前者实行奖励,对应急工程实行较高的计件单价;确保资金的及时供应等。(4)合同措施:按合同要求及时协调有关各方的进度,以确保建设工程的形象进度。

69. ACDE

【解析】 本题考核的是工程造价控制措施。工程造价控制具体措施:(1)组织措施:包括建立健全项目监理机构,完善职责分工及有关制度,落实工程造价控制责任。(2)技术措施:对材料、设备采购,通过质量价格比选,合理确定生产供应单位;通过审核施工组织设计和施工方案,使施工组织合理化。(3)经济措施:包括及时进行计划费用与实际费用的分析比较;对原设计或施工方案提出合理化建议并被采用,由此产生的投资节约按合同规定予以奖励。(4)合同措施:按合同条款支付工程款,防止过早、过量支付。减少施工单位的索赔,正确处理索赔事宜等。

70. BCDE

【解析】 本题考核的是为完成施工阶段质量控制任务,项目监理机构需要做好的工作。为完成施工阶段质量控制任务,项目监理机构需要做好以下工作:(1)协助处理工程质量事故;(2)审核工程竣工图,组织工程预验收;(3)参加工程竣工验收等。组织进度协调会议,协调有关各方关系属于为完成施工阶段进度控制任务,项目监理机构需要做好的工作。

71. BD

【解析】 本题考核的是为完成施工阶段进度控制任务,项目监理机构需要做好的工作。为完成施工阶段进度控制任务,项目监理机构需要做好以下工作:(1)完善建设工程控制性进度计划;(2)审查施工单位提交的施工进度计划;(3)协助建设单位编制和实施由建设单位负责供应的材料和设备供应进度计划;(4)组织进度协调会议,协调有关各方关系;(5)跟踪检查实际施工进度;(6)研究制定预防工期索赔的措施,做好工程延期审批工作等。

72. CDE

【解析】 本题考核的是旁站的工作要求。监理人员实施旁站时,发现施工单位有违反工程建设强制性标准行为的,有权责令施工单位立即整改,故选项B错误。发现其施工活动已经或者可能危及工程质量的,应当及时向监理工程师或者总监理工程师报告,由总监理工程师下达局部暂停施工指令或者采取其他应急措施,故选项A错误。

73. ABDE

【解析】 本题考核的是审查施工单位的管理制度、人员资格及验收手续。使用承租的机械设备和施工机具及配件的,由施工总承包单位、分包单位、出租单位和安装单位共同进行验收,验收合格的方可使用。

74. BD

【解析】 本题考核的是监理日志的主要内容。监理日志的主要内容包括:(1)天气和施工环境情况;(2)当日施工进展情况,包括工程进度情况、工程质量情况、安全生产情况等;(3)当日监理工作情况,包括旁站、巡视、见证取样、平行检验等情况;(4)当日存在的问题及协调解决情况;(5)其他有关事项。

75. ABC

【解析】 本题考核的是合同效力。限制民事行为能力人订立的合同,经法定代理人追认后,该合同有效,故选项 D 错误。法人或者其他组织的法定代表人、负责人超越权限订立的合同,除相对人知道或者应当知道其超越权限的以外,该代表行为有效,故选项 E 错误。

76. AE

【解析】 本题考核的是项目监理机构组织结构设计的内容,内容包括:(1)选择组织结构形式;(2)合理确定管理层次与管理跨度;(3)设置项目监理机构部门;(4)制定岗位职责及考核标准;(5)选派监理人员。选项 B、C、D 属于项目监理机构设立的步骤。

77. ACD

【解析】 本题考核的是风险自留的内容。风险自留绝不可能单独运用,而应与其他风险对策结合使用,故选项 B 错误。在实行风险自留时,应保证重大和较大的建设工程风险已经进行了工程保险或实施了损失控制计划,故选项 E 错误。

78. CDE

【解析】 本题考核的是项目监理机构人员配备及职责分工。专业监理工程师职责:(1)检查进场的工程材料、构配件、设备的质量;(2)处置发现的质量问题和安全事故隐患;(3)参与工程变更的审查和处理等。审批监理实施细则、组织审核分包单位资质属于总监理工程师的职责,故选项 A、B 错误。

79. BCD

【解析】 本题考核的是监理规划主要的内容。《建设工程监理规范》(GB/T 50319—2013)明确规定,监理规划的内容包括:(1)工程概况;(2)监理工作的范围、内容、目标;(3)监理工作依据;(4)监理组织形式、人员配备及进退场计划、监理人员岗位职责;(5)监理工作制度;(6)工程质量控制;(7)工程造价控制;(8)工程进度控制;(9)安全生产管理的监理工作;(10)合同与信息管理;(11)组织协调;(12)监理工作设施。

80. ABDE

【解析】 本题考核的是 Partnering 模式的主要特征。Partnering 协议并不仅仅是建设单位与承包单位双方之间的协议,而需要工程项目参建各方共同签署,包括建设单位、总承包单位、主要的分包单位、设计单位、咨询单位、主要的材料设备供应单位等。